# 电气控制与PLC技术及应用

主　编　石秀敏
副主编　陈青梅　王　钰　冯玉爽
刘学斌　王志强　党　健

北京理工大学出版社
BEIJING INSTITUTE OF TECHNOLOGY PRESS

## 内容简介

本书主要面向应用型本科高校及普通本科高校，旨在培养具备一定工程实践能力和创新精神，能在机电、自动化及相关领域从事产品设计、开发、应用与维护等工作，有理想、有信念、有社会责任感、勇于创新创业、德智体美劳全面发展的高素质应用型人才。

本书基于项目驱动理念进行设计，将课程的整体理论知识进行分解并融于项目中，项目源于实际工程项目，项目设置从简单到复杂、从单一到综合，注重知识与技能的融合。本书共有 23 个项目，可归纳为两大类，分别为传统电气控制类项目和 PLC 控制类项目。传统电气控制类项目主要体现在基础篇的项目 1、3、5、7、9、11、13、15 中；PLC 控制类项目体现在除以上项目外的其他项目中，并且这些项目中也融合了传统电气控制的内容。传统电气控制类项目着重将常用低压电器的认知、检测、使用及选型融于生产机械电气控制系统的分析、设计及调试的过程中；PLC 控制类项目着重将 PLC 的基础知识、硬件选用及配置、基本指令、功能指令应用融于根据设计要求进行系统分析、设计及调试的过程中。在项目实施过程中，本书设置了实际应用情境，以便学生能充分了解电气控制与 PLC 理论知识所能够应用到的具体场合。

本书适合本科院校机电类、自动化类专业教学使用。



**图书在版编目（CIP）数据**

电气控制与 PLC 技术及应用 / 石秀敏主编. -- 北京：北京理工大学出版社，2025. 4.

ISBN 978-7-5763-5277-1

Ⅰ. TM571. 2；TM571. 61

中国国家版本馆 CIP 数据核字第 20251BE898 号

**责任编辑**：陆世立　　**文案编辑**：李　硕

**责任校对**：刘亚男　　**责任印制**：李志强

**出版发行** / 北京理工大学出版社有限责任公司

**社　　址** / 北京市丰台区四合庄路 6 号

**邮　　编** / 100070

**电　　话** / （010）68914026（教材售后服务热线）

（010）63726648（课件资源服务热线）

**网　　址** / http://www.bitpress.com.cn

**版 印 次** / 2025 年 4 月第 1 版第 1 次印刷

**印　　刷** / 涿州市新华印刷有限公司

**开　　本** / 787 mm×1092 mm　1/16

**印　　张** / 21

**字　　数** / 490 千字

**定　　价** / 84. 00 元

# 前 言

本书从应用角度出发，帮助学生熟悉常用低压电器的结构、工作原理、用途及选用方法，掌握基本电气控制系统的分析与设计方法，并在此基础上学习可编程控制器(PLC)的基本原理、西门子 S7-200 系列 PLC 的指令系统及 PLC 工程设计方法；培养学生对传统电气控制系统和 PLC 控制系统进行分析、设计及应用的能力，使其具备一定的解决实际问题的能力；注重道德品质、价值认知以及大国工匠精神的培养，使学生形成良好的标准意识、规范意识、质量意识、安全意识、环境意识及创新意识，激发其自信、自爱、自强的精神以及仁爱之心，形成正确的世界观、人生观、价值观，为培养优秀的工程技术人才打下坚实的基础。

本书以工作过程为主线，以职业技能训练为核心，体现“教、学、做一体化，理论实践相结合”的思想，适用于基于任务驱动、项目式教学、工作过程导向、理实一体化等的教学实施模式。本书在框架上突出学生综合能力的培养，强调以学生为中心；在内容设置上符合职业教育的培养目标与学生认知规律，体现“教师为主导，学生为主体”的理念。

本书设置了 4 个情境，即基础篇、提高篇、拓展篇和 PLC 综合应用篇，每篇包括若干项目，总计 23 个项目。基础篇包括 15 个项目，主要涵盖基础电路及 PLC 基础语言的应用及设计，适用于课上教学；提高篇和拓展篇各包括 3 个项目，主要涵盖顺序控制及功能指令的应用及设计，适用于学生课外扩展及课程设计教学；PLC 综合应用篇包括 2 个项目，适用于学生毕业设计及自学机床 PLC 设计参考。

本书由天津职业技术师范大学教师编写，其中项目 1~6 由天津职业技术师范大学机械工程学院冯玉爽老师编写，项目 7~10 由天津职业技术师范大学机械工程学院王志强老师编写，项目 11~12 由天津职业技术师范大学机械工程学院石秀敏老师编写，项目 13~15 由天津职业技术师范大学机械工程学院刘学斌老师编写，项目 16 及项目 18~20 由天津职业技术师范大学王钰老师编写，项目 17 及项目 21 由天津轻工职业技术学院陈青梅老师编写，绪论及项目 22、项目 23 由天津职业技术师范大学机械工程学院石秀敏老师和陈青梅老师共同编写，全书由肯拓智能装备(天津)集团有限公司党健提供技术指导。

本书在编写过程中参考、借鉴了其他教材的内容，在此向有关作者致谢。由于编者水平有限，书中不妥之处在所难免，恳请广大读者、专家批评指正。

编 者

2024 年 5 月

# 目 录



## 基础篇

## 提高篇

## 拓展篇

## PLC 综合应用篇

# 绪 论

1. PLC 的由来

可编程控制器(Programmable Logical Controller，PLC)是计算机家族中的一员，是为工业控制应用而设计制造的，主要用来代替继电器实现逻辑控制。

在 20 世纪 60 年代，汽车生产流水线的自动控制系统基本上都是由继电器控制装置构成的。当时，汽车的每一次改型都直接导致继电器控制装置的重新设计和安装。随着汽车型号更新的周期越来越短，继电器控制装置经常需要重新设计和安装，十分费时、费工、费料，甚至会延误工期。为了改变这一现状，美国通用汽车公司在 1969 年公开招标，要求用新的控制装置取代继电器控制装置，并提出了如下 10 项招标指标。

(1)编程方便，现场可修改程序。

(2)维修方便，采用模块化结构。

(3)可靠性高于继电器控制装置。

(4)体积小于继电器控制装置。

(5)数据可直接送入管理计算机。

(6)成本可与继电器控制装置竞争。

(7)输入可以是交流 115 V。

(8)输出为交流 115 V，2 A 以上，能直接驱动电磁阀、接触器等。

(9)在扩展时，原系统只需要做很小的变更。

(10)用户程序存储器容量至少能扩展到 4 KB。

1969 年，美国数字设备公司(现已与惠普公司合并)研制出的第一台 PLC，在美国通用汽车自动装配线上试用，获得了成功。这种新型的工业控制装置以其简单易懂、操作方便、可靠性高、通用灵活、体积小、使用寿命长等一系列优点，很快在美国其他工业领域推广应用。到 1971 年，它已经成功地应用于食品、饮料、冶金、造纸等行业。

这一新型工业控制装置的出现，也受到了世界其他国家的高度重视。1971 年，日本从美国引进了这项新技术，并很快研制出了日本第一台 PLC。1973 年，西欧国家也纷纷研制出它们的第一台 PLC。我国从 1974 年开始研制 PLC，研制出的 PLC 于 1977 年开始投入工业应用。

2. PLC 的定义

PLC 自问世以来，尽管时间不长，但发展迅速。为了使其生产和发展标准化，美国电气制造商协会经过 4 年的调查工作，于 1984 年首先将其正式命名为可编程控制器，并给出了定义："可编程控制器是一个数字式的电子装置，它使用了可编程序的记忆体存储指令，用来执行诸如逻辑、顺序、计时、计数与演算等功能，并通过数字或类似的输入/输出(Input/Output，I/O)模块来控制各种机械或工作程序。一部数字电子计算机若是从事PLC的工作，也被视为PLC，但不包括鼓式或类似的机械式顺序控制器。"

此后，国际电工委员会又先后颁布了PLC标准草案的第一稿和第二稿，并于1987年2月通过了对它的定义："PLC是一种数字运算操作的电子系统，是专为在工业环境应用而设计的。它采用一类可编程的存储器，用于其内部存储程序，执行逻辑运算、顺序控制、定时、计数与算术操作等面向用户的指令，并通过数字或模拟式I/O控制各种类型的机械或生产过程。PLC及其有关外部设备，都按易于与工业控制系统联成一个整体，易于扩充其功能的原则设计。"

总之，PLC是一台计算机，是专为在工业环境应用而设计制造的计算机，具有丰富的I/O接口，并且具有较强的驱动能力。但PLC产品并不针对某一具体工业应用，在实际应用时，其硬件需要根据实际需求进行选用配置，其软件需要根据控制要求进行设计编制。

3. PLC的发展阶段

虽然PLC问世时间不长，但是随着微处理器的出现，大规模、超大规模集成电路技术的迅速发展和数据通信技术的不断进步，PLC也迅速发展，其发展过程大致可分为以下3个阶段。

(1)早期的PLC(20世纪60年代末—70年代中期)。

早期的PLC一般称为可编程逻辑控制器。这时的PLC多少有点继电器控制装置替代物的含义，其主要功能只是执行原先由继电器完成的顺序控制、定时等。它在硬件上以准计算机的形式出现，在I/O接口电路上做了改进以适应工业控制现场的要求，其电气元件主要采用分立元件和中小规模集成电路，存储器采用磁芯存储器，另外还采取了一些措施，以提高其抗干扰的能力；在软件编程上，采用广大电气工程技术人员所熟悉的继电器控制线路的方式——梯形图。因此，早期的PLC的性能要优于继电器控制装置，其优点包括简单易懂、便于安装、体积小、能耗低、有故障指示、能重复使用等。其中，梯形图一直沿用至今。

(2)中期的PLC(20世纪70年代中期—80年代末)。

在20世纪70年代中期，微处理器的出现使PLC发生了巨大的变化。美国、日本、德国等先后开始采用微处理器作为PLC的中央处理器(Central Processing Unit，CPU)，使PLC功能大大增强。在软件方面，除了保持其原有的逻辑运算、计时、计数等功能，还增加了算术运算、数据处理和传送、通信、自诊断等功能。在硬件方面，除了保持其原有的开关模块，还增加了模拟量模块、远程I/O模块、各种特殊功能模块，并扩大了存储器的容量，使各种逻辑线圈的数量增加，同时提供了一定数量的数据寄存器，使PLC应用范围得以扩大。

(3)近期的PLC(20世纪80年代末至今)。

20世纪80年代末，由于超大规模集成电路技术迅速发展，微处理器的市场价格大幅度下跌，使各种类型的PLC所采用的微处理器的档次普遍提高。为了进一步提高PLC的处理速度，各制造厂商还纷纷研制开发了专用逻辑处理芯片，使PLC软、硬件功能发生了巨大变化。

4. PLC 的分类

PLC 产品种类繁多，其规格和性能也各不相同。对于 PLC，通常根据其结构形式的不同、功能的差异和 I/O 点数的多少等进行大致分类。

(1)按结构形式分类。

根据 PLC 结构形式的不同，可将 PLC 分为整体式和模块式两类。

1)整体式 PLC。

整体式 PLC 将电源、CPU、I/O 接口等部件都集中装在一个机箱内，具有结构紧凑、体积小、价格低的特点。整体式 PLC 由不同 I/O 点数的基本单元(又称主机)和扩展单元组成。基本单元内有 CPU、I/O 接口、与 I/O 扩展单元相连的扩展口，以及与编程器或可擦编程只读存储器(Erasable Programmable Read Only Memory，EPROM)编程器相连的接口等。扩展单元内只有 I/O 接口和电源等，没有 CPU。基本单元和扩展单元之间一般用扁平电缆连接。整体式 PLC 一般还可配备特殊功能单元，如模拟量单元、位置控制单元等，使其功能得以扩展。小型 PLC 一般采用这种结构。

2)模块式 PLC。

模块式 PLC 是将 PLC 各组成部分分别做成若干个单独的模块，如 CPU 模块、I/O 模块、电源模块(有的含在 CPU 模块中)，以及各种功能模块。模块式 PLC 由框架或基板和各种模块组成，模块装在框架或基板的插座上。这种模块式 PLC 的特点是配置灵活，可根据需要选配不同规模的系统，而且装配方便，便于扩展和维修。大、中型 PLC 一般采用这种结构。

2)叠装式 PLC。

还有一些 PLC 将整体式和模块式的特点结合起来，构成所谓叠装式 PLC。叠装式 PLC 的 CPU、电源、I/O 接口等也是各自独立的模块，但它们之间靠电缆进行连接，并且各模块可以一层层地叠装。这样，不但系统可以灵活配置，还可以做得体积小巧。

(2)按功能分类。

根据 PLC 功能的差异，可将 PLC 分为低档、中档、高档 3 类。

1)低档 PLC：具有逻辑运算、定时、计数、移位、自诊断、监控等基本功能，还可有少量模拟量 I/O、算术运算、数据传送和比较、通信等功能，主要用于逻辑控制、顺序控制以及少量模拟量控制的单机控制系统。

2)中档 PLC：除具有低档 PLC 的功能外，还具有较强的模拟量 I/O、算术运算、数据传送和比较、数制转换、远程 I/O、子程序、通信联网等功能，有些还可增设中断控制、比例-积分-微分(Proportional-Integral-Derivative，PID)控制等功能，适用于复杂控制系统。

3)高档 PLC：除具有中档 PLC 的功能外，还增加了带符号算术运算、矩阵运算、位逻辑运算、平方根运算及其他特殊功能函数的运算、制表及表格传送功能等，具有更强的通信联网功能，可用于大规模过程控制或构成分布式网络控制系统，实现工厂自动化。

(3)按 I/O 点数分类。

根据 PLC 的 I/O 点数的多少，可将 PLC 分为小型、中型和大型 3 类。

1)小型 PLC。

I/O 点数小于 256 点，为单 CPU，用户存储器容量在 4 KB 以下，如美国通用电气公司 GE-I 型 PLC、德国西门子公司 S7-200 系列 PLC。

2)中型 PLC。

I/O 点数为 256~2 048 点，为双 CPU，用户存储器容量为 2~8 KB，如德国西门子公司 S7-300 系列 PLC、美国通用电气公司 GE-Ⅲ型 PLC。

3)大型 PLC。

I/O 点数大于 2 048 点，为多 CPU，用户存储器容量为 8~16 KB，如德国西门子公司 S7-400 系列 PLC。

5. PLC 的结构

典型 PLC 的结构如图 0-1 所示。

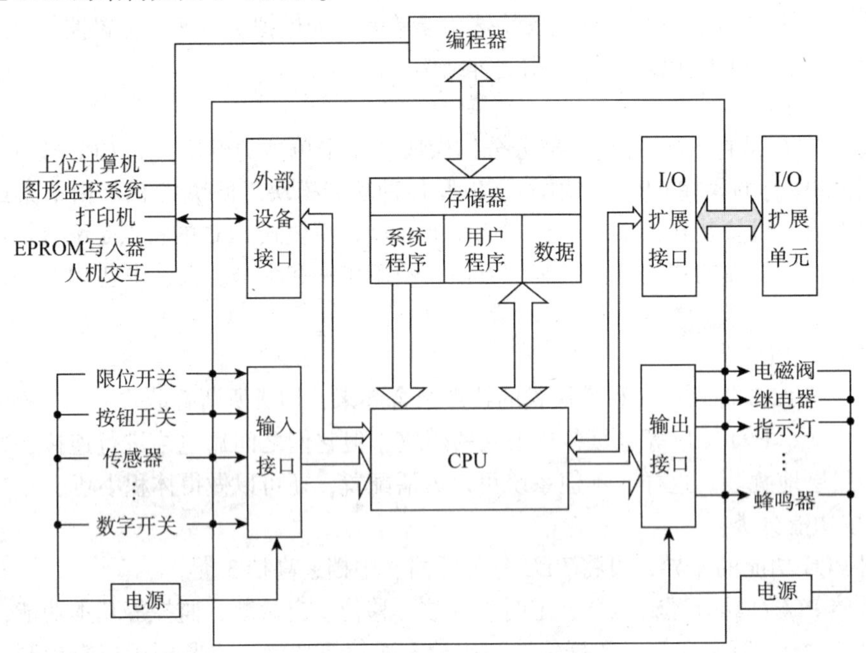


**图 0-1　典型 PLC 的结构**

(1)CPU。

CPU 由控制器、运算器和寄存器组成，并集成在一个芯片内，其作用如下。

1)接收通信接口送来的程序和信息，并将它们存入存储器。

2)采用循环检测(即扫描检测)方式不断检测输入接口送来的状态信息，以判断输入设备的状态。

3)逐条运行存储器中的程序，并进行各种运算，再将运算结果存储下来，然后经输出接口对输出设备进行有关的控制。

4)监测和诊断内部各电路的工作状态。

小型 PLC 的 CPU 采用 8 位或 16 位微处理器或单片机，如 8031、M68000 等，这类芯片价格很低；中型 PLC 的 CPU 采用 16 位或 32 位微处理器或单片机，如 8086、96 系列单片机等，这类芯片的主要特点是集成度高、运算速度快且可靠性高；大型 PLC 则采用高速位片式微处理器。

CPU 按照 PLC 内系统程序赋予的功能指挥 PLC 控制系统完成各项工作任务。

(2)存储器。

PLC 内的存储器主要用于存放系统程序、用户程序和数据等。

1)系统程序存储器。

PLC 的系统程序决定了 PLC 的基本功能，由 PLC 制造厂家编写并固化在系统程序存储器中，主要包括系统管理程序、用户指令解释程序、功能程序与系统程序调用等部分。

系统管理程序主要控制 PLC 的运行，使 PLC 按正确的次序工作；用户指令解释程序将 PLC 的用户指令转换为机器语言指令，并传输到 CPU 内执行；功能程序与系统程序调用则负责调用不同的功能子程序及其管理程序。

系统程序属于需要长期保存的重要数据，所以其存储器采用只读存储器(Read-only Memory，ROM)或可擦可编程只读存储器(Erasable Programmable Read-only Memory，EPROM)。

ROM 只能读出内容，不能写入内容，具有非易失性，即电源断开后仍能保存已存储的内容。

EPROM 需要用紫外线照射芯片上的透镜窗口才能擦除已写入内容，它包括电擦除可编程只读存储器(Electrically-erasable Programmable Read-only Memory，EEPROM)、快闪存储器等。

2)用户程序存储器。

用户程序存储器用于存放用户载入的 PLC 应用程序，载入初期的用户程序因需要修改与调试，所以称为用户调试程序，存放在可以随机读写操作的随机存储器(Random Access Memory，RAM)内以方便用户修改与调试。

通过修改与调试后的用户程序称为用户执行程序，由于不需要再进行修改与调试，被固化到 EPROM 内长期使用。

3)数据存储器。

PLC 运行过程中需要生成或调用中间结果数据(如输入元件的状态数据、输出定时器和计数器的预设值和当前值等)和组态数据(如输入组态、设置输入滤波、捕捉脉冲、输出表配置、定义存储区保持范围、模拟电位器设置、高速计数器配置、高速脉冲输出配置、输出通信组态等)，这类数据存放在数据存储器中，由于工作数据与组态数据不断变化，且不需要长期保存，所以数据存储器一般采用 RAM。

RAM 是一种高密度、低功耗的半导体存储器，可用锂电池作为备用电源，一旦断电就可通过锂电池供电，以保持其中的内容。

(3)各种接口。

I/O 接口是 PLC 与工业现场控制或检测元件和执行元件连接的接口。PLC 的输入接口有直流输入、交流输入和交直流输入等类型；输出接口有晶体管输出、晶闸管输出和继电器输出等类型。晶体管输出和晶闸管输出为无触点输出，前者用于高频小功率负载，而后者用于高频大功率负载；继电器输出为有触点输出，用于低频负载。

现场控制或检测元件输入 PLC 各种控制信号，如限位开关、操作按钮、选择开关，以及其他一些传感器输出的开关量或模拟量等，再通过输入接口电路将这些信号转换成 CPU

能够接收和处理的信号。输出接口将 CPU 送出的弱电控制信号转换成现场需要的强电控制信号并输出，以驱动电磁阀、接触器等被控设备的执行元件。

1) 输入接口。

输入接口用于接收和采集两种类型的输入信号：一类是按钮、转换开关、行程开关、继电器触点等的开关量输入信号；另一类是由电位器、测速发电机和各种变换器提供的连续变化的模拟量输入信号。

以图 0-2(a)所示的直流输入接口电路为例，*R*1 是限流与分压电阻，*R*2 与 *C* 构成滤波电路，滤波后的输入信号经光耦合器 T 与内部电路耦合。当输入端的按钮 SB1 接通时，光耦合器 T 导通，直流输入信号被转换成 PLC 能处理的 5 V 标准信号电平，同时输入指示灯 VL 亮，表示信号接通。输入接口电路一般由输入数据寄存器、选通电路和中断请求逻辑电路组成，并集成在一个芯片上。滤波电路用以消除输入触点的抖动，光耦合器 T 可防止现场的强电干扰进入 PLC，使输入接口具有抗干扰能力。交流输入接口电路[图 0-2(b)]和交直流输入接口电路[图 0-2(c)]与直流输入接口电路类似。

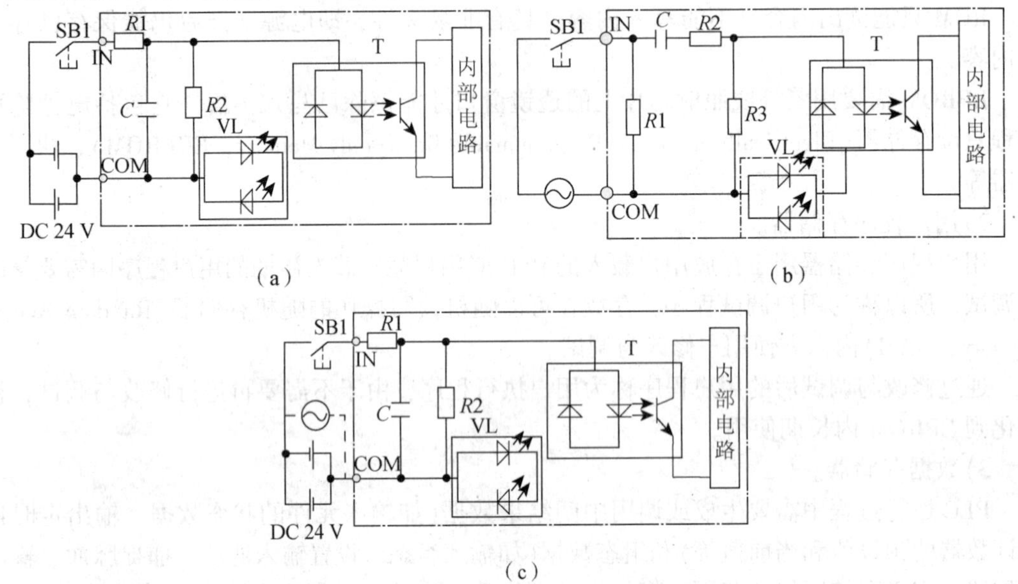


**图 0-2　输入接口电路**

(a)直流输入接口电路；(b)交流输入接口电路；(c)交直流输入接口电路

2)输出接口。

输出接口电路向被控对象的各种执行元件输出控制信号，如图 0-3 所示。常用执行元件有接触器、电磁阀、调节阀(模拟量)、调速装置(模拟量)、指示灯、数字显示装置和报警装置等。输出接口电路一般由内部电路和功率放大电路组成，与输入接口电路类似，内部电路与功率放大电路之间采用光耦合器进行抗干扰电隔离。

小型 PLC 继电器输出电路允许负载一般在 AC 250 V/DC 50 V 以下，负载电流可达 2 A，容量可达 80~100 V·A，因此 PLC 的输出一般不宜直接驱动大电流负载(一般通过一个小负载来驱动大负载，如 PLC 的输出可以接一个电流比较小的中间继电器，再由中间继电器触点驱动大负载，如接触器线圈等)。PLC 继电器输出电路的继电器触点的使用寿命也有限制(一般在数十万次左右，根据负载而定，如连接感性负载时的寿命要小于阻性负载)。此外，继电器输出的响应时间也比较慢(10 ms 左右)，因此在要求快速响应的场合不适合使用此种类型的电路输出。

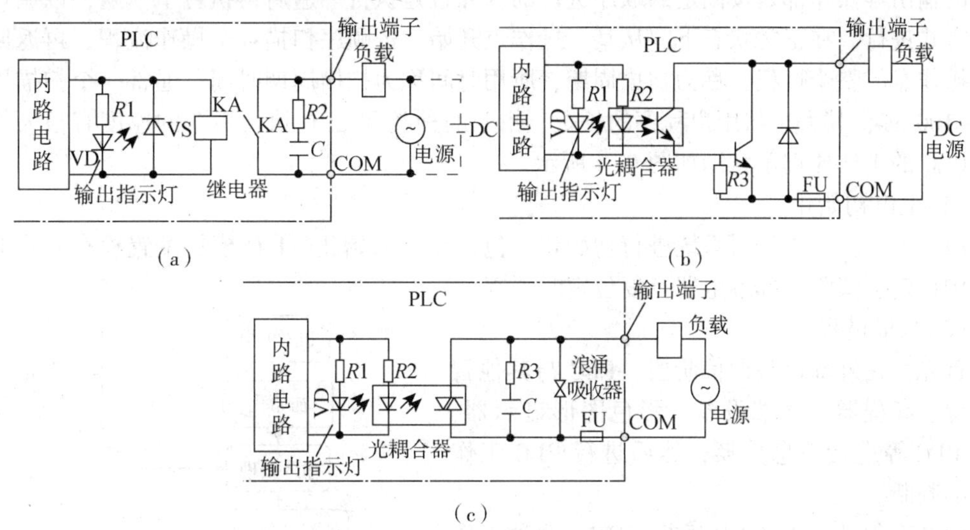


**图 0-3　输出接口电路**

(a)继电器输出接口电路；(b)晶体管输出接口电路；(c)双向晶闸管输出接口电路

3)其他接口。

若主机单元的 I/O 接口数量不够用，可通过 I/O 扩展接口电缆与 I/O 扩展单元(不带 CPU)相接进行扩充。

PLC 还常配置连接各种外围设备的接口，可通过电缆实现串行通信、EPROM 写入等功能。

(4)编程器。

编程器的作用是将用户编写的程序下载至 PLC 的用户程序存储器，并利用编程器检查、修改和调试用户程序，监视用户程序的执行过程，显示 PLC 状态、内部器件及系统的参数等。

编程器有简易编程器和图形编程器两种。简易编程器体积小、携带方便，但只能用语句形式进行联机编程，适合小型 PLC 的编程及现场调试。图形编程器既可用语句形式编程，又可用梯形图编程，同时还能进行脱机编程。

目前，PLC 制造厂家大都开发了 PLC 编程软件，当个人计算机安装了 PLC 编程软件后，可作为图形编程器，进行用户程序的编辑、修改，并通过个人计算机和 PLC 之间的通信接口实现用户程序的双向传送、监控 PLC 运行状态等。

(5)电源。

PLC 的电源将外部供给的交流电转换成 CPU、存储器等所需要的直流电，是整个 PLC 的能源供给中心。PLC 大都采用高质量且工作稳定性好、抗干扰能力强的开关稳压电源，许多 PLC 电源还可向外部提供 DC 24 V 稳压电源，用于向输入接口电路上的电气元件供电，从而简化外围配置。

6. PLC 的工作原理

PLC 的 CPU 与各外部设备之间的信息交换、用户程序的执行、输入信号的采集、控制量的输出等操作都是按固定的顺序进行的，并且是执行一遍后再执行下一遍，以循环扫描的方式进行。在正常状态下，从某一操作点开始，按顺序扫描各个操作流程，再返回到这一操作点的整个过程，称为扫描周期，所用时间称为扫描周期时间。通常一个扫描周期为 1~100 ms，其大小与用户程序的长短、指令的种类和 CPU 执行指令的速度有很大的关系。PLC 的工作原理示意图如图 0-4 所示。

(1)上电初始化。

PLC 上电后，首先对系统进行初始化，包括硬件初始化、I/O 模块配置检查、停电保持范围设定、清除内部继电器及复位定时器等。

(2)扫描过程。

首先，在外部设备通信阶段，PLC 与其他智能装置、编程器、终端设备、彩色图形显示器、其他 PLC 等进行信息交换，然后进行 PLC 工作状态的判断。

PLC 有停止(STOP)和运行(RUN)两种工作状态。如果 CPU 处于 STOP 状态，则不执行用户程序，将通过与编程器等设备交换信息，完成用户程序的编辑、修改及调试任务；如果 CPU 处于 RUN 状态，则将进入扫描过程，执行用户程序。

其次，以扫描方式把外部输入信号的状态存入输入映像区，再执行用户程序，并将执行结果输出存入输出映像区，直到传送到外部设备。

PLC 上电后周而复始地执行上述工作流程，直至断电停机。

(3)自诊断处理。

在每个扫描周期须进行自诊断，通过自诊断对电源、PLC 内部电路、用户程序的语法等进行检查，一旦发现异常，CPU 使异常继电器接通，PLC 面板上的异常指示灯亮，内部特殊寄存器中存入出错代码并给出故障显示标志。如果不是致命错误，则 PLC 进入 STOP 状态；如果是致命错误，则 CPU 被强制停止，等待错误排除后，PLC 才转入 STOP 状态。

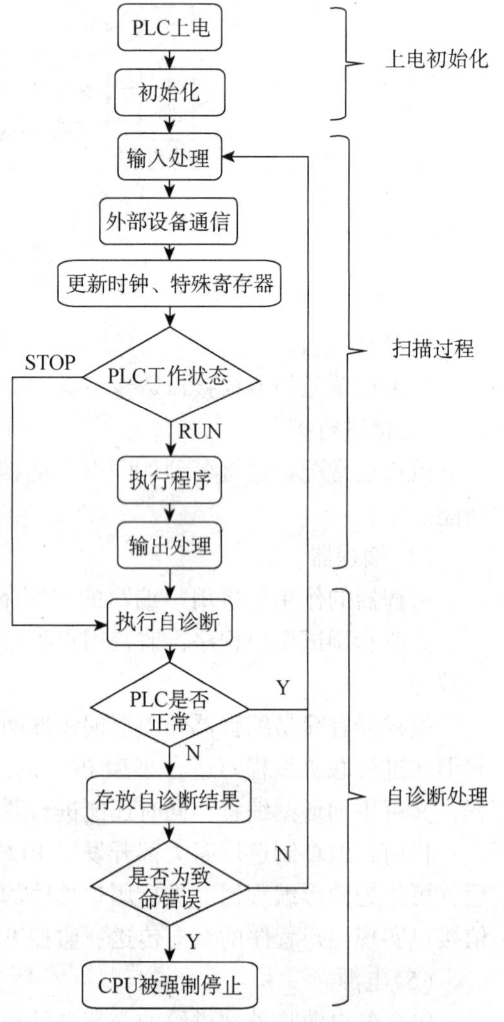


**图 0-4　PLC 的工作原理示意图**

PLC 的这种扫描工作方式与传统的继电器控制系统工作方式有本质的区别。传统的继电器控制系统采用并行工作方式，即如果忽略电磁滞后及机械滞后，对同一个继电器来说，它的所有的触点动作是与其线圈通电或断电同时发生的。PLC 则不同，由于 PLC 采用扫描工作方式，因此在程序执行阶段，即使输入信号发生了变化，也要等到下一个周期的输入处理阶段才能改变输入信号的变化。同样，输入信号即使影响到输出信号的状态，也不能马上改变，而要等到一个循环周期结束，CPU 才能将这些改变了的输出状态送出去。同时，在执行程序的同一扫描周期里，工作线圈和它的触点也不是同时动作的，如果线圈在前、触点在后，则当扫描到工作线圈接通时，要等到扫描到它的触点，它的触点才动作。相比于传统的继电器控制系统的并行工作方式，可以认为 PLC 是串行工作的。

PLC 的这种串行工作的方式避免了继电器控制系统中的触点竞争和时序失配等问题，因此其可靠性比继电器控制系统更高，抗干扰能力也更强。但是，由于是分时扫描，其控制响应有滞后、反应不及时、速度慢等缺点。PLC 是以降低响应速度来获取高可靠性的。

PLC 的这种控制响应的滞后性在一般的工业控制系统中是无关紧要的，因为滞后的时间最长是一个扫描周期，只有数十毫秒左右，但是对某些 I/O 快速响应的系统，则应采取相应措施来减少滞后时间。

7. 用户程序工作过程

PLC 在 RUN 状态下才会执行用户程序，其扫描过程图如图 0-5 所示。

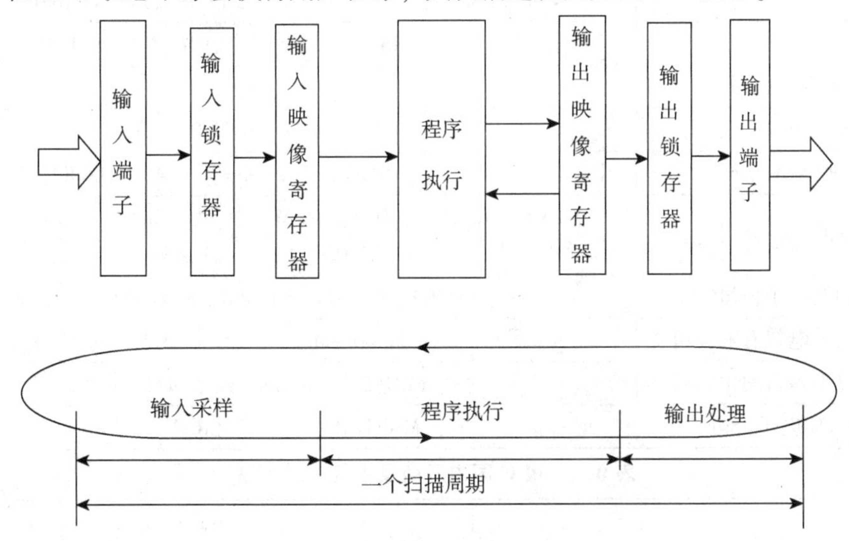


**图 0-5　用户程序扫描过程图**

(1)输入采样阶段。

CPU 将全部输入信号(如按钮、限位开关、速度继电器的通断状态)经 PLC 的输入接口读入输入映像寄存器，这一过程称为输入采样。输入采样结束后，进入程序执行阶段，其间即使输入信号发生变化，输入映像寄存器内的数据也不再随之变化，直至一个扫描循环结束，下一次输入采样开始时才会更新。这种输入工作方式称为集中输入方式。

(2)程序执行阶段。

PLC 在程序执行阶段，若不出现中断或跳转指令，就根据梯形图程序从首地址开始按自上而下、从左往右的顺序进行逐条扫描执行，扫描过程中分别从输入映像寄存器、输出映像寄存器以及辅助继电器中将有关编程元件的状态数据读出，并根据梯形图规定的逻辑关系执行相应的运算，运算结果写入对应的元件映像寄存器中保存，而需要向外输出的信号则存入输出映像寄存器中，并由输出锁存器保存。

(3)输出处理阶段。

CPU 将输出映像寄存器的状态数据经输出锁存器和 PLC 的输出接口传送到外部，去驱动接触器和指示灯等负载。这时，输出锁存器保存的内容要等到下一个扫描周期的输出阶段才会被再次刷新。

8. PLC 主要品牌

PLC 的生产厂商很多，国外品牌(见表 0-1)如西门子、施耐德、三菱、GE-FANUC(由美国通用电气公司和日本发那科公司联合创办)、欧姆龙、LG 等，国内品牌(见表 0-2)有凯迪恩、德立科等，几乎涉及工业自动化领域的厂商都会有其 PLC 产品。

**表 0-1　PLC 国外厂商及主要 PLC 产品**

| 厂商 | PLC 产品 |
|---|---|
| 日本三菱公司 | A、FX、Q 系列 |
| 日本东芝公司 | EX 小型机及 EX-PLUS 小型机 |
| 日本松下公司 | FP-e/FP0/FP∑/FP1/FP-M/FP2/FP2SH/FP3/FP10SH/FP-x |
| 日本富士公司 | FLEX NB、NS、NJ、NWO、MICREX-SX SPB 系列 |
| 日本日立公司 | E 系列 |
| 美国 Allen-Bradley 公司 | PLC-5 系列、微型 PLC 等 |
| GE-FANUC 公司 | 中型机 90-30 系列、小型机 90-20 系列、914、781/782、771/772 等 |
| 日本欧姆龙公司 | CPMIA 型、P 型、H 型、CVM、CV 型、Ha 型、F 型、CQM1、C200H、CS1、CJ1 系列 |
| 德国西门子公司 | LOGO!、S7-200、S7-300、S7-400、S7-1200、S7-1500 系列 |
| 法国施耐德电气有限公司 | M340、M218、M238、M258 |
| 美国罗克韦尔自动化公司 | PLC-5、CompactLogix、SLC 500 |
| 韩国 LG 电子公司 | MASTER-K、MASTER-X 系列 |

**表 0-2　PLC 国内厂商及主要 PLC 产品**

| 厂商 | PLC 产品 |
|---|---|
| 北京凯迪恩自动化技术有限公司 | KDN-K3 系列小型一体化 PLC |
| 石家庄德立科电子科技有限公司 | KX1S、KX1N、KX2N 系列 |
| 北京安控科技发展有限公司 | PLCcore、DemoEC11 系列 |
| 北京和利时系统工程有限公司 | LK 系列大型 PLC、LM 系列小型 PLC |
| 厦门海为科技有限公司 | S 系列 |
| 光洋电子(无锡)有限公司 | SH/SH1/SH2、SM/SM1、SN、SZ、SU、SR/DL-305 系列 |
| 丰炜科技企业股份有限公司 | V、M、VB、VH 系列 |
| 台达电子工业股份有限公司 | DVP-EH3/EH2、DVP-PM、DVP-ES2/EX2、DVP-EC3 系列 |

续表

| 厂商 | PLC 产品 |
|---|---|
| 福建毅天自动化科技有限公司 | ET-SX、ET-MX、ET-200、ET-300 系列 |
| 上海金泓格国际贸易有限公司 | WinPAC 智能型、泛用型 PAC |
| 浙江浙大中自集成控制股份有限公司 | SunyPLC200、SunyPLC300 系列 |
| 永宏电机股份有限公司 | 中小型 PLC、微型 PLC |
| 上海正航电子科技有限公司 | A、M、R、U 系列 |
| 北京张前苏电子科技有限公司 | 工业级 PLC、商业级 PLC |
| 中达电通股份有限公司 | EH、ES、EX、PM、SS、SA、SX、SC、SV 系列 |
| 台安科技(无锡)有限公司 | TP03 系列 |
| 南京冠德科技有限公司 | JH200、CA2 系列 |
| 无锡信捷电气股份有限公司 | XC、FC 系列 |
| 兰州全志电子有限公司 | RD100、RD200 系列微型、小型 PLC |
| 洛阳易达自动化研究所 | YF 系列 |
| 威海恒日电子有限公司 | 恒日 HR31216R 系列 |

9. 主流西门子 PLC 型号

德国西门子公司作为全球工业自动化领域的领先企业，其 PLC 产品在工业控制系统中得到广泛应用，如图 0-6 所示。

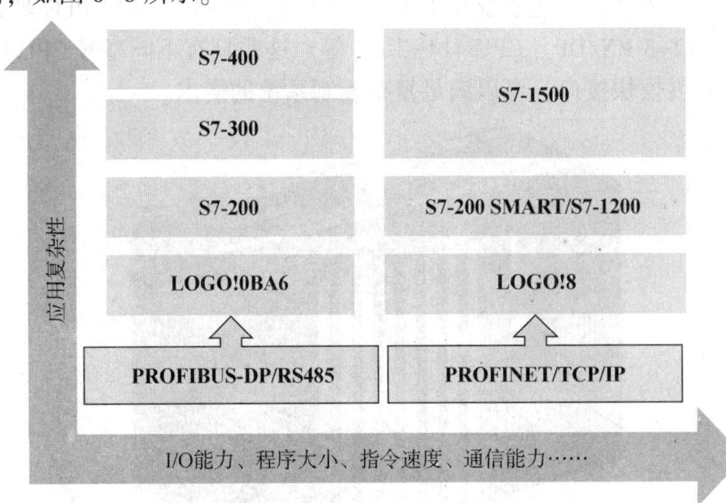


图 0-6　西门子 PLC 产品系列

(1)S7-1500 系列 PLC。

S7-1500 系列 PLC(图 0-7)是一种高性能、高可靠性的 PLC，具有强大的处理能力和丰富的扩展性，适用于大型自动化系统。S7-1500 系列 PLC 具有多种型号的 CPU，包括 CPU 1511-1 PN、CPU 1512C-1 PN、CPU 1513-1 PN 等。这些具有不同型号 CPU 的 PLC 具有不同的处理速度和扩展模块接口，可以满足复杂控制系统的需求。

(2)S7-1200 系列 PLC。

S7-1200 系列 PLC(图 0-8)是一种紧凑型、高性能的 PLC，具有灵活的扩展性和丰富的通信接口，适用于中小型自动化系统。S7-1200 系列 PLC 具有多种型号的 CPU，包括 CPU 1211C、CPU 1212C、CPU 1214C 等。这些具有不同型号 CPU 的 S7-1200 系列 PLC 具有不同的 I/O 点数和通信能力，可以满足不同应用场景的需求。

图 0-7　S7-1500 系列 PLC

图 0-8　S7-1200 系列 PLC

(3)S7-400 系列 PLC。

S7-400 系列 PLC(图 0-9)具有高性能、高可靠性的特点，具有强大的处理能力和丰富的扩展性，适用于大型自动化系统和工业过程控制。S7-400 系列 PLC 具有多种型号的 CPU，包括 CPU 412-3 PN/DP、CPU 414-3 DP 等。这些具有不同型号 CPU 的 PLC 具有不同的处理速度和扩展模块接口，可以满足复杂控制系统的需求。

图 0-9　S7-400 系列 PLC

(4)S7-300 系列 PLC。

S7-300 系列 PLC(图 0-10)是一种经典 PLC，具有可靠性高、稳定性好的特点，适用于中大型自动化系统。S7-300 系列 PLC 具有多种型号的 CPU，包括 CPU 312C、CPU 314C-2 DP、CPU 315-2 DP 等。这些具有不同型号 CPU 的 PLC 具有不同的 I/O 点数和通信接口，可以满足不同工业场景的需求。

**图 0-10　S7-300 系列 PLC**

(5)S7-200 系列 PLC。

S7-200 系列 PLC(图 0-11)是一种经典的 PLC，具有紧凑、灵活的特点，适用于小型自动化系统和简单控制任务。S7-200 系列 PLC 具有多种型号的 CPU，包括CPU 221、CPU 222、CPU 224、CPU 226、CPU 224XP 等。这些具有不同型号 CPU 的 PLC 具有不同的I/O点数和通信接口，可以满足简单控制系统的需求。

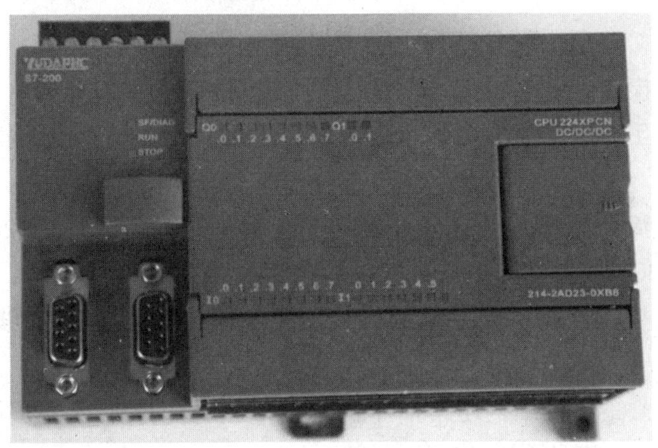


**图 0-11　S7-200 系列 PLC**

(6)S7-200 SMART 系列 PLC。

S7-200 SMART 系列 PLC(图 0-12)比 ST-200 系列 PLC 更智能、更经济，具有高性能、高集成、更简约的特点，是西门子公司为中国客户量身定制的一款高性价比小型 PLC 产品。S7-200 SMART 系列 PLC 的标准 CPU 包括 ST20/SR20、ST30/SR30、ST40/SR40 和 ST60/SR60 等。ST 系列表示数字量输出类型为晶体管输出，支持高速脉冲输出；SR 系列表示数字量输出类型为继电器输出。

(7)LOGO！系列 PLC。

LOGO！系列 PLC(图 0-13)是一种低成本、易于使用的 PLC，具有紧凑、简单的特点，适用于小型自动化系统和简单控制任务。LOGO！系列 PLC 具有多种型号，包括 LOGO！8、LOGO！12/24RCE 等。这些具有不同型号 CPU 的 PLC 具有不同的 I/O 点数和通信接口，可以满足简单控制系统的需求。

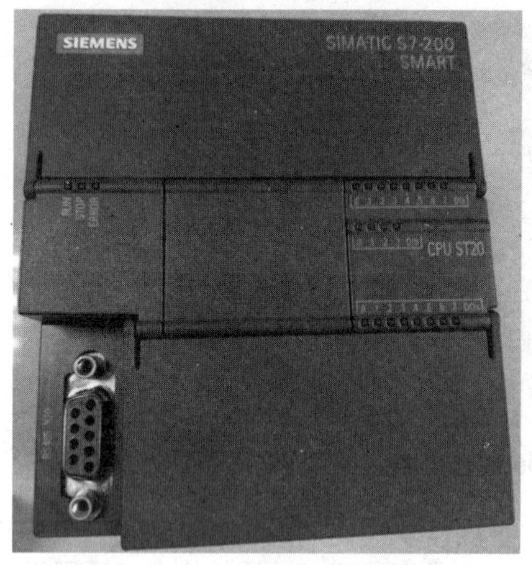


图 0-12　S7-200 SMART 系列 PLC

图 0-13　LOGO！系列 PLC

10. 主流西门子 PLC 概述

(1) 硬件结构。

主流西门子 PLC 型号的硬件结构主要包括 CPU 模块、I/O 模块、通信模块和电源模块等。其中，CPU 模块是 PLC 的核心部件，用于控制和处理 I/O 信号；I/O 模块用于与外部设备进行数据交互；通信模块用于与其他设备进行数据通信；电源模块用于提供电力支持。

不同型号的主流西门子 PLC 在硬件结构上有所差异。例如，S7-200 系列 PLC 采用模块化结构，S7-300 系列 PLC 和 S7-400 系列 PLC 采用机架式结构，而 S7-1200 系列 PLC 采用紧凑型结构。这些不同的结构设计使得主流西门子 PLC 能够适应不同的应用场景。

主流西门子 PLC 的硬件结构还具有可扩展性和可靠性的特点，用户可以根据需要进行模块的添加和替换，以满足不同的应用需求。

(2) 功能特点。

主流西门子 PLC 具有丰富的功能特点，包括高速运算能力、支持多种编程语言、丰富的通信接口、灵活的扩展性等。

主流西门子 PLC 的高速运算能力使它能够处理复杂的控制算法和大量的 I/O 信号，保证系统的稳定性和可靠性。

主流西门子 PLC 支持多种编程语言，包括梯形图、语句表和结构化文本等，用户可以根据自己的编程习惯选择合适的编程语言。

主流西门子 PLC 还具有丰富的通信接口，包括串行端口、以太网接口等，方便与其他设备进行数据通信。

主流西门子 PLC 还具有灵活的扩展性，用户可以根据需要添加或替换不同的模块，扩展 PLC 的功能和性能。

(3)编程软件。

主流西门子 PLC 的编程软件主要有 STEP 7 和 TIA Portal 两种。STEP 7 是一款经典的编程软件，适用于 S7-200、S7-300 和 S7-400 等系列的 PLC 的编程。TIA Portal 是西门子最新推出的编程软件，适用于 S7-1200 等系列的 PLC 的编程。

这两种编程软件都提供了友好的界面和强大的功能，方便进行 PLC 的编程、调试和监控。它们还支持在线编程和远程访问，方便用户对 PLC 进行远程管理和维护。

(4)通信接口。

主流西门子 PLC 的通信接口丰富多样，可以满足不同的通信需求。其中，串行端口是最常见的通信接口，用于与其他设备进行串行通信。以太网接口是主流西门子 PLC 的标配接口，支持 TCP/IP (Transmission Control Protocol/Internel Protocol，传输控制协议/网际协议)和 UDP(User Datagram Protocol，用户数据报协议)等网络协议，可以与计算机、HMI (Human-Machine Interaction，人机交互)和其他 PLC 等设备进行数据通信。

主流西门子 PLC 还支持 PROFIBUS(Process Field Bus，用于自动化技术的现场总线标准)和 PROFINET(Process Field Net，基于以太网技术的自动化总线标准)等工业总线协议，方便与其他设备实现实时数据交换和远程监控。

(5)应用领域。

主流西门子 PLC 广泛应用于工业自动化领域，包括制造业、能源、交通、建筑等各个行业。它们可以实现对生产过程的自动控制和监控，提高生产效率和质量。

主流西门子 PLC 在制造业中的应用特别广泛，包括汽车制造、机械制造、电子制造等，可以实现对生产线的自动控制，提高生产效率和产品质量。

主流西门子 PLC 还广泛应用于能源行业，包括电力、石油、化工等行业，可以实现对能源设备的自动控制和监控，提高能源利用效率和安全性。

通过对主流西门子 PLC 系列的介绍，我们可以看到它们在工业自动化领域的重要性和广泛应用。不同系列的 PLC 具有不同的硬件结构和功能特点，可以满足不同应用场景的需求。主流西门子 PLC 的编程软件和通信接口也非常丰富，方便用户进行编程和数据通信。

11. S7-200 SMART 系列 PLC 的编程器与人机界面

目前，广泛采用个人计算机作为编程设备，但需要配置西门子提供的专用编程软件。S7-200 SMART 系列 PLC 的编程软件是 STEP 7-Micro/WIN SMART，该软件系统可在 Windows 操作系统上运行；支持语句表、梯形图、功能块图这 3 种编程语言；具有指令向导功能和密码保护功能；内置 USS(Universal Serial Interface Protocol，通用串行接口协议)库、Modbus 从站协议指令、PID 整定控制界面和数据归档等；支持 TD400C 文本显示界面；PLC 通过以太网接口连接计算机进行编程，只需要网线连接，不需要其他编程电缆。

目前，S7-200 SMART 系列 PLC 支持的人机界面主要有文本显示单元 TD400C、SMART 700 IE 触摸屏和 SMART 1000 IE 触摸屏。

12. S7-200 SMART 系列 PLC 硬件

(1) CPU 型号及接线。

S7-200 SMART V2.3 CPU 包含 12 种型号，分为两条产品线，即紧凑型和标准型，具体型号如表 0-3 所示。

紧凑型 CPU 有 4 种：CPU CR20s、CPU CR30s、CPU CR40s 和 CPU CR60s。

标准型 CPU 有 8 种：CPU ST20/30/40/60 和 CPU SR20/30/40/60。

S7-200 SMART 系列 PLC 有标准型和经济型两种 CPU 模块。

标准型 CPU 可以连接扩展模块，适用于 I/O 规模较大、逻辑控制较为复杂的应用场合，如 CPU SR20/30/40/60、CPU ST20/30/40/60。

经济型 CPU 不能连接扩展模块，通过主机本体满足相对简单的控制要求，如 CPU CR40、CPU CR60。

**表 0-3　S7-200 SMART V2.3 系列 PLC 的 CPU 型号及规格**

| CPU 型号 | 规格 |
|---|---|
| CPU SR20 | AC/DC/继电器 |
| CPU ST20 | DC/DC/DC |
| CPU CR20s | AC/DC/继电器 |
| CPU SR30 | AC/DC/继电器 |
| CPU ST30 | DC/DC/DC |
| CPU CR30s | AC/DC/继电器 |
| CPU SR40 | AC/DC/继电器 |
| CPU ST40 | DC/DC/DC |
| CPU CR40s | AC/DC/继电器 |
| CPU SR60 | AC/DC/继电器 |
| CPU ST60 | DC/DC/DC |
| CPU CR60s | AC/DC/继电器 |

注：1. “AC/DC/继电器”中，AC 表示交流供电；DC 表示输入端电压为 DC 24 V；继电器表示继电器输出。

2. “DC/DC/DC”中，第一个 DC 表示 DC 24 V 供电；第二个 DC 表示输入端电压为 DC 24 V；第三个 DC 表示 24 V 输出。

(2) PLC 主要性能参数。

固件版本为 Firmware V2.0 的 S7-200 SMART 系列 PLC 的主要性能参数表如表 0-4 所示。

**表 0-4　S7-200 SMART 系列 PLC 的主要性能参数**

| 名称 | 数据 | | | | |
| --- | --- | --- | --- | --- | --- |
| | CR40/CR60 | SR20/ST20 | SR30/ST30 | SR40/ST40 | SR60/ST60 |
| 本机数字量 I/O 点数 | CR40: 24DI/16DO<br>CR60: 36DI/24DO | 12DI/8DO | 18DI/12DO | 24DI/16DO | 36DI/24DO |
| 用户程序区 | 12 KB | 12 KB | 18 KB | 24 KB | 30 KB |
| 用户数据区 | 8 KB | 8 KB | 12 KB | 16 KB | 20 KB |
| 扩展模块数 | — | 6 个 | | | |
| 信号板 | — | 1 个 | | | |
| 数字量 I/O 映像区 | 256 位输入，256 位输出 | | | | |
| 模拟量 I/O 映像区 | — | 56 位输入，56 位输出 | | | |
| 定时器 | 256 个 | | | | |
| 计数器 | 256 个 | | | | |
| 布尔运算速度 | 0. 15 μs | | | | |
| 定时中断 | 2 个，分辨率为 1 ms | | | | |
| 通信接口数 | 以太网接口：1 个<br>RS485 接口：1 个 | 以太网接口：1 个<br>RS485 接口：1 个<br>附加串行接口：1 个(带有可选 RS232/485 信号板) | | | |
| HMI 设备 | 以太网：8 个专用 HMI/OPC 服务器连接；RS485：4 个支持 HMI 连接 | | | | |
| 高速计数器 | 紧凑型：4 个；标准型：6 个 | | | | |
| 最大脉冲输出频率 | — | 2 个 100 Hz<br>(仅 ST20) | 3 个 100 Hz(仅 ST30/ST40/ST60) | | |
| 脉冲捕捉输入点数 | 14 | 12 | 14 | 14 | 14 |
| 实时时钟，可保持 7 天 | — | 有 | | | |
| 存储卡 | Micro SD 卡(可选) | | | | |
| DC 5V 电源供电能力 | — | SR20 为<br>740 mA;<br>ST20 为<br>1 100 mA | 740 mA | | |
| 24 V 电源供电能力 | 300 mA | | | | |

注：DI 表示数字量输入；DO 表示数字量输出。

以 CPU SR40、CPU ST40、CPU CR40 为例，其接线图分别如图 0-14～图 0-16 所示。

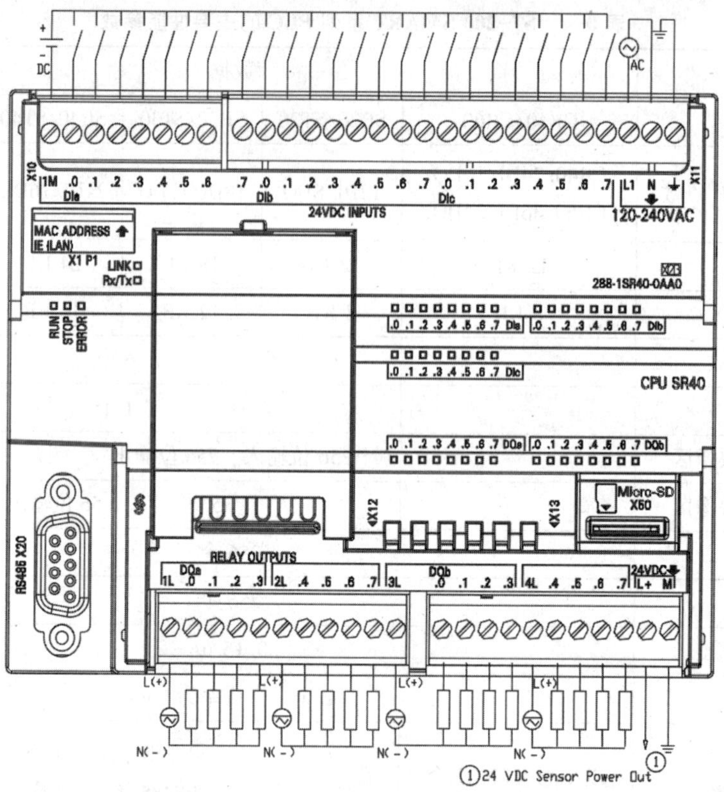


图 0-14　CPU SR40 接线图

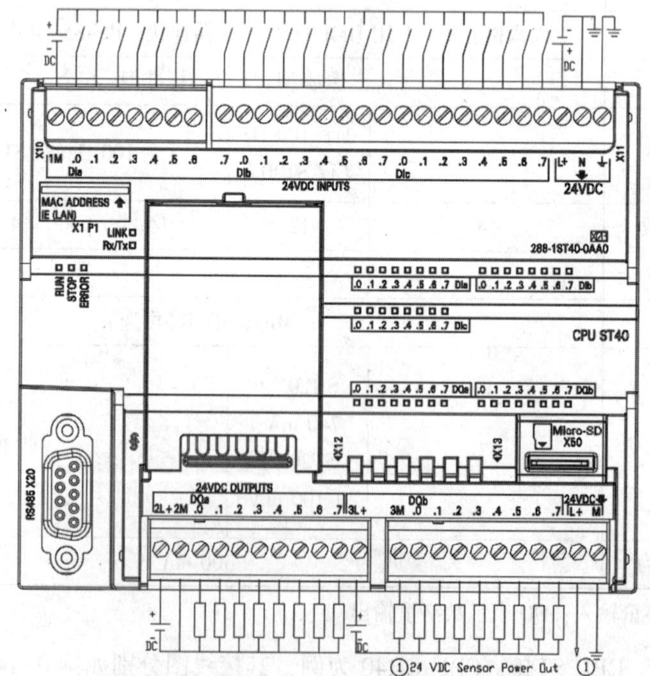


图 0-15　CPU ST40 接线图

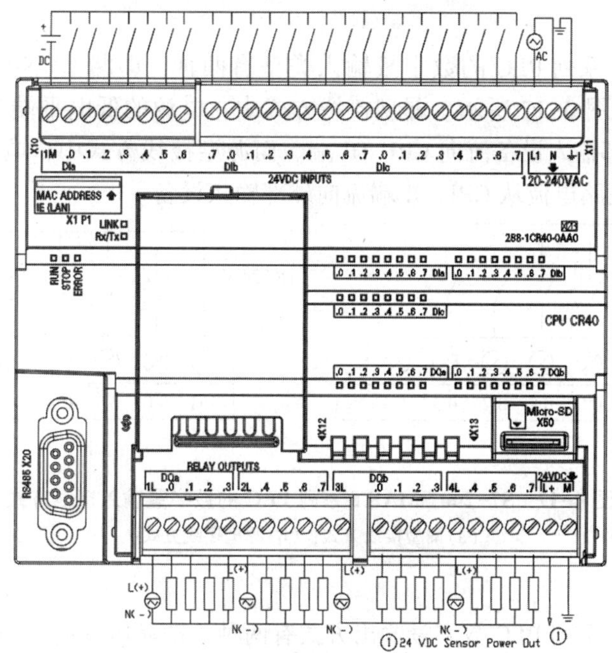

图 0-16 CPU CR40 接线图

(3)PLC 扩展模块。

1)数字量扩展模块。

数字量扩展模块有数字量输入模块、数字量输出模块和数字量 I/O 模块 3 种，S7-200 SMART 系列 PLC 的数字量扩展模块如表 0-5 所示。

表 0-5 S7-200 SMART 系列 PLC 的数字量扩展模块

| 型号 | 输入点数 | 输出点数 | 输入类型 | 输出类型 | 电流消耗 | |
|---|---|---|---|---|---|---|
| | | | | | DC 5 V | DC 24 V |
| EM DE08 | 8 | 0 | 漏型/源型 | — | 105 mA | 每点输入 4 mA |
| EM DR08 | 0 | 8 | — | 继电器 | 120 mA | 11 mA |
| EM DT08 | 0 | 8 | — | 固态-MOSFET(源型) | 120 mA | — |
| EM DR16 | 8 | 8 | 漏型/源型 | 继电器 | 145 mA | 每点输入 4 mA |
| EM DT16 | 8 | 8 | 漏型/源型 | 固态-MOSFET(源型) | 145 mA | 每点输入 4 mA |
| EM DE16 | 16 | 0 | 漏型/源型 | — | 105 mA | 每点输入 4 mA |
| EM QT16 * | 0 | 16 | — | 固态-MOSFET(源型) | 120 mA | 50 mA |
| EM QR16 * | 0 | 16 | — | 继电器 | 110 mA | 150 mA (所有继电器开启) |
| EM DR32 | 16 | 16 | 漏型/源型 | 继电器 | 185 mA | 每点输入 4 mA |
| EM DT32 | 16 | 16 | 漏型/源型 | 固态-MOSFET(源型) | 180 mA | 每点输入 4 mA |

注：* 表示 CPU V2.0 无此扩展模块。

①数字量输入。

S7-200 SMART 系列 PLC 的数字量输入类型有两种，即漏型（NPN 型）和源型（PNP 型），其接线方式如图 0-17 所示。漏型接线方式中，电源的低电平端与公共端 1M 连接，此时回路电流从外部输入设备流向 CPU DI 端。而源型接线方式中，电源高电平端与公共端 1M 相连，此时回路电流从 CPU DI 端流向外部输入设备。

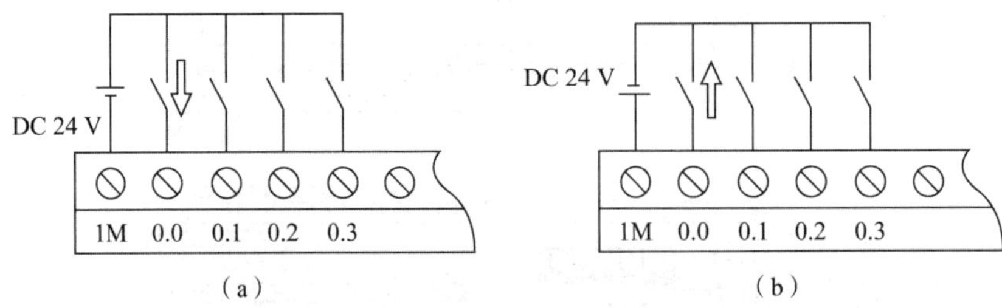


**图 0-17　S7-200 SMART 系列 PLC 的数字量输入接线方式**

(a)漏型接线方式；(b)源型接线方式

②数字量输出。

S7-200 SMART 系列 PLC 数字量输出方式有两种，即晶体管输出和继电器输出。晶体管输出时，只有源型一种输出方式，如 ST 系列的 CPU。

继电器输出没有方向性，可以输出交流信号，也可以输出直流信号。要注意的是，不能使用 220 V 以上的交流电，如果外部控制有高于 220 V 的交流电，则可以使用继电器隔离，如 CR 系列和 SR 系列的 CPU。

2)模拟量扩展模块和模拟量模块。

S7-200 SMART 系列 PLC 模拟量扩展模块有模拟量输入模块、模拟量输出模块及模拟量 I/O 模块 3 种，具体如表 0-6 所示。

**表 0-6　模拟量扩展模块汇总表**

| 型号 | 输入点数 | 输出点数 | 输入类型 | 输出类型 | 电流消耗 | |
|---|---|---|---|---|---|---|
| | | | | | DC 5 V | DC 24 V(空载) |
| EM AE04 | 4 | 0 | 电压或电流 | — | 80 mA | 40 mA |
| EM AE08 | 8 | 0 | 电压或电流 | — | 80 mA | 70 mA |
| EM AQ02 | 0 | 2 | — | 电压或电流 | 60 mA | 50 mA |
| EM AQ04 | 0 | 4 | — | 电压或电流 | 60 mA | 75 mA |
| EM AM03 | 2 | 1 | 电压或电流 | 电压或电流 | 60 mA | 30 mA |
| EM AM06 | 4 | 2 | 电压或电流 | 电压或电流 | 80 mA | 60 mA |

模拟量模块有 3 种类型：普通模拟量模块、RTD 模块和 TC 模块。

①普通模拟量模块可以采集标准电流和电压信号。其中，电流包括 0~20 mA、4~20 mA这两种信号，电压包括+/-2.5 V、+/-5 V、+/-10 V 这 3 种信号。

注意：S7-200 SMART 系列 PLC 普通模拟量通道值范围是 0~27 648 或-27 648~27 648。

普通模拟量模块接线图如图 0-18(a)所示，每个模拟量通道都有两个接线端口。

②RTD 模块主要有 Pt、Cu、Ni 3 个大类，每个大类又分为很多小类，用于采集温度信号。RTD 模块主要将采集到的温度信号转换成数字信号，其接线图如图 0-18(b)所示。

RTD 模块有四线式、三线式、两线式。四线式测量精度最高，两线式测量精度最低，三线式使用最多。

③TC 模块是中低温区最常用的一种模块，是基于金属导体的电阻值随温度的增加而增加这一特性来进行温度测量的，即两种不同材质的导体组成闭合回路，当两端存在温度梯度时，回路中就会有电流通过，此时两端之间就存在电动势。

S7-200 SMART EM 系列的 TC 模块支持 J、K、T、E、R、S 和 N 型等热电偶温度传感器，具体型号请查阅《S7-200 SMART 系统手册》，其接线图如 0-18(c)所示。

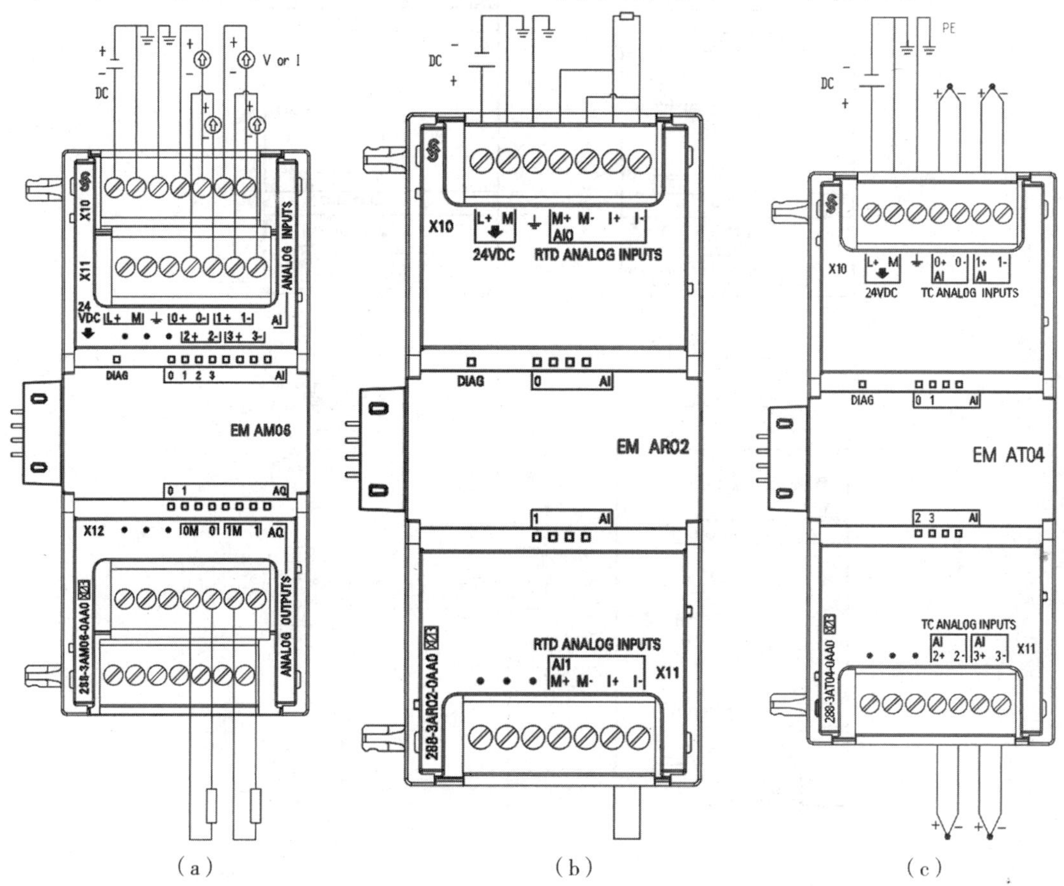


(a) (b) (c)

**图 0-18 模拟量模块接线图**

(a)普通模拟量模块(EM AM06)；(b)RTD 模块(EM AR02)；(c)TC 模块(EM AT04)

3)信号板扩展模块。

S7-200 SMART 系列 PLC 的标准型 CPU 的 SB 系列信号板有 5 个型号，即 SB DT04、SB AE01、SB AQ01、SB CM01、SB BA01，具体见表 0-7 所示。

信号板接线图如图 0-19 所示。

表 0-7　S7-200 SMART 系列 PLC 的标准型 CPU 的 SB 系列信号板

| 型号 | 规格 | 描述 |
|---|---|---|
| SB DT04 | 2DI/2DO 晶体管输出 | 提供额外两路数字量输入和两路数字量晶体管输出扩展 |
| SB AE01 | 1AI | 提供 1 路模拟量输入扩展 |
| SB AQ01 | 1AO | 提供 1 路模拟量输出扩展 |
| SB CM01 | RS232/RS485 | 提供额外的 RS232 或 RS485 串行通信接口 |
| SB BA01 | 实时时钟保持 | 支持普通 CR1025 纽扣电池，能保持时钟运行 1 年 |

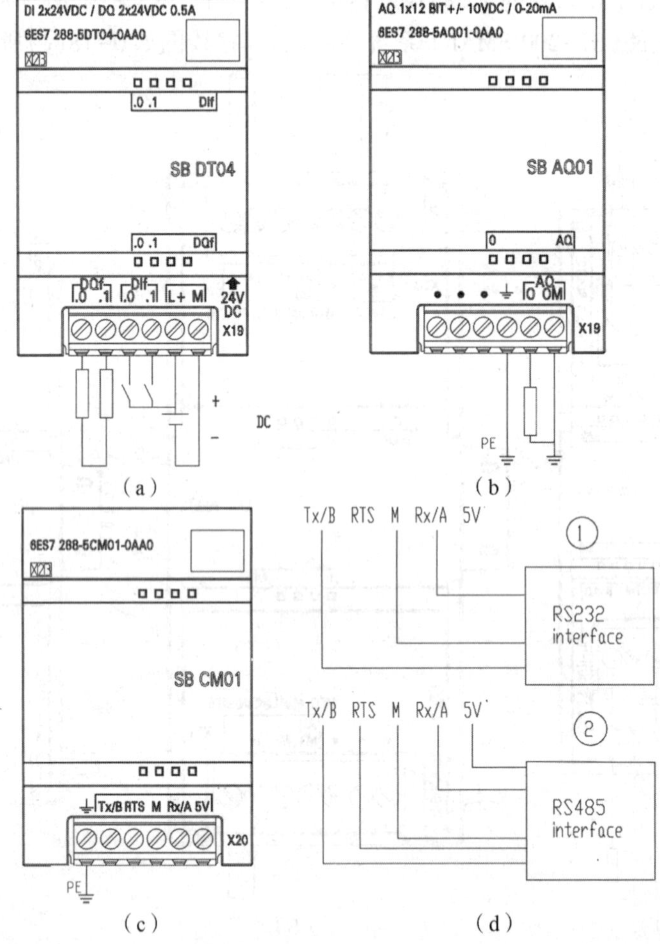


图 0-19　信号板接线图

(a)SB DT04；(b)SB AQ01；(c)SB CM01；(d)①为 RS232 接口引脚，②为 RS485 接口引脚

(4)PLC 硬件配置。

1)扩展模块数量限制。

经济型 CPU 不允许配置扩展模块，标准型 CPU 可以扩展 EM 模块和 SB 信号板。固件版本为 Firmware V1.0 的 CPU 最多扩展 4 个 EM 模块和 1 个 SB 信号板，Firmware V2.0 及以上版本的 CPU 最多扩展 6 个 EM 模块和 1 个 SB 信号板。在此以 Firmware V2.0 为例进行

说明。

2)扩展地址范围限制。

数字量I/O映像寄存区有256位输入映像寄存器(地址范围为I0.0~I31.7)和256位输出映像寄存器(地址范围为Q0.0~Q31.7)。模拟量I/O映像寄存区具有56个字的输入通道(地址范围为AIW0~AIW110)和56个字的输出通道(地址范围为AQW0~AQW110)。I/O扩展时不能超过映像寄存区的最大地址范围。

3)系统配置及各模块起始地址确定。

打开STEP 7-Micro/WIN SMART编程软件，单击“系统块”，选择需要配置的CPU型号，如图0-20所示。此处选择CPU ST40，界面显示可以配置1个SB信号板和6个EM模板。系统自动分配各个模块的起始地址，并且不能更改。CPU与扩展模块连接图如图0-21所示，其映像惯例起始地址如表0-8所示。

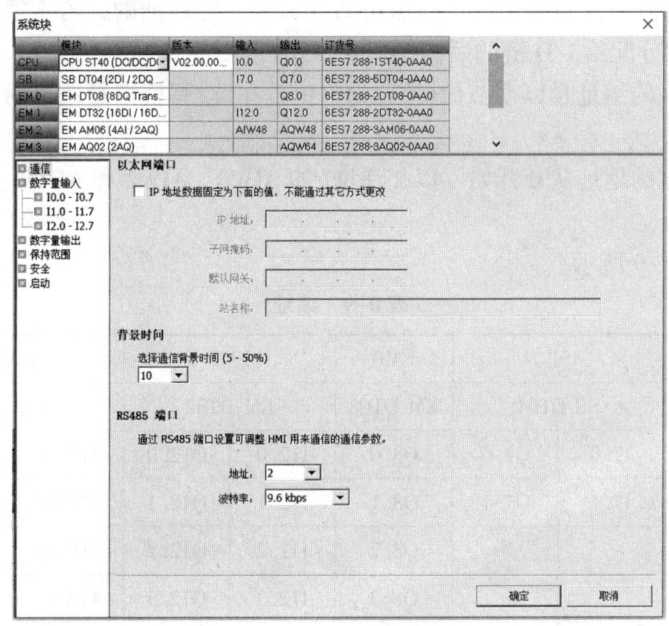


图0-20　系统配置界面

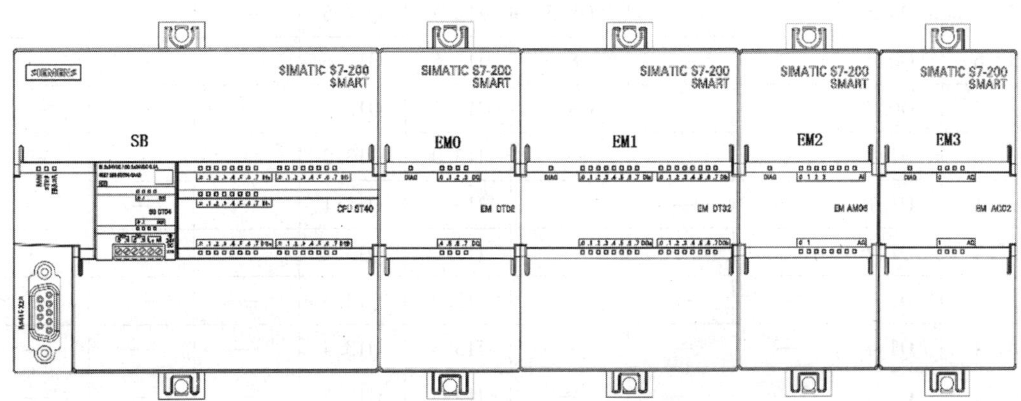


图0-21　CPU与扩展模块连接图

**表 0-8 CPU 映像惯例起始地址**

| 项目 | CPU 本机 | SB | EM0 | EM1 | EM2 | EM3 | EM4 | EM5 |
|---|---|---|---|---|---|---|---|---|
| 起始地址 | I0. 0<br>Q0. 0 | I7. 0<br>Q7. 0<br>AI12<br>AQ12 | I8. 0<br>Q8. 0<br>AI16<br>AQ16 | I12. 0<br>Q12. 0<br>AI32<br>AQ32 | I16. 0<br>Q16. 0<br>AI48<br>AQ48 | I20. 0<br>Q20. 0<br>AI64<br>AQ64 | I24. 0<br>Q24. 0<br>AI80<br>AQ80 | I28. 0<br>Q28. 0<br>AI96<br>AQ96 |

4) 编址规则。

①数字量 I/O 点的编址是以字节(8 位)为单位，采用存储器区域标识符(I 或 Q)、字节号、位号的组成形式，在字节号和位号之间以点分隔，每个 I/O 点具有唯一地址，如 I0. 3、Q1. 0 等。

②数字量扩展模块是以字节(8 位)递增的方式来分配地址的，若本模块实际位数不满 8 位，未用位不能分配给 I/O 链的后续模块。

③模拟量 I/O 的编址是以字节(16 位)为单位，在读/写模拟量信息时，模拟量 I/O 以字为单位读/写。

④模拟量通道的地址从 0 开始，以 2 递增(如 AIW0、AIW2 和 AQW0、AQW2 等)，不允许出现奇数编址。

⑤编址如表 0-9 所示。

**表 0-9 编址**

| 主机 | | SB | | EM0 | EM1 | | EM2 | | EM3 |
|---|---|---|---|---|---|---|---|---|---|
| CPU ST40 | | SB DT04 | | EM DT08 | EM DT32 | | EM AM06 | | EM AQ02 |
| I0. 0 | Q0. 0 | I7. 0 | Q7. 0 | Q8. 0 | I12. 0 | Q12. 0 | AIW48 | AQW48 | AQW64 |
| I0. 1 | Q0. 1 | I7. 1 | Q7. 1 | Q8. 1 | I12. 1 | Q12. 1 | AIW50 | AQW50 | AQW66 |
| I0. 2 | Q0. 2 | — | — | Q8. 2 | I12. 2 | Q12. 2 | AIW52 | — | — |
| I0. 3 | Q0. 3 | — | — | Q8. 3 | I12. 3 | Q12. 3 | AIW54 | — | — |
| I0. 4 | Q0. 4 | — | — | Q8. 4 | I12. 4 | Q12. 4 | — | — | — |
| I0. 5 | Q0. 5 | — | — | Q8. 5 | I12. 5 | Q12. 5 | — | — | — |
| I0. 6 | Q0. 6 | — | — | Q8. 6 | I12. 6 | Q12. 6 | — | — | — |
| I0. 7 | Q0. 7 | — | — | Q8. 7 | I12. 7 | Q12. 7 | — | — | — |
| I1. 0 | Q1. 0 | — | — | — | I13. 0 | Q13. 0 | — | — | — |
| I1. 1 | Q1. 1 | — | — | — | I13. 1 | Q13. 1 | — | — | — |
| I1. 2 | Q1. 2 | — | — | — | I13. 2 | Q13. 2 | — | — | — |
| I1. 3 | Q1. 3 | — | — | — | I13. 3 | Q13. 3 | — | — | — |
| I1. 4 | Q1. 4 | — | — | — | I13. 4 | Q13. 4 | — | — | — |
| I1. 5 | Q1. 5 | — | — | — | I13. 5 | Q13. 5 | — | — | — |
| I1. 6 | Q1. 6 | — | — | — | I13. 6 | Q13. 6 | — | — | — |

续表

| 主机 | | SB | | EM0 | EM1 | | EM2 | | EM3 |
|---|---|---|---|---|---|---|---|---|---|
| I1.7 | Q1.7 | — | — | — | I13.7 | Q13.7 | — | — | — |
| I2.0 | — | — | — | — | — | — | — | — | — |
| I2.1 | — | — | — | — | — | — | — | — | — |
| I2.2 | — | — | — | — | — | — | — | — | — |
| I2.3 | — | — | — | — | — | — | — | — | — |
| I2.4 | — | — | — | — | — | — | — | — | — |
| I2.5 | — | — | — | — | — | — | — | — | — |
| I2.6 | — | — | — | — | — | — | — | — | — |
| I2.7 | — | — | — | — | — | — | — | — | — |

⑥内部电源的负载能力。

当有扩展模块时，CPU 通过 I/O 总线为其提供 DC 5 V 电源，所有扩展模块的DC 5 V 电源消耗之和不能超过该 CPU 提供的电源额定值。若不够用，则不能外接 DC 5 V 电源。

每个 CPU 都有一个 DC 24 V 传感器电源，它为本机输入点和扩展模块输入点及扩展模块继电器线圈提供 DC 24 V 电源。

如果电源要求超出了 CPU 模块的电源额定值，可以给扩展模块外部增加一个 DC 24 V 电源。

所谓电源计算，就是用 CPU 所能提供的电源容量减去各模块所需要的电源消耗量。

西门子 S7-200 SMART 的电源计算方法是：用户根据系统配置的扩展模块的电源由 CPU 中的 DC 5 V 直流电源和 DC 24 V 电源提供，CPU 能提供的电流减去扩展模块所需电流和，若结果为正，则说明系统满足电源需求。

S7-200 SMART 系列 PLC 的 CPU 供电能力如表 0-4 所示，各扩展模块所需电流如表 0-5 和表 0-6 所示。

13. PLC 编程语言

编程语言是 PLC 的重要组成部分，不同厂家生产的 PLC 为用户提供了多种类型的编程语言，以适应不同用户的需要。PLC 的编程语言通常有梯形图、功能块图、顺序功能图、指令表和结构化文本等类型。虽然同一厂家的 PLC 使用不同的编程语言编写的程序可以通过编程软件相互转换，但不同厂家的 PLC 用同一类编程语言编写的程序却不能相互兼容，这大大限制了 PLC 使用的开放性、可移植性和互换性。为此，国际电工委员会(International Electrotechnical Commission，IEC)制定了 IEC 61131 国际标准，其中 IEC 61131-3 是 PLC 的编程语言标准。它是 IEC 工作组针对不同 PLC 厂家编程语言，在合理吸收和借鉴的基础上形成的一套针对工业控制系统的国际编程语言标准。目前，大多数 PLC 制造商均能提供符合 IEC 61131-3 标准的产品。

IEC 61131-3 标准详细说明了 3 种图形化语言和两种文本语言的句法和语义。3 种图形化语言，即梯形图(Ladder Diagram，LAD)、功能块图(Function Block Diagram，FBD)和

顺序功能图(Sequential Function Chart, SFC);两种文本语言,即指令表(Instruction List, IL)和结构化文本(Structured Text, ST)。

(1)梯形图(LAD)。

LAD是使用最多、最普遍的一种面向对象的图形化编程语言。与继电器控制系统中的电路图相似,它沿用了继电器、触点、串并联等术语和类似的图形符号,还增加了一些功能性的指令。LAD信号流向清楚、简单、直观、易懂,很容易被电气工程人员掌握,特别适合于数字量逻辑控制,各PLC生产商通常都把它作为第一编程语言。使用编程软件,可以直接生成和编辑LAD。

(2)功能块图(FBD)。

FBD是一种类似于数字逻辑电路的编程语言。一般用类似于与门、或门的功能框来表示逻辑运算功能。一个功能框通常有若干个输入端和若干个输出端。左侧输入端是功能框的运算条件,右侧输出端是功能框的运算结果。输入、输出端的小圆圈表示“非”运算。

FBD有基本逻辑、计时和计数、运算和比较及数据传送等功能。可以通过“软导线”把所需要的功能框连接起来,用于实现系统控制。

FBD与LAD可以互相转换。对于熟悉逻辑电路和程序设计的技术人员来说,使用FBD编程也是非常方便的。

(3)顺序功能图(SFC)。

SFC是为了满足顺序逻辑控制而设计的编程语言,主要由步、转换和动作3种主要元件组成。现在大部分基于IEC 61131-3编程的PLC都支持SFC,可用其直接编程,如S7-300(推荐CPU 314以上)、S7-400、S7-1500、C7、WinAC等。

但是,非IEC 61131-3的PLC产品不能用SFC直接编程,如西门子S7-200 SMART系列PLC,它需要先根据控制要求设计出功能图,然后根据功能图指令转化成LAD,才能使用SFC编程。

(4)指令表(IL)。

西门子的S7系列PLC将指令表又称为语句表(Statement List, STL)。语句表用助记符表示PLC的各种控制功能。它类似于计算机的汇编语言,但比汇编语言更直观易懂,编程更简单,因此也是应用很广泛的一种编程语言。

在STEP 7-Micro/WIN SMART中,如果程序块没有错误且程序段划分正确,则LAD、FBD和STL这3种语言程序之间可以方便地进行转换。LAD中输入信号与输出信号之间的逻辑关系一目了然,易于理解。而当STL程序较长时,很难一眼看出其中的逻辑关系。在设计复杂的PLC控制程序时,建议采用LAD。而在设计通信和数学运算等高级应用程序时,可以使用STL。S7-200 SMART系列PLC可以使用LAD、FBD和STL这3种编程语言。

(5)结构化文本(ST)。

ST与SFC一样,是为IEC 61141-3标准创建的一种专用高级语言。ST非常适合在有复杂算术计算的应用中使用,它的主要特点是程序的结构非常清晰,易于理解和维护。与传统的过程式编程和面向对象编程不同,ST编程把程序结构化为一系列的模块和函数,每个模块或函数只负责特定的任务,其强调预先规划和组织程序的结构,并使用逻辑结构化的方式进行编码。

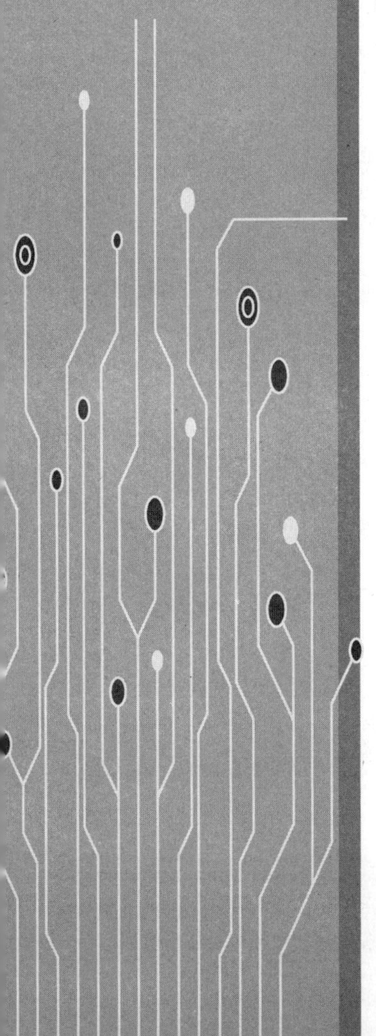

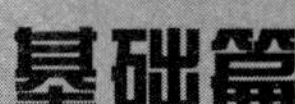

# 基础篇

项目 1

# 异步电动机单向运行继电器控制系统的设计与调试

## 1.1 项目任务

理解电动机单向运行电路的工作过程；学会项目所需要电气元件的检测与使用方法；学会电动机单向运行电路的安装与调试，建立设计思维；学会分析电路中出现故障的原因及解决方案；建立小组协作机制，形成团队协作意识；初步形成电气控制方向职业认同感。

## 1.2 项目目标

(1)掌握电动机单向运行控制的基本概念。

(2)熟悉刀开关、熔断器、按钮、交流接触器、热继电器等电气元件的作用及工作原理，会识别、检测和选择电气元件。

(3)识读电气原理图，能将电气原理图转化为接线图。

(4)掌握电气控制线路的上电前检查及上电调试的方法，并能根据故障现象，分析并排除故障。

(5)具有安全意识和节约意识。

(6)具有团队协作精神。

(7)熟悉电气控制职业岗位。

## 1.3 项目描述

机床的主轴运动由主轴电动机 M 来拖动。主轴电动机采用直接启动方式，可正、反两个方向旋转，并可进行正、反两个方向的电气制动。为实际加工调整方便，电动机还应具备点动功能。

## 1.4 项目分析

### 1.4.1 单向点动控制电路

主轴电动机单向点动控制电路电气原理图如图 1-1 所示，其控制过程为：闭合刀开关 QS 接通电源，当按下按钮 SB 时，交流接触器 KM 的线圈得电、主触点闭合，主轴电动机单向运行；当松开按钮 SB 时，KM 的线圈失电、主触点分断，主轴电动机停止运行。

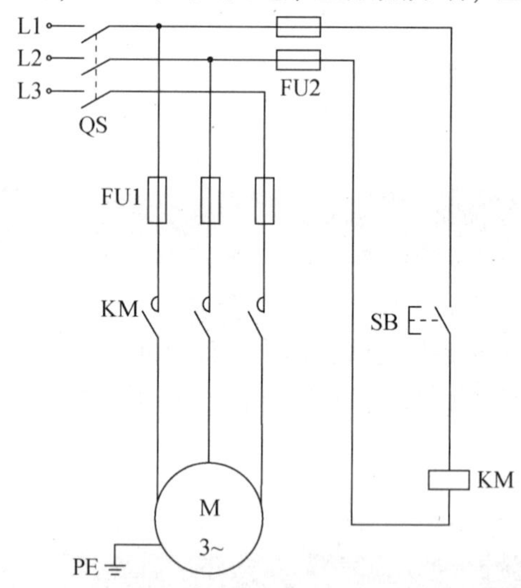


**图 1-1 主轴电动机单向点动控制电路电气原理图**

这种“一按就动，一松就停”的电路称为点动控制电路，常用于机床刀架、横梁、立柱等快速移动、机床对刀和工艺参数的调整等场合。点动控制电路适用于短时间的启动操作，因为其一般短时工作，所以该电路中可不加热继电器。

### 1.4.2 单向自锁控制电路

主轴电动机单向自锁控制电路电气原理图如图 1-2 所示，其控制过程为：闭合刀开关 QS 接通电源，当按下按钮 SB2 时，交流接触器 KM 的线圈得电、主触点闭合，主轴电动机单向运行，同时，与按钮 SB2 并联的 KM 的常开辅助触点闭合；当松开按钮 SB2 时，KM 的线圈可通过 KM 的常开辅助触点继续得电，从而保持主轴电动机单向连续运行。当按下按钮 SB1 时，KM 的线圈失电、主触点和常开辅助触点分断，主轴电动机停止运行；当松开按钮 SB1 时，KM 的线圈失电，主轴电动机继续保持停止运行状态。

这种依靠交流接触器自身常开辅助触点的闭合，使其线圈保持通电的现象称为自锁，起自锁作用的常开辅助触点称为自锁触点，这样的控制电路称为具有自锁的控制电路。自锁控制电路能够实现主轴电动机的长时间连续运转操作，故在该电路中需要加热继电器。

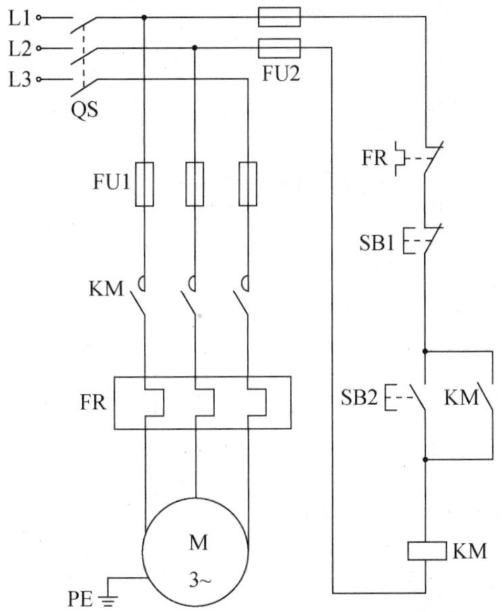


图 1-2 主轴电动机单向自锁控制电路电气原理图

## 1.5 项目实施

### 1.5.1 项目实施前准备工作

详见附录 A。

### 1.5.2 电气布置图及接线图

根据电路图，设计电气布置图及接线图。电气布置图可参考图 1-3，接线图可参考图 1-4。

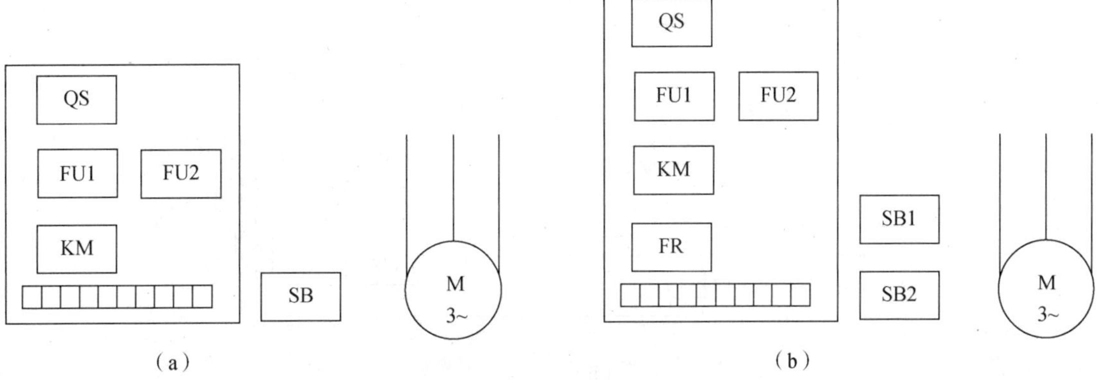


图 1-3 电气布置图

(a)点动控制电路；(b)自锁控制电路

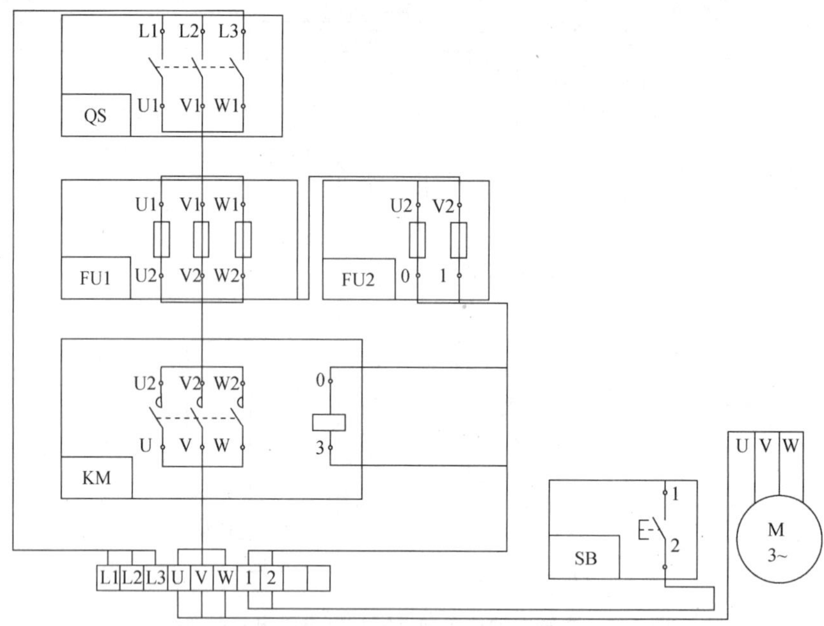


(a)

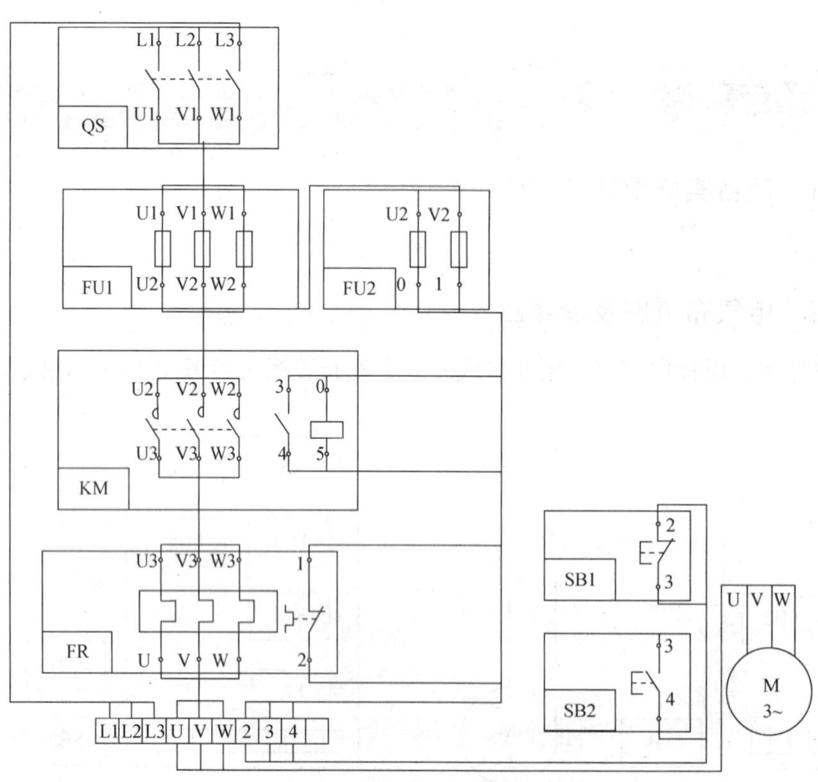


(b)

**图 1-4　接线图**

(a)点动控制电路；(b)自锁控制电路

### 1.5.3 接线

首先，选择适当的电气元件，按照图 1-1、图 1-2、图 1-3 和图 1-4 完成控制电路接线。

对于接线的技术，要求如下。

(1)电气元件选择正确，安装牢固。

(2)布线整齐、平直、合理。

(3)导线绝缘层剥削合适、导线无损伤。

(4)接线时，导线应不压绝缘层、不反圈、不露铜丝过长、不松动。

### 1.5.4 上电前检查

电路上电前检查的步骤如下。

(1)电路检查。对照图 1-4，从电路的电源端开始，逐段核对接线及接线端子处的线号是否正确，同时，检查导线接点是否牢固。

(2)用万用表进行通断检查。检查主电路时，需要先断开控制电路，将万用表置于欧姆挡，将其表笔分别放在接线端子 U1 和 U2、V1 和 V2、W1 和 W2 上。如果读数接近于零，说明接线无问题；如果读数接近于无穷大，说明接线可能虚接或错接。人为将交流接触器(KM)吸合，再将表笔分别放在接线端子 U1 和 V1、V1 和 W1、U1 和 W1 上，此时万用表的读数应为电动机绕组的值(此时电动机应为三角形接法)。

检查控制电路时，需要断开主电路，将万用表置于欧姆挡，将其表笔分别放在接线端子 U2、V2 上，读数应为 1；按下按钮 SB2 时，读数应为 KM 线圈的电阻值。

(3)用兆欧表进行绝缘检查。将 U、V 或 W 与兆欧表的接线柱 L 相连，电动机的外壳和兆欧表的接线柱 E 相连，测量其绝缘电阻应大于或等于 1 MΩ。

(4)在教师的监护下，通电试车。合上开关 QS，按下启动按钮 SB1/SB2，观察 KM 是否吸合，电动机是否运转。在观察过程中，若遇到异常现象，应立即停车，进行故障排查。

(5)通电试车完毕后，切断电源。

### 1.5.5 上电调试

主电路上电调试过程详见附录 B。

### 1.5.6 记录调试结果

记录实践过程中的问题及处理方案，分小组完成电气控制项目报告，报告内容参考附录 C。

## 1.6 预备知识——低压电器

在电能的产生、输送、分配和应用中，起着开关、控制、保护、调节和检测作用的电气设备称为电器。低压电器通常是指在额定电压小于 AC 1 200 V、DC 1 500 V 的电路中工作的电器。

### 1.6.1 刀开关

刀开关又称隔离开关，是一种结构简单的手动配电电器，用来非频繁地接通或分断没有负载的低压供电线路，也可用作电源隔离开关，并可对小容量电动机做不频繁的直接启动。

1. 刀开关的结构和类型

刀开关一般由手柄、触刀、静插座、铰链支座和绝缘底板组成。操作手柄时，使触刀绕铰链支座转动，就可将触刀插入静插座内或使触刀脱离静插座，从而完成接通或断开操作。

刀开关按触刀极数可分为单极式、双极式和三极式；按转换方式可分为单投式和双投式；按操作方式可分为手柄直接操作式和杠杆式。

刀开关主要包括大电流刀开关、负荷开关、熔断器式刀开关 3 种。

(1)大电流刀开关是一种新型电动操作并带手动的刀开关，适用于频率为 50 Hz、交流电压为 1 000 V、直流电压为 1 200 V、额定工作电流为 6 000 A 及以下的电力线路中，常用作无载操作、隔离电源。

(2)负荷开关包括开启式负荷开关和封闭式负荷开关两种。

1)开启式负荷开关俗称胶盖瓷底闸刀开关或闸刀开关，主要作为电气照明电路、电热电路及小容量电动机的不频繁带负荷操作的控制开关，也可作为分支电路的配电开关。开启式负荷开关由操作手柄、熔丝、触刀、触点座和底座组成，该开关装有熔丝，可起到短路保护作用。

2)封闭式负荷开关俗称铁壳开关，一般用于电力排灌设备、电热器及电气照明设备等设备中，用来不频繁地接通和分断电路，以及全电压启动小容量异步电动机，还对电路有过载和短路保护作用。封闭式负荷开关还具有外壳门机械闭锁功能，其在合闸状态时，外壳门不能打开。

(3)熔断器式刀开关用于交流频率 50 Hz、电压最高 600 V、有高短路电流的配电电路，作为电动机的保护开关、电源开关、隔离开关和应急开关，一般不用于接通和分断单台电动机。

2. 刀开关的主要技术参数

(1)额定电压。刀开关在长期工作中能承受的最大电压为其额定电压。目前，生产的刀开关的额定电压一般为 AC 500 V 以下、DC 440 V 以下。

(2)额定电流。刀开关在合闸位置允许长期通过的最大工作电流为其额定电流。小电流刀开关的额定电流有 10 A、15 A、20 A、30 A、60 A 这 5 级，大电流刀开关的额定电流有 100 A、200 A、400 A、600 A、1 000 A、1 500 A、3 000 A、6 000 A 等级别。

(3)通断能力。刀开关的通断能力是指其在额定电压下能可靠地接通和分断的最大电流。对于小的刀开关，如开启式负荷开关和封闭式负荷开关，其通断电流为额定电流的二三十倍，但这并不是指刀开关所能通断的电流，而是指与刀开关配用的熔丝或熔断器所能通断的电流，刀开关本身只能通断额定值以下的电流。

(4)动稳定电流。当发生短路事故时，刀开关并不因短路电流所产生的电动力作用而发生变形、损坏或者触刀自动弹出等故障，这一短路电流(峰值)就是刀开关的动稳定电流(通常为其额定电流的数十倍)。

(5)热稳定电流。当发生短路事故时，刀开关能在一定时间(通常为1 s)内通以某一最大短路电流，并且不会因温度急剧升高而发生熔焊现象，这一短路电流称为刀开关的热稳定电流(通常为其额定电流的数十倍)。

(6)操作次数。刀开关的使用寿命分为机械寿命和电寿命，机械寿命是指在不带电的情况下所能达到的操作次数，电寿命是指刀开关在额定电压下能可靠地分断一定百分数额定电流的总次数。

3. 刀开关的选用

刀开关的额定电压、额定电流应大于或等于电路的实际工作电压和最大工作电流。对于电动机负载，开启式负荷开关的额定电流可取电动机额定电流的3倍，封闭式负荷开关的额定电流可取电动机额定电流的1.5倍。

刀开关在安装时应将手柄朝上，不得倒装或平装。刀开关在分断有负载的电路时，其触刀与插座之间会产生电弧。若安装方向正确，可使作用在电弧上的电动力和热空气上升的方向一致，电弧被迅速拉长而熄灭；否则电弧不易熄灭，严重时会使静插座及触刀烧伤，甚至造成极间短路。另外，如果倒装，手柄可能因自重下落而引起误合闸事故。

刀开关在接线时应将电源线接在上端静触点上，负载接在下方静触点上，这样拉闸后触刀与电源隔离，可确保更换熔丝和维修用电设备时的安全。三相刀开关合闸时应使三相触点同时接通。

4. 刀开关的文字符号和图形符号

刀开关的文字符号为QS，其文字和图形符号如图1-5所示。

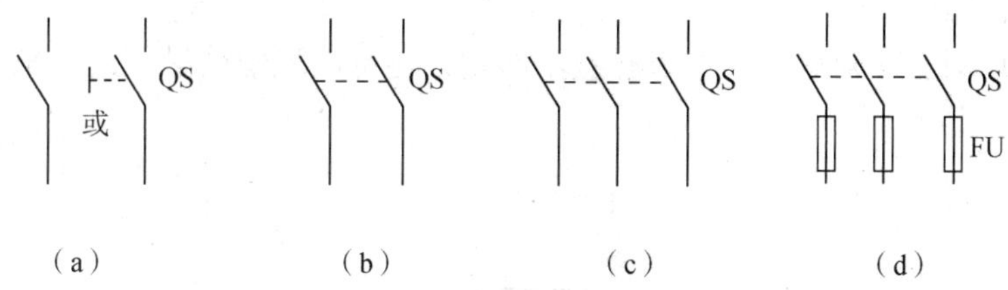


**图1-5 刀开关的文字符号和图形符号**

(a)单极式刀开关；(b)双极式刀开关；(c)三极式刀开关；(d)三极刀熔开关

## 1.6.2 接触器

接触器是用来接通和分断电动机主电路或其他负载电路的控制电器，用于实现远距离控制、失电压及欠电压保护。

1. 接触器的结构和工作原理

接触器按流过其主触点的电流的性质分为直流接触器和交流接触器。交流接触器主要由电磁机构、触点系统、灭弧装置等部分组成，其结构示意图和实物分解图分别如图1-6(a)和图1-6(b)所示。

(1)电磁机构：由线圈、铁芯、衔铁等组成，它带动触点实现闭合与断开。为了消除衔铁在铁芯上的振动和噪声，铁芯用硅钢片叠压而成，上面设有短路环。

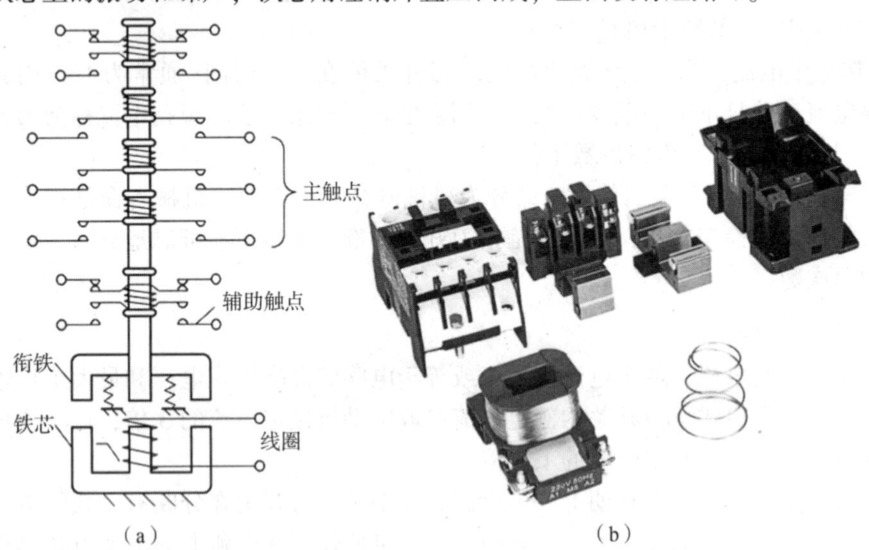


**图 1-6　交流接触器**

(a)结构示意图；(b)实物分解图

(2)触点系统：包括主触点和辅助触点。主触点用来接通和分断较大电流的主电路，共有 3 对触点，接在主电路中，均为常开触点。例如，在图 1-7 所示的交流接触器 CJX2-0901 中，上面 3 个接线柱 1、3、5 接三相交流电源，下面 3 个接线柱 2、4、6 接热继电器或电动机的三相绕组。辅助触点和线圈接在控制电路中，分为常开辅助触点(用 NO 表示，也称作动合触点)和常闭辅助触点(用 NC 表示，也称作动断触点)，图 1-7 中 21NC 和 22NC 是常闭辅助触点。

CJX2-0901 只有 4 对触点，如果触点不够用，还可以配辅助触点组，辅助触点组可以通过插槽安装在其上。

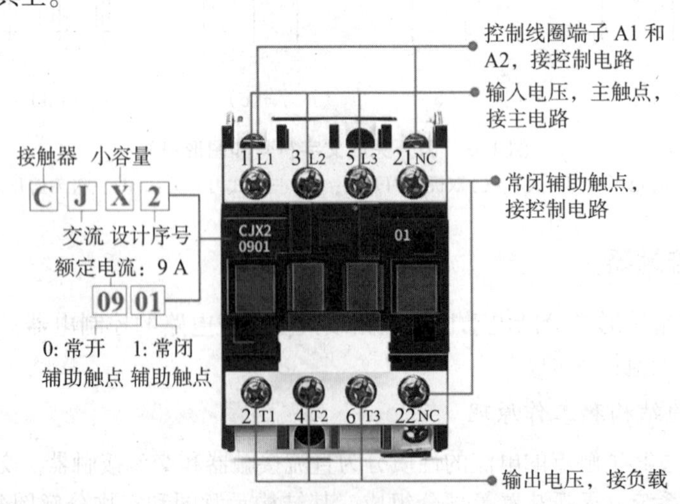


**图 1-7　CJX2-0901**

(3)灭弧装置：主触点额定电流在 10 A 以上的接触器都带有，其作用是减小和消除触点电弧，确保操作安全。

当接触器线圈得电后，铁芯中产生的电磁吸力会克服弹簧弹力使衔铁吸合，带动触点动作，常闭辅助触点断开，常开辅助触点闭合，互锁或接通电路；线圈失电或线圈两端电压显著降低时，电磁吸力小于弹簧弹力，使衔铁释放，触点复位，解除互锁或断开电路。

2. 接触器的主要技术参数和选择

(1)额定电压：指接触器长期连续工作时主触点的允许电压，应大于或等于被控电路的额定电压。接触器常用的电压等级如下：直流接触器有 110 V、220 V、440 V 和 660 V；交流接触器有 220 V、380 V、500 V、660 V 和 1 140 V。

(2)额定电流：指接触器长期连续工作时主触点的允许电流，应大于或等于 1.3 倍电动机的额定电流。交、直流接触器均有 5 A、10 A、20 A、40 A、60 A、100 A、150 A、250 A、400 A 和 600 A 10 个等级。

(3)电磁线圈的额定电压：指接触器正常工作时电磁线圈上所加的电压。当电路简单、使用电器较少时，电压可选用 220 V 或 380 V；当电路复杂、使用电器较多或在不太安全的场所时，电压可选用 24 V 或 36 V。

(4)额定操作频率：即允许每小时接通的最多次数，以“次/小时”表示。该参数根据型号和性能的不同而不同，交流接触器额定操作频率为 600 次/小时，直流线圈接触器额定操作频率为 1 200 次/小时。操作频率不仅会直接影响接触器的使用寿命，而且会影响交流接触器的线圈温升。

(5)电气寿命：是指接触器在规定的正常工作条件下，不需要修理或更换的有载操作次数，可达 50 万~100 万次。

(6)机械寿命：是指接触器在需要修理或更换机械零件前所能承受的无载操作次数，可达 500 万~1 000 万次。

3. 交流接触器的文字符号和图形符号

交流接触器的文字符号为 KM，其文字和图形符号如图 1-8 所示。

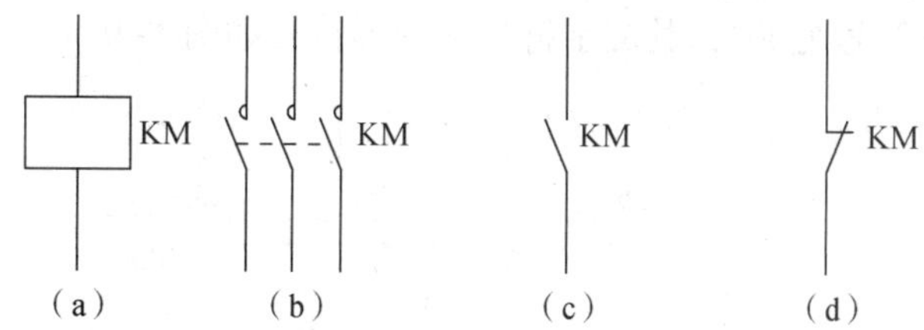


**图 1-8 交流接触器的文字符号和图形符号**

(a)线圈；(b)主触点；(c)常开辅助触点；(d)常闭辅助触点

## 1.6.3 热继电器

热继电器利用电流的热效应原理和发热元件的热膨胀原理，在出现电动机不能承受的过载时，断开电动机控制电路，实现电动机的断电停车，主要用于电动机的过载保护、断相保护及电流不平衡运行保护。继电器还常和交流接触器配合组成电磁启动器，广泛用于三相异步电动机的长期过载保护。

1. 热继电器的结构和工作原理

热继电器主要由发热元件、双金属片、触点、复位弹簧和电流调节装置等部分组成。使用时，将热继电器的发热元件串接于电动机的主电路中，而常闭触点串接于电动机的控制电路中。当电动机过载时，流过发热元件的电流增大，双金属片发生弯曲，位移增大，推动导板使常闭触点断开，从而切断电动机控制电路，以起到保护作用。

热继电器的电流设定仪表盘用来调节整定电流的大小；测试按钮用来试验热继电器在过载或缺相时是否动作。将万用表置于欧姆挡，并将红、黑表笔放置于常闭触点上，此时显示数值接近0。按下测试按钮，常闭触点会断开，此时万用表显示1，说明该触点已经断开。将插入的表笔取出，常闭触点立即恢复闭合状态，此时万用表显示数值接近0。

按下热继电器的停止按钮，触点会动作，常闭触点断开，常开触点闭合。复位按钮用于热继电器复位，上面有“AUTO”和“M”两个按钮，用户可以任意选择，其中“AUTO”表示自动复位，“M”表示手动复位。自动复位就是指热继电器过载后，过一段时间冷却后又自动恢复到原始状态；手动复位就是指热继电器过载后不会自动复位，即不恢复原始状态，仍保持动作状态，此时需要手动按下“M”按钮进行复位。

2. 热继电器的选择

(1)热继电器的类型选择。一般情况下，可选择两相或普通三相结构的热继电器，但对于三角形接法的电动机，应选用三相带断相保护装置的热继电器。

(2)热继电器的额定电流选择。热继电器的额定电流应略大于电动机的额定电流。

(3)热继电器的整定电流选择。热继电器的整定电流是指热继电器长期不动作的最大电流。一般将热继电器的整定电流调整到等于电动机的额定电流即可；对启动时间较长、拖动冲击性负载或不允许停转的电动机，热继电器的整定电流应调整到电动机额定电流的1.1~1.15倍。

3. 热继电器的文字符号和图形符号

热继电器的文字符号为FR，其文字符号和图形符号如图1-9所示。

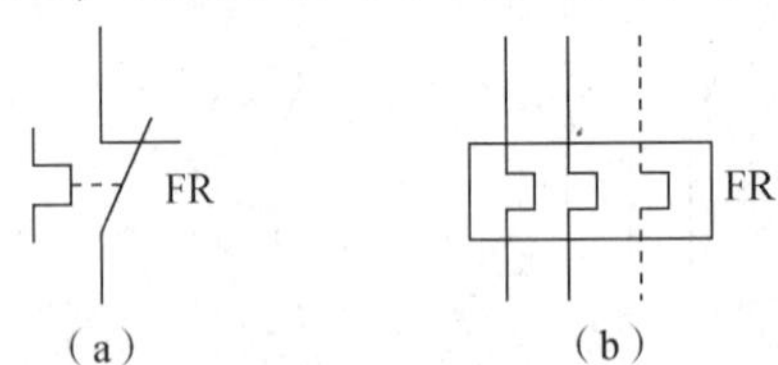


**图1-9　热继电器的文字符号和图形符号**

(a)动断触点；(b)发热元件

除热继电器外，中间继电器也很常见。中间继电器实质上是一种电压继电器，其特点是触点数量较多、触点容量较大，且动作灵敏。在自动化控制系统中，当其他继电器的触点数量或容量不够时，可借助中间继电器来扩大触点数量或容量，起到中间转换的作用。中间继电器的文字符号为KA。

## 1.6.4 按钮

按钮是一种可短时接通或断开小电流电路的电器。它不直接控制主电路的通断，而是在控制电路中发出手动“指令”去控制接触器、继电器等，再由它们去控制主电路，故称主令电器。按钮可以分为3种类型：常开按钮、常闭按钮和复合按钮。

1. 按钮的结构和工作原理

按钮主要由按钮帽、回位弹簧、触点、连杆和外壳等部分组成。当按下按钮时，外力克服弹簧的弹力，使动触点进行移动，常开触点闭合、常闭触点断开。松开按钮时，依靠回位弹簧的作用力使常开触点恢复常开，常闭触点恢复常闭。

2. 按钮的技术参数和选用

按钮的主要技术参数有外观形式、安装孔尺寸、触点数量及触点的电流容量等，常用产品有LAY3、LAY6、LA20、LA25、LA38、LA101、LA115等系列。

选用时，应根据用途和使用场合，选择合适的外观形式和种类。外观形式有钥匙式、紧急式、带灯式等，种类有开启式、防水式等。还应根据控制电路的需要，选择所需要的触点对数、是否需要带指示灯以及颜色等。

3. 按钮的文字符号和图形符号

按钮的文字符号为SB，其外形、文字符号和图形符号如图1-10所示。

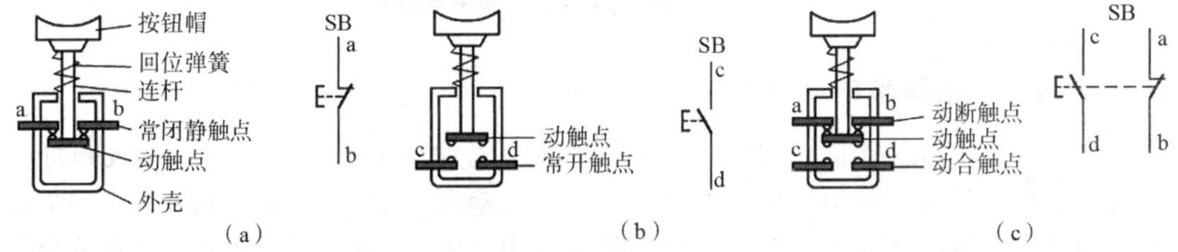


**图1-10 按钮的外形、文字符号和图形符号**

(a)常闭按钮；(b)常开按钮；(c)复合按钮

## 1.6.5 熔断器

熔断器是一种结构简单、使用方便、价格低廉的保护电器。它常用于电路或用电设备的严重过载和短路保护，主要用于短路保护。

1. 熔断器的结构和工作原理

熔断器主要由熔体(俗称保险丝)、安装熔体的熔座(或熔管)和支座3部分组成。其中熔断器熔断特性由熔体的材料、尺寸和形状决定。熔体材料分为低熔点和高熔点两类。低熔点材料如铅和铅合金，其熔点低，容易熔断，由于其电阻率较大，故制成熔体的截面积尺寸较大，熔断时产生的金属蒸气较多，只适用于低分断能力的熔断器；高熔点材料如铜和银，其熔点高，不容易熔断，由于其电阻率较小，故可制成熔体的截面积尺寸比低熔点熔体小，熔断时产生的金属蒸气少，适用于高分断能力的熔断器。熔体的形状有丝状和带状两种，改变其截面的形状，可显著改变熔断器的熔断特性。熔座是装熔体的外壳，由陶瓷、绝缘钢纸或玻璃纤维制成，在熔体熔断时兼有灭弧作用。

熔断器的熔体串联在被保护电路中。当电路正常工作时，熔体允许通过一定大小的电流而长期不熔断；当电路严重过载时，熔体能在较短时间内熔断；当电路发生短路故障时，熔体能在瞬间熔断。

2. 熔断器的技术参数和选用

(1)熔断器额定电流：指熔断器在长期安全工作情况下能承受的最大电流。

(2)熔体额定电流：指长期通过熔体而熔体不熔断的最大电流。

选用熔断器时，其额定电压要大于或等于电路的额定电压，熔体额定电流要依据负载情况来选择。

电阻性负载或照明电路的熔体额定电流按负载额定电流的 1.0~1.1 倍选用。

单台电动机控制电路一般选择熔体的额定电流为电动机额定电流的 1.5~2.5 倍；对于多台电动机控制电路，熔体的额定电流应大于或等于其中最大容量电动机额定电流的 1.5~2.5 倍，再加上其余电动机的额定电流之和。

3. 熔断器的文字符号和图形符号

熔断器的文字符号为 FU，其文字符号和图形符号如图 1-11 所示。

**图 1-11　熔断器的文字符号和图形符号**

## 1.6.6　三相异步电动机

交流电动机按照电动机运行的转速(转子转速)与旋转磁场是否同步可分为同步电动机和异步电动机。其中，同步电动机可分为永磁同步电动机、磁阻同步电动机和磁滞同步电动机；异步电动机可分为感应电动机和交流换向器电动机。其中，感应电动机又可分为三相异步电动机、单相异步电动机等；交流换向器电动机可又分为单相串励电动机、交直流两用电动机、推斥电动机。

1. 三相异步电动机的结构及工作原理

三相异步电动机主要由定子和转子构成，定子是静止不动的部分，转子是旋转部分，在定子与转子之间有一定的气隙。三相异步电动机的结构如图 1-12 所示。

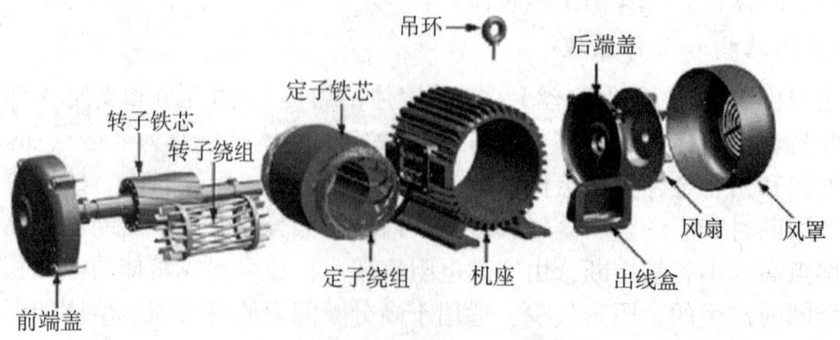


**图 1-12　三相异步电动机的结构**

定子由铁芯、绕组与机座3部分组成。转子由铁芯与绕组组成，转子绕组有鼠笼式和线绕式。鼠笼式转子绕组由在转子铁芯槽里插入铜条，再将全部铜条两端焊在两个铜端环上而组成；线绕式转子绕组与定子绕组一样，由线圈组成绕组放入转子铁芯槽里。鼠笼式与线绕式两种三相异步电动机虽然结构不一样，但工作原理是一样的。

在三相异步电动机的定子绕组中通入对称三相电流后，就会在电动机内部产生一个与三相电流的相序方向一致的旋转磁场。这时，静止的转子导体与旋转磁场之间存在相对运动，切割磁感线而产生感应电动势，转子绕组中就有感应电流通过。有电流的转子导体受到旋转磁场的电磁力作用，产生电磁转矩，使转子按旋转磁场方向转动，其转速略小于旋转磁场的转速，所以称为异步电动机。

2. 三相异步电动机的技术参数

每台三相异步电动机在出厂前，机座上都钉有一块铭牌，相当于一个最简单的说明书，在使用前，要看懂铭牌上的技术参数。

(1)型号：三相异步电动机的类型和规格代号。国产的三相异步电动机型号由汉语拼音字母和阿拉伯数字组成，如Y112M-4，其中各部分含义如下。

Y：三相异步电动机的代号(异步)。

112：机座中心高度为112 mm。

M：机座长度代号(L为长机座，M为中机座，S为短机座)。

4：磁极数为4极。

(2)额定功率：三相异步电动机在额定运行工作条件下，轴上输出的机械功率。该电动机的额定功率为4 kW。

(3)额定电压：三相异步电动机在额定运行工作条件下，定子绕组的线电压值。该电动机的额定电压为380 V。

(4)额定电流：三相异步电动机在额定运行工作条件下，定子绕组的线电流值。该电动机的额定电流为8.8 A。

(5)额定转速：三相异步电动机在额定运行工作条件下的转速。该电动机的额定转速为1 440 r/min。

(6)工作制：三相异步电动机在不同负载下的允许循环时间。电动机工作制为S1~S10，以下简单介绍S1~S3。

S1：连续工作制，表示可长期运行，温升不会超过允许值，如水泵、风机等。

S2：短时工作制，表示按铭牌额定值工作时，只能在短时间内运行，时间为10 s、30 s、60 s、90 s，否则会引起电动机过热。

S3：断续工作制，表示按铭牌额定值工作时，可长期以间歇方式工作，如吊车等。

(7)频率：三相异步电动机使用的交流电源的频率，我国将其统一为50 Hz。

(8)温升：三相异步电动机在运行时允许的温度升高值。最高允许温度等于室温加上此温升，该电动机的温升为80 ℃。

(9)绝缘等级：三相异步电动机所用绝缘材料的耐热等级，分A、E、B、F、H共5级。各级允许的最高温度分别为105 ℃(A)、120 ℃(E)、130 ℃(B)、155 ℃(F)、180 ℃(H)。该电动机绝缘等级为E。

（10）防护等级：三相异步电动机外壳防护等级。该电动机的防护等级为 IP44，其中，IP 是防护（Ingress Protection）的英文缩写，后两位数字分别表示防异物和防水的等级均为4级。

（11）接法：三相异步电动机定子绕组与交流电源的连接方式，有星形和三角形两种连接方式。

国家标准规定，3 kW 以下的三相异步电动机均采用星形连接，如图 1-13（a）所示。将三相绕组的尾端 U2、V2、W2 接在一起，首端 U1、V1、W1 分别接到三相电源。注意：星形连接方式的启动电压为 220 V。

国家标准规定，4 kW 以上的三相异步电动机均采用三角形连接，如图 1-13（b）所示。将第一相的尾端 U2 接第二相的首端 V1，将第二相的尾端 V2 接第三相的首端 W1，将第三相的尾端 W2 接第一相的首端 U1，然后将首端三个接点 U1、V1、W1 分别接到三相电源。注意：三角形连接方式的启动电压为 380 V。

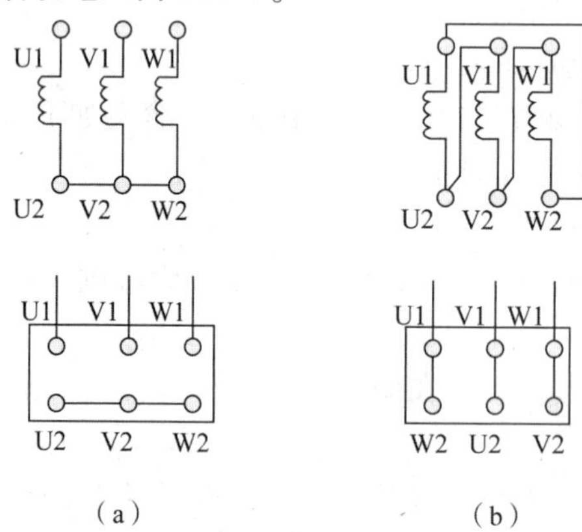


**图 1-13　三相异步电动机的两种连接方式**

（a）星形连接；（b）三角形连接

# 项目 2

# 异步电动机单向运行 PLC 控制系统的设计与调试

## 2.1 项目任务

进一步理解电动机单向运动电路的工作过程；学会项目所需要电气元件的检测与使用方法；学会单向运动 PLC 控制电路的设计与调试，建立设计思维；学会分析电路或 LAD 程序中出现故障的原因及解决方案；建立小组协作机制，形成团队协作意识；初步形成电气控制方向职业认同感。

## 2.2 项目目标

(1)掌握 S7-200 SMART 系列 PLC 的软元件、基本指令和主要技术指标。

(2)能够根据控制要求应用基本指令实现 PLC 控制系统的编程。

(3)能够合理分配 I/O 地址，正确连接 PLC 系统的电气回路。

(4)能够使用 PLC 控制系统的经验设计法和继电器电路移植设计法。

(5)熟练使用 S7-200 SMART 系列 PLC 的 STEP 7-Micro/WIN SMART 编程软件进行程序的编辑、上传、下载、运行和监控。

(6)能够针对简单控制要求设计 PLC 程序，初步建立设计思想。

(7)建立小组团结协作、节约成本意识。

## 2.3 项目描述

图 2-1 为主轴电动机控制电路电气原理图，包括单向点动控制电路[图 2-1(a)]和单向自锁控制电路[图 2-1(b)]。当单向点动控制工作时，合上开关 QS，接通电源，按下按

钮 SB，电动机 M 启动并运转，松开按钮 SB，电动机 M 断电停止运转。当单向自锁控制工作时，合上开关 QS，接通电源，按下按钮 SB2，电动机 M 启动并连续运转，按下按钮 SB1 或热继电器 FR，电动机 M 断电停止运转。根据控制电路电气原理图，采用移植设计法，可完成 PLC 控制系统改造。

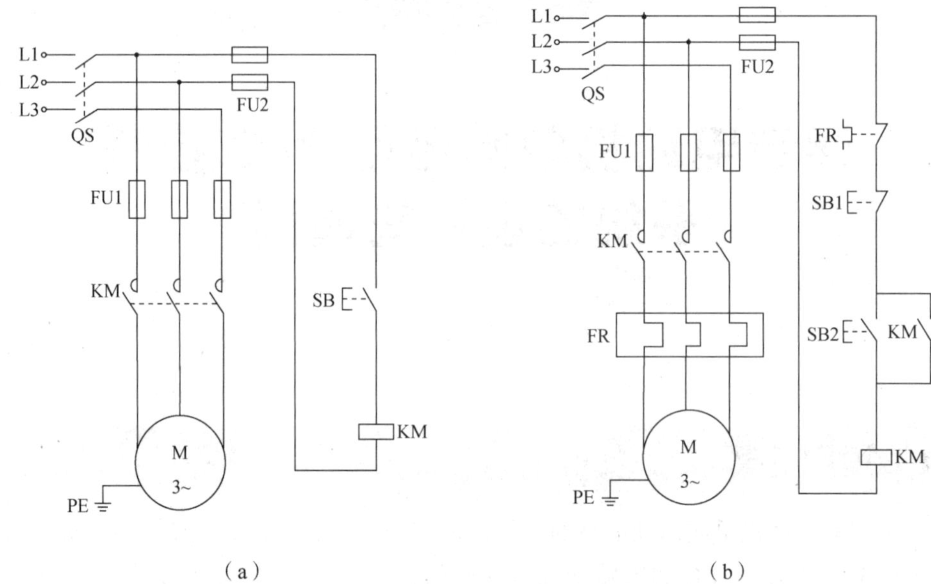


**图 2-1　主轴电动机控制电路电气原理图**

(a)单向点动控制电路；(b)单向自锁控制电路

# 2.4　项目分析

## 2.4.1　I/O 分配

PLC 的继电器输出模块和晶闸管输出模块只能驱动电压不高于 220 V 的负载，如果原系统的交流接触器线圈额定电压为 380 V，应将其线圈换成额定电压为 220 V 的线圈，也可设置外部中间继电器，并且它们的电流也必须要匹配。根据三相异步电动机直接启动的控制要求，可得单向点动控制系统和单向自锁控制系统的 I/O 分配分别如表 2-1 和表 2-2 所示。

**表 2-1　单向点动控制系统的 I/O 分配**

| 输入信号和地址 | | 输出信号和地址 | |
|---|---|---|---|
| 启动按钮 SB | I0.0 | 中间继电器 KA | Q0.0 |

**表 2-2　单向自锁控制系统的 I/O 分配**

| 输入信号和地址 | | 输出信号和地址 | |
|---|---|---|---|
| 启动按钮 SB2 | I0.0 | 中间继电器 KA | Q0.0 |
| 停止按钮 SB1 | I0.1 | — | — |

## 2.4.2 硬件电路

根据 PLC 的 I/O 分配，可以设计出主轴电动机单向点动控制电路图，如图 2-2 所示。

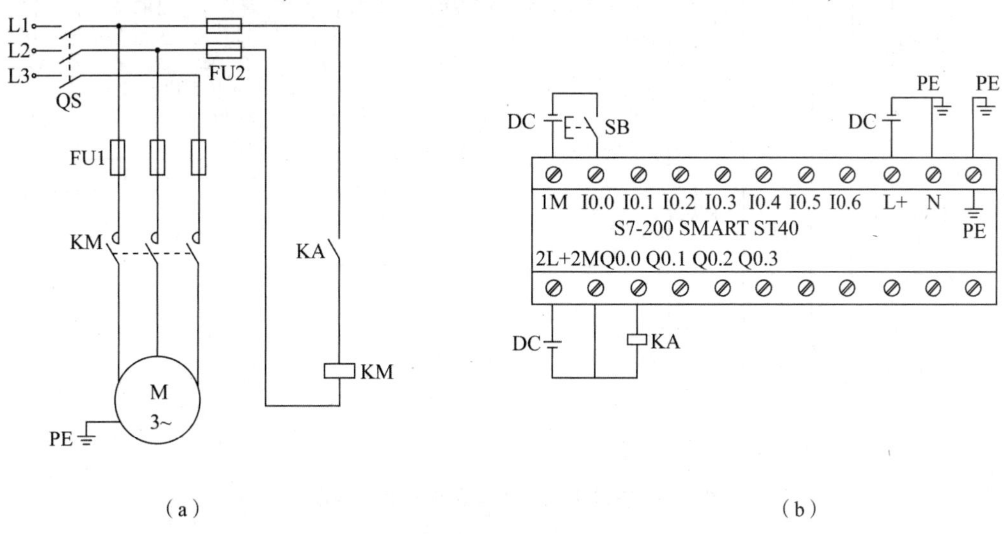


**图 2-2 主轴电动机单向点动控制电路图**

(a)主电路；(b)接线图

根据 PLC 的 I/O 分配，可以设计出主轴电动机单向自锁控制电路图，分别如图 2-3 和图 2-4 所示。

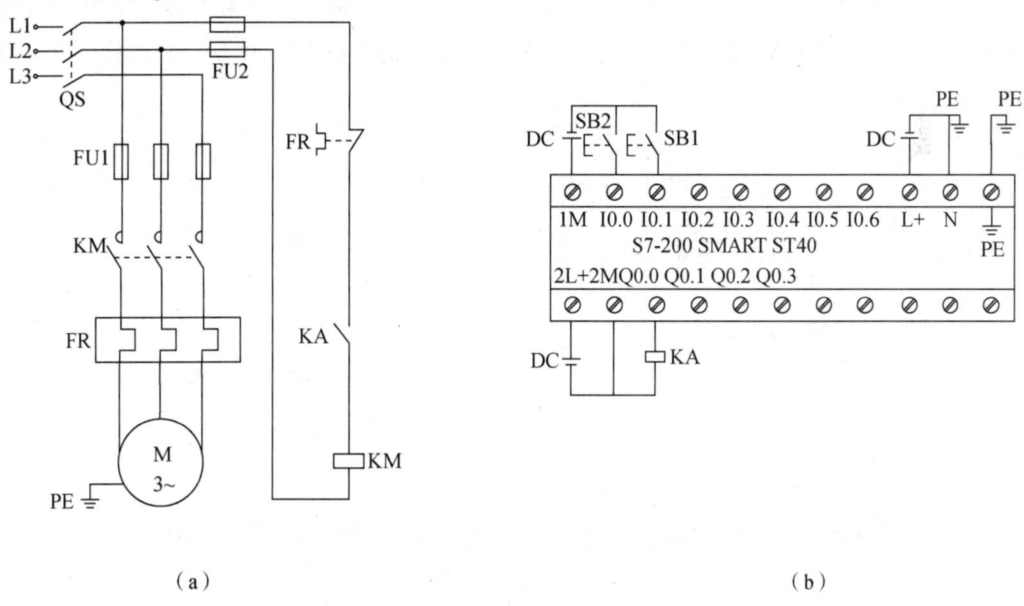


**图 2-3 主轴电动机单向自锁控制电路图 1**

(a)主电路；(b)接线图

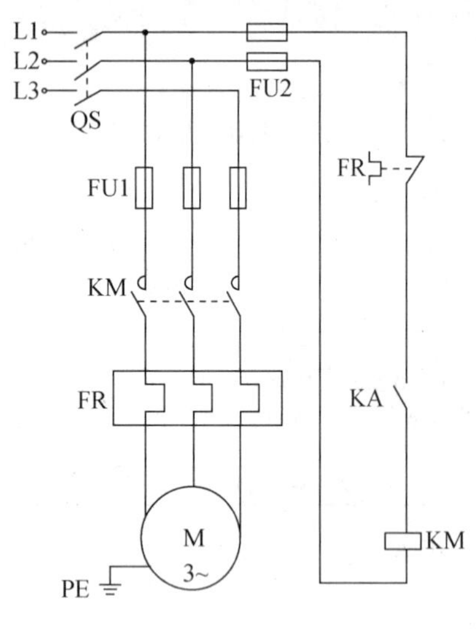


(a)

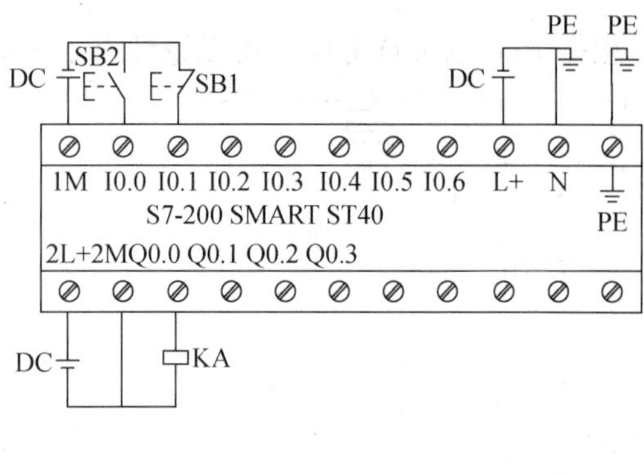


(b)

**图 2-4 主轴电动机单向自锁控制电路图 2**

(a) 主电路；(b) 接线图

## 2.4.3 程序设计

采用移植设计法完成电动机单向点动控制的 PLC 程序设计时，点动按钮 SB 地址为 I0.0，交流接触器线圈地址为 Q0.0，考虑到 PLC 的继电器输出模块和晶闸管输出模块只能驱动电压不高于 220 V 的负载，需设置外部中间继电器实现 PLC 控制，其接线图和 LAD 如图 2-5 所示。

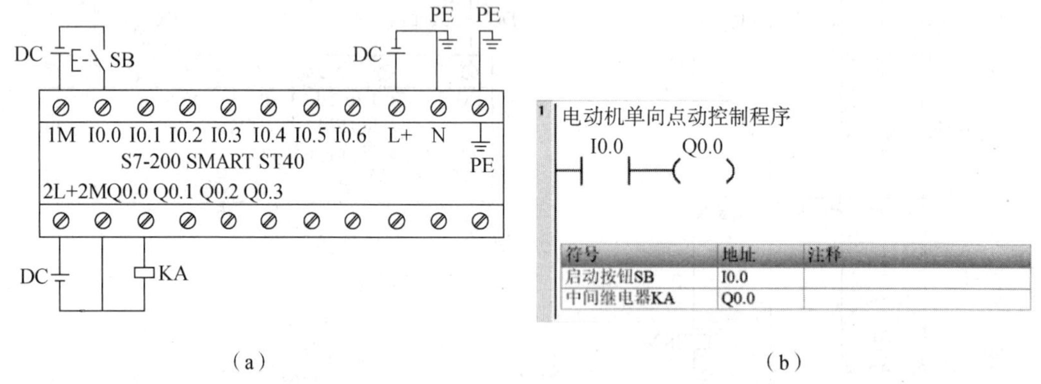


| 符号 | 地址 | 注释 |
|---|---|---|
| 启动按钮SB | I0.0 | |
| 中间继电器KA | Q0.0 | |

(a) (b)

**图 2-5 采用移植设计法的电动机单向点动控制电路的接线图和 LAD**

(a) 接线图；(b) LAD

图 2-5 中，按下启动按钮 SB，I0.0 的常开触点闭合，线圈 Q0.0 得电，电动机启动。

采用移植设计法完成电动机单向自锁控制的 PLC 程序设计时，启动按钮 SB2 地址为 I0.0，停止按钮 SB1 地址为 I0.1，交流接触器线圈输出设置为中间继电器实现 PLC 控制。由于“继电器-接触器”控制系统中，停止按钮 SB1 为常闭状态，如果 LAD 中 I0.1 为常闭状态，当上电运行时，I0. 1 将变为常开状态，此时即使按下启动按钮 SB2 后，电动机依然保持停止状态。停止按钮 SB1 的状态与 LAD 中对应的 I0. 1 状态有关，实际电动机单向自锁控制电路的接线图和 LAD 可以有两种形式，分别如图 2-6 和图 2-7 所示。

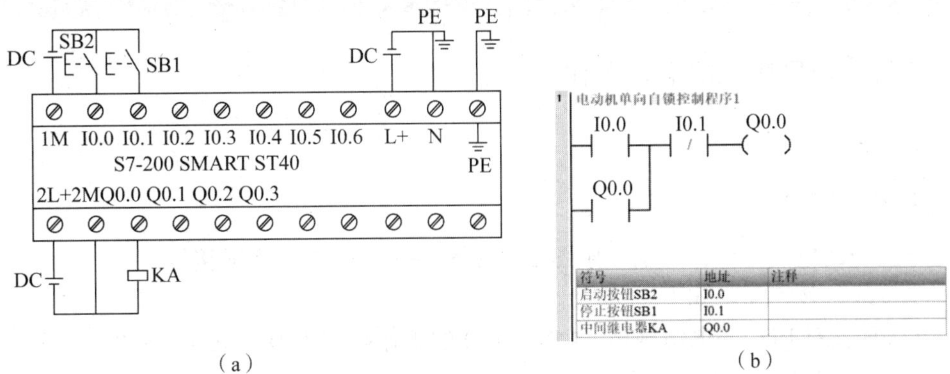


**图 2-6　采用移植设计法的电动机单向自锁控制电路的接线图和 LAD 1**

(a)接线图；(b)LAD

图 2-6 中，PLC 输入端的停止按钮 SB1 接 I0. 1 的常开触点，I0. 1 的输入继电器线圈得电，其在 LAD 中的 I0. 1 处采用常闭触点，其状态为 ON。此时，按下启动按钮 SB2，I0. 0 的常开触点闭合，Q0. 0 的中间继电器线圈得电，电动机启动并连续运转。按下停止按钮 SB1，I0. 1 的常开触点闭合，I0. 1 的输入继电器线圈得电，其在 LAD 中的 I0. 1 处采用常闭触点，其状态为 OFF，Q0. 0 的中间继电器线圈失电，电动机停止运行。

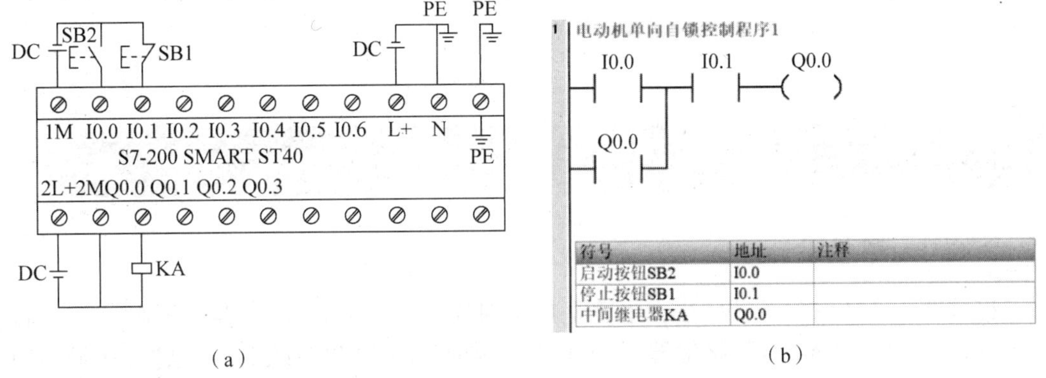


**图 2-7　采用移植设计法的电动机单向自锁控制电路的接线图和 LAD 2**

(a)接线图；(b)LAD

图 2-7 中，PLC 输入端的停止按钮 SB1 接 I0. 1 的常闭触点，I0. 1 的输入继电器线圈得电，其在 LAD 中的 I0. 1 处采用常开触点，其状态为 ON。此时，按下启动按钮 SB2，I0. 0 的常开触点闭合，Q0. 0 的中间继电器线圈得电，电动机启动并连续运转。按下停止按钮 SB1，I0. 1 的常闭触点断开，I0. 1 的输入继电器线圈失电，其在 LAD 中的 I0. 1 处采用常开触点，其状态为 OFF，Q0. 0 的中间继电器线圈失电，电动机停止运行。

## 2.5 项目实施

### 2.5.1 项目实施前准备工作

详见附录 A。

### 2.5.2 接线

选择适当的电气元件，分别按照图 2-2、图 2-3 和图 2-4 完成接线。

对于接线，技术要求如下。

(1)认真核对 PLC 的电源规格。CPU ST40 的工作电源为 DC 20.4~28.8 V。

(2)PLC 不要与电动机公共接地。

(3)导线绝缘层剥削合适、导线无损伤。

(4)接线时导线应不压绝缘层、不反圈、不露铜丝过长、不松动。

### 2.5.3 上电调试

主电路上电调试详见附录 B，PLC 上电调试详见附录 D。

### 2.5.4 记录调试结果

记录实践过程中的问题及处理方案，分小组完成 PLC 项目报告，报告内容参考附录 E。

## 2.6 预备知识

### 2.6.1 移植设计法

移植设计法又称翻译设计法，主要是用来对原有“继电器-接触器”控制系统进行改造。PLC 控制取代“继电器-接触器”控制已是大势所趋，用 PLC 改造“继电器-接触器”控制系统，根据原有的“继电器-接触器”电路图来设计 LAD 显然是一条捷径。由于原有的“继电器-接触器”控制系统经过了长期的使用和考验，已经被证明能够完成系统要求的控制功能，而“继电器-接触器”电路图又与 LAD 极为相似，因此可以将“继电器-接触器”电路图经过适当的“翻译”，直接转化为具有相同功能的 PLC 的 LAD 程序。这种设计方法没有改变系统的外部特性，对于操作工人来说，除了控制系统的可靠性提高了之外，改造前后的系统没有什么本质区别。这种设计方法一般不需要改动控制面板及器件，因此可以减少硬件改造的费用和改造的工作量。

“继电器-接触器”电路图是一个纯粹的硬件电路图，将它改为 PLC 控制时，需要用 PLC 的外部接线图和 LAD 来等效“继电器-接触器”电路图。可以将 PLC 想象成是一个“控制箱”，其外部接线图描述了这个“控制箱”的外部接线，LAD 是这个“控制箱”的“内部线路图”，LAD 中的输入位和输出位是这个“控制箱”与外部世界联系的“接口继电器”，这样就可以用分析“继电器-接触器”电路图的方法来分析 PLC 控制系统。在分析 LAD 时，可以将输入位的触点想象成对应的外部输入器件的触点，将输出位的线圈想象成对应的外部负载的线圈。外部负载的线圈除了受 LAD 的控制外，还受外部触点的控制。

将“继电器-接触器”电路图转换成为功能相同的 PLC 的外部接线图和 LAD 的步骤如下。

(1)了解和熟悉被控设备的机械结构组成、生产工艺过程和机械各部件的运动，根据“继电器-接触器”电路图分析和掌握 PLC 控制系统的工作原理。

(2)确定 PLC 的输入信号和输出负载。“继电器-接触器”电路图中的交流接触器和电磁阀等执行机构如果用 PLC 的输出位来控制，它们的线圈接在 PLC 的输出端；按钮、操作开关、行程开关和接近开关等提供 PLC 的数字量输入信号；“继电器-接触器”电路图中的中间继电器和时间继电器的功能通过 PLC 内部的辅助继电器和定时器来完成，它们与 PLC 的输入位、输出位均无关。

(3)选择 PLC 的型号，根据系统所需要的功能和规模选择 CPU 模块、电源模块、数字量输入和输出模块，对硬件进行组态，确定 I/O 模块在机架中的安装位置及其起始地址。

(4)确定 PLC 各数字量输入信号与输出负载对应的输入位和输出位的地址，画出 PLC 外部的实际接线图。各输入位和输出位在 LAD 中的地址取决于其模块的起始地址和接线端子号。

(5)确定与“继电器-接触器”电路图中的中间继电器、时间继电器对应的 LAD 中的辅助继电器、定时器和计数器的地址。

(6)根据上述的对应关系画出 LAD。

## 2.6.2 编程元件

S7-200 SMART 系列 PLC 提供了以下 13 种类型的编程元件。

### 1. 输入继电器(I)

输入继电器就是位于 PLC 数据存储区的输入映像寄存器，其外部有一个物理的输入电路与之对应，该输入电路用于接收来自现场的开关信号，如控制按钮、行程开关、接近开关及各种传感器的输入信号，都是通过输入电路接入 PLC 的。

每个输入电路与输入继电器的相应位相对应。现场输入信号的状态，在每个扫描周期的输入采样阶段读入，并将采样值通过输入电路存入输入继电器，供程序执行阶段使用。当外部常开按钮闭合时，对应的输入继电器的位状态为 1，在程序中其常开触点闭合，常闭触点打开。

注意：输入继电器只能由外部输入信号驱动，而不能由程序指令来改变。现场实际输入信号数不能超过 PLC 所提供的具有外部接线端子的输入继电器的数量，剩余的具有地址而未使用的输入继电器，为避免出错，建议将这些地址空置。

输入继电器可以按位、字节、字或双字地址格式存取，有效地址范围为：I0.0~I31.7、IB0~IB31、IW0~IW30、ID0~ID28。

2. 输出继电器(Q)

输出继电器就是位于PLC数据存储区的输出映像寄存器，其外部有一个物理输出电路与之对应。该输出电路可直接与现场各种被控负载相连，如接触器线圈、指示灯和电磁阀等。

每个输出电路与输出继电器的相应位相对应，或者说以字节为单位的输出继电器的每一位对应一个数字量输出电路。CPU将程序执行结果存放到输出继电器中，而不是直接送到输出电路。在每个扫描周期的输出刷新阶段，CPU以批处理方式集中将输出继电器的数值送到输出锁存器，作为控制外部负载的开关信号，并刷新相应的输出电路。可见，PLC的输出电路是PLC向外部负载发出控制命令的窗口。当程序使输出继电器的某位状态为1时，相应的输出电路常开触点闭合，对应的外部负载接通。

注意：输出继电器使用时不能超过PLC所提供的具有外部接线端子的输出电路数量，剩余的具有地址而未使用的输出映像寄存器，为避免出错，建议将这些地址空置。

输出继电器可以按位、字节、字或双字地址格式存取数，有效地址范围为：Q0.0~Q31.7、QB0~QB31、QW0~QW30、QD0~QD28。

输入和输出映像区实际上就是外部I/O设备状态的映像区，PLC通过I/O映像区的各个位与外部物理设备建立联系。I/O映像区每个位都可以映像I/O模块上的对应端子状态。在程序的执行过程中，对于I/O设备状态的读写通常是通过映像寄存器，而不是实际的I/O端子。

3. 辅助继电器(M)

辅助继电器位于PLC数据存储区的位存储器区，其作用与中间继电器相似，用于存放中间操作状态和控制信息。辅助继电器没有外部的输入端子或输出端子与之对应，因此它不受外部输入信号的直接控制，其触点也不能直接驱动外部负载，这是它与输入继电器和输出继电器的主要区别。每个辅助继电器对应着数据存储区的一个存储单元，可按位、字节、字或双字来存取辅助继电器区数据，有效地址范围为：M0.0~M31.7、MB0~MB31、MW0~MW30、MD0~MD28。

4. 变量存储器(V)

变量存储器用于存放全局变量、程序执行过程中控制逻辑操作的中间结果或其他相关的数据。变量存储器不能直接驱动外部负载。变量存储器全局有效，即同一个存储器可以在任一程序(主程序、子程序或中断程序)中被访问。变量存储器可按位、字节、字或双字来存取变量存储器区数据。S7-200 SMART系列PLC的CPU SR40/ST40的有效地址范围为：V0.0~V16383.7、VB0~VB16383、VW0~VW16382、VD0~VD16380。

5. 局部存储器(L)

S7-200 SMART系列PLC将主程序、子程序和中断程序统称为程序组织单元(Programming Organisation Unit，POU)，各POU都有自己的64字节的局部存储器，使用LAD和FBD编程时，STEP 7-Micro/WIN SMART将保留LB60~LB63这4字节。

局部存储器用来存放局部变量。局部存储器局部有效，即某一变量只能在某一特定程序(主程序、子程序或中断程序)中使用。局部存储器常用于带参数的子程序调用过程中。

不同程序的局部存储器不能互相访问。程序运行时，根据需要动态分配局部存储器，在运行主程序时，分配给子程序或中断程序的局部存储区是不存在的，只有当子程序调用或出现中断时，才为之分配局部存储器。

局部存储器可按位、字节、字或双字访问。S7-200 SMART 系列 PLC 局部存储器的有效地址范围为：L0.0~L63.7、LB0~LB63、LW0~LW62、LD0~LD60。

6. 顺序控制继电器(S)

顺序控制继电器用于顺序控制或步进控制。顺序控制继电器指令是基于 SFC 的编程指令。顺序控制继电器指令将控制程序进行逻辑分段，从而实现顺序控制。顺序控制继电器可按位、字节、字或双字访问。S7-200 SMART 系列 PLC 的顺序控制继电器有效地址范围为：S0.0~S31.7、SB0~SB31、SW0~SW30、SD0~SD28。

7. 特殊存储器(SM)

特殊存储器用于 CPU 和用户程序之间交换信息，它为用户提供一些特殊的控制功能及系统信息，用户对操作的一些特殊要求也可通过它通知系统。特殊存储器标志位区域分为只读区域(SM0.0~SM29.7、SM1000.0~SM1535.7)和可读写区域。在只读区域的特殊存储器，与输入继电器一样不能通过编程的方式改变其状态，用户只能使用其触点。例如，SMB0 有 8 个状态位(SM0.0~SM0.7)，含义如下。

(1)SM0.0：CPU 在 RUN 时，SM0.0 总为 1，即该位始终接通为 ON。

(2)SM0.1：PLC 由 STOP 转为 RUN 时，SM0.1 接通一个扫描周期，常用作初始化脉冲。

(3)SM0.2：若 NAND 闪存数据丢失，SM0.2 接通一个扫描周期。

(4)SM0.3：PLC 上电或暖启动条件进入 RUN 时，SM0.3 接通一个扫描周期，可用于在开始操作之前给机器提供预热时间。

(5)SM0.4：分时钟脉冲，提供占空比为 50%、30 s 接通、30 s 断开、周期为 1 min 的脉冲串。

(6)SM0.5：秒时钟脉冲，提供占空比为 50%、0.5 s 接通、0.5 s 断开、周期为 1 s 的脉冲串。

(7)SM0.6：该位是扫描周期时钟，其工作时先接通一个扫描周期，然后断开一个扫描周期，并在后续扫描中交替接通和断开扫描周期。该位可用作扫描计数器输入。

(8)SM0.7：指令执行状态位，指令执行的结果溢出或检测到非法数值时，该位置为 1。

可读写特殊继电器用于特殊控制功能。例如，用于自由口通信设置的 SMB30(接口 0)和 SMB130(接口 1)；用于定时中断时间间隔设置的 SMB34(定时中断 0)和 SMB35(定时中断 1)；用于高速计数器设置的 SMB36~SMB65 等。

8. 定时器(T)

定时器是 PLC 中重要的编程元件，是累计时间增量的内部元件，其作用类似于继电器控制系统中的时间继电器，用于需要延时控制的场合。S7-200 SMART 系列 PLC 有 3 种类型的定时器：接通延时定时器(On-Delay Timer，TON)、断开延时定时器(Off-Delay

Timer，TOF)和保持型接通延时定时器(Retentive On-Delay Timer，TONR)。定时器的定时时基有3种：1 ms、10 ms和100 ms。使用定时器时需要提前设置时间设定值，通常设定值由程序赋予，需要时也可通过外部触摸屏等设定。

与定时器相关的有两个变量：定时器的当前值和定时器的位。

定时器的当前值为16位的有符号整数，用于存储定时器累计的时基增量值(1~32 767)。

定时器的位用来描述定时器延时动作的触点状态。当定时器的输入条件满足时，开始计时，当前值从0开始按一定的时间单位(取决于定时器的定时时基，又称分辨率)增加。当定时器的当前值大于或等于设定值时，定时器(状态)位被置为1，LAD中对应的常开触点闭合，常闭触点断开。

用定时器地址(如T20)来访问定时器的当前值和定时器的位：用带位操作数的指令访问定时器的位，用带字操作数的指令访问定时器的当前值。

S7-200 SMART系列PLC的定时器的有效地址范围为T0~T255。

9. 计数器(C)

计数器用来累计其计数输入端脉冲电平由低到高(正跳变)的次数，常用来对产品进行计数或特定功能的编程。S7-200 SMART系列PLC有3种类型计数器：增计数器(Count Up，CTU)、减计数器(Count Down，CTD)和增减计数器(Count Up and Down，CTUD)，使用时需要提前设定计数设定值，通常设定值由程序赋予，需要时也可通过外部触摸屏等设定。

与计数器相关的有两个变量：计数器的当前值和计数器的位。

计数器的当前值为16位的有符号整数，用于存储计数器累计的脉冲个数(1~32 767)。

计数器的位用来描述计数器动作的触点状态。当满足计数器的输入条件时，计数器当前值从0开始累计它的输入端脉冲正跳变的次数，当计数器的计数值大于或等于设定值时，计数器的位被置为1，LAD中对应的常开触点闭合，常闭触点断开。

S7-200 SMART系列PLC的计数器的有效地址范围为C0~C255。

10. 模拟量输入映像寄存器(AI)

模拟量输入模块电路将外部输入的模拟信号(如温度、压力和流量等)转换成一个字长(16位)的数字量，存放在模拟量输入映像寄存器中，供CPU运算处理。模拟量输入映像寄存器中的值为只读值，只能进行读取操作，且其地址必须用偶数字节地址，其有效地址范围为AIW0，AIW2，…，AIW110。

11. 模拟量输出映像寄存器(AQ)

CPU运算的相关结果存放在模拟量输出映像寄存器中，供数模转换器将一个字长的数字量转换为模拟量，以驱动外部模拟量控制的设备。模拟量输出映像寄存器中的数字量为只写值，用户不能读取模拟量输出值且其地址也必须用偶数字节地址，其有效地址范围为AQW0，AQW2，…，AQW110。

12. 累加器(AC)

累加器是用来暂时存储计算中间值的存储器，也可用于向子程序传递参数或返回子程序参数。S7-200 SMART系列PLC提供了4个32位累加器AC0、AC1、AC2、AC3。

对累加器可进行读和写两种操作，可按字节、字或双字来存取累加器中的数据。被访问的数据大小取决于访问累加器时所使用的指令。例如，MOVB 指令存取累加器的字节，DECW 指令存取累加器的字，INCD 指令存取累加器的双字。以字节或字存取时，累加器只存取存储器中数据的低 8 位或低 16 位；以双字存取时，则存取存储器中数据的 32 位。

13. 高速计数器(HC)

高速计数器用来累计比 CPU 扫描速率更快的高速脉冲信号，计数过程与扫描周期无关。高速计数器的当前值和预设值为 32 位有符号整数，其中，当前值为只读数据。高速计数器当前值应以双字读取。S7-200 SMART 系列 PLC 的高速计数器的有效地址范围为 HC0~HC3。

## 2.6.3 S7-200 SMART 系列 PLC 位逻辑指令

1. 标准触点指令

LAD 中的标准触点指令如图 2-8 所示，图中??.?表示指定地址(本小节图中的符号都为此含义)。当存储器某地址的位为 1 时，与之对应的常开触点的位也为 1，表示该常开触点接通；与之对应的常闭触点的位为 0，表示该常闭触点断开。

```
  ??.?         ??.?
─┤    ├─   ─┤ / ├─
```

图 2-8 标准触点指令

2. 输出指令

输出指令又称为线圈驱动指令，表示对继电器输出线圈(包括内部继电器线圈和输出继电器线圈)编程。如图 2-9 所示，在 LAD 中，用“( )”表示线圈。当执行输出指令时，“能流”(指 LAD 中的假想电流)流进线圈，线圈被“激励”。输出映像寄存器或其他存储器的相应位为 1，反之为 0。输出指令应放在 LAD 的最右边。不同地址的继电器线圈可以采用并联输出结构。

```
  ??.?
─(    )
```

图 2-9 输出指令

3. 置位指令和复位指令

LAD 中的置位指令(S)和复位指令(R)如图 2-10 所示，图中???? 表示一组($N$ 个)位(本小节图中的该符号都为此含义)。在 LAD 或 FBD 中，只要有“能流”流过，就能执行置位指令或复位指令。执行置位指令时，把从指令操作数指定地址开始的 $N$ 个元件置位并保持，置位后即使“能流”断开，仍保持置位，除非对它进行复位；执行复位指令时，把从指令操作数指定地址开始的 $N$ 个元件复位并保持，复位后即使“能流”断开，仍保持复位。

```
  ??.?      ??.?
─( S )    ─( R )
  ????      ????
```

图 2-10 置位指令和复位指令

#### 4. 置位优先双稳态触发器指令和复位优先双稳态触发器指令

LAD 中的置位优先双稳态触发器指令(SR)和复位优先双稳态触发器指令(RS)如图 2-11 所示，相当于置位指令和复位指令的组合，用置位输入和复位输入同时控制功能框上的位地址。

使用置位优先双稳态触发器指令时，当置位(S1)和复位(R)信号均为 1 时，则??.?置位为 1，且输出(OUT)为 1；当 S1 为 1、R 为 0 时，则??.?和 OUT 均为 1；当 S1 为 0、R 为 1 时，则??.?和 OUT 均为 0；当 S1 和 R 均为 0 时，则??.?和 OUT 的状态为先前状态。

使用复位优先双稳态触发器指令时，当置位(S)和复位(R1)信号均为 1，则??.?复位为 0，且输出(OUT)为 0；当 S 为 1、R1 为 0 时，则??.?和 OUT 均为 1；当 S 为 0、R1 为 1 时，则??.?和 OUT 均为 0；当 S 和 R1 均为 0 时，则??.?和 OUT 的状态为先前状态。

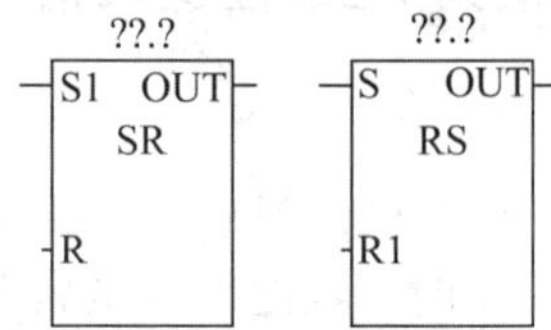


图 2-11　置位优先双稳态触发器指令和复位优先双稳态触发器指令

#### 5. 立即触点指令

LAD 中的立即触点指令如图 2-12 所示，执行立即触点指令时，直接读取物理输入点的值，相应的输入映像寄存器中的值并不更新，当某物理输入点的触点闭合时，则与之对应的常开立即触点的位为 1，表示该常开触点接通；而与之对应的常闭立即触点的位为 0，表示该常闭触点断开。

#### 6. 立即 I/O 指令

立即 I/O 指令不受 PLC 循环扫描工作方式的约束，允许对 I/O 物理点进行快速直接存取。执行立即输入指令时，CPU 绕过输入映像寄存器，直接读入物理输入点的状态作为程序执行期间的数据，输入映像寄存器不做刷新处理；执行立即输出指令(图 2-13)时，则将结果同时立即写入物理输出点和相应的输出映像寄存器，而不是等待程序执行阶段结束后，转入输出刷新阶段时才把结果传送到物理输出点，从而加快了 I/O 响应速度。

图 2-12　立即触点指令　　图 2-13　立即输出指令

注意：立即 I/O 指令是直接访问物理 I/O 点的，比一般指令访问 I/O 映像寄存器占用 CPU 的时间要长，因而不能盲目地使用该指令，否则会增加扫描周期的时间，对系统造成不利的影响。

#### 7. 立即置位指令和立即复位指令

LAD 中的立即置位指令(SI)和立即复位指令(RI)如图 2-14 所示，当执行立即置位指令或立即复位指令时，从指令操作数指定的位地址开始的 *N* 个连续的物理输出点将被立即置位或立即复位且保持。*N* 的常数范围为 1~255。该指令只能用于输出继电器(Q)。

8. 取反指令和空操作指令

LAD 中的取反指令(NOT)和空操作指令(NOP *N*，*N* 是一个 0~255 之间的常数)如图 2-15 所示。

取反指令用于改变“能流”的状态，当“能流”到达取反触点时，“能流”停止，反之“能流”通过。

空操作指令用于程序的检查和修改，预先在程序中设置了一些空操作指令，在修改和增加其他指令时，可使程序地址的更改量减小，且对程序的执行和运算结果没有影响。

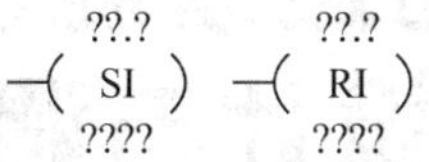

??.? ??.?
—( SI ) —( RI )
???? ????

????
— NOP —|NOT|—

图 2-14 立即置位指令和立即复位指令 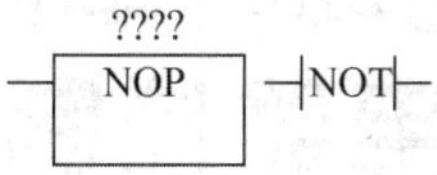 图 2-15 取反指令和空操作指令

9. 正/负跳变指令

LAD 中的正/负跳变指令如图 2-16 所示。正跳变指令(P)在检测到每一次正跳变(触点的输入信号由 OFF 到 ON)时，让“能流”通过一个扫描周期的时间，产生一个宽度为一个扫描周期的脉冲。负跳变指令(N)在检测到每一次负跳变(触点的输入信号由 ON 到 OFF)时，让“能流”通过一个扫描周期的时间，产生一个宽度为一个扫描周期的脉冲。

—| P |— —| N |—

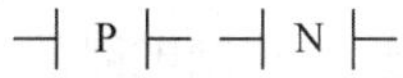

图 2-16 正/负跳变指令

## 2.6.4 比较指令

比较指令将两个相同类型的数据按照指定条件进行大小比较，当满足比较关系时，比较触点接通，否则比较触点保持断开。

比较指令有 6 种比较类型，分别是==、<>、>=、<=、>、<，操作数的数据类型可以是字节、整数、双整数、实数和字符串。字节比较指令用来比较两个无符号数 IN1 和 IN2 的大小；整数和双整数比较指令用来比较两个整数 IN1 和 IN2 的大小，最高位为符号位；实数比较指令用来比较两个实数 IN1 和 IN2 的大小；字符串比较指令用来比较两个 STRING 类型的字符串。如果满足比较条件，则比较触点接通，否则比较触点保持断开。

以==指令为例，LAD 中的==指令如图 2-17 所示。

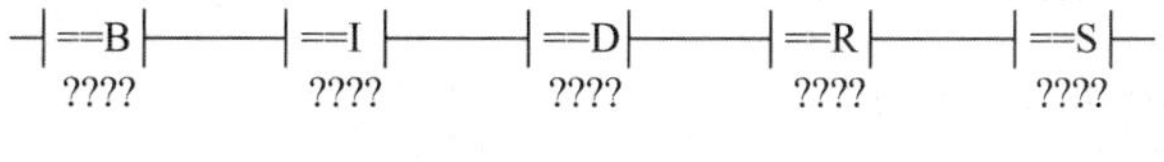

???? ???? ???? ???? ????
—|==B|——|==I|——|==D|——|==R|——|==S|—
???? ???? ???? ???? ????

图 2-17 ==指令

项目 3

# 异步电动机单向点动加连续混合运行继电器控制系统的设计与调试

## 3.1 项目任务

理解电动机单向点动加连续混合运行控制电路的工作过程；学会项目所需要电气元件的检测与使用方法；学会单向点动加连续混合运行控制电路的安装与调试，建立设计思维；学会分析电路中出现故障的原因及解决方案；建立小组协作机制，形成团队协作意识；初步形成电气控制方向职业认同感。

## 3.2 项目目标

(1)掌握电动机单向点动加连续混合运行控制的基本概念。

(2)熟悉低压断路器、继电器、旋钮开关等电气元件的作用及工作原理，会识别、检测和选择电气元件。

(3)识读电气原理图，能将电气原理图转化为接线图。

(4)掌握电气控制线路的上电前检查及上电调试的方法，并能根据故障现象，分析并排除故障。

(5)具有安全意识和节约意识。

(6)具有团队协作的精神。

(7)熟悉电气控制职业岗位。

## 3.3 项目描述

机床的主轴电动机既需要连续运行进行加工生产，又需要在进行调整工作时采取点动控制，这就产生了单向点动加连续混合运行控制电路。

## 3.4 项目分析

主轴电动机单向点动加连续混合运行控制电路电气原理图如图 3-1 所示。

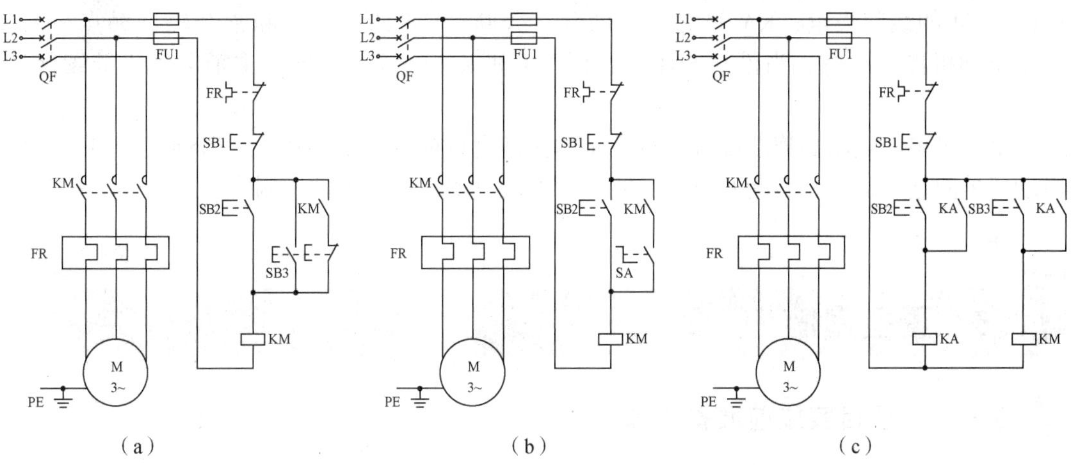


**图 3-1 主轴电动机单向点动加连续混合运行控制电路电气原理图**

(a)采用复合按钮实现；(b)采用旋钮开关实现；(c)采用中间继电器实现

控制过程中，图 3-1(a)、图 3-1(b)、图 3-1(c)的主电路相同。闭合低压断路器 QF 接通电源，图 3-1(a)中采用复合按钮 SB3 来实现单向点动加连续混合运行控制。单向点动控制时，按下复合按钮 SB3，其常闭触点先断开自锁电路，常开触点后闭合，交流接触器 KM 的线圈通电、主触点闭合，电动机启动运转；当松开 SB3 时，其常开触点先断开，常闭触点后闭合，KM 的线圈失电、主触点断开，电动机停止运转，从而实现点动控制。连续运行控制时，按下启动按钮 SB2，KM 的线圈得电、主触点闭合，主轴电动机单向运行。同时，与 SB2 并联的 KM 的常开辅助触点闭合，当松开 SB2 时，KM 的线圈可通过 KM 的常开辅助触点继续得电，从而保持主轴电动机单向连续运行。当按下按钮 SB1 时，KM 的线圈失电、主触点和常开辅助触点分断，主轴电动机停止运行；当松开 SB1 时，因 KM 的线圈失电，主轴电动机继续保持停止。注意：当主轴电动机点动时，若 KM 的释放时间大于按钮恢复时间，则点动结束；当 SB3 的常闭触点复位时，KM 的常开触点尚未断开，其自保电路继续通电，主轴电动机无法实现点动了。

图 3-1(b)中采用旋钮开关 SA 来实现单向点动加连续混合运行控制。单向点动控制时，将 SA 打开，自锁回路断开，按下启动按钮 SB2，交流接触器 KM 的线圈得电、主触点闭合，主轴电动机单向运行；当松开 SB2 时，KM 的线圈失电、主触点分断，主轴电动机停止运行。连续运行控制时，合上 SA，按下 SB2，KM 的线圈得电、主触点闭合，主轴电动机单向运行。同时，与 SB2 并联的 KM 的常开辅助触点闭合，当松开 SB2 时，KM 的线圈可通过 KM 的常开辅助触点继续得电，从而保持主轴电动机单向连续运行。当按下按钮 SB1 时，KM 的线圈失电、主触点和常开辅助触点分断，主轴电动机停止运行；当松开

SB1 时，因 KM 的线圈失电，主轴电动机继续保持停止。

图 3-1(c)中采用中间继电器 KA 来实现单向点动加连续混合运行控制。单向点动控制时，按下按钮 SB3，交流接触器 KM 的线圈得电、主触点闭合，主轴电动机单向运行；当松开 SB3 时，KM 的线圈失电、主触点分断，主轴电动机停止运行。连续运行控制时，按下启动按钮 SB2，KA 的线圈通电吸合并自锁，KA 的另一触点接通 KM 的线圈，KM 的线圈得电，KM 主触点闭合，主轴电动机单向运行。当按下停止按钮 SB1 时，KA 和 KM 的线圈失电，KA 的常开辅助触点分断，KM 的主触点和常开辅助触点分断，主轴电动机停止运行；当松开 SB1 时，因 KA 和 KM 的线圈失电，主轴电动机继续保持停止。

电动机单向点动加连续混合运行控制的关键是自锁触点是否接入。若能实现自锁，则电动机单向连续运行；若断开自锁回路，则电动机实现单向点动控制。

## 3.5 项目实施

### 3.5.1 项目实施前准备工作

详见附录 A。

### 3.5.2 电气布置图

根据电气原理图设计电气布置图，可参考图 3-2。

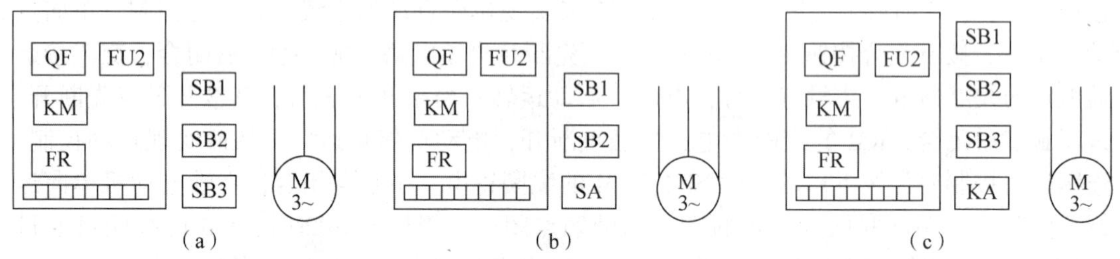


**图 3-2 单向点动加连续混合控制电路电气布置图**

(a)采用复合按钮实现；(b)采用旋钮开关实现；(c)采用中间继电器实现

### 3.5.3 接线

选择适当的电气元件，按照图 3-1 和图 3-2 完成接线。

接线的技术要求如下。

(1)电气元件选择正确、安装牢固。

(2)布线整齐、平直、合理。

(3)导线绝缘层剥削合适、导线无损伤。

(4)接线时导线应不压绝缘层、不反圈、不露铜丝过长、不松动。

### 3.5.4 上电前检查

以中间继电器实现单向点动加连续混合运行控制为例进行上电前检查。

(1)电路检查。从电路的电源端开始，逐段核对接线及接线端子处的线号是否正确，同时，检查导线接点是否牢固。

(2)用万用表进行通断检查。查检主电路时，需要断开控制电路，将万用表置于欧姆挡，将其表笔分别放在接线端子 U1 和 U2、V1 和 V2、W1 和 W2 上，如果读数接近于零，说明接线无问题，如果读数接近于无穷大，说明接线可能虚接或接错；人为将接触器 KM 吸合，再将表笔分别放在接线端子 U1 和 V1、V1 和 W1、U1 和 W1 上，此时万用表的读数应为电动机绕组的值(此时电动机应为三角形接法)。

(3)用兆欧表进行绝缘检查。将 U、V 或 W 与兆欧表的接线柱 L 相连，电动机的外壳和兆欧表的接线柱 E 相连，测量其绝缘电阻应大于或等于 1 MΩ。

(4)在教师的监护下，通电试车。合上低压断路器 QF，当单向点动控制时，按下按钮 SB3，观察交流接触器是否吸合、电动机是否运转；当单向连续运行控制时，按下启动按钮 SB2，观察中间继电器是否吸合、交流接触器是否吸合、电动机是否运转。在观察中，若遇到异常现象，应立即停车，检查故障。

(5)通电试车完毕后，切断电源。

### 3.5.5 上电调试

详见附录 B。

### 3.5.6 记录调试结果

记录实践过程中的问题及处理方案，分小组完成项目报告，报告内容参考附录 C。

## 3.6 预备知识

### 3.6.1 低压断路器

低压断路器俗称自动开关或自动空气开关，简称开关，是低压配电网系统、电力拖动系统中非常重要的开关电器和保护电器，主要在低压配电线路或开关柜(箱)中作为电源开关使用，并对线路、电气设备及电动机等进行保护。低压断路器不仅可以用来接通和分断正常负载电流、电动机工作电流和过载电流，而且可以不频繁地接通和分断短路电流，相当于刀开关、熔断器、热继电器、过电流继电器和欠电压继电器的组合，是一种既有手动开关作用，又能自动进行欠电压、失电压、过载和短路保护的电器。低压断路器与接触器的区别如下：接触器允许频繁地接通或分断电路，但不能分断短路电流；低压断路器不仅可分断额定电流、一般故障电流，还能分断短路电流，但单位时间内允许的操作次数较少。

由于低压断路器具有操作安全、工作可靠、动作后(如短路故障排除后)不需要更换元件等优点，因此在低压配电系统、照明系统、电热系统等场合常被用作电源引入开关和保护电器，取代了过去常用的刀开关和熔断器的组合。

1. 低压断路器的结构与工作原理

低压断路器由主触点、自由脱扣机构、热脱扣器、过电流脱扣器、分励脱扣器等组成，如图 3-3 所示。低压断路器的主触点 1 依靠自由脱扣机构 2 和 3 手动或电动合闸，从而使电路接通。当电路发生故障(如短路、过载、欠电压等)时，通过脱扣器装置使低压断路器自动跳闸，达到故障保护的目的。需要进行分闸操作时，按下按钮 SB 使分励脱扣器 13 的电磁铁得电吸动衔铁 14，通过传动机构推动自由脱扣机构 2 和 3，使低压断路器跳闸。

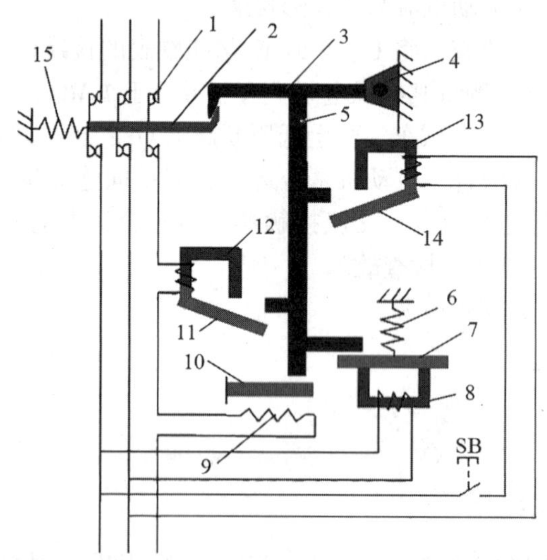


1—主触点；2、3—自由脱扣机构；4—转轴座；5—杠杆；6—拉力弹簧；7、11、14—衔铁；8—欠电压脱扣器；9—发热元件；10—热脱扣器；12—过电流脱扣器；13—分励脱扣器；15—分闸弹簧。

**图 3-3 低压断路器结构图**

(1)短路保护。当电路发生短路时，电路中的电流增大，过电流脱扣器 12 动作，迅速吸合衔铁 11，撞击杠杆 5，使自由脱扣机构 2 和 3 脱扣，主触点 1 在分闸弹簧 15 的作用下迅速分开，切断电路，起到短路保护作用。

(2)过载保护。当电路出现过载现象时，过载电流使热脱扣器(双金属片)10 受热弯曲，通过传动机构推动自由脱扣机构 2 和 3 脱扣释放主触点 1，主触点 1 在分闸弹簧 15 的作用下分开，切断电路，起到过载保护的作用。

(3)欠电压保护。欠电压脱扣器 8 并联在低压断路器的电源侧，当电源侧停电或电源电压过低时，衔铁 7 释放，通过传动机构推动自由脱扣机构 2 和 3 使低压断路器跳闸，起到欠电压及零压保护作用。

2. 低压断路器的主要技术参数

(1)额定电压：是指低压断路器在规定条件下正常工作的电源电压，其与通断能力及使用类别有关。

(2)额定电流：是指在规定条件下低压断路器可长期通过的电流，又称为过电流脱扣器额定电流。

(3)额定短路分断能力：是指低压断路器在额定功率和功率因数等规定条件下，能够分断的最大短路电流。

3. 低压断路器的选用

在选择低压断路器时，应考虑以下几个方面的因素。

(1)低压断路器的额定电压和额定电流应大于或等于被保护电路的正常工作电压和负载电流。

(2)热脱扣器的整定电流应等于所控制负载的额定电流。

(3)过电流脱扣器的瞬时脱扣整定电流应大于负载正常工作时可能出现的峰值电流，常用来控制电动机的低压断路器，其瞬时脱扣整定电流为：

$$I_Z = KI_{st} \tag{3-1}$$

式中，$K$ 为安全系数，可取 1.5~1.7；$I_{st}$为电动机的启动电流。

(4)欠电压脱扣器额定电压应等于被保护电路的额定电压。

4. 低压断路器的文字符号和图形符号

低压断路器的文字符号和图形符号如图 3-4 所示。

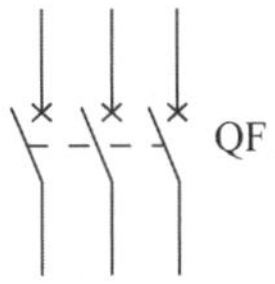

QF

图 3-4　低压断路器的文字符号和图形符号

## 3.6.2　中间继电器

常用的电磁式继电器有电流继电器、电压继电器和中间继电器。电磁式继电器的结构和原理与接触器类似，都是由铁芯、衔铁、线圈、弹簧和触点等部分组成的。当接通低压电源开关时，电磁铁上的线圈得电，产生磁场，吸附衔铁，从而闭合常开触点，接通右侧的电动机。当低压电源开关断开时，线圈失电，衔铁在弹簧的作用下复位，常开触点复位，电动机停止转动。

中间继电器属于控制电器，在电路中起着信号传递、分配等作用，因其主要作为转换控制信号的中间元件，起到中间放大(触点数量及容量)的作用，故称为中间继电器。中间继电器的结构和动作原理与交流接触器相似，不同点是中间继电器只有辅助触点，没有主触点。通常，中间继电器有 4 对常开辅助触点和 4 对常闭辅助触点。

中间继电器线圈的额定电压应与设备控制电路的电压等级相同。中间继电器的文字符号和图形符号如图 3-5 所示。

KA 线圈　KA 常开触点　KA 常闭触点

图 3-5　中间继电器的文字符号和图形符号

### 3.6.3 旋钮开关

旋钮开关又称选择开关，是一种把选择器和开关触点的功能结合在一起，能通断小电流(一般不超过 10 A)的开关装置，其工作原理和按钮开关类似。旋钮开关与按钮开关、行程开关等一样，都属于主令电器，可以接通和分断控制回路。

旋钮开关的文字符号和图形符号如图 3-6 所示。

SA

**图 3-6 旋钮开关的文字符号和图形符号**

项目 4

# 异步电动机单向点动加连续混合运行 PLC 控制系统的设计与调试

## 4.1 项目任务

进一步理解电动机单向点动加连续混合运行控制电路的工作过程；学会项目所需要电气元件的检测与使用方法；学会单向点动加连续混合运行控制电路的安装与调试，建立设计思维；学会分析电路中出现故障的原因及解决方案；建立小组协作机制，形成团队协作意识；初步形成电气控制方向职业认同感。

## 4.2 项目目标

(1)掌握 S7-200 SMART 系列 PLC 的软元件、基本指令和主要技术指标。

(2)能够根据控制要求应用基本指令实现 PLC 控制系统的编程。

(3)能合理分配 I/O 地址，正确连接 PLC 系统的电气回路。

(4)能够使用 PLC 控制系统的经验设计法和继电器电路移植设计法。

(5)熟练使用 S7-200 SMART 系列 PLC 的 STEP 7-Micro/WIN SMART 编程软件进行程序的编辑、上传、下载、运行和监控。

(6)能够针对简单控制要求，设计 PLC 程序，初步建立设计思想。

(7)建立小组团结协作、节约成本意识。

## 4.3 项目描述

以中间继电器 KA 实现主轴电动机单向点动加连续混合运行控制为例进行介绍，图 4-1 为主轴电动机单向点动加连续混合运行控制电路电气原理图。当正常工作时，合上开关

QF 接通电源，当电动机单向点动控制时，按下点动按钮 SB3，交流接触器 KM 的线圈得电、主触点闭合，主轴电动机单向运行；当松开启动按钮 SB2 时，KM 的线圈失电、主触点分断，主轴电动机停止运行。当电动机单向连续运行控制时，按下 SB2，KA 的线圈通电吸合并自锁；KA 的另一触点接通 KM 的线圈，KM 的线圈得电、主触点闭合，主轴电动机单向运行。当按下停止按钮 SB1 时，KA 和 KM 的线圈失电，KA 的常开辅助触点分断，KM 的主触点和常开辅助触点分断，主轴电动机停止运行；当松开 SB1 时，因 KA 和 KM 的线圈失电，主轴电动机继续保持停止。根据电动机单向点动加连续混合运行“继电器-接触器”控制电路电气原理图，采用经验设计法，完成 PLC 控制系统改造。

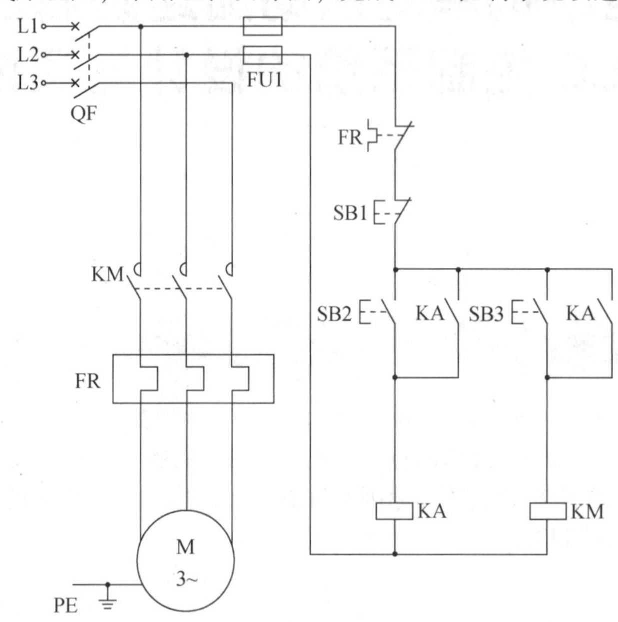


图 4-1　主轴电动机单向点动加连续混合运行控制电路电气原理图

## 4.4　项目分析

### 4.4.1　I/O 分配

根据三相异步电动机的控制要求，可得 PLC 控制系统的 I/O 分配，如表 4-1 所示。

表 4-1　PLC 控制系统的 I/O 分配

| 输入信号和地址 | | 输出信号和地址 | |
|---|---|---|---|
| 启动按钮 SB2 | I0. 0 | 中间继电器 KA | Q0. 0 |
| 点动按钮 SB3 | I0. 1 | — | — |
| 停止按钮 SB1 | I0. 2 | — | — |

## 4.4.2 硬件电路

根据 PLC 控制系统的 I/O 分配，可以设计出主轴电动机单向点动加连续混合运行 PLC 控制电路图，如图 4-2 所示。

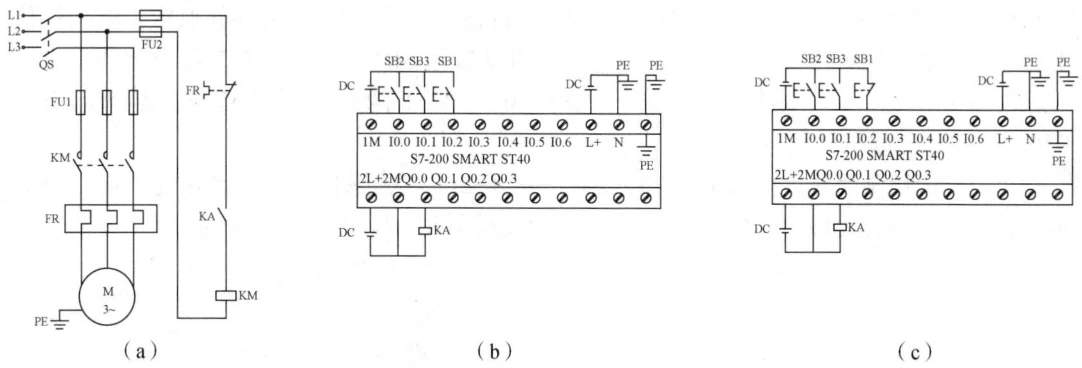


（a） （b） （c）

**图 4-2 主轴电动机单向点动加连续混合运行 PLC 控制电路图**

（a）主电路和控制电路；（b）接线图 1；（c）接线图 2

## 4.4.3 程序设计

当停止按钮常开触点接入 PLC 输入端时[图 4-2(b)]，采用经验设计法完成电动机单向点动加连续混合运行控制的 PLC 程序设计。要编制主轴电动机单向点动加连续混合运行控制的 LAD，可以将单向点动控制环节的 LAD 和单向自锁控制环节的 LAD 组合，在此基础上进行修改。采用经验设计法的电动机单向点动加连续混合运行 PLC 控制电路的接线图和 LAD 如图 4-3 所示。

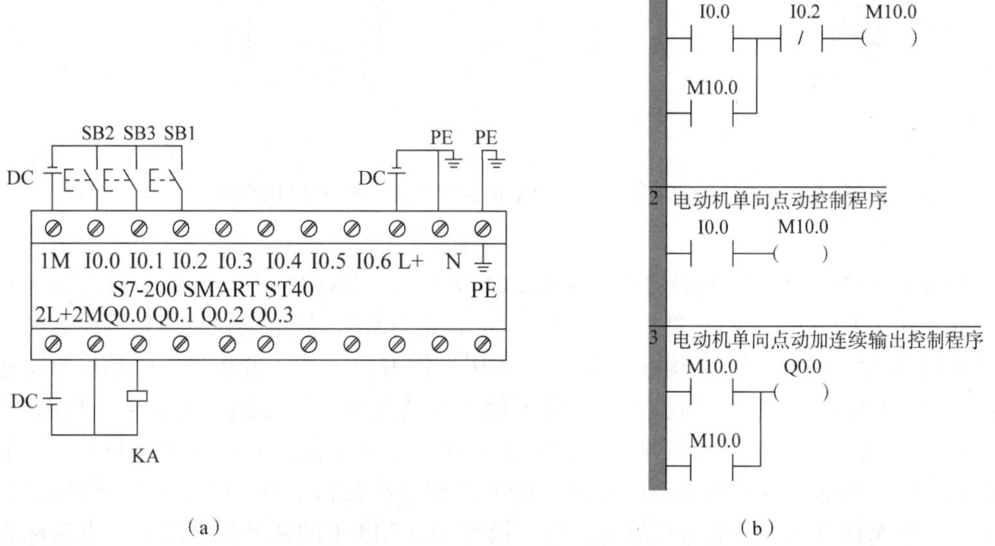


（a） （b）

**图 4-3 采用经验设计法的电动机单向点动加连续混合运行 PLC 控制电路的接线图和 LAD 1**

（a）接线图；（b）LAD

在图 4-3 中，PLC 输入端的停止按钮 SB1 接 I0. 2 的常开触点，I0. 2 的输入继电器线圈得电，其在 LAD 中的 I0. 2 处采用常闭触点，状态为 ON。当电动机单向连续控制时，按下启动按钮 SB2，I0. 0 的常开触点闭合，自锁标志位 M10. 0 为 1 并保持，电动机单向连续运行。当按下停止按钮 SB1 时，I0. 2 的常开触点闭合，I0. 2 的输入继电器线圈得电，其在 LAD 中的 I0. 2 处采用常闭触点，状态为 OFF，自锁标志位 M10. 0 为 0 并保持，电动机停止运行。当电动机单向点动控制时，按下点动启动按钮 SB3，I0. 1 的常开触点闭合，点动标志位 M10. 1 为 1，电动机单向运行；松开 SB3，I0. 1 的常开触点断开，点动标志位 M10. 1 为 0，电动机停止运行。

当停止按钮常闭触点接入 PLC 输入端时[图 4-2(c)]，采用经验设计法完成电动机单向点动加连续混合运行控制的 PLC 程序设计，接线图和 LAD 如图 4-4 所示。

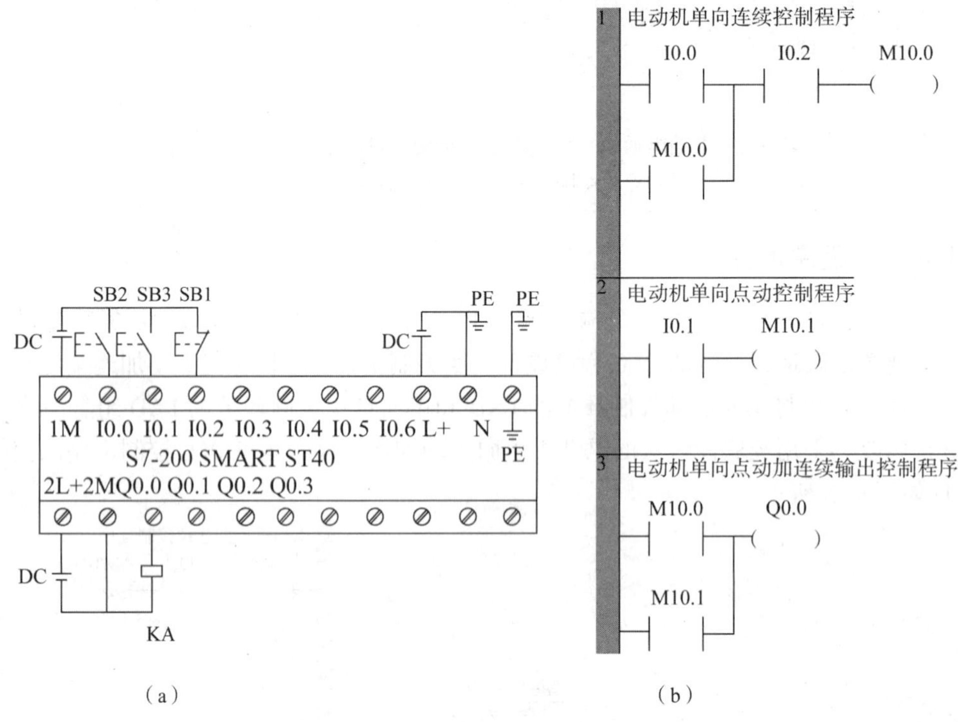


(a)　　　　(b)

**图 4-4　采用经验设计法的电动机单向点动加连续混合 PLC 控制电路的接线图和 LAD 2**

(a)接线图；(b)LAD

在图 4-4 中，PLC 输入端的停止按钮 SB1 接 I0. 2 的常闭触点，I0. 2 的输入继电器线圈得电，其在 LAD 中的 I0. 2 处采用常开触点，状态为 ON。当电动机单向连续控制时，按下启动按钮 SB2，I0. 0 的常开触点闭合，自锁标志位 M10. 0 为 1 并保持，电动机单向连续运行。当按下停止按钮 SB1 时，I0. 2 的常开触点保持断开，I0. 2 的输入继电器线圈失电，其在 LAD 中的 I0. 2 处采用常开触点，状态为 OFF，自锁标志位 M10. 0 为 0 并保持，电动机停止运行。当电动机单向点动控制时，按下点动启动按钮 SB3，I0. 1 的常开触点闭合，点动标志位 M10. 1 为 1，电动机单向运行；松开 SB3，I0. 1 的常开触点断开，点动标志位 M10. 1 为 0，电动机停止运行。

## 4.5 项目实施

### 4.5.1 项目实施前准备工作

详见附录 A。

### 4.5.2 接线

选择适当的电气元件，按照图 4-2 完成接线。

接线的技术要求如下。

(1)认真核对 PLC 的电源规格。CPU ST40 的工作电源为 DC 20.4~28.8 V。

(2)PLC 不要与电动机公共接地。

(3)导线绝缘层剥削合适、导线无损伤。

(4)接线时导线应不压绝缘层、不反圈、不露铜丝过长、不松动。

### 4.5.3 上电调试

按照图 4-2 将主电路、控制电路和 PLC 连接起来，这里以停止按钮接常闭触点为例，主电路上电调试详见附录 B，PLC 上电调试详见附录 D。

### 4.5.4 记录调试结果

记录实践过程中的问题及处理方案，分小组完成项目报告，报告内容参考附录 E。

## 4.6 预备知识

### 存储器与存储区

1. 存储器类型

S7-200 SMART 系列 PLC 采用多种形式的存储器来进行 PLC 程序与数据的存储，以防止数据的丢失，包括保持性存储器、永久存储器和存储卡。

(1)保持性存储器：在一次上电循环中保持不变的可选择存储区，可以在系统数据块中进行组态保持。在所有存储区中，只有变量存储器、辅助继电器和定时器与计数器的当前值存储区能组态为保持性存储区。

(2)永久存储器：用于存储程序块、数据块、系统块、强制值以及组态为保持性的值的存储器。

(3)存储卡：为可选件，用户可以根据需要选用，可以作为 PLC 保持性存储器的扩展与后备。S7-200 SMART CPU 支持使用 Micro SD 卡作为程序传送卡存储项目块，实现程序和项目数据的便携式存储；也可用于擦除所有保留数据，将 CPU 重置为出厂默认状态；

还可用于 CPU 和连接的扩展模块固件的更新。标准型商业 Micro SD 卡容量为 4~16 GB。

2. 存储区的分类

S7-200 SMART 系列 PLC 的存储区分为程序存储区、系统存储区和数据存储区。

(1)程序存储区用于存储 PLC 用户程序，存储器为 EEPROM。

(2)系统存储区用于存储 PLC 配置参数，如 PLC 主机及扩展模块的 I/O 配置和地址分配设定、程序保护密码、停电记忆保持区域的设定和软件滤波参数等，存储器为 EEPROM。

(3)数据存储区是 PLC 提供给用户的编程元件的特定存储区域。它包括输入映像寄存器、输出映像寄存器、变量存储器、内部标志位存储器、顺序控制继电器存储器、特殊标志位存储器、局部存储器、定时器、计数器、累加器和高速计数器。数据存储区是用户程序执行过程中的内部工作区域，用于存储 PLC 运算、处理的中间结果(如I/O映像，标志、变量的状态，计数器、定时器的中间值等)，它使 CPU 的运行更快、更有效。

# 项目 5

# 具有双重联锁的异步电动机正反转运行继电器控制系统的设计与调试

## 5.1 项目任务

理解具有双重连锁的电动机正反转运行控制电路的工作过程；学会项目所需要电气元件的检测与使用方法；学会电动机双重连锁正反转运行控制电路的安装与调试，建立设计思维；学会分析电路中出现故障的原因及解决方案；建立小组协作机制，形成团队协作意识；初步形成电气控制方向职业认同感。

## 5.2 项目目标

(1)掌握具有双重连锁的电动机正反转运行控制的基本概念。

(2)熟悉低压断路器、交流接触器等电气元件的作用及工作原理，会识别、检测和选择电气元件。

(3)识读电气原理图，能将电气原理图转化为接线图。

(4)掌握电气控制线路的上电前检查及上电调试的方法，并能根据故障现象，分析并排除故障。

(5)具有安全意识和节约意识。

(6)具有团队协作的精神。

(7)熟悉电气控制职业岗位。

## 5.3 项目描述

刀架换刀一般应用在数控车床上。四工位刀架如图 5-1 所示，它常用来加工轴类零件，控制刀具沿 $x$、$z$ 轴方向进行各种车削、镗削、钻削等加工，所加工孔的轴线一般都

与 $z$ 轴重合，加工偏心孔要靠夹具协助完成。目前，数控车床刀架基本为电动刀架。电动刀架具有很多种类，以用霍尔元件检测到位的刀架最为常见。刀架上每一个刀位都配备一个霍尔元件，刀架霍尔元件引出线如图 5-2 所示。霍尔元件的常态为截止状态，当刀具转到工作位置时，利用磁体和霍尔元件导通，确定刀架位置状态。

刀架在电动机驱动式下，实现正转换刀，反转锁紧。在“继电器-接触器”控制模式下，由交流接触器接通三相交流电源，驱动三相异步电动机旋转，从而实现电动刀架的电动机正转或反转。

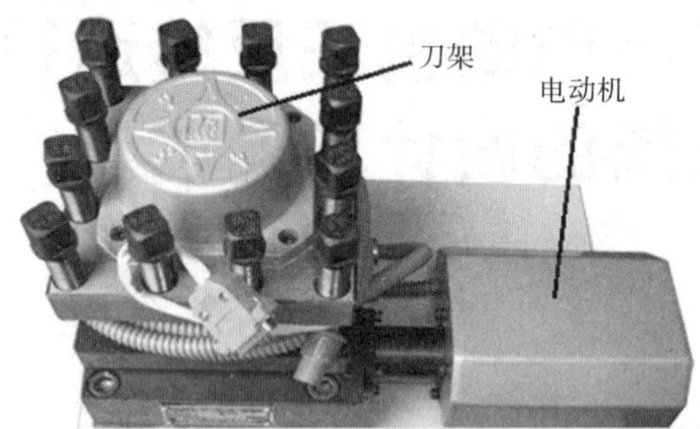


图 5-1　四工位刀架

图 5-2　刀架霍尔元件引出线

## 5.4　项目分析

### 5.4.1　正反转的手动控制电路

正反转的手动控制电路电气原理图如图 5-3 所示控制过程：倒顺开关进线端 L1、L2、L3 连接电源线，出线端连接电动机。用倒顺开关的“倒”“停”“顺”挡位，分别控制电动机的“反向”“停止”“正向”运行。

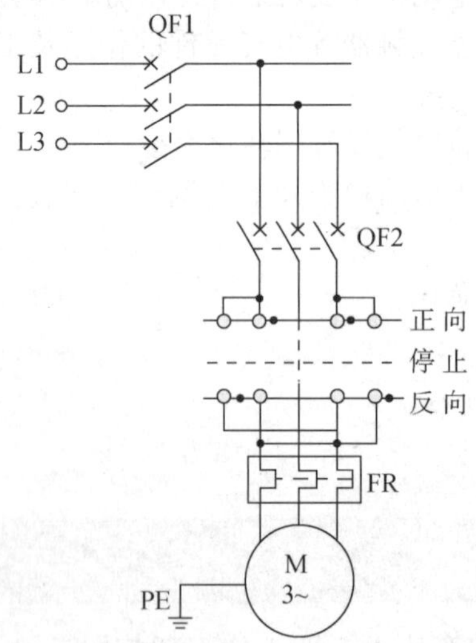


图 5-3　正反转的手动控制电路电气原理图

该电路的优点是结构简单、直观、易于实现，缺点是倒顺开关不适于频繁地进行正反转切换。

### 5.4.2 正反转的自动控制电路

带有电气互锁的电动机正反转运行控制电路电气原理图如图 5-4 所示。当按下按钮 SB2 时，接触器 KM1 线圈得电，KM1 主触点闭合，电动机正向运动；当按下按钮 SB3 时，接触器 KM2 线圈得电，KM2 主触点闭合，电动机反向运动；当按下 SB1 时，电动机停止运行；电动机具有短路、过载和欠压保护。

在图 5-4 中，在 KM2 线圈电路中串联了 KM1 的常闭辅助触点，当 KM1 线圈得电时，其常闭辅助触点断开，此时按下 SB2，KM2 线圈失电。同理，在 KM1 线圈电路中串联了 KM2 的常闭辅助触点，当 KM2 线圈得电时，其常闭辅助触点断开，此时按下 SB1，KM1 线圈失电。KM1 和 KM2 的常闭辅助触点起到互相锁定的作用，由于锁定作用生效是接触器线圈得电触发的，因此也叫作电气互锁。

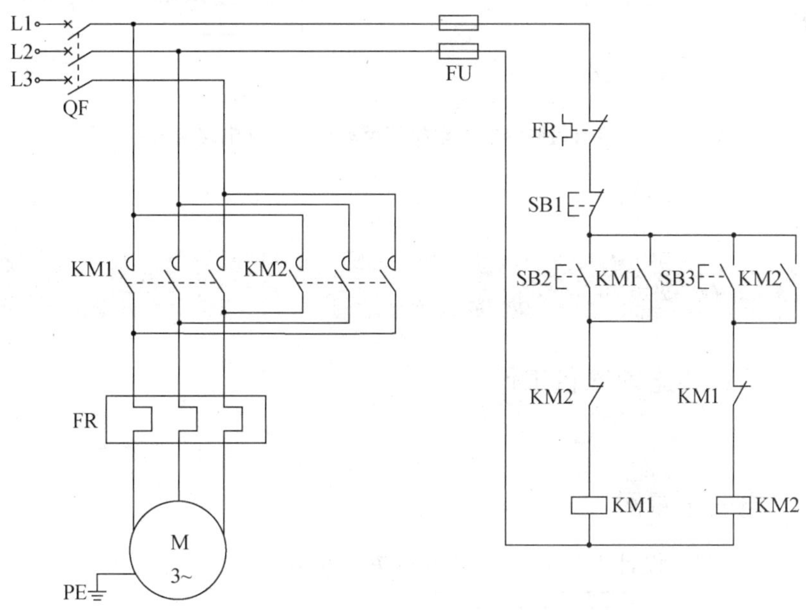


**图 5-4 带有电气互锁的电动机正反转运行控制电路电气原理图**

该电路的特点是由于电气互锁的作用，可以防止出现 KM1 和 KM2 线圈同时得电的情况，也就避免了电源的相间短路故障。但是，当电动机从正转切换到反转或从反转切换到正转时，电动机必须先停止才能实现，所以该电路也叫作正-停-反电路或反-停-正电路。

若想实现电动机正转向反转或反转向正转的直接切换，而不必经过停止环节，可以将图 5-4 中 SB2 的复合常闭触点串联于 KM2 线圈回路中，将 SB3 复合常闭触点串联于 KM1 线圈回路中，如图 5-5 所示。那么，当电动机正转时，按下按钮 SB3，SB3 的复合常闭触点断开 KM1 线圈回路，KM1 主触点断开，电动机正转停止，因此 KM1 常闭辅助触点闭合，同时 SB3 常开触点闭合，KM2 线圈得电，电动机反转，实现了正转到反转的直接切换，当电动机从反转切换到正转时亦然。图 5-5 中电路又称为正-反电路或反-正电路。

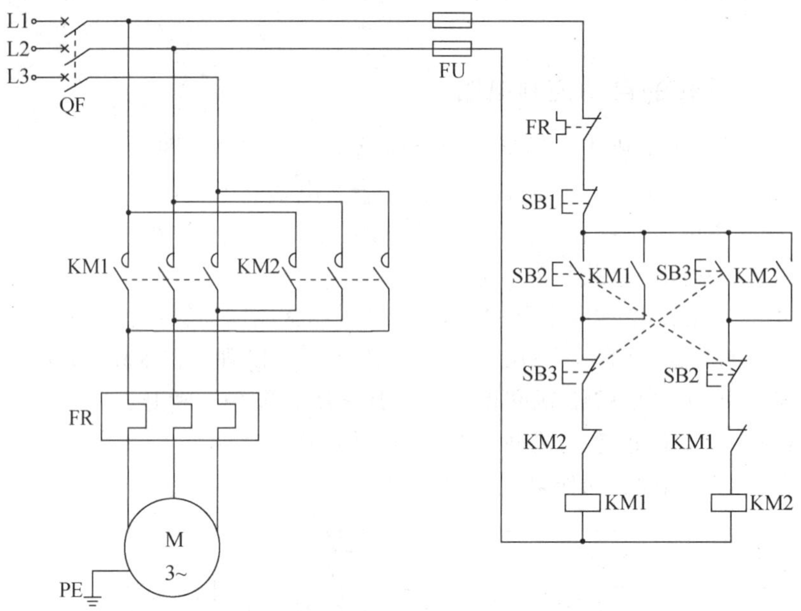


图 5-5　具有双重联锁的电动机正反转运行控制电路电气原理图

## 5.5　项目实施

### 5.5.1　项目实施前准备工作

详见附录 A。

### 5.5.2　电气布置图

根据电气原理图，设计电气布置图，可参考图 5-6。

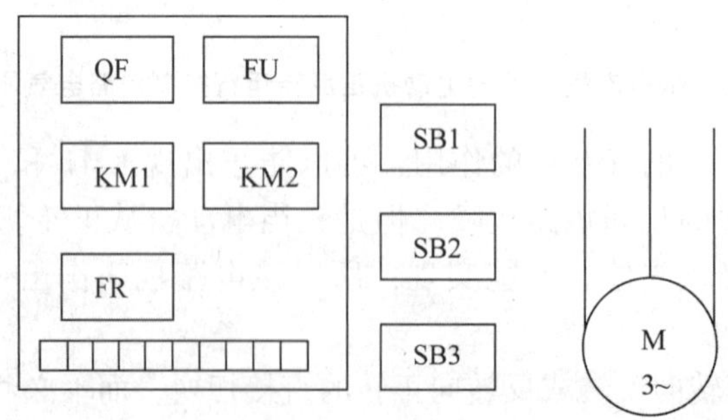


图 5-6　具有双重联锁的电动机正反转运行控制电路电气布置图

## 5.5.3 接线

选择适当的电气元件，按照图 5-5 和 5-6 完成接线。

对于接线，技术要求如下。

(1) 电气元件选择正确、安装牢固。

(2) 布线整齐、平直、合理。

(3) 导线绝缘层剥削合适、导线无损伤。

(4) 接线时导线应不压绝缘层、不反圈、不露铜丝过长、不松动。

## 5.5.4 上电前检查

将万用表置于电阻挡或蜂鸣挡。电阻检测示意图如图 5-7 所示。

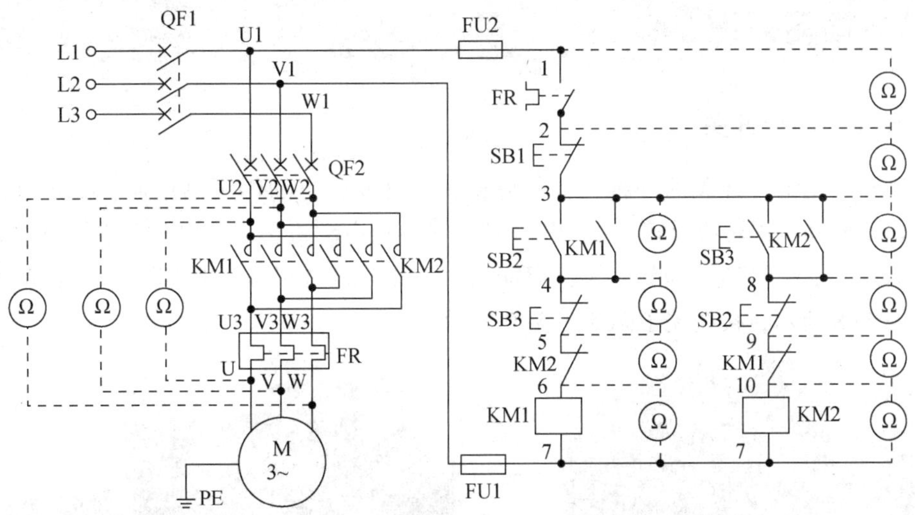


**图 5-7 电阻检测示意图**

对主电路进行检查。先检查正相序，即接触器 KM1 控制相序。对于 U 相的检测步骤如下。

首先，将万用表的一端放到 U2 端，另外一端分别放到 U3 和 U 端，用螺丝刀压下 KM1 的手动测试按钮，观察万用表示数。若接近于 0，那么说明接线无问题；若接近于无穷大，那么说明接线不正确。如 U2 与 U3 端数值接近无穷大，且测试接触器触点无问题，那么接线可能虚接或接错了。V 相和 W 相测试方法与此相同。

其次，检测反相序，即接触器 KM2 控制相序，与正相序检测方法相似，只是测试方法为：U2 对 W3 和 W，V2 对 V3 和 V，W2 对 U3 或 U。

主电路检查完，将万用表挡位置于欧姆挡的 1k 以上，接下来测试控制电路部分。将万用表的一个表笔放到 1 处，另外一个表笔依次放置到 2~7 处，检测 KM1 线圈控制电路。注意，在 4~7 处时需要按下 SB2。按照顺序，当有某两点示数显示无穷大时，需要排除故障，然后继续测试。当 1 和 7 处无连接故障时，按下 SB2，万用表显示一个 600 Ω 左右的示数，该示数显示的是 KM1 线圈的电阻值。接下来，将万用表一端放置在 3 处，另一端分别放置在 8、9、10、7 处，测试 KM2 线圈控制电路，测试方法与 KM1 线圈控制电路相同。

### 5.5.5 上电调试

详见附录 B。

### 5.5.6 记录调试结果

记录实践过程中的问题及处理方案，分小组完成项目报告，报告内容参考附录 C。

## 5.6 预备知识

### 5.6.1 倒顺开关

倒顺开关是组合开关的一种，也称可逆转换开关，它的作用是连通、断开电源或负载，可以使电动机正转或反转，主要用作单相、三相电动机正反转电气元件。倒顺开关的手柄有“倒”“停”“顺”3 个位置，手柄只能从“停”的位置左转 45°或右转 45°。倒顺开关实物图如图 5-8 所示，接线端子图如图 5-9 所示。

图 5-8 倒顺开关实物图

图 5-9 接线端子图

倒顺开关内部接线示意图如图 5-10 所示，其进线端 L1、L2 和 L3 接三相电源的电源输入接线端子 A、B、C，标有 D1、D2 和 D3 的接线端子则分别输出通往电动机。倒顺开关的操作手柄有 3 个位置，当手柄处于停止位置时，即单刀双掷开关在中间，电源与电动机中间是断开的，电动机失电，故处于停止状态；当手柄拨到正转位置时，即单刀双掷开关打到右侧，A、B、C 通过该开关分别与 T1、T2 和 T3 接通，电动机接通电源正向运行；当手柄拨到反转位置时，即单刀双掷开关打到左侧，A、B、C 通过该开关分别接通 T2、T1、T3，L1、L2 两相电源相序颠倒，电动机开始反转。

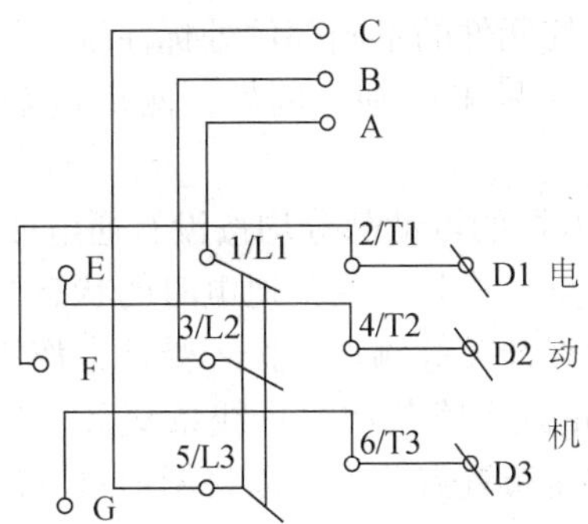


**图 5-10　倒顺开关内部接线示意图**

倒顺开关的安装注意事项如下。

(1)电动机和倒顺开关的金属外壳等必须可靠接地，且必须将接地线接到倒顺开关指定的接地螺钉上，不能接在开关的罩壳上。

(2)倒顺开关的进/出线端接线不能接错。接线时，应看清开关进/出线端标记，保证标记为 L1、L2、L3 的进线端接电源，标记为 T1、T2、T3 的出线端接电动机，否则将造成两相电源短路。

(3)倒顺开关的操作顺序要正确。

(4)作为临时性装置安装时，可移动的引线必须完整无损，不得有接头，引线的长度一般不超过 2 m。

## 5.6.2　电气控制系统图

电气控制系统图一般有 3 种：电气原理图、电气布置图和电气安装接线图。

1. 电气原理图

电气原理图用于阅读和分析控制线路，应基于结构简单、层次分明的原则，采用电气元件展开形式绘制。它包括所有电气元件的导电部件和接线端子，但并不按照电气元件的实际布置位置来绘制，也不反映电气元件的实际大小。

电气原理图一般包括主电路和辅助电路两部分。

主电路是电气控制线路中大电流通过的部分，包括电源与电动机之间相连的电气元件，一般由组合开关、主熔断器、接触器主触点、热继电器的发热元件和电动机等组成。

辅助电路是电气控制线路中除主电路以外的电路，其流过的电流比较小，一般包括控制电路、照明电路、信号电路和保护电路。其中的控制电路由按钮、接触器和继电器的线圈及辅助触点、热继电器触点、保护电器触点等组成。

电气原理图的绘制规则如下。

(1)电气原理图中所有电气元件都应采用国家标准中统一规定的文字符号和图形符号来表示。

(2)电气原理图中电气元件的布局应根据便于阅读原则安排。主电路应安排在图面左侧或上方，辅助电路安排在图面右侧或下方。无论主电路还是辅助电路，均按功能布置，尽可能按动作顺序从上到下、从左到右排列。

(3)电气原理图中，当同一电气元件的不同部件(如线圈、触点)分散在不同位置时，为了表示是同一元件，要在电气元件的不同部件处标注统一的文字符号。对于同类电气元件，要在其文字符号后加数字序号来区别。例如，两个接触器可用文字符号 KM1、KM2 区别。

（4）电气原理图中，所有电器的可动部分均按没有通电或没有外力作用时的状态画出。

对于继电器、接触器的触点，按其线圈不通电时的状态画出；控制器按手柄处于零位时的状态画出；对于按钮、行程开关等触点，按未受外力作用时的状态画出。

（5）电气原理图中，应尽量减少线条和防止线条交叉。各导线之间有电联系时，在导线交点处画实心圆点。根据图面布置需要，可以将图形符号旋转绘制，一般逆时针方向旋转 90°，但文字符号不可倒置。

电气原理图示例如图 5-11 所示。

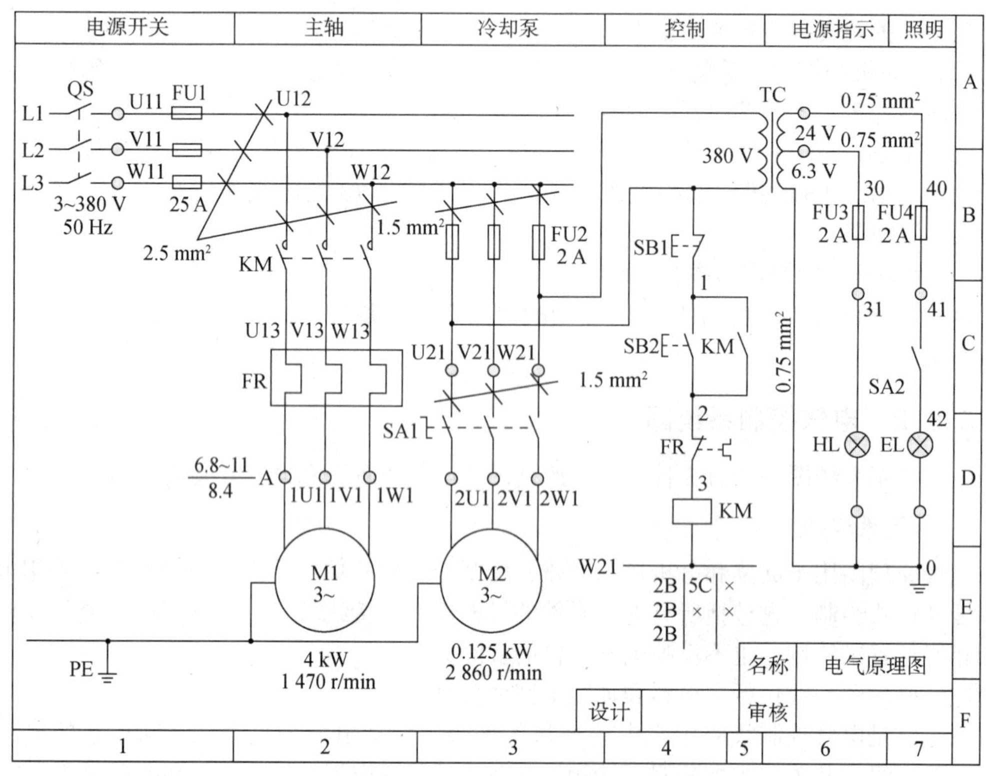


**图 5-11　电气原理图示例**

（6）图面区域的划分。图 5-11 下方的 1、2、3 等数字是图区的编号，它作用是便于检索电气线路，方便阅读分析，从而避免遗漏。图区编号也可设置在图的上方。

图区编号上方的文字表明编号对应的上方元件或电路的功能，以利于理解全部电路的工作原理。

（7）符号位置的索引。符号位置的索引用图号、页号和图区编号的组合索引法，索引代号的组成为：

图号/页号·图区编号（行号、列号）

图号是指当某设备的电气原理图按功能多册装订时每册的编号，一般用数字表示。

1）当某一元件相关的各符号元素只出现在一张图纸上时，索引代号只用图区编号表示。

在图 5-11 中，接触器 KM 线圈下方的文字是接触器 KM 和继电器 KA 相应触点的索引代号。

在电气原理图中，接触器和继电器线圈与触点的从属关系，是在原理图中相应的线圈的下方给出触点的文字符号，并在下面标出触点的索引代号，对未使用的触点，用"╳"来表示。接触器的标注如图 5-12 所示，继电器的标注如图 5-13 所示。

KM

| 左栏 | 中栏 | 右栏 |
| --- | --- | --- |
| 主触点所在的图区编号 | 常开辅助触点所在的图区编号 | 常闭辅助触点所在的图区编号 |

**图 5-12　接触器的标注**

**图 5-13　继电器的标注**

2) 当某一元件相关的各符号元素出现在同一图号的图纸上，而该图号有几张图纸时，可省略图号和分隔符"/"。

3) 当某一元件相关的各符号元素出现在不同图号的图纸上，而当每个图号仅有一页图纸时，索引代号中可省略页号和分隔符"·"，如图 5-14 所示。

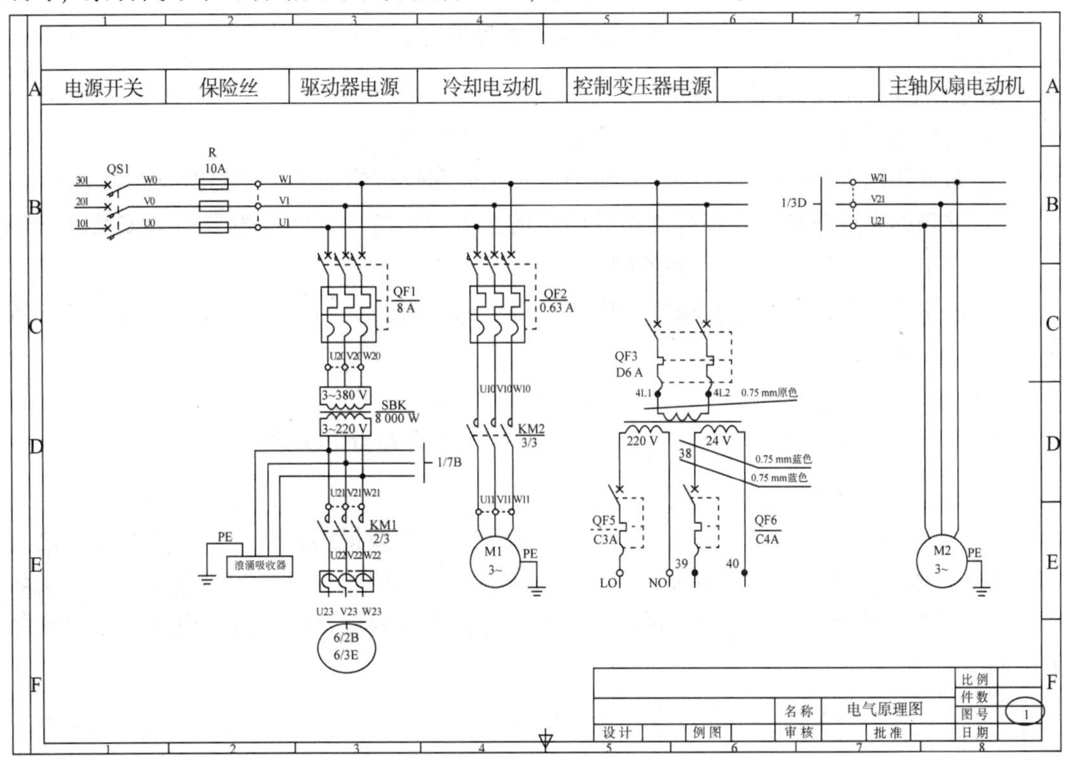


**图 5-14　电气原理图**

2. 电气布置图

电气布置图是控制线路或者电气原理图中相应的电气元件的实际安装位置图，在生产和维护过程中使用该图作为依据。该图需要绘制出各种安装尺寸和公差，并且依据电气元件的外形尺寸按比例绘制，在绘制过程中必须严格按照产品手册标准来绘制，以利于加工和安装等工作，同时需要绘制出适当的接线端子板和插接件，并按一定的顺序标出进/出线的接线号。电气布置图示例如图 5-15 所示。

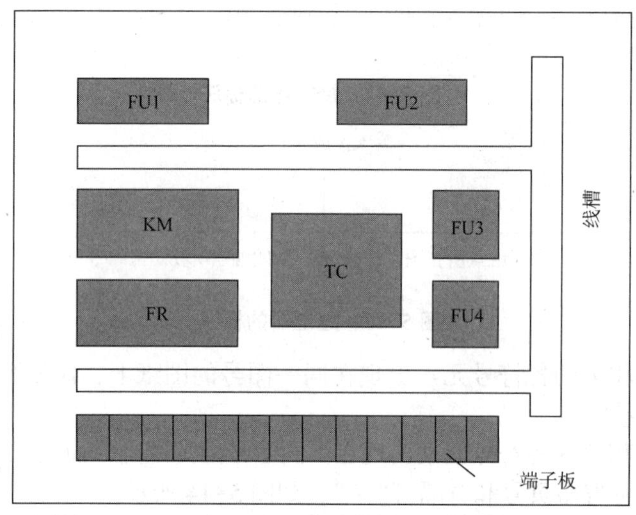


**图 5-15　电气布置图示例**

电气元件布置图的设计应遵循以下原则。

(1)必须遵循相关国家标准设计和绘制。

(2)布置相同类型的电气元件时，应把体积较大和较重的安装在控制柜或面板的下方。

(3)发热的元件应该安装在控制柜或面板的上方或后方，但热继电器一般安装在接触器的下面，以便其与电动机和接触器的连接。

(4)需要经常维护、整定和检修的电气元件、操作开关、监视仪器仪表，其安装位置应高低适宜，以便工作人员操作。

(5)强电、弱电应该分开走线，注意屏蔽层的连接，防止干扰。

(6)电气元件的布置应考虑安装间隙，并尽可能做到整齐、美观。

3. 电气安装接线图

电气安装接线图是为进行装置、设备或成套装置的布线提供各个安装接线图项目之间电气连接的详细信息，包括连接关系、线缆种类和敷设线路等信息，按照电气元件的实际位置和实际接线绘制的，绘制时应采取最合理、连接导线最经济的方式。电气安装接线图示例如图 5-16 所示。

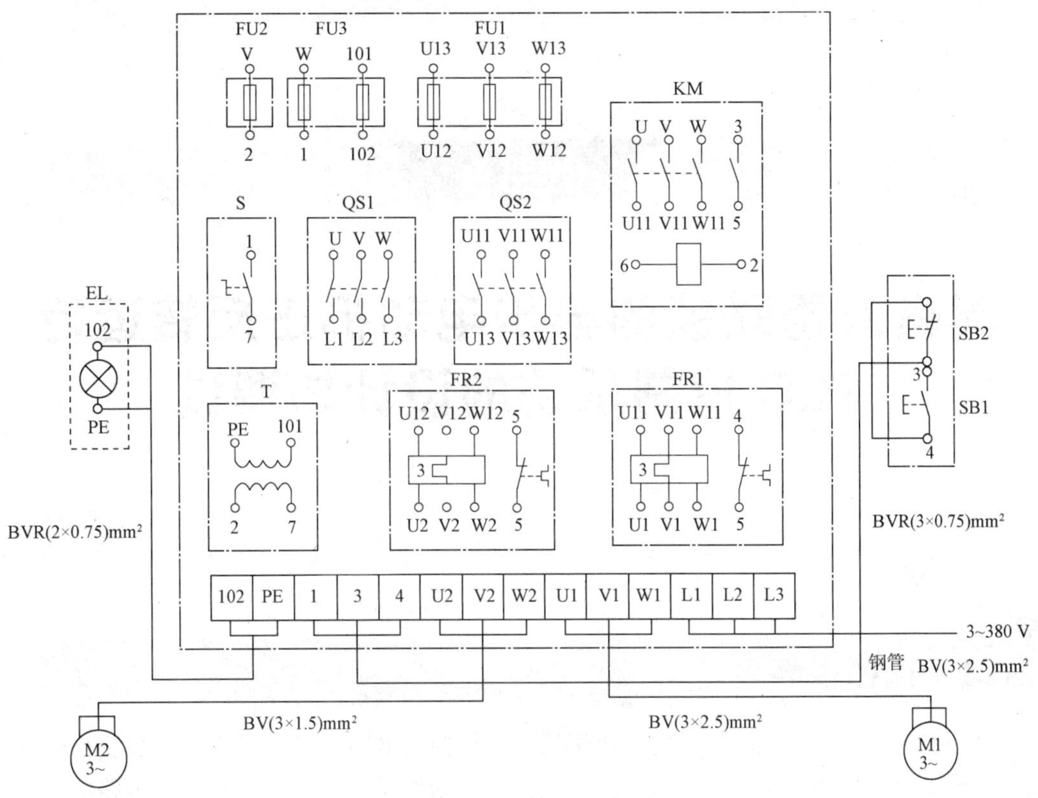


**图 5-16 电气安装接线图示例**

电气安装接线图主要用于安装接线、线路检查、线路维修和故障处理，通常与电气原理图和电气布置图一起使用。

绘制电气接线图应遵循的主要原则如下。

(1)必须遵循相关国家标准绘制。

(2)各电气元件的位置、文字符号必须和电气原理图中的标注一致，同一个电气元件的各部件(如同一个接触器的触点、线圈等)必须画在一起，各电气元件的位置应与实际安装位置一致。

(3)不在同一安装板或电气柜上的电气元件或信号的连接一般应通过端子排连接，并按照电气原理图中的接线编号连接。

(4)走向相同、功能相同的多根导线可用单线或线束表示。画连接线时，应标明导线的规格、型号、颜色、根数和穿线管的尺寸。

项目 6

# 具有双重联锁的异步电动机正反转运行PLC 控制系统的设计与调试

## 6.1 项目任务

进一步理解具有双重联锁的电动机正反转运行控制电路的工作过程；学会项目所需电气元件的检测与使用方法；学会具有双重联锁的电动机正反转运行 PLC 控制电路的安装与调试，建立设计思维；学会分析电路中出现故障的原因，并提出解决方案；建立小组协作机制，形成团队协作意识；初步形成电气控制方向职业认同感。

## 6.2 项目目标

(1)掌握 S7-200 SMART 系列 PLC 的软元件、基本指令和主要技术指标。

(2)能够根据控制要求，应用基本指令实现 PLC 控制系统的编程。

(3)能合理分配 I/O 地址，正确连接 PLC 系统的电气回路。

(4)能够使用 PLC 控制系统的经验设计法和继电器电路移植设计法。

(5)熟练使用 S7-200 SMART 系列 PLC 的 STER 7-Micro/WIN SMART 编程软件编辑、上传、下载、运行、监控程序。

(6)能够针对简单控制要求设计 PLC 程序，初步建立设计思想。

(7)建立小组团结协作、节约成本意识。

## 6.3 项目描述

图 6-1 为具有双重联锁的电动机正反转运行控制电路图，根据电路图，完成 PLC 控

制系统改造。

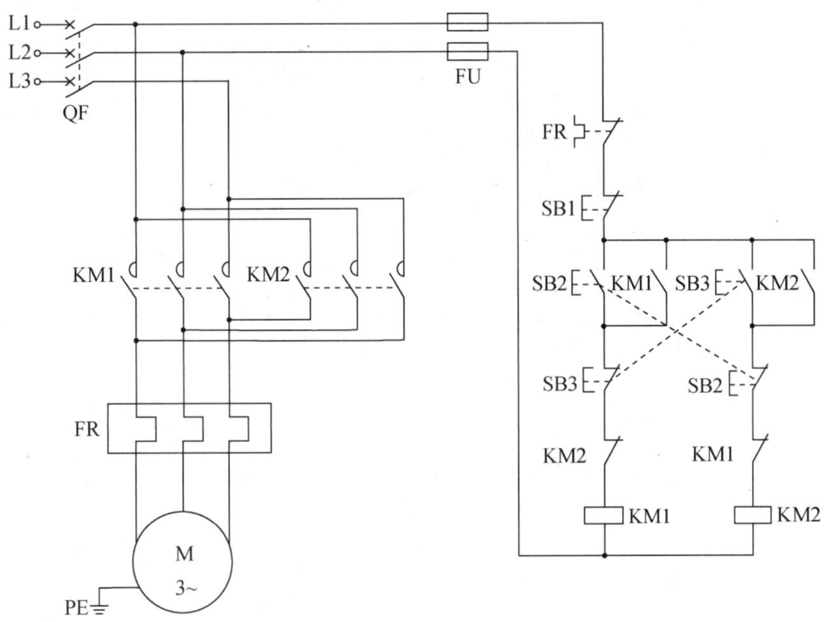


图 6-1 具有双重联锁的电动机正反转运行控制电路图

## 6.4 项目分析

### 6.4.1 I/O 分配

根据三相异步电动机的控制要求，可得 PLC 控制系统的 I/O 分配，如表 6-1 所示。

表 6-1 I/O 分配

| 输入信号和地址 | | 输出信号和地址 | |
|---|---|---|---|
| 正向启动按钮 SB2 | I0. 0 | 中间继电器 KA1 | Q0. 0 |
| 反向启动按钮 SB3 | I0. 1 | 中间继电器 KA2 | Q0. 1 |
| 停止按钮 SB1 | I0. 2 | — | — |

### 6.4.2 硬件电路

根据 PLC 的 I/O 分配，可以设计出具有双重联锁的电动机正反转运行 PLC 控制电路图，如图 6-2 所示。

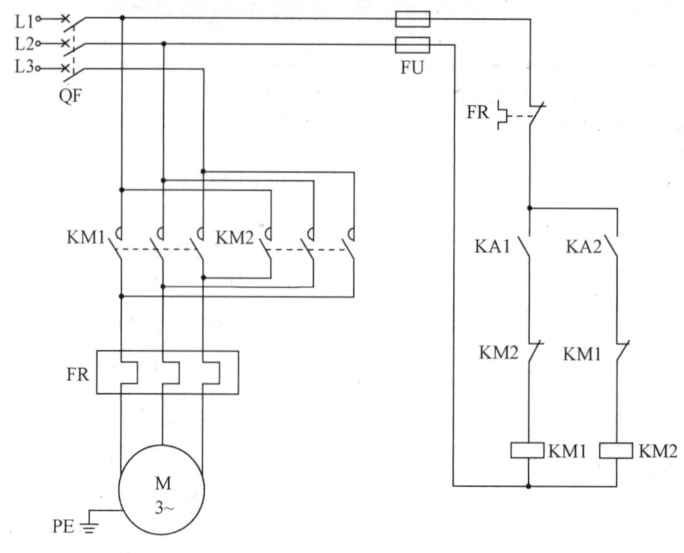


(a)

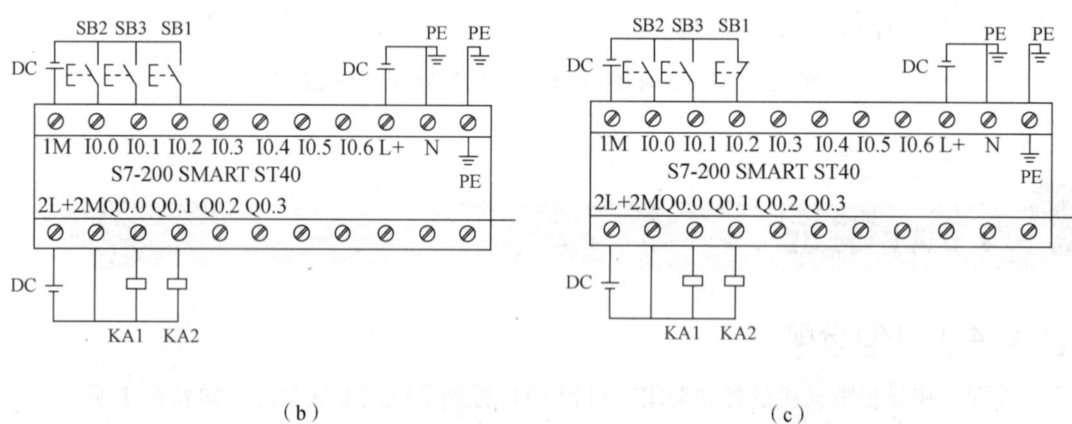


(b) (c)

**图 6-2 具有双重联锁的电动机正反转运行 PLC 控制电路图**

(a)主电路图；(b)PLC 接线图 1；(c)PLC 接线图 2

## 6.4.3 程序设计

以图 6-2 的 PLC 接线图 2 为例，当停止按钮常开触点接入 PLC 输入端时，完成具有双重联锁的电动机正反转运行 PLC 控制的程序设计，接线图和 LAD 如图 6-3 所示。

可以看出，当电动机正向连续运行控制时，PLC 输入端的停止按钮 SB1 接 I0.2 的常闭触点，I0.2 的输入继电器线圈得电，其在 LAD 中的 I0.2 采用常开触点，其状态为 ON；反向启动按钮 SB3 接 I0.1 的常开触点，I0.1 的输入继电器线圈失电，其在 LAD 中的 I0.1 采用常闭触点，其状态为 ON；Q0.1 的反向输出线圈失电，其在 LAD 中的 Q0.1 采用常闭触点，其状态为 ON。按下正向启动按钮 SB2，I0.0 的常开触点闭合，Q0.0 的正向输出线圈得电，电动机正向连续运行。

在图 6-3 中，当电动机反向连续运行控制时，PLC 输入端的停止按钮 SB1 接 I0.2 的常闭触点，I0.2 的输入继电器线圈得电，其在 LAD 中的 I0.2 采用常开触点，其状态为 ON；正向启动按钮 SB2 接 I0.0 常开触点，I0.0 的输入继电器线圈失电，其在 LAD 中的 I0.0 采用常闭触点，其状态为 ON；Q0.0 的反向输出线圈失电，其在 LAD 中的 Q0.0 采用常闭触点，其状态为 ON。按下反向启动按钮 SB3，I0.1 的常开触点闭合，Q0.1 的正向输出线圈得电，电动机反向连续运行。

电动机在运行过程中，可以通过切换正向启动按钮和反向启动按钮实现正—反—停控制。

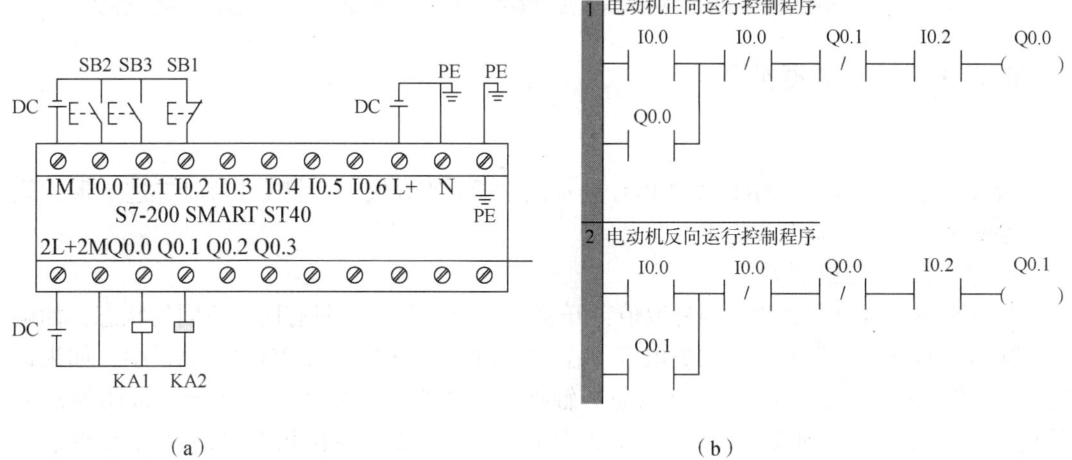


**图 6-3　具有双重联锁的电动机正反转运行 PLC 控制接线图和 LAD**

(a)接线图；(b)LAD

## 6.5　项目实施

### 6.5.1　项目实施前准备工作

详见附录 A。

### 6.5.2　接线

选择适当的电气元件，按照图 6-2 完成接线。

对于接线，技术要求如下。

(1)认真核对 PLC 的电源规格。例如，CPU ST40 的工作电源是 DC 20.4~28.8 V。

(2)PLC 不要与电动机公共接地。

(3)导线绝缘层剥削合适、导线无损伤。

(4)接线时，导线不压绝缘层、不反圈、不露铜丝过长、不松动。

### 6.5.3　上电调试

按照图 6-2 将主电路、控制电路和 PLC 的 I/O 接线图连接起来。此处以停止按钮接常闭触点为例，PLC 上电调试详见附录 D，主电路上电调试详见附录 B。

### 6.5.4 记录调试结果

记录实践过程中的问题及处理方案，分小组完成项目报告，报告内容参见附录 E。

## 6.6 预备知识

### 6.6.1 PLC 数据类型

1. 数制

所有通过 S7-200 SMART 系列 PLC 处理的数据(如数值、字符等)都以二进制形式表示，编程中常用的数制形式如下。

(1)二进制和二进制数。

二进制数的位只有 0 和 1 两种取值，开关量(或数字量)也只有两种不同的状态，如触点的接通和断开、线圈的得电和失电等。在 S7-200 SMART 系列 PLC 的 LAD 中，如果该位为 1，则表示对应的线圈为得电状态，触点为转换状态(常开触点闭合、常闭触点断开)；如果该位为 0，则表示对应的线圈为失电状态，触点为复位状态(常开触点断开、常闭触点闭合)。

二进制数用于在 PLC 中表示十进制数值或者其他数据(如字符等)。二进制数用 2#表示，其运算规则遵循逢二进一，它的各位的权是以 2 的 $n$ 次方标识的。例如，2# 0000010010000111 就是 16 位二进制数，其对应的十进制数为 $2^{10}+2^7+2^2+2^1+2^0=1\ 159$。

(2)十六进制和十六进制数。

十六进制数的基数是 16，采用的数码是 0、1、2、3、4、5、6、7、8、9、A、B、C、D、E、F。其中 A~F 分别对应十进制数 10~15。十六进制数用 16#表示，十六进制数的运算规则是逢十六进一，它的各位的权是以 16 的 $n$ 次方标识的。例如，二进制数 2# 10011110 分为两组来看，分别是 2#1001 和 2#1110，每 4 位二进制数对应 1 位十六进制数，正好可以表示十六进制数 16#9 和 16#E，那么这个二进制数可以表示为 16#9E。

(3)BCD 码。

BCD(Binary Coded Decimal，二进制编码的十进制)码用 4 位二进制数(或者 1 位十六进制数)表示 1 位十进制数，例如，1 位十进制数 7 的 BCD 码是 0111。4 位二进制数有 16 种组合，但 BCD 码只用到前 10 个(0000，0001，0010，0011，0100，0101，0110，0111，1000，1001)，后 6 个(1010，1011，1100，1101，1110，1111)没有在 BCD 码中使用，例如，BCD 码 1001011001110100 对应的十进制数为 9 674。

2. 数据格式及取值范围

S7-200 SMART 系列 PLC 收集操作指令、现场状况等信息，把这些信息按照用户程序指定的规律进行运算、处理，然后输出控制、显示等信号。所有这些信息都表示为不同的数据，每个数据都有其特定的长度(二进制数占据的位数)和表示方式，称为格式。各种指令对数据格式都有一定要求，指令与数据之间的格式要一致才能正常工作。

S7-200 SMART 系列 PLC 的指令系统使用的数据类型有布尔型、字节型、字型、双字型、整型、双整型、实数型和字符串等，不同数据类型的长度、格式和取值范围如表 6-2 所示。

**表 6-2　S7-200 SMART 系列 PLC 的数据类型**

| 基本数据类型 | | 数据位数 | 表示范围 | |
|---|---|---|---|---|
| | | | 十进制 | 十六进制 |
| 布尔型(BOOL) | | 1 | 0，1 | |
| 无符号数 | 字节型 B(BYTE) | 8 | 0~255 | 0~FF |
| | 字型 W(WORD) | 16 | 0~65 535 | 0~FFFF |
| | 双字型 D(DWORD) | 32 | 0~($2^{32}$−1) | 0~ FFFF FFFF |
| 有符号数 | 字节型 B(BYTE) | 8 | −128~+127 | 80~7F |
| | 整型(INT) | 16 | −32 768~+32 767 | 8000~7FFF |
| | 双整型(DINT) | 32 | −$2^{31}$~(231−1) | 8000 0000~7FFF FFFF |
| 实数型(REAL) | | 32 | ±1. 754 95×1~±3. 402 823×1 | |

3. 常数

在 S7-200 SMART 系列 PLC 的许多编程指令中都可以使用常数。常数可以是字节、字和双字。CPU 以二进制数的形式存储所有常数，随后可用十进制、十六进制、ASCII 码(American Standard Code for Information Interchange，美国信息交换标准代码)、字符串或实数格式表示这些常数，这些表示方式如表 6-3 所示。

**表 6-3　S7-200 SMART 系列 PLC 常数的几种表示方式**

| 数制 | 格式 | 举例 |
|---|---|---|
| 二进制 | 2#二进制数值 | 2#1010111101010011 |
| 十进制 | 十进制数值 | 128 |
| 十六进制 | 16#十六进制数值 | 16#7BC4 |
| ASCII 码 | 'ASCII 文本' | 'abcd1234' |
| 字符串 | "字符串" | "abcd1234" |
| 实数 | 参照 ANSI/IEEE 754—1985 | 128. 2 或 1. 282×102 |

## 6. 6. 2　编址方式

存储器是由许多存储单元组成的，每个存储单元都有唯一的地址，可以依据存储器地址来存取数据。S7-200 SMART 系列 PLC 的存储单元按字节进行编址，数据存储器区域地址的表示格式有位、字节、字和双字地址格式。

1. 位地址编址方式

数据存储器区域的某一位的地址由区域标识符、字节地址及位号构成。例如，位地址

I3.4 中，I 是输入映像寄存器的区域标识符，3 是字节地址，4 是位号，在字节地址 3 与位号 4 之间用“ · ”隔开。

位地址编址方式如图 6-4 所示。

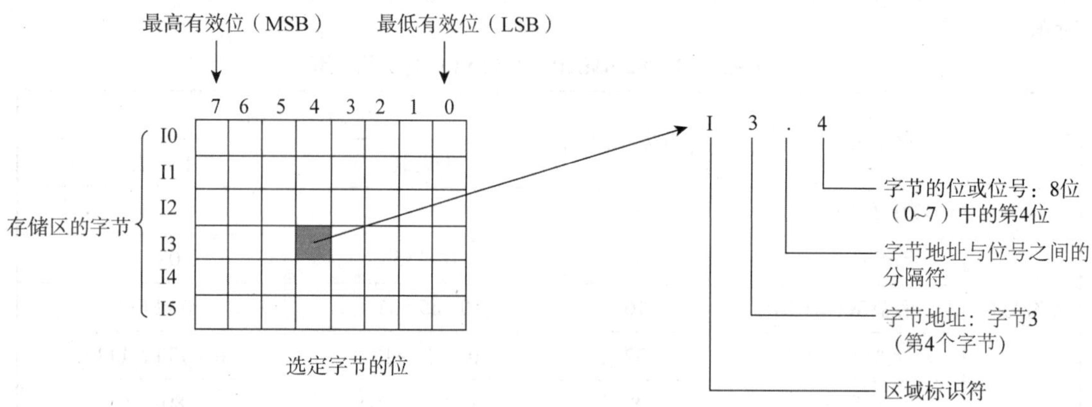


**图 6-4　位地址编址方式**

2. 字节、字和双字地址编址方式

数据存储器区域的字节、字和双字地址由区域标识符，数据长度以及该字节、字或双字的起始字节地址构成。例如，IB5 表示输入字节，由 I5.0~I5.7 这 8 位组成。在图 6-5 中，用 VB100、VW100、VD100 分别表示字节、字、双字的地址。VW100 表示由 VB100、VB101 相邻的两个字节组成的一个字。VD100 表示由 VB100~VB103 四个字节组成的一个双字，100 为起始字节地址。编号最小的字节 VB100 为 VW100 和 VD100 的最高有效字节，编号最大的字节为字和双字的最低有效字节。

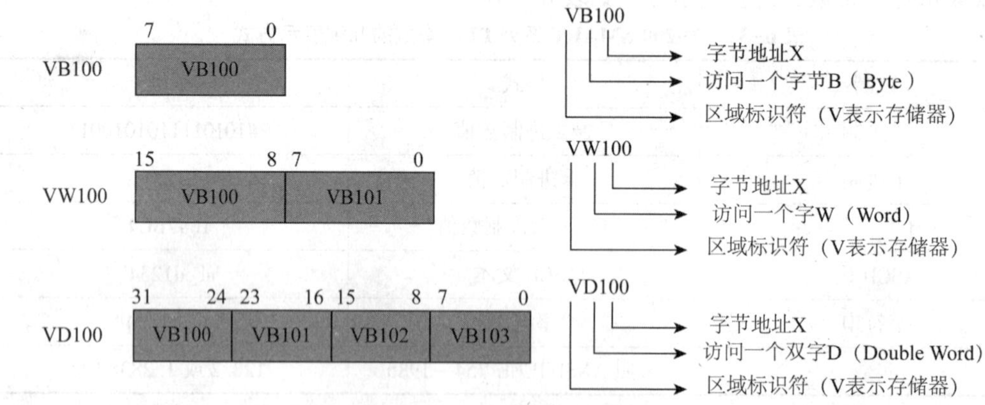


**图 6-5　字节、字和双字地址编址方式**

3. 其他地址格式

数据存储器区域中还包括定时器、计数器、累加器和高速计数器等，它们的地址格式为区域标识符和元件号。例如，T24 表示某定时器的地址，T 是定时器的区域标识符，24 是定时器号。

项目 7

# 工作台自动往返运动继电器控制系统的设计与调试

## 7.1 项目任务

理解工作台自动往返运动控制电路的工作过程；学会项目所需电气元件的检测与使用方法；学会工作台自动往返运动控制电路的安装与调试，建立设计思维；学会分析电路中出现故障原因，并提出解决方案；建立小组协作机制，形成团队协作意识；初步形成电气控制方向职业认同感。

## 7.2 项目目标

(1)掌握工作台自动往返运动控制的基本概念。

(2)熟悉交流接触器、按钮、低压断路器、行程开关等电气元件作用及工作原理，会识别、检测、选择电气元件。

(3)能识读电气原理图，能将电气原理图转化为接线图。

(4)掌握电气控制线路的上电前检查及上电调试的方法，并能根据故障现象，分析并排除故障。

(5)培养将接线图转换为实际接线的能力。

(6)培养安全、节约意识。

(7)培养团结协作的精神。

## 7.3 项目描述

在生产实践中，某些机床的工作台需要自动往返运动，如龙门刨床和导轨磨床等。自动往返运动通常是利用复合行程开关 SQ1、SQ2 来检测往返运动的相对位置，进而控制电动机的正反转(或电磁阀的通断)来实现的。SQ1、SQ2 分别安装在床身两端，用来反映加工的终点与起点。挡铁固定在工作台上，跟随工作台一起移动。分别压下 SQ1、SQ2，可以改变控制电路的通断状态，由此实现电动机的正反转，从而实现工作台的自动往返运动。

## 7.4 项目分析

图 7-1 是工作台自动往返运动控制电路电气原理图。SQ1 为正向转反向行程开关，SQ2 为反向转正向行程开关。行程开关 SQ3、SQ4 安装在工作台往返运动的极限位置上，以防止 SQ1、SQ2 失灵，工作台继续运动不停止而造成事故，起到极限保护的作用。SQ3 为正向极限保护开关，SQ4 为反向极限保护开关。

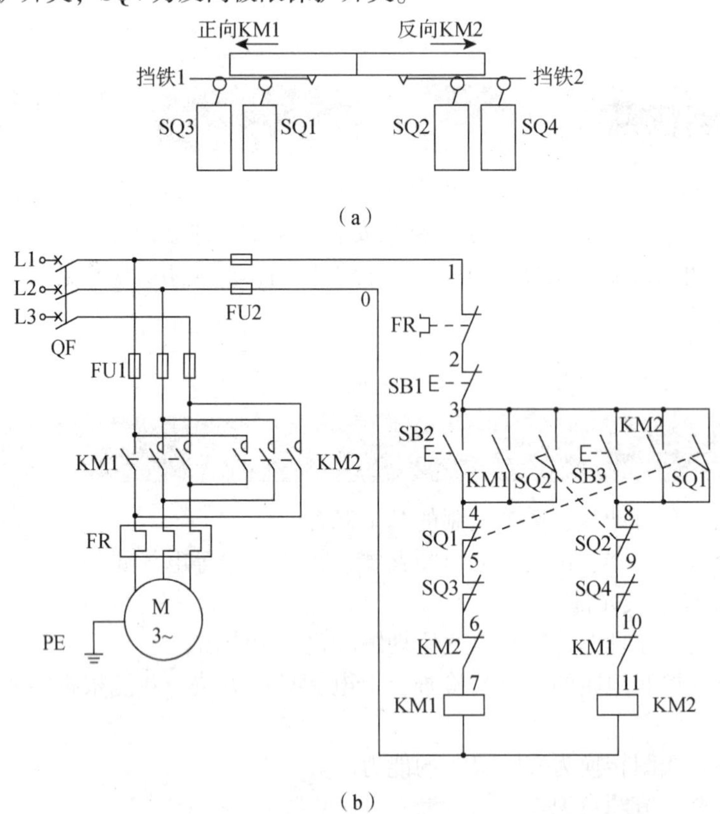


**图 7-1　工作台自动往返运动控制电路电气原理图**

(a)行程开关安装示意图；(b)工作台自动往返运动控制主电路及控制电路

当按下正转启动按钮 SB2 后，接触器 KM1 的线圈通电吸合并自锁，电动机正转，拖动运动部件向左移动，当移动至规定位置(或极限位置)时，安装在运动部件上的挡铁 1 便压下 SQ1。SQ1 的常闭触点断开，切断 KM1 的线圈回路，KM1 的主触点断开，且 KM1 的常闭辅助触点复位，由于 SQ1 的常闭触点断开后其常开触点闭合，这样接触器 KM2 的线圈得电，其主触点接通反向电源，电动机反转，拖动运动部件向右移动。当挡铁 2 压到 SQ2 时，电动机又切换为正转。如此往返，直到按下停止按钮 SB1 为止。

自动往返运动控制电路的运动部件每经过一个自动往返循环，电动机要进行两次反接制动，会出现较大的反接制动电流和机械冲击。因此，该电路只适用于电动机容量较小、循环周期较长、电动机转轴具有足够刚性的拖动系统。另外，接触器的容量应比一般情况下选择的容量大一些。由于自动往返运动控制的行程开关频繁动作，若采用机械式行程开关，则容易损坏，因此可采用接近开关来实现。

## 7.5 项目实施

### 7.5.1 实施前准备工作

详见附录 A。

### 7.5.2 电气布置图及接线图

根据电气原理图，设计电气布置图和接线图，可参考图 7-2 和图 7-3。

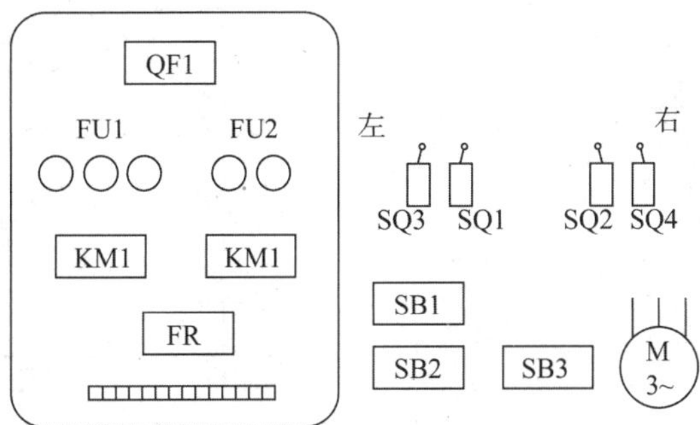


图 7-2 电气布置图

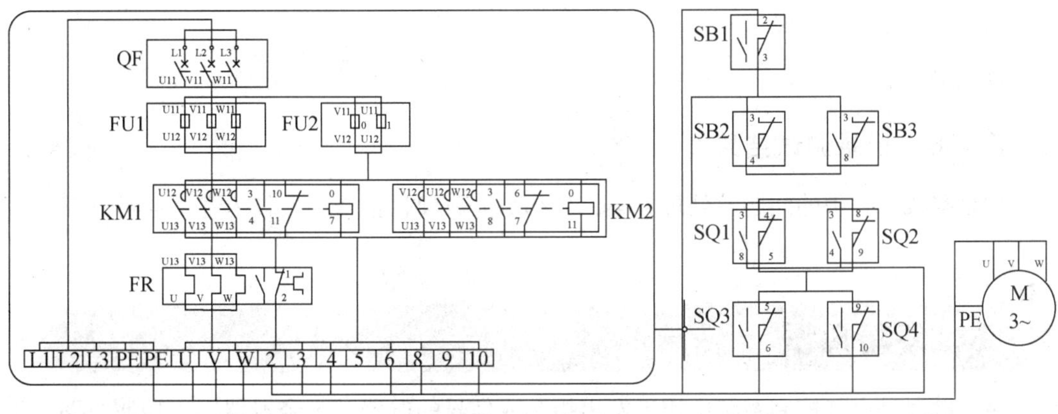


图 7-3 接线图

### 7.5.3 接线

选择适当的电气元件，按照图 7-2 和 7-3 完成接线。

对于接线，技术要求如下

(1)电气元件选择正确，安装牢固。

(2)布线整齐、平直、合理。

(3)导线绝缘层剥削合适、导线无损伤。

(4)接线时，导线不压绝缘层、不反圈、不露铜丝过长、不松动。

### 7.5.4 上电前检查

上电前检查可参照图 7-4 执行。

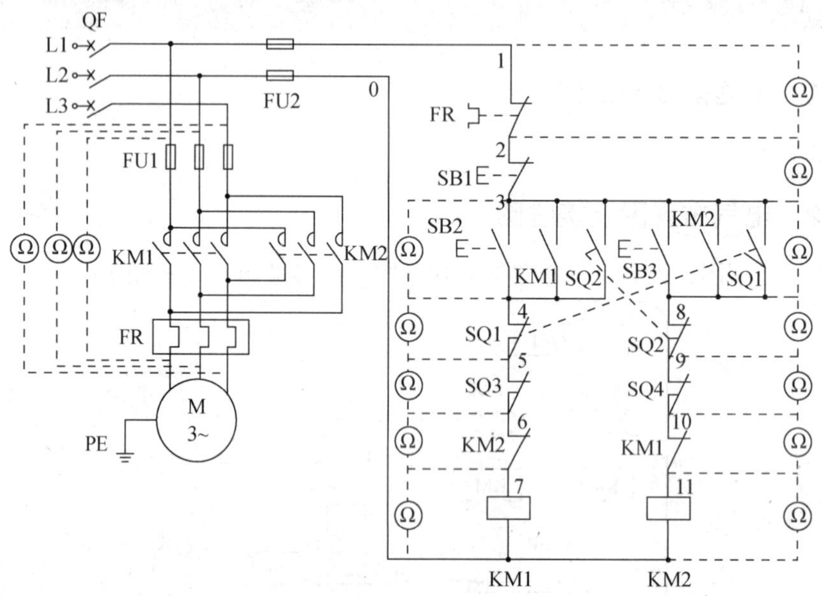


图 7-4 上电前检查示意图

### 7.5.5 上电调试

详见附录 B。

### 7.5.6 记录调试结果

记录实践过程中的问题及处理方案，分小组完成项目报告，报告内容参考附录 C。

## 7.6 预备知识

主令电器是电气控制系统中用于发出指令或信号的电器。主令电器用于控制电路，不能直接分、合主电路。

主令电器种类繁多、应用广泛。常用的主令电器有控制按钮、行程开关、接近开关、万能转换开关及其他主令电器，如脚踏开关、钮子开关、紧急开关等。

### 7.6.1 控制按钮

控制按钮是一种结构简单、控制方便、应用广泛的主令电器。在低压控制电路中，按钮用于手动发出控制信号，短时接通和断开小电流的控制电路。在 PLC 控制系统中，按钮常作为 PLC 的输入信号元件。

1. 按钮的组成和种类

按钮由按钮帽、复位弹簧、动触点、静触点(包括常闭静触点、常开静触点)和外壳等组成，其外形和结构如图 7-5 所示。按钮常做成复合式，即同时具有一对常开触点(动合触点)和常闭触点(动断触点)。按下按钮帽时，常闭触点先断开，然后常开触点闭合，即先断后合。触点的额定电流一般在 5 A 以下。去掉外力后，在复位弹簧的作用下，常开触点和常闭触点复位。

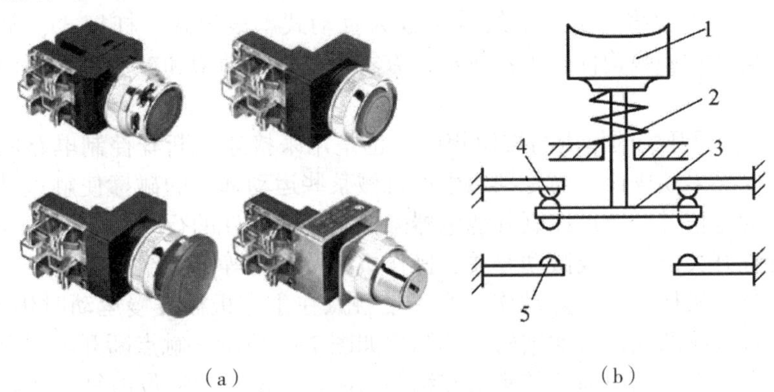


1—按钮帽；2—复位弹簧；3—动触点；4—常闭静触点；5—常开静触点。

**图 7-5 按钮的外形和结构**

(a)各种常见按钮的外形；(b)结构

按钮的结构种类很多，可分为普通揿钮式、蘑菇头式、自锁式、自复位式、旋钮式、带指示灯式及钥匙式等。有单钮、双钮、三钮及不同组合形式，一般采用积木式结构。旋钮式和钥匙式的按钮也称为选择开关，有双位选择开关和多位选择开关之分。选择开关和一般按钮的区别在于，选择开关不能自动复位。

为了标明各个按钮的作用，避免误操作，通常将按钮帽做成红、绿、黑、黄、白等颜色，以示区别。一般红色按钮表示停止按钮，绿色按钮表示启动按钮，红色蘑菇头式按钮表示急停按钮。

2. 按钮的技术参数和选用

按钮的主要技术参数有外观形式及安装孔尺寸、触点数量及触点的电流容量等，其常用产品有 LAY3、LAY6、LA20、LA25、LA38、LA101、LA115 等系列。

选用按钮时，应根据用途和使用场合，选择合适的形式和种类，形式有钥匙式、紧急式、带指示灯式等，种类有开启式、防水式等，应根据控制电路的需要，选择所需要的触点对数、是否需要带指示灯以及颜色等。其额定电压有 AC 500 V 和 DC 400 V，额定电流为 5 A。

按钮的文字符号和图形符号如图 7-6 所示。

SB　　SB　　SB

（a）　（b）　（c）

**图 7-6　按钮的文字符号和图形符号**

(a)常开按钮；(b)常闭按钮；(c)复合按钮

## 7.6.2　行程开关

行程开关又称限位开关或位置开关，是一种利用生产机械某些运动部件的撞击来发出控制信号的小电流(5 A 以下)的主令电器。它用来限制生产机械运动的位置或行程，使运动的机械按一定位置或行程自动停止、反向运动、变速运动或自动往返运动等。

行程开关的种类很多，按头部结构可分为直动式、滚轮式、杠杆式、单轮式、双轮式、滚轮摆杆可调式、弹簧杆式等；按动作方式可分为瞬动型和蠕动型。下面介绍其中常用的几种。

(1)直动式行程开关的作用与按钮相同，也是用来接通或断开控制电路的。行程开关触点的动作不是靠手动操作，而是利用生产机械某些运动部件的碰撞使触点动作，从而将机械信号转换为电信号，通过控制其他电器来控制运动部件的行程大小、运动方向或进行限位保护。行程开关由触点或微动开关、操作机构及外壳等部分组成，当生产机械的某些运动部件触动操作机构时，触点动作。为了使触点在生产机械缓慢运动时仍能快速动作，通常将触点设计成跳跃式的瞬动结构，其结构如图 7-7 所示。触点断开与闭合的速度不取决于推杆的行进速度，而由弹簧的刚度和结构所决定。触点的复位由复位弹簧来完成。

(2)滚轮式行程开关通过滚轮和杠杆的结构，来推动类似于微动开关中的瞬动触点机构动作。运动的机械部件压动滚轮到一定位置时，使杠杆平衡点发生转变，从而迅速推动活动触点，实现触点瞬间切换。触点的分合速度不受运动机械移动速度的影响。其他各种结构的行程开关，只是传感部件的机构和工作方式不同，触点的动作原理都是类似的。

行程开关的文字符号和图形符号如图 7-8 所示。

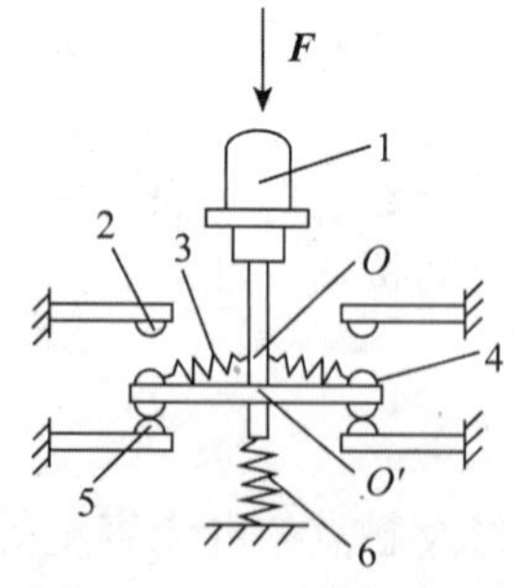


1—推杆；2—常开静触点；3—触点弹簧；
4—动触点；5—常闭静触点；6—复位弹簧。

**图 7-7　行程开关的结构**

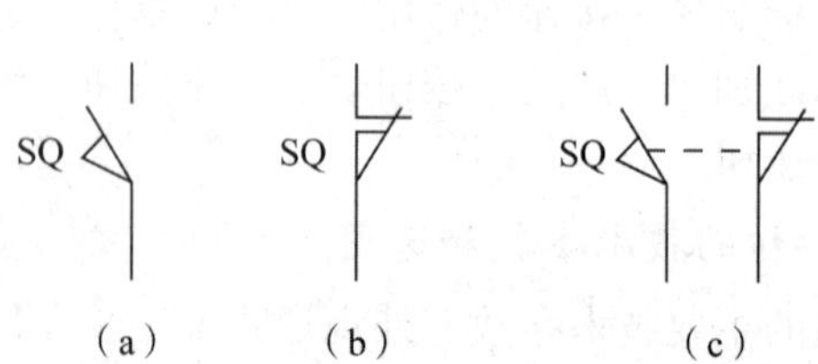


**图 7-8　行程开关的文字符号和图形符号**

(a)常开触点；(b)常闭触点；(c)复合触点

## 7.6.3 接近开关

接近开关是一种非接触式的无触点行程开关。当某一物体接近其信号机构时，它就能发出信号，从而进行相应的操作，而且无论所检测的物体是运动的还是静止的，接近开关都会自动地发出物体接近的动作信号。它不像机械行程开关那样需要施加机械力，而是通过感应头与被测物体间介质能量的变化来获取信号。

1. 接近开关的作用和工作原理

接近开关不仅能代替有触点行程开关来完成行程控制和限位保护，还可用于高频计数、测速、液面检测、零件尺寸检测、金属体的存在检测。由于它具有无机械磨损、工作稳定可靠、寿命长、重复定位精度高，以及能适应恶劣的工作环境等特点，在航空航天、工业生产、公共服务(如银行、宾馆的自动门等)等领域得到了广泛应用。

接近开关按其工作原理分类，有涡流式、电容式、光电式、热释电式、霍尔效应式和超声波式等。

(1)涡流式接近开关的工作原理框图如图 7-9 所示，导电物体在接近高频振荡器的感应头(线圈磁场)时，物体内部产生涡流。这个涡流反作用到接近开关，使振荡电路的电阻增大，损耗增加，直至振荡减弱终止，由此识别出有无导电物体移近，进而控制开关的通或断。由此可知，这种接近开关所能检测的物体必须是导电体。

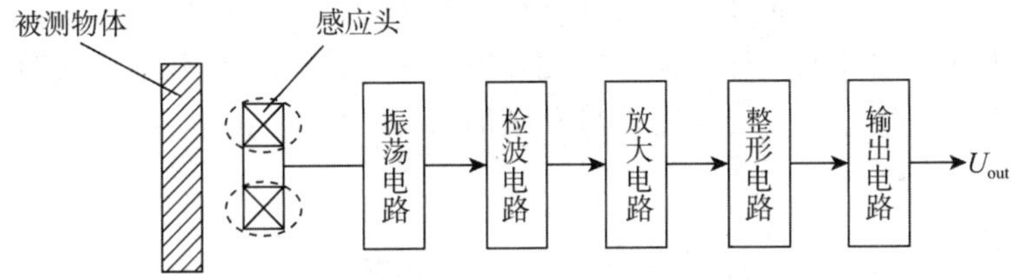


**图 7-9　涡流式接近开关的工作原理框图**

(2)电容式接近开关是利用电容做成的。当物体移向电容式接近开关时，电容的介电常数发生变化，从而使电容量发生变化，由此来检测物体。它的检测对象可以是导体、绝缘的液体或粉状物等。

(3)光电式接近开关是利用光电效应做成的。将发光器件与光电器件按一定方向装在同一个检测头内，当有反光面(被检测物体)接近时，光电器件接收到反射光后，就有信号输出，由此来检测物体的接近。

(4)热释电式接近开关是利用能感知温度变化的元件做成的。将热释电器件安装在开关的检测面上，当有与环境温度不同的物体接近时，热释电器件的输出便发生变化，从而检测有无物体接近。

(5)霍尔效应式接近开关是利用霍尔元件做成的。当磁性物件移近时，开关检测面上的霍尔元件因产生霍尔效应而使开关内部电路的状态发生变化，由此识别附近有无磁性物体存在，从而控制开关的通或断。霍尔效应式接近开关的检测对象必须是磁性物体。

(6)超声波式接近开关是利用多普勒效应做成的。当物体与波源的距离发生改变时，接收到的反射波的频率会发生偏移，这种现象称为多普勒效应，声呐和雷达就是利用该效应制成的。利用多普勒效应还可制成超声波式接近开关、微波式接近开关等。当有物体移近时，超声波式接近开关接收到的反射信号会产生多普勒频移，由此可以识别出有无物体接近。

2. 接近开关的选用

接近开关的主要技术参数有动作距离、重复准确度、操作频率、复位行程等，主要产品有 U2、IJ6、LJ18A3 等系列。接近开关的价格比行程开关高，一般用于工作频率高、可靠性及精度要求均较高的场合。

在一般的工业生产场所，通常都选用涡流式接近开关和电容式接近开关，因为这两种接近开关对环境的要求条件较低。当被测对象是导电物体或可以固定在一块金属物上时，一般都选用涡流式接近开关，因为它的响应频率高、抗环境干扰性能好、应用范围广、价格较低。若被测对象是非金属(或金属)、液位高度、粉状物高度、塑料、烟草等，则应选用电容式接近开关，因为这种开关虽然响应频率低，但稳定性好。若被测对象是导磁材料或者为了区别被测对象和与其一同运动的物体而在其内部埋有磁钢时，应选用霍尔效应式接近开关，因为它的价格最低。

光电式接近开关工作时对被测对象几乎没有任何影响，因此在要求较高的传真机、烟草机械上都有使用。在防盗系统中，自动门通常使用热释电式、超声波式、微波式接近开关。有时为了提高识别的可靠性，上述几种接近开关可以组合使用。

无论选用哪种接近开关，都应注意作业环境对工作电压、负载电流、响应频率、检测距离等指标的要求。接近开关的文字符号和图形符号如图 7-10 所示。

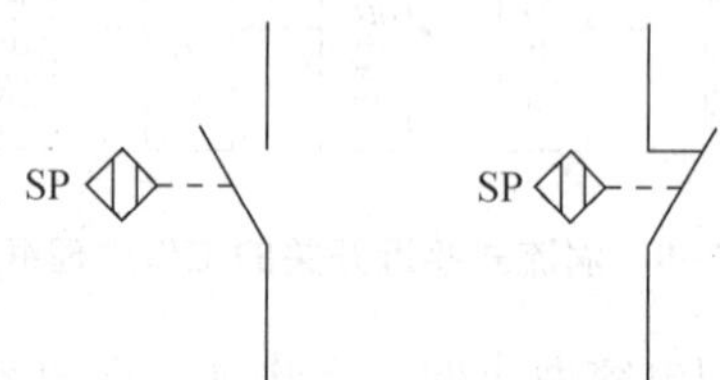


**图 7-10　接近开关的文字符号和图形符号**

## 7.6.4　万能转换开关

万能转换开关是一种具有多个挡位、多段式(具有多对触点)的能够控制多回路的主令电器，其可用于各种配电装置的电源隔离、电路转换及电动机远距离控制；也可用作电压表、电流表的换相测量开关；还可用于小容量电动机的启动、换相及调速。因其控制电路多，用途广泛，故称为万能转换开关。

万能转换开关由操作机构、定位装置和多组相同结构的触点组件等部分组成，用螺栓叠装成整体，若属于防护型产品，还应设有金属外壳。LW5 系列万能转换开关的外形如图 7-11(a)所示。

万能转换开关的触点系统[图 7-11(b)]采用双接口桥式结构，由各自的凸轮控制其通断；定位装置[图 7-11(c)]采用棘轮棘爪式结构，不同的棘轮和凸轮可组成不同的定位模式，从而得到不同的开关状态，即手柄在不同的转换角度时，触点的状态是不同的。

万能转换开关的触点系统的分合由凸轮控制，操作手柄时，使转轴带动凸轮转动，当正对着凸轮上的凹口时，触点闭合，否则断开。图 7-11(b)所示仅为万能转换开关中的一层，实际的转换开关是由多层同样结构的触点系统叠装而成的，每层上的触点数根据型号的不同而不同，凸轮上的凹口数也不一定只有一个。

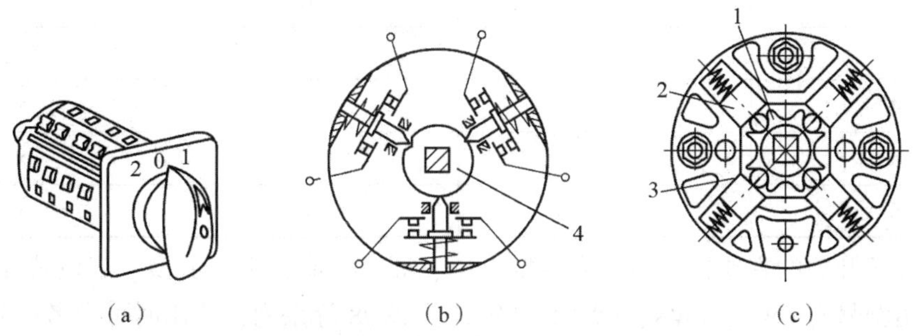


1—棘轮；2—滑块；3—滚轮；4—凸轮。

**图 7-11　LW5 系列万能转换开关的外形与结构**

(a)外形；(b)触点系统(单层结构)；(c)定位装置

万能转换开关的手柄有普通手柄型、旋钮型、钥匙型和带信号灯型等多种形式，手柄操作方式有自复式和定位式两种。操作手柄至某一位置，当手松开后，自复式万能转换开关的手柄自动返回原位；定位式万能转换开关的手柄保持在该位置上。手柄的操作位置以角度表示，一般有 30°、45°、60°、90°等，根据万能转换开关型号不同而有所不同。

万能转换开关的文字符号和图形符号如图 7-12 所示。

每一横线代表一路触点，而竖的虚线代表手柄的位置。哪一路接通，就在代表该位置的虚线上的触点下用黑点“•”表示。如果虚线上没有“•”，则表示当操作手柄处于该位置时，该对触点处于断开状态。为了更清楚地表示万能转换开关触点的分合状态与操作手柄的位置关系，在机电控制系统图中，经常把万能转换开关的文字符号和图形符号与触点通断表结合使用。如表 7-1 所示，表中“×”表示触点闭合，空白表示触点分断。例如，在图 7-12 中，转换开关的手柄置于“ Ⅰ ”位置时，表示触点 1、3 接通，其他触点断开；置于“O”位置时，触点全部接通；置于“ Ⅱ ”位置时，触点 2、4、5、6 接通，其他触点断开。

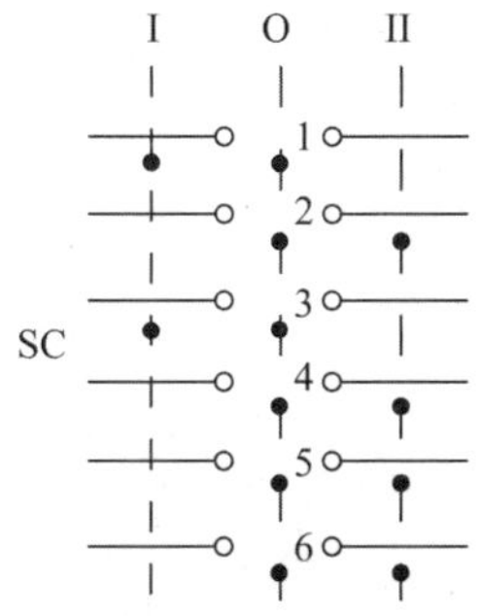


**图 7-12　万能转换开关的文字符号和图形符号**

表 7-1　触点通断表

| 触点编号 | 位置 | | |
|---|---|---|---|
| | Ⅰ | 0 | Ⅱ |
| 1 | × | × | |
| 2 | | × | × |
| 3 | × | × | |
| 4 | | × | × |
| 5 | | × | × |
| 6 | | × | × |

万能转换开关的主要技术参数有额定电压、额定电流、手柄类型、定位特征、触点数量等，常用型号有 LW5、LW8、LW12、LW21、LW98 等系列，使用时可参考产品说明书。

# 项目 8

# 工作台自动往返运动 PLC 控制系统的设计与调试

## 8.1 项目任务

理解工作台自动往返运动 PLC 控制的工作过程；学会项目所需电气元件的检测与使用方法；学会工作台自动往返运动 PLC 控制的主电路安装及 PLC 外部接线，建立 PLC 控制程序的设计思维；学会 PLC 控制系统的静态和动态调试。

## 8.2 项目目标

(1)掌握定时器、计数器在程序中的应用方法。

(2)学会用西门子 S7-200 SMART 系列 PLC 的基本指令编制工作台自动往返运动控制的程序。

(3)学会绘制工作台自动往返运动 PLC 控制的接线图。

(4)掌握西门子 S7-200 SMART 系列 PLC I/O 的外部接线方法。

(5)熟练掌握使用西门子 S7-200 SMART 系列 PLC 的 STEP 7-Micro/WIN SMART 编程软件编制 LAD 程序与指令表，并写入 PLC 进行调试运行。

(6)能使用西门子 S7-200 SMART 系列 PLC 基本逻辑指令完成工作台自动往返运动控制的软硬件设计和系统安装调试。

## 8.3 项目描述

工作台自动往返运动在生产中经常使用，如刨床工作台和磨床工作台的自动往返运动。工作台由异步电动机拖动，电动机正转时工作台前进；电动机反转时工作台后退。本项目利用 PLC 来实现对三相异步电动机正、反转循环运行的控制，即按下启动按钮，三相异步电动机正转 5 s、停 2 s，反转 5 s、停 2 s，如此循环 5 个周期，然后自动停止。运行过程中按下停止按钮，电动机立即停止。

## 8.4 项目分析

### 8.4.1 I/O 分配

根据该项目的控制要求，输入信号处设有启动按钮 SB1、停止按钮 SB2 和热继电器 FR，输出信号处设有正转、反转接触器 KM1、KM2，I/O 分配见表 8-1。

**表 8-1 I/O 分配**

| 输入信号和地址 | | 输出信号和地址 | |
|---|---|---|---|
| 启动按钮 SB1 | I0.0 | 正转接触器 KM1 | Q0.0 |
| 停止按钮 SB2 | I0.1 | 反转接触器 KM2 | Q0.1 |
| 热继电器 FR | I0.2 | — | — |

### 8.4.2 主电路及接线图

图 8-1 是工作台自动往返运动 PLC 控制的主电路及接线图。电动机正转和反转的切换是通过两个接触器 KM1、KM2 的切换来实现的。

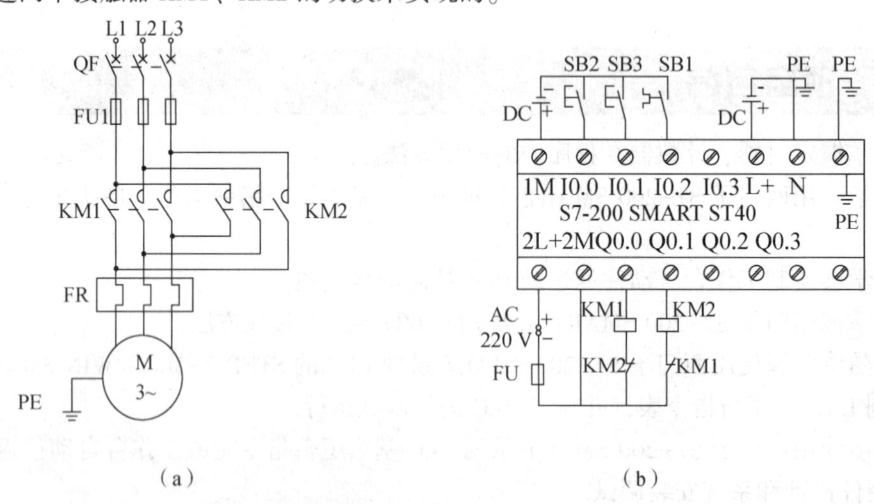


**图 8-1 工作台自动往返运动 PLC 控制的主电路及接线图**

(a) 主电路；(b) 接线图

### 8.4.3 PLC 程序

图 8-2 为工作台自动往返运动 PLC 控制的 LAD 程序。图中 T37 控制电动机正转 5 s，

T38 控制电动机正转完成后停 2 s，T39 控制电动机反转 5 s，T40 控制电动机反转完成后停止 2 s。

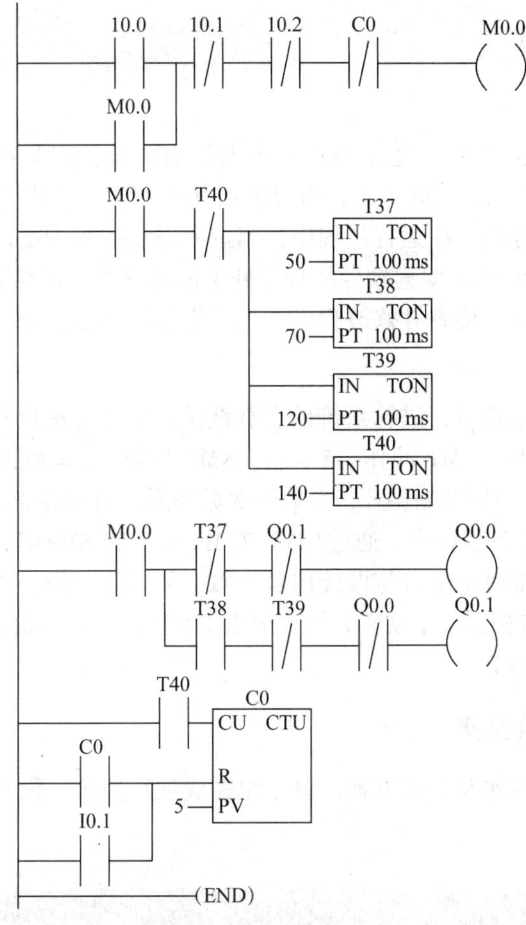


图 8-2 工作台自动往返运动 PLC 控制的 LAD 程序

## 8.5 项目实施

### 8.5.1 项目实施前准备工作

详见附录 A。

### 8.5.2 接线

选择适当的电气元件，按照图 8-1 完成接线。

对于接线，技术要求如下。

(1)电气元件选择正确、安装牢固。

(2)布线整齐、平直、合理。

(3)导线绝缘层剥削合适、导线无损伤。

(4)接线时，导线不压绝缘层、不反圈、不露铜丝过长、不松动。

### 8.5.3 上电调试

1. 静态调试

将 PLC 正确连接输入设备，进行 PLC 的模拟静态调试。按下启动按钮 SB1 时，Q0.0 亮，5 s 后，Q0.0 灭，2 s 后，Q0.1 亮，再过 5 s，Q0.1 灭，等待 2 s 后，重新开始循环，完成 5 次循环后，自动停止。在运行过程中，当按下停止按钮 SB2 时，运行过程结束。通过 STEP 7-Micro/WIN SMART 编程软件使程序处于监视状态，观察其指示灯显示是否与设计内容一致，如果不一致，检查并修改程序，直至指示灯显示正确。

2. 动态调试

将 PLC 正确连接输出设备，进行系统的空载调试。观察交流接触器能否按控制要求动作，按下启动按钮 SB1 时，KM1 动作，5 s 后，KM1 复位，2 s 后，KM2 动作，再过 5 s，KM2 复位，等待 2 s 后，重新开始循环，完成 5 次循环后，自动停止。在运行过程中，当按下停止按钮 SB2 时，运行过程结束。通过 STEP 7-Micro/WIN SMART 编程软件使程序处于监视状态，观察交流接触器动作是否与设计内容一致，如果不一致，检查电路接线或修改程序，直至交流接触器能按控制要求动作。然后按照图 8-1 连接电动机，进行带载动态调试。

以上步骤可参照附录 B。

### 8.5.4 记录调试结果

记录实践过程中的问题及处理方案，分小组完成项目报告，报告内容参照附录 E。

## 8.6 预备知识

### 8.6.1 定时器指令

S7-200 SMART 系列 PLC 为用户提供了 3 种类型的定时器：接通延时定时器(TON)、保持型接通延时定时器(TONR)和断开延时定时器(TOF)，其表示形式见表 8-2。表中的“???”表示需要输入的地址或数值。

**表 8-2 定时器指令的表示形式**

| 表示形式 | 类型 | | |
|---|---|---|---|
| | TON | TONR | TOF |
| LAD | T???<br>—IN TON<br>???-PT ???ms | T???<br>—IN TONR<br>???-PT ???ms | T???<br>—IN TOF<br>???-PT ???ms |
| STL | TON T???，PT | TONR T???，PT | TOF T???，PT |

S7-200 SMART 系列 PLC 定时器的分辨率(时基)有 3 种：1 ms、10 ms、100 ms。定时

器的分辨率由定时器号决定，详见表 8-3。

**表 8-3　定时器号和分辨率**

| 类型 | 分辨率/ms | 定时最大值/s | 定时器号 |
| --- | --- | --- | --- |
| TON/TOF | 1 | 32.767 | T32、T96 |
| | 10 | 327.67 | T33~T36、T97~T100 |
| | 100 | 3 276.7 | T37~T63、T101~T255 |
| TONR | 1 | 32.767 | T0、T64 |
| | 10 | 327.67 | T1~T4、T65~T68 |
| | 100 | 3 276.7 | T5~T31、T69~T95 |

S7-200 SMART 系列 PLC 共有定时器 256 个，定时器号范围为 T0~T255。使用时，必须指明定时器号，如 T39、T64 等。一旦定时器号确定了，其分辨率也就确定了。

使用定时器时，还必须给出设定值 PT，PT 为 16 位有符号整数，其常数范围为 1~32 767。PT 操作数还可为 VW、IW、QW、MW 等。

定时器的定时时间 $T$=PT×分辨率。例如，TON 指令为 T40，其分辨率为 100 ms，PT=20，则实际定时时间为 20×100 ms=2 s。

每个定时器号包含两个变量信息：定时器当前值和定时器的位。

(1)定时器当前值：累计定时时间的当前值，它存放在定时器的当前值寄存器中，其数据类型为 16 位有符号整数。

(2)定时器的位：当定时器当前值大于或等于 PT 时，定时器的位状态立即变化(置位或复位)。

可以通过使用定时器号(如 T3、T20)来存取这些变量。定时器的位或当前值的存取取决于使用的指令，位操作数指令存取定时器的位，字操作数指令存取定时器当前值。

1. TON

TON 模拟通电延时型物理时间继电器功能，用于单一时间间隔的定时。上电初期或首次扫描时，TON 的位为 OFF，当前值为 0。当输入端(IN)接通或“能流”通过时，TON 的位为 OFF，当前值从 0 开始计时，当其当前值大于或等于 PT 时，该 TON 的位被置位为 ON，当前值仍继续计数，一直计到最大值 32 767。输入端一旦断开，TON 立即复位，复位后，其位为 OFF，当前值为 0。

TON 指令的编程举例如图 8-3 所示。

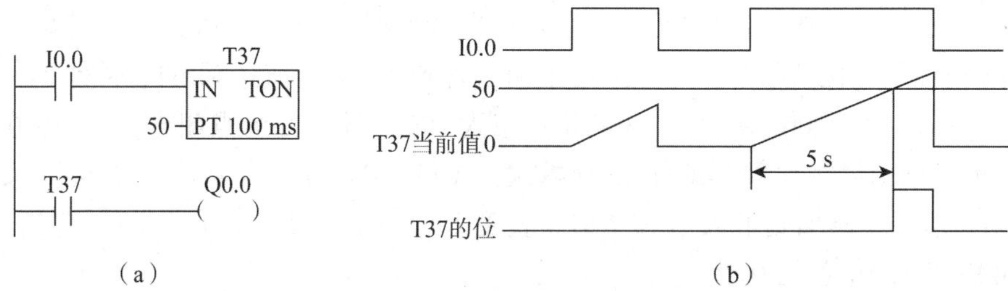


**图 8-3　TON 指令的编程举例**

(a)LAD；(b)时序图

在图 8-3 中，当 T37 的允许输入端 I0.0 为 ON 时，T37 开始计时，T37 当前值从 0 开始增加。当 T37 当前值达到 PT(PT=50，设定时间 $T$=50×100 ms=5 s)时，T37 的位状态为 ON，T37 的常开触点立即接通，使 Q0.0 为 ON。此时，只要 I0.0 仍然为 ON，T37 当前值继续累加，直到最大值 32 767，T37 的位仍保持为 ON。一旦 I0.0 断开为 OFF，T37 复位，此时，T37 的位状态为 0，常开触点为 OFF，同时当前值清零。在程序中，也可以使用复位指令(R)来使 TON 复位。

2. TONR

TONR 用于多个时间间隔的累计定时。上电初期或首次扫描时，TONR 的位为掉电前的状态，TORN 当前值保持为掉电前的值。当输入端(IN)接通或"能流"通过时，TONR 当前值从上次的保持值开始再往上累计时间，继续计时，当累计当前值大于或等于 PT 时，该 TONR 的位被置位为 ON，当前值可继续计数，一直计数到最大值 32 767。当输入端断开时，TONR 当前值保持不变，位也不变。当输入端再次接通时，TONR 当前值从原保持值开始再往上累计时间，继续计时。可以用 TONR 指令累计多次输入信号的接通时间。

可以利用复位指令清除 TONR 当前值，复位后 TONR 的位状态为 OFF，TONR 当前值为 0。

TONR 指令的编程举例如图 8-4 所示。

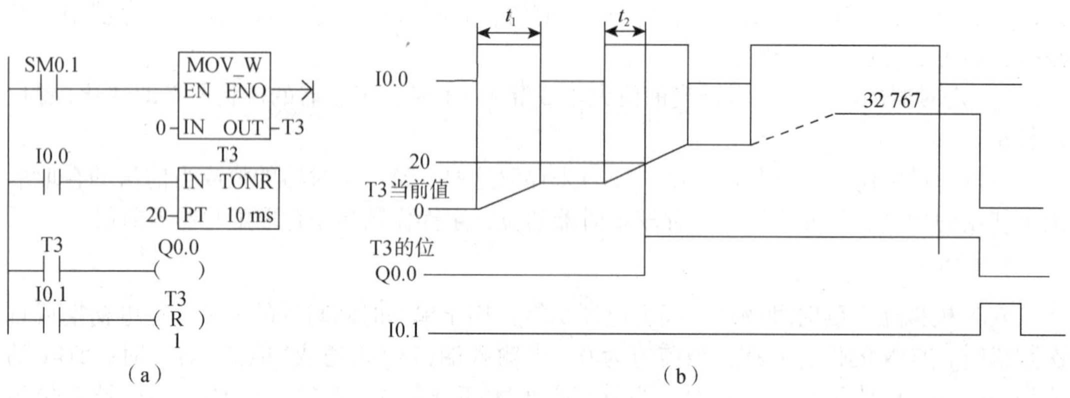


**图 8-4 TONR 指令的编程举例**

(a) LAD；(b) 时序图

在图 8-4 中，第 1 个程序段实现 T3 上电清零。当 T3 的允许输入端 I0.0 为 ON 时，T3 从 0 开始增加，$t_1$($t_1$<200 ms)时间后，当 I0.0 为 OFF 时，T3 当前值保持。当 I0.0 再次为 ON 时，T3 当前值在保持值的基础上继续累加，直到 T3 当前值达到 PT(本例 PT=20，设定时间 $T$=20×10 ms=200 ms)时，T3 的位状态为 ON，T3 常开触点闭合，使 Q0.0 为 ON。此时，T3 的当前值继续累加，即使 I0.0 再次为 OFF，T3 也不会复位。当 I0.0 又一次为 ON 时，当前值继续累加到最大值 32 767。直到 I0.1 接通，T3 才立即复位，复位后，T3 的位为 OFF，T3 当前值为 0。

3. TOF

TOF 可以模拟断电延时型物理时间继电器功能，用于允许输入端(IN)断开后的单一时间间隔计时。上电初期或首次扫描时，TOF 的位为 OFF，TOF 当前值为 0。当允许输入端为 ON 时，TOF 的位状态立即为 1，并把 TOF 当前值设为 0。当输入端由 ON 到 OFF 时，TOF 开始计时，TOF 当前值从 0 开始增加。当 TOF 当前值等于 PT 时，其位为 OFF，并且停止计时。当输入端再次由 OFF 变为 ON 时，TOF 复位，复位后，TOF 的位为 ON，TOF 当前值为 0。TOF 指令必须用负跳变(由 ON 到 OFF)的输入信号启动计时。

TOF 指令的编程举例如图 8-5 所示。

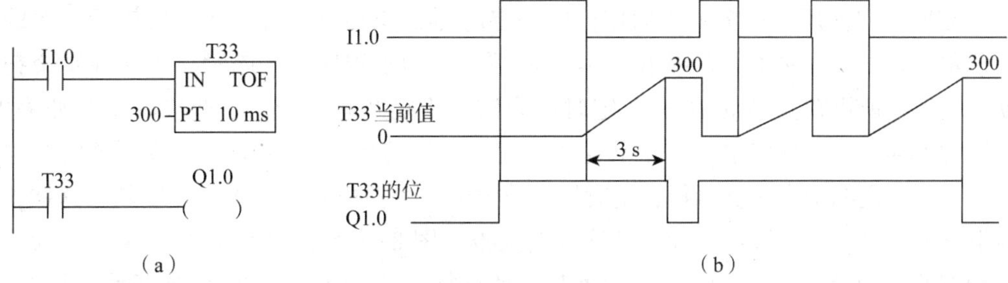


**图 8-5 TOF 指令的编程举例**

(a)LAD；(b)时序图

4. 应用定时器指令的注意问题

(1)不能把同一个定时器号同时用作 TON 和 TOF，相当于同一定时器号既有模拟通电延时型物理时间继电器的功能，又有模拟断电延时型物理时间继电器的功能。

(2)在第一个扫描周期，所有的定时器位被清零。使用复位指令对定时器复位后，定时器的位为 OFF，定时器当前值为 0。

(3)不同分辨率的定时器，它们当前值的刷新周期是不同的，具体情况如下。

1)1 ms 定时器。1 ms 定时器启动后，定时器对 1 ms 的时间间隔(即时基信号)进行计时。定时器当前值每隔 1 ms 刷新一次，当扫描周期大于 1 ms 时，定时器的位和定时器当前值在该扫描周期内更新多次，定时器的位和定时器当前值的更新与扫描周期不同步。1 ms 定时器的应用实例如图 8-6 所示。在图 8-6(a)中，定时器 T32 每隔 1 ms 更新一次。当定时器当前值达到 200 时在 A 处刷新，Q1.0 可以接通一个扫描周期，若在其他位置刷新，则 Q1.0 永远不会接通。而在 A 点刷新的概率是很小的。若改为图 8-6(b)，就可保证当定时器当前值达到 PT 时，Q1.0 接通一个扫描周期。

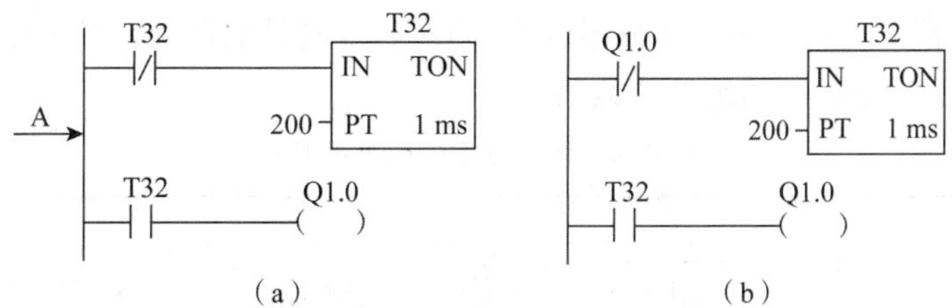


**图 8-6 1 ms 定时器的应用实例**

(a)错误；(b)正确

2)10 ms 定时器。10 ms 定时器启动后，定时器对 10 ms 的时间间隔进行计时。程序执行时，在每个扫描周期的开始对定时器的位和定时器当前值刷新，定时器的位和定时器当前值在整个扫描周期内保持不变。图 8-6(a)的模式同样不适合 10 ms 定时器，而图 8-6(b)的模式则同样可用于 10 ms 定时器在计时时间内产生宽度为一个扫描周期的脉冲信号的场合。

3)100 ms 定时器。100 ms 定时器启动后，定时器对 100 ms 的时间间隔进行计时。只有在执行定时器指令时，定时器的位和定时器当前值才被刷新。为使定时器正确定时，100 ms 定时器只能用于每个扫描周期内同一定时器指令必须执行一次且仅执行一次的场合。子程序和中断程序中不宜用 100 ms 定时器，因为子程序和中断程序不是在每个扫描周期都执行，所以在其中的 100 ms 定时器当前值不能及时刷新，会造成时基脉冲丢失，导致计时失准。在主程序中，不能重复使用同一编号的 100 ms 定时器，否则该定时器指令在一个扫描周期中多次被执行，定时器当前值在一个扫描周期中被多次刷新。这样，该定时器就会多计了时基脉冲，同样造成计时失准。图 8-7 所示的 LAD 可产生宽度为一个扫描周期的脉冲信号，该 100 ms 定时器是一种自复位式定时器，T39 的常开触点每隔 $T=30\times100\ \text{ms}=3\ \text{s}$ 就闭合一次，且持续一个扫描周期。可以利用这种特性产生宽度为一个扫描周期的脉冲信号，改变定时器的设定值，就可改变脉冲信号的频率。T39 和 Q0.0 常开触点状态的时序图如图 8-8 所示。

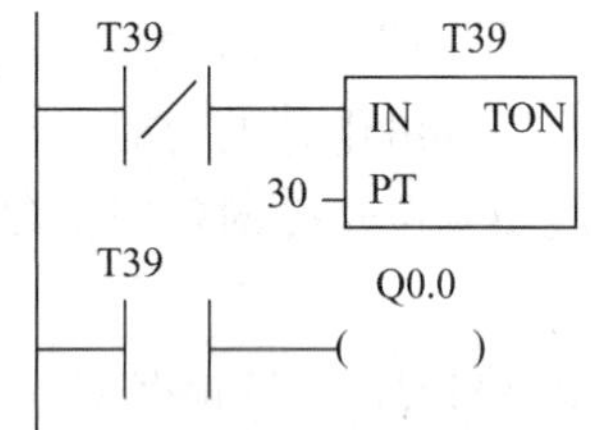


**图 8-7 100 ms 定时器 LAD**

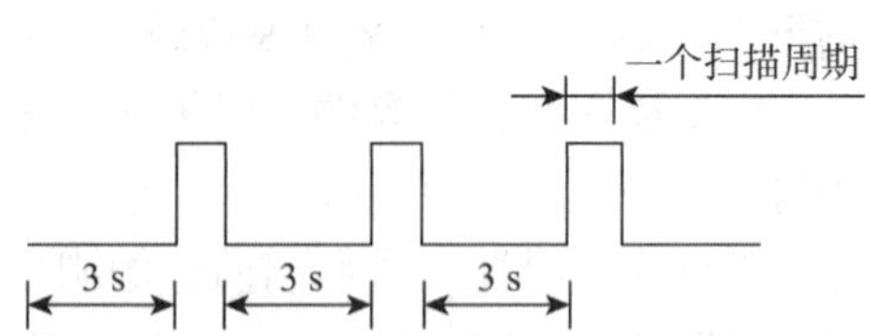


**图 8-8 T39 和 Q0.0 常开触点状态的时序图**

在实际应用中，只有正确使用不同分辨率的定时器，才能达到预期的定时效果。

## 8.6.2 计数器指令

定时器用来对 PLC 内部的时钟脉冲进行计数，而计数器用来对外部的或由程序产生的计数脉冲进行计数。S7-200 SMART 系列 PLC 为用户提供了 3 种类型的计数器：增计数器(CTU)、减计数器(CTD)、增减计数器(CTUD)。这 3 种计数器指令的表示形式见表 8-4。表中的“???”表示需要输入的地址或数值。

**表 8-4 计数器指令的表示形式**

| 表示形式 | 类型 | | |
|---|---|---|---|
| | CTU | CTD | CTUD |
| LAD | C???<br>CU CTU<br>R<br>???-PV | C???<br>CU CTD<br>LD<br>???-PV | C???<br>CU CTUD<br>CD<br>R<br>???-PV |

续表

| 表示形式 | 类型 | | |
|---|---|---|---|
| | CTU | CTD | CTUD |
| STL | CTU C???，PV | CTD C???，PV | CTUD C???，PV |

S7-200 SMART 系列 PLC 共有 256 个计数器，计数器号范围为 C0～C255。使用时，必须指明计数器号，如 C20、C53 等，同时必须给出设定值 PV，PV 的数据类型为 16 位有符号整数，其常数范围为 1～32 767。PV 操作数还可为 VW、IW、QW、MW 等。

每个计数器号包含两个变量信息：计数器当前值和计数器的位。

(1)计数器当前值：累计计数脉冲的个数，其值(16 位)存储在计数器的当前值寄存器中。

(2)计数器的位：当计数器当前值大于或等于 PV 时，计数器的位被置为 1。

1. CTU

CTU 首次扫描时，其位为 OFF，当前值为 0。当计数脉冲输入端(CU)有一个正跳变(由 OFF 到 ON)信号时，CTU 启动，CTU 当前值从 0 开始递增计数。累计其计数脉冲输入端的计数脉冲由 OFF 到 ON 的次数，直至最大值 32 767 时，停止计数。当 CTU 当前值大于或等于 PV 时，该 CTU 的位被置位为 ON。当复位脉冲输入端(R)有效或对 CTU 执行复位指令时，CTU 被复位，复位后，CTU 的位为 OFF，CTU 当前值被清零。

CTU 指令使用举例如图 8-9 所示。

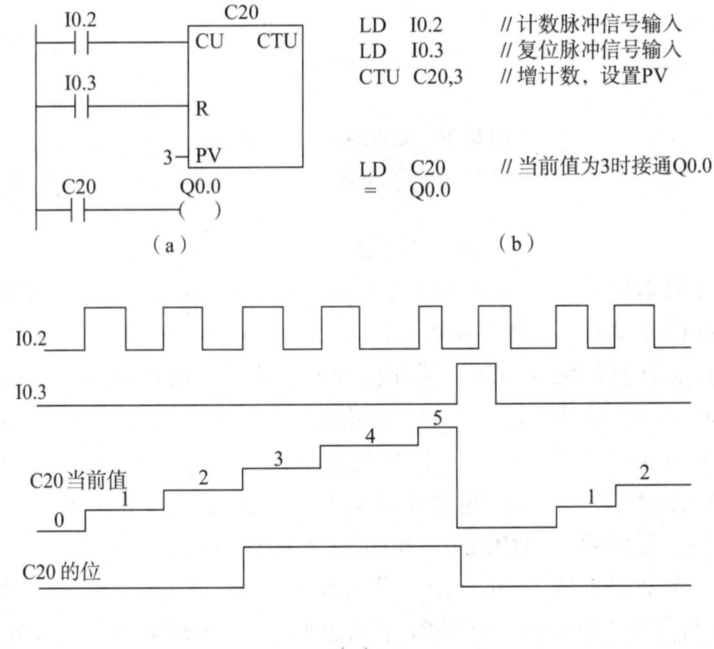


**图 8-9 CTU 指令使用举例**

(a)LAD；(b)语句表及注释；(c)时序图

2. CTD

CTD 首次扫描时，CTD 的位为 0，CTD 当前值为 PV。当计数脉冲输入端(CD)有一个计数脉冲的正跳变(由 OFF 到 ON)信号时，CTU 从 PV 开始递减计数，直至 CTD 当前值等于 0 时，停止计数，同时 CTD 的位被置位。CTD 指令在复位输入端(LD)接通时，使 CTD 复位并把设定值装入当前值寄存器中。

CTD 指令使用举例如图 8-10 所示。注意，CTD 的复位脉冲输入端为 LD，不是 R。

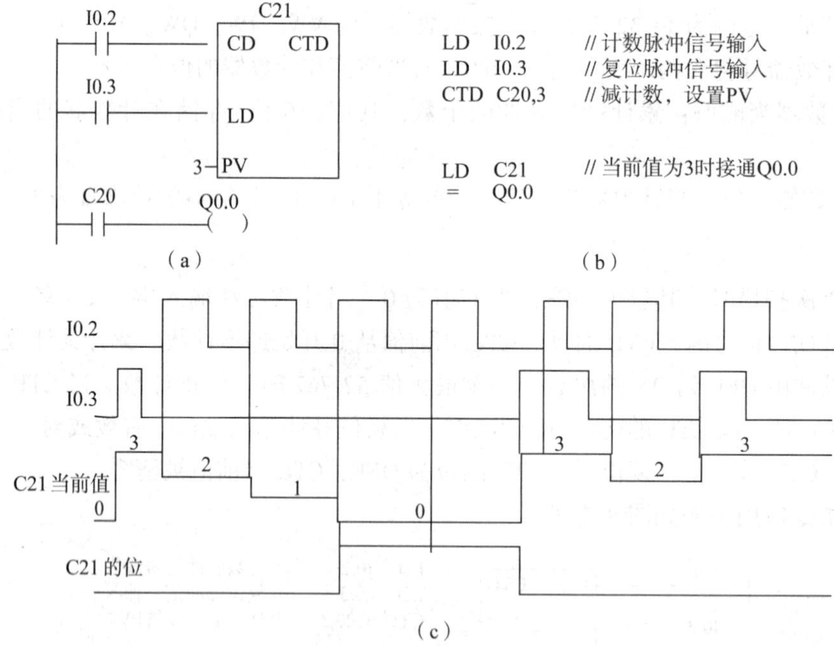


**图 8-10　CTD 指令使用举例**

(a)LAD；(b)语句表及注释；(c)时序图

3. CTUD

CTUD 有两个计数脉冲输入端和一个复位脉冲输入端(R)，两个计数脉冲输入端为增计数脉冲输入端(CU)和减计数脉冲输入端(CD)。

首次扫描时，CTUD 的位为 OFF，当前值为 0。当增计数脉冲输入端有一个计数脉冲的正跳变(由 OFF 到 ON)信号时，CTUD 当前值加 1。当减计数脉冲输入端有一个计数脉冲的正跳变(由 OFF 到 ON)信号时，CTUD 当前值减 1。当 CTUD 当前值大于或等于 PV 时，该 CTUD 的位被置位。当复位脉冲输入端有效或用复位指令对 CTUD 执行复位操作时，CTUD 被复位，复位后，CTUD 的位为 OFF，CTUD 当前值被清零。

CTUD 在达到计数最大值 32 767(十六进制数为 16#7FFF)后，下一个增计数脉冲输入端正跳变将使计数值变为最小值-32 768(十六进制数为 16#8000)，同样在达到最小计数值-32 768 后，下一个减计数脉冲输入端正跳变将使计数值变为最大值 32 767。CTUD 指令使用举例如图 8-11 所示。

在语句表中，栈顶值是复位脉冲输入，减计数脉冲输入在堆栈的第 2 层，增计数脉冲输入在堆栈的第 3 层。编程时，三者的顺序不能出错。

在使用 CTU、CTD、CTUD 指令时，均应注意每个计数器只有一个 16 位的当前值寄存器地址。在同一个程序中，同一计数器号不能重复使用，更不可分配给几个不同类型的计数器。

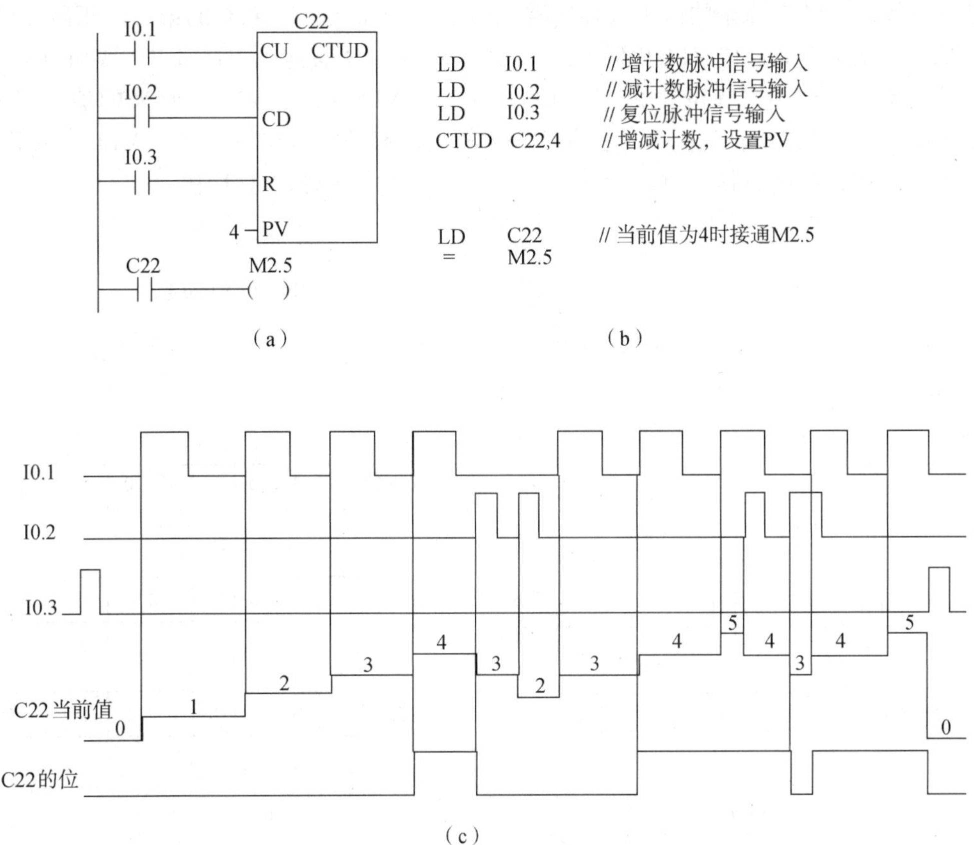


**图 8-11 CTUD 指令使用举例**

(a)LAD；(b)语句表及注释；(c)时序图

## 8.6.3 移位寄存器位指令

移位寄存器位(Shift Register Byte，SHRB)指令用来将位值移入移位寄存器，从而可轻松实现对产品流或数据的顺序控制，使用该指令可在每次扫描时将整个寄存器移动一位。在 LAD 中，该指令以功能框编程，如图 8-12 所示。

在 SHRB 指令允许输入端(EN)的每个正跳变(由 OFF 到 ON)，把数据输入端(DATA)的数值(位值)移入移位寄存器，并进行移位。S_BIT 指定移位寄存器最低有效位的地址，字节型变量 N 指定移位寄存器的长度和移位方向。当 N 为正数时，表示正向移位(左移)；当 N 为负数时，表示反向移位(右移)。SHRB 指令移出的位被传送到溢出标志位 SM1. 1 中。N 为字节型数据，最大长度为 64 位。操作数 DATA、S_BIT 均为 BOOL 型数据。

在允许输入端的每个正跳变时刻，SHRB 指令对数据输入端采样一次，把数据输入端的位值移入移位寄存器。正向移位时，输入数据从移位寄存器的最低有效位移入，从最高有效位移出；反向移位时，输入数据从移位寄存器的最高有效位移入，从最低有效位移出。图 8-12 中 N 为 4，即在 I0.0 的第一个正跳变时刻，将 I0.3 的值 1 从移位寄存器的最低有效位 V14.0 移入，移位寄存器 VB14 中的各位由低位向高位移动(左移)一位，被移动的最高有效位 V14.3 原来的值 1 被移到溢出标志位 SM1.1。在 I0.0 的第二个正跳变时刻，I0.3 的值 0 从最有效低位 V14.0 移入，V14.0 原来的值 1 移送到 V14.1 中，V14.1 原来的值 1 移送到 V14.2 中，V14.2 原来的值 0 移送到 V14.3 中，V14.3 原来的值 0 被移到 SM1.1 中。当 N 为-4 时，I0.3 的值从 VB14 的最高有效位 V14.3 移入，V14.3 原来的值移到 V14.2 中，顺次右移一位，最低有效位 V14.0 的值移到 SM1.1 中。

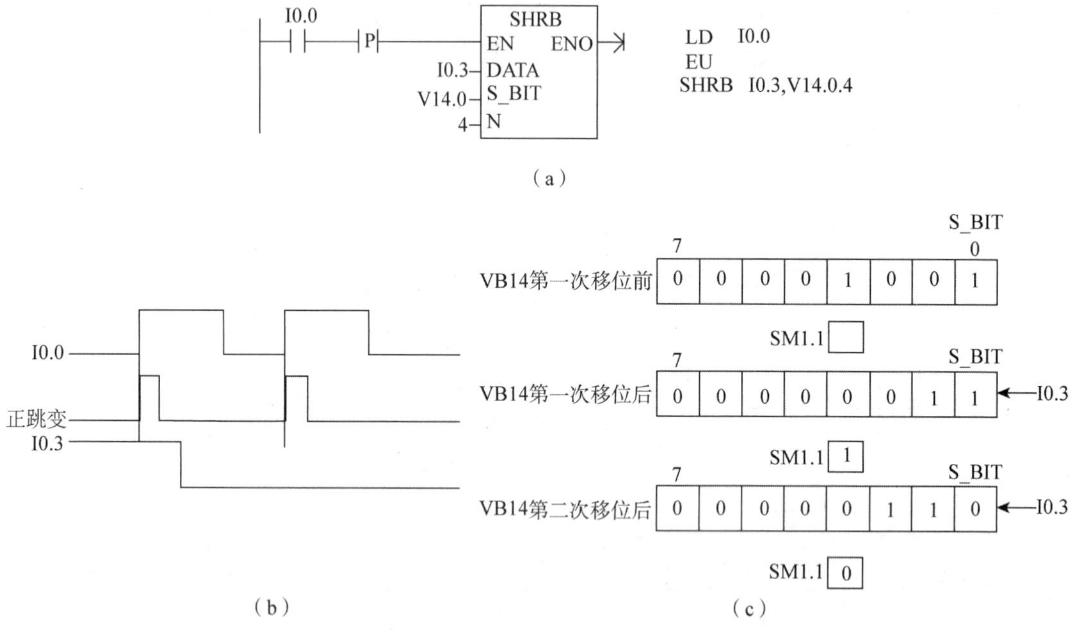


**图 8-12　SHRB 指令的移位过程**

(a)LAD 及语句表和注释；(b)时序图；(c)移位过程

1. 移位寄存器最高有效位地址的计算

由移位寄存器的最低有效位(S_BIT)和移位寄存器的长度(N)，可以计算出移位寄存器最高有效位(msB. b)的地址。计算公式为：

msB. b= [S_BIT 的字节号 +(｜N｜ -1+S_BIT 的位号)/8]. [除以 8 所得的余数]

例如，如果 S_BIT 是 V33.4，N 是 14，那么 msB. b 是 V35.1。

具体计算过程为：

msB. b=V33+(｜14｜ -1+4)/8 =V33+17/8 =(V33+2). 1(余数为 1)= V35.1

2. 移位寄存器应用举例

试用 SHRB 指令设计 8 盏彩灯每隔 3 s 依次顺序点亮，全亮 3 s 后全灭，并依次循环的 LAD 程序。

采用 SHRB 设计的 LAD 如图 8-13 所示。图中，VB100 的初始值赋值为 0，定时器 T37

用作 3 s 脉冲发生器，控制 SHRB 每 3 s 移位一次，每次都将 M0. 0 的值 1 移入 V100. 0，V100. 1 中的值移入 V100. 2，依此类推，V100. 6 中的值移入 V100. 7，V100. 7 中的值移入 SM1. 1。每次移位依次点亮一盏灯，当进行到第 8 次移位时，V100. 6 中的值 1 被移送到 V100. 7，Q0. 7 线圈得电，此时 VB100 的 8 位全部为 1，8 盏灯都被点亮。T37 继续工作，3 s 后 SHRB 再次移位，V100. 7 中的值 1 被移到 SMI. 1 中，进而 VB100 重新赋值为 0，8 盏灯全部熄灭，3 s 后第 1 盏灯再次被点亮，依次循环进行。

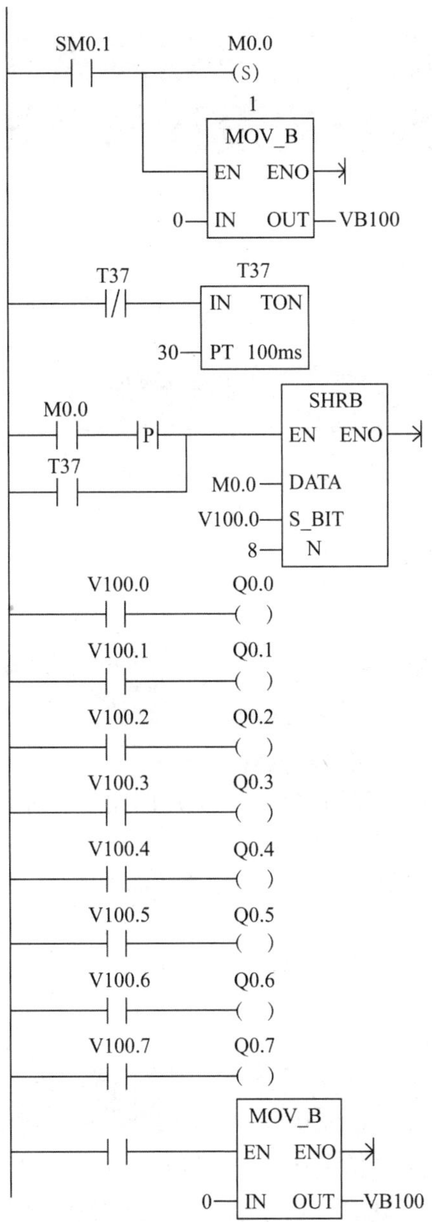


**图 8-13 采用 SHRB 设计的 LAD**

# 项目9

# 异步电动机顺序启停继电器控制系统的设计与调试

## 9.1 项目任务

理解电动机顺序启停继电器控制的工作过程；学会项目所需电气元件的检测与使用方法；学会电动机顺序启停控制的主电路和控制电路的安装及接线，建立电动机顺序启停的继电器控制程序的设计思维。

## 9.2 项目目标

(1)掌握电动机顺序启停控制的基本概念。

(2)识读电气原理图，正确使用接触器、低压断路器、时间继电器、按钮等电气元件，能按图安装接线。

(3)掌握电气控制线路的分析方法，能根据故障现象，分析排除故障。

(4)培养分析电路和举一反三的能力，为学习其他电气控制环节打下基础。

(5)通过规范操作，建立劳动保护与安全文明生产意识。

## 9.3 项目描述

有的机床会要求工作台做进给运动，而且只有在主轴电动机运行后才能进行，这种控制方式叫作顺序控制。例如，现有 3 台小容量电动机 M1、M2、M3，试设计一个控制电路，要求电动机 M1 运行 10 s 后，电动机 M2 自动启动，运行 5 s 后，M2 停止运行，并同时使电动机 M3 自动启动，再运行 15 s 后，3 台电动机全部停止运行。遇到紧急情况，3 台电动机全部停止运行。3 台电动机均只要求单向运转，控制电路应有必要的保护措施。

## 9.4 项目分析

电路设计及分析：根据控制要求，采用一般设计法，逐步完善。该系统采用3只交流接触器KM1、KM2、KM3来控制3台电动机的启停。有一个总启动按钮SB2和一个总停止按钮SB1。另外，采用3只时间继电器KT1、KT2、KT3来实现延时。KT1定时值设为10 s，KT2定时值设为5 s，KT3定时值设为15 s。

3台电动机顺序启停继电器控制电路电气原理图如图9-1所示。图中的FR1、FR2、FR3分别为3台电动机的过载保护用热继电器，如果工作时间很短，如M2只有5 s，则FR2可以省掉。设计时应根据控制要求考虑。

当按下SB2后，KM1的线圈通电吸合、常开触点闭合实现自锁，电动机转动，同时KT1的通电延时线圈通电。10 s后，KT1的延时闭合常开触点闭合，KM2的线圈通电吸合、常开触点闭合实现自锁，同时KT2的通电延时线圈通电。5 s后，KT2的延时闭合常开触点闭合，KM3的线圈通电吸合、常开触点闭合实现自锁、常闭触点断开，KM2的线圈断电复位，M2停止。同时，KT3的通电延时线圈通电。15 s后，KT1的延时断开常闭触点断开，KM1的线圈断电复位，KM1的常开触点复位，M1和M3停止运行。当按下SB1时，3台电动机全部停止运行。

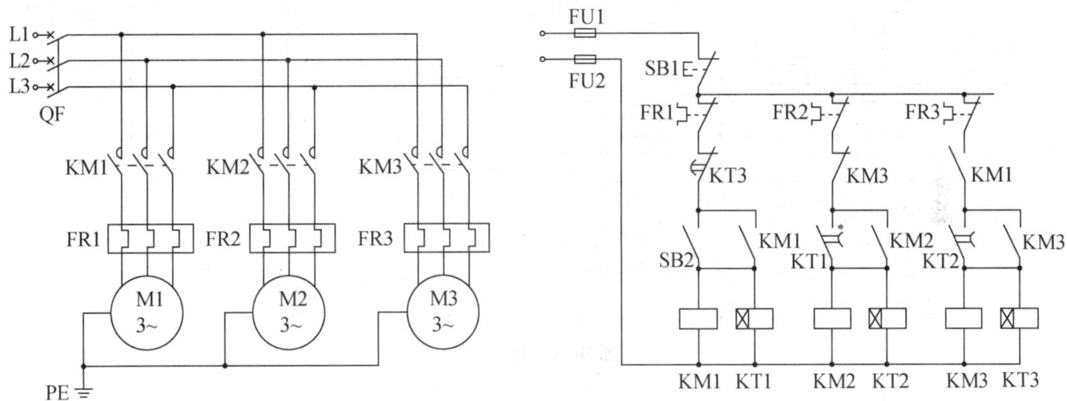


图9-1 3台电动机顺序启停继电器控制电路电气原理图

## 9.5 项目实施

### 9.5.1 项目实施前准备工作

详见附录A。

## 9.5.2 电气布置图及接线图

根据电气原理图，设计电气布置图和接线图，可参考图 9-2 和图 9-3。

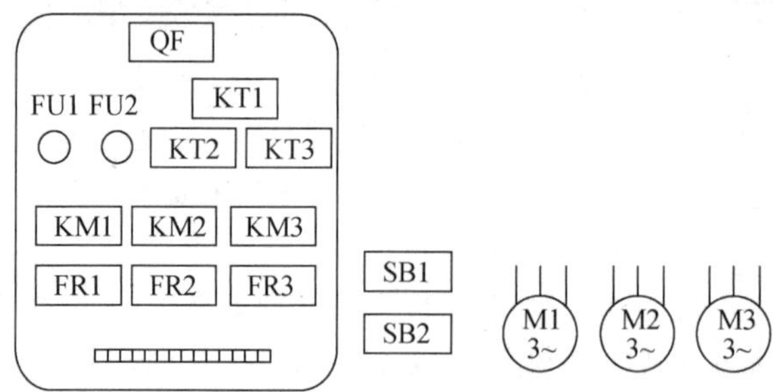


**图 9-2 电气布置图**

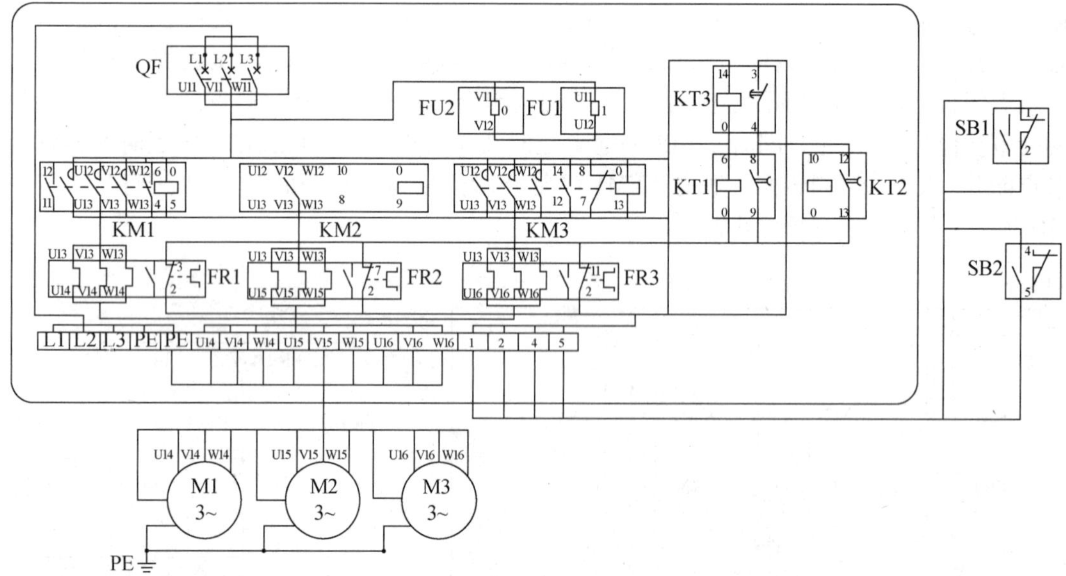


**图 9-3 接线图**

## 9.5.3 接线

选择适当的电气元件，按照图 9-2 和 9-3 完成接线。

对于接线，技术要求如下。

(1) 电气元件选择正确、安装牢固。

(2) 布线整齐、平直、合理。

(3) 导线绝缘层剥削合适、导线无损伤。

(4) 接线时，导线不压绝缘层、不反圈、不露铜丝过长、不松动。

## 9.5.4 上电前检查

上电前检查可参照图 9-4 执行。

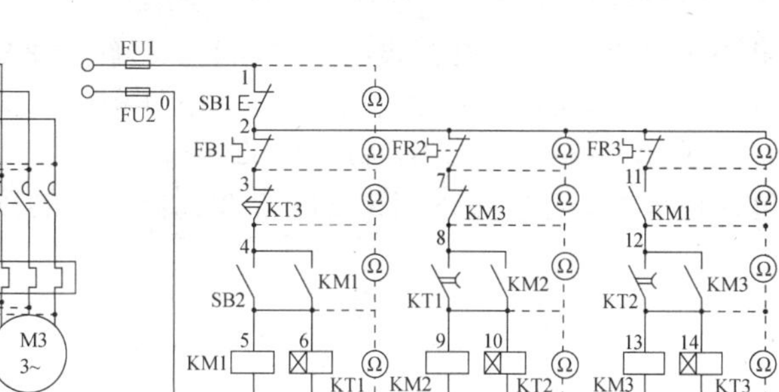


图 9-4　电阻检测示意图

### 9.5.5　上电调试

详见附录 B。

### 9.5.6　记录调试结果

记录实践过程中的问题及处理方案，分小组完成项目报告，报告内容参照附录 C。

## 9.6　预备知识

电气控制电路设计是电气控制系统设计的重要内容之一。电气控制电路的设计方法有两种：一般设计法和逻辑设计法。在熟练掌握电气控制电路基本环节，并能对一般生产机械电气控制电路进行分析的基础上，可以对简单的控制电路进行设计。对于简单的电气控制系统，由于成本问题，目前还在使用“继电器-接触器”控制系统。对于稍微复杂的电气控制系统，目前大多采用 PLC 控制。本节仅简单介绍电气控制电路的一般设计法。

### 9.6.1　一般设计法的主要原则

一般设计法从满足生产工艺的要求出发，利用各种典型控制电路环节，直接设计出电气控制电路。这种设计方法比较简单，但要求设计人员必须熟悉大量的电气控制电路，掌握多种典型电路的设计资料，同时具有丰富的设计经验。该方法因为依靠经验进行设计，所以灵活性很大。对于比较复杂的电路，可能要经过多次反复修改、试验，才能得到符合要求的电气控制电路。另外，此方法设计出的电路可能有多种，这就要加以分析，反复修改简化。即便如此，设计出来的电路不一定是最简单的，所用电器及触点不一定最少，设计方案也不一定是最佳方案。

在设计电气控制电路时，必须遵循以下几个原则。

(1) 最大限度地实现生产机械和工艺对电气控制电路的要求。

(2) 在满足生产要求的前提下，电气控制电路力求简单、经济、安全可靠。尽量选用标准的、常用的，或经过实际考验过的电路和环节。

(3) 电路图中的图形符号及文字符号一律按国家标准绘制。

### 9.6.2　一般设计法中应注意的问题

1. 尽量缩小连接导线的数量和长度

在设计电气控制电路时，应合理安排各电气元件的实际接线。如图 9-5 所示，启动按钮 SB1 和停止按钮 SB2 装在操作台上，接触器 KM 装在电气柜内。图 9-5(a)所示的接线不合理，若按照该图接线，就需要从电气柜内引出 4 根导线到操作台的按钮上。改为图 9-5(b)所示的接线后，SB1 和 SB2 直接连接，两个按钮之间的距离最小，所需连接导线最短，且只需从电气柜内引出 3 根导线到操作台的按钮上，减少了 1 根引出线。

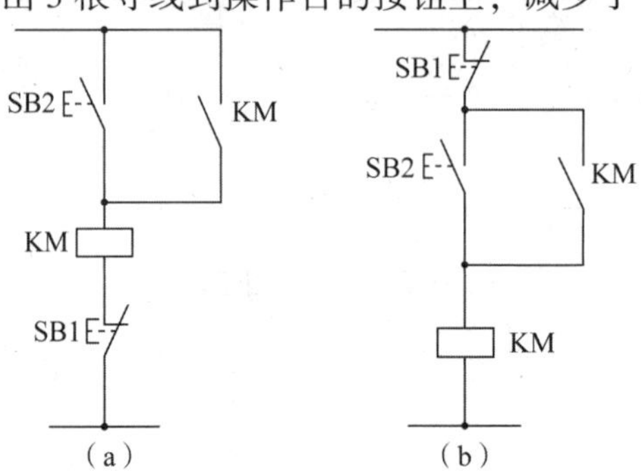


**图 9-5　接触器接线图**

(a)不合理；(b)合理

2. 正确连接触点，并尽量减少不必要的触点以简化电路

在电气控制电路中，尽量将所有的触点接在线圈的左端或上端，线圈的右端或下端直接接到电源的另一根母线上(左右端和上下端是针对电气控制电路水平绘制或垂直绘制而言的)，这样可以减少电路内产生虚假回路的可能性，还可以简化电气柜的出线。

3. 正确连接接触器的线圈

接触器的线圈不能串联使用，即使两个线圈额定电压之和等于外加电压，也不允许串联使用。图 9-6(a)所示电路为错误的接法，因为每个线圈上所分配到的电压与线圈阻抗成正比，两个接触器动作总是有先有后，不可能同时吸合。当其中一个接触器先动作后，该接触器的阻抗要比未吸合的接触器的阻抗大。未吸合的接触器可能会因线圈电压达不到其额定电压而不吸合，同时电路电流将增加，引起线圈烧毁。因此，若需要两个接触器同时动作，其线圈应该并联连接，如图 9-6(b)所示。

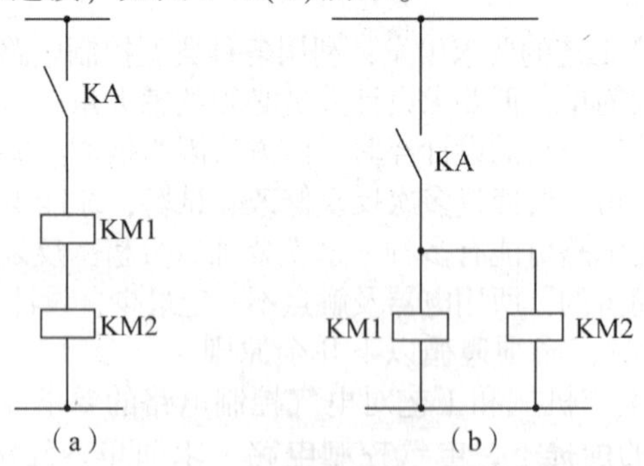


**图 9-6　两个接触器线圈的接线**

(a)错误；(b)正确

另外，若电气控制电路中采用小容量继电器的触点来断开或接通大容量接触器的线圈，要注意计算继电器触点断开或接通容量是否足够，不够时，必须加小容量的接触器或中间继电器，否则工作不可靠。

项目 10

# 异步电动机顺序启停 PLC 控制系统的设计与调试

## 10.1 项目任务

理解电动机顺序启停 PLC 控制的工作过程；学会项目所需电气元件的检测与使用方法；学会电动机顺序启停 PLC 控制的主电路安装及 PLC 外部接线，建立机床顺序启停的 PLC 控制程序的设计思维；学会 PLC 控制系统的静态和动态调试。

## 10.2 项目目标

(1)理解电动机顺序启停控制的基本概念，掌握电动机顺序启停 PLC 控制设计方法。

(2)学会用西门子 S7-200 SMART 系列 PLC 的基本指令编制电动机顺序启停控制的程序。

(3)学会绘制电动机顺序启停控制的接线图。

(4)掌握西门子 S7-200 SMART 系列 PLC I/O 的外部接线方法。

(5)熟练掌握使用西门子 S7-200 SMART 系列 PLC 的 STEP 7-Micro/WIN SMART 编程软件编制 LAD 与指令表，并写入 PLC 进行调试运行。

(6)能使用西门子 S7-200 SMART 系列 PLC 基本逻辑指令完成电动机顺序启停控制的软硬件设计和系统安装调试。

## 10.3 项目描述

很多的工业设备上装有多台电动机，各台电动机的工作时序往往不一样。例如，通用机床一般要求主轴电动机启动后进给电动机再启动，而带有液压系统的机床一般需要先启动液压泵电动机后，才能启动其他的电动机。换句话说，一台电动机的启动是另外一台电动机启动的条件。多台电动机的停止也同样有顺序的要求。在对多台电动机进行控制时，各台电动机的启动或停止是有顺序的，这种控制方式称为顺序启停控制。

## 10.4 项目分析

设计一个项目，要求第一台电动机启动 30 s 后，第二台电动机自动启动，运行 15 s 后，第二台电动机停止运行并同时使第三台电动机自动启动，再运行 45 s 后，电动机全部停止运行。

显然，3 台电动机的一个工作周期可以分为 3 步，分别用 M0.1～M0.3 来代表这 3 步，另外还需有一个等待启动的初始步。图 10-1(a)为 3 台电动机周期性工作的时序图，图 10-1(b)为相应的 SFC，图中用矩形框表示步，框中可以用数字表示该步的编号，也可以用代表该步的编程元件的地址作为其编号，如 M0.1 等，这样在根据 SFC 设计 LAD 时比较方便。从时序图可以发现，按下启动按钮 I0.0 后，电动机 M1 工作并保持至周期结束，因此由 M0.1 标志的第一步中对应的动作是存储型动作，存储型动作或命令在编程时，通常采用置位指令 S 对相应的输出元件进行置位，在工作结束或停止时，再对其进行复位。

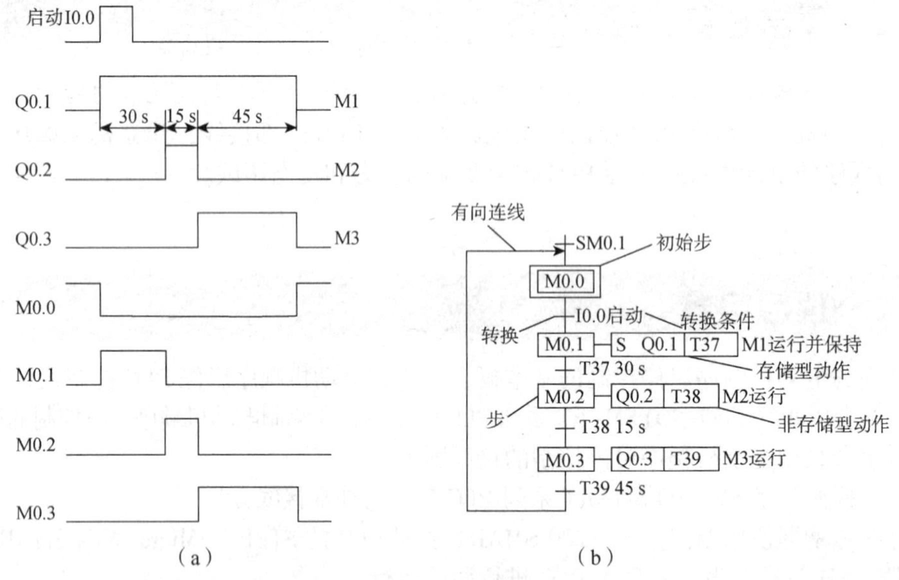


**图 10-1　3 台电动机周期性工作示意图**

(a)时序图；(b)SFC

## 10.5 项目实施

### 10.5.1 项目实施前准备工作

详见附录 A。

### 10.5.2 接线

选择适当的电气元件，参照图 10-2 完成接线。

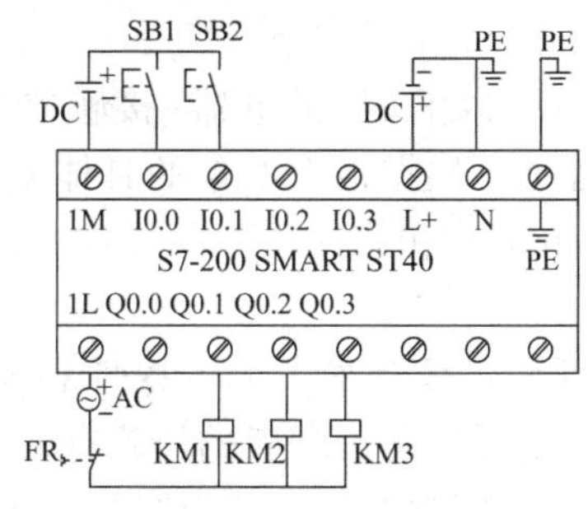


图 10-2 接线图

对于接线，技术要求如下。

(1)电气元件选择正确、安装牢固。

(2)布线整齐、平直、合理。

(3)导线绝缘层剥削合适、导线无损伤。

(4)接线时，导线不压绝缘层、不反圈、不露铜丝过长、不松动。

### 10.5.3 上电调试

1. 静态调试

按图 10-2 所示的接线图正确连接输入设备，进行 PLC 的模拟静态调试。按下启动按钮 SB1 时，Q0.1 亮，30 s 后，Q0.2 亮，15 s 后，Q0.2 灭，Q0.3 亮，再过 45 s 后，Q0.1、Q0.2 和 Q0.3 灭。通过 STEP 7-Micro/WIN SMART 编程软件使程序处于监视状态，观察其指示灯显示是否与设计内容一致，如果不一致，检查并修改程序，直至指示灯显示正确。

2. 动态调试

按图 10-2 所示的接线图正确连接输出设备，进行系统的空载调试，观察交流接触器能否按控制要求动作。按下启动按钮 SB1 时，KM1 动作，30 s 后，KM2 动作，再过 15 s，KM2 复位，KM3 动作，再过 45 s 后，KM1、KM3 复位。通过 STEP 7-Micro/WIN SMART 编程软件使程序处于监视状态，观察其动作是否与设计内容一致，如果不一致，检查电路接线或修改程序，直至交流接触器能按控制要求动作。然后按照图所示连接电动机，进行带载动态调试。

详细步骤可参照附录 D。

### 10.5.4 记录调试结果

记录实践过程中的问题及处理方案，分小组完成项目报告，报告内容参照附录 E。

## 10.6 预备知识

在应用程序的设计过程中，应正确选择能反映生产过程的变化参数作为控制参量进行控制；应正确处理各执行电器、各编程元件之间的互相制约、互相配合的关系，即联锁关系。应用程序的设计方法有多种，常用的设计方法有经验设计法和顺序控制设计法等。

## 10.6.1 经验设计法

某些简单的开关量控制系统可以沿用“继电器-接触器”控制系统的设计方法来设计LAD，即在某些典型电路的基础上，根据被控对象的具体要求，不断地修改和完善LAD。有时需要对LAD多次反复地进行调试和修改，不断增加中间编程元件和辅助触点，最后才能得到一个较为满意的结果。

这种方法没有普遍的规律可循，具有很大的试探性和随意性，最后的结果不是唯一的。因为设计所用的时间和设计的质量与编程者的经验有很大的关系，所以有人把这种设计方法称为经验设计法，它可以用于逻辑关系较简单的LAD设计。

用经验设计法设计PLC程序时，大致可以按下面几步来进行：分析控制要求、选择控制原则；设计主令元件和检测元件，确定I/O设备；设计执行元件的控制程序；检查、修改并完善程序。

下面以运料小车为例来介绍经验设计法。运料小车运行示意图如图10-3(a)所示，PLC控制系统的接线图如图10-3(b)所示。

控制系统启动后，首先在左限位开关SQ1处进行装料，15 s后停止装料，小车右行，碰到右限位开关SQ2后停下，进行卸料，10 s后停止卸料，小车左行，碰到SQ1后又停下来进行装料，如此一直循环进行下去，直至按下停止按钮SB1。按钮SB2和SB3分别用来启动小车右行和左行。

以电动机正反转运行控制的LAD为基础，设计出的小车控制梯形图，如图10-3(c)所示。为使小车自动停止，将SQ1控制的I0.3和SQ2控制的I0.4的触点分别与控制右行的Q0.0和控制左行的Q0.1的线圈串联。为使小车自动启动，将控制装、卸料延时的定时器T37和T38的常开触点，分别与控制右行启动和左行启动的I0.1、I0.2的常开触点并联，并用两个限位开关I0.3和I0.4的常开触点分别接通装料、卸料电磁阀和相应的定时器。

经验设计法对于设计一些比较简单的程序是可行的，使用起来非常快捷、简单。但是，因为这种方法主要依靠设计人员的经验，所以对设计人员的要求也就比较高，特别是要求设计者有一定的实践经验，对工业控制系统和工业上常用的各种典型环节比较熟悉。经验设计法往往需经多次反复修改和完善才能符合设计要求，一般适合于设计一些简单的LAD或复杂系统的某一局部程序，如手动程序等。如果用来设计复杂系统LAD，经验设计法存在以下问题。

(1)考虑不周，设计麻烦，设计周期长。用经验设计法设计复杂系统的LAD时，要用大量的中间元件来完成记忆、联锁和互锁等功能。由于需要考虑的因素很多，它们往往又交织在一起，分析起来非常困难，并且很容易遗漏一些问题。修改某一局部程序时，很可能会对系统其他部分程序产生意想不到的影响，往往花了很长时间，还得不到一个满意的结果。

(2)LAD的可读性差，系统维护困难。用经验设计法设计的LAD是按设计者的经验和习惯进行设计的。因此，即使是设计者的同行，要分析这种程序也非常困难，更不用说维修人员了，这给PLC控制系统的维护和改进带来许多困难。

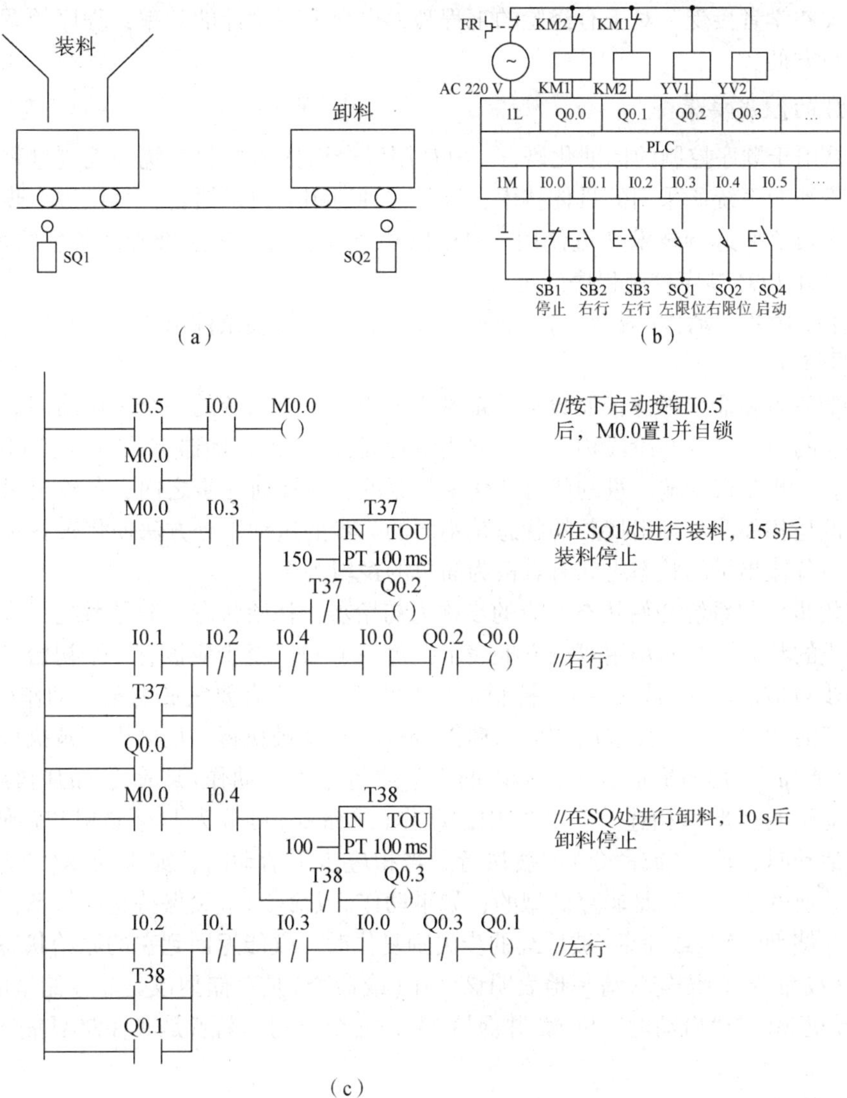


**图 10-3 运料小车控制系统**

(a)运料小车运行示意图；(b)接线图；(c)LAD

## 10.6.2 顺序控制设计法

如果一个控制系统可以分解成几个独立的控制动作，且这些动作必须严格按照一定的先后次序执行才能保证生产过程的正常运行，这样的控制系统称为顺序控制系统，也称为步进控制系统，其控制总是一步步按顺序进行的。在工业控制领域中，顺序控制系统的应用很广，尤其在机械行业，几乎都利用顺序控制系统来实现加工的自动循环。

所谓顺序控制设计法，就是针对顺序控制系统的一种专门的设计方法。使用顺序控制设计法时，首先根据系统的工艺过程画出 SFC，然后根据 SFC 画出 LAD。有的 PLC 为用户提供了 SFC 编程功能，在编程软件中生成SFC 后便完成了编程工作。这种先进的设计方法很容易被初学者接受，对于有经验的工程师，也会提高设计的效率，程序的调试、修改和阅读也很方便。

1. SFC 的组成要素

SFC 是用于顺序控制的标准化语言。SFC 用以全面描述控制系统的控制过程、功能和特性，而不涉及系统所采用的具体技术，这是一种通用的技术语言，可供进一步设计和不同专业的人员之间进行技术交流使用。SFC 以功能为主线，表达准确、条理清晰、规范、简洁，是设计 PLC 顺序控制程序的重要工具。

SFC 主要由步与动作(或命令)、有向连线、转换和转换条件组成。

(1)步与动作。

1)步的基本概念。顺序控制设计法最基本的思想是将系统的一个工作周期划分为若干个顺序相连的阶段，这些阶段称为步，并用编程元件(如位存储器 M 和顺序控制继电器 S)来代表各步。步是根据输出量的状态变化来划分的，在任何一步之内，各输出量的位值状态不变，但是相邻两步输出量总的状态是不同的。步的这种划分方法使代表各步的编程元件的状态与各输出量的状态之间有着极为简单的逻辑关系。

2)初始步。与系统初始状态对应的步称为初始步，初始状态一般是系统等待启动命令的相对静止的状态。初始步用双线方框表示，每一个 SFC 至少应该有一个初始步。

3)与步对应的动作(或命令)。控制系统中的每一步都有要完成的某些动作(或命令)，当该步处于活动状态时，该步内相应的动作(或命令)即被执行，反之则不被执行。与步相关的动作(或命令)用矩形框表示，框内的文字或符号表示动作(或命令)的内容，该矩形框应与相应步的矩形框相连。在 SFC 中，动作(或命令)可分为非存储型和存储型两种。当相应步活动时，动作(或命令)即被执行。当相应步不活动时，如果动作(或命令)返回到该步活动前的状态，则是非存储型的；如果动作(或命令)继续保持它的状态，则是存储型的。当存储型动作(或命令)被后续的步失励复位时，仅能返回到它的原始状态。SFC 中表达动作(或命令)的语句应清楚地表明该动作(或命令)是存储型或是非存储型的，例如，“启动电动机 M1”与“启动电动机 M1 并保持”两条命令语句，前者是非存储型命令，后者是存储型命令。

(2)有向连线。

在 SFC 中，有时会发生步的活动状态的转换。步的活动状态的转换采用有向连线表示，它将步连接到转换，并将转换连接到步。步的活动状态的转换按有向连线规定的路线进行，有向连线是垂直或水平的，按习惯转换的方向总是从上到下或从左到右，如果不遵守上述习惯，必须加箭头，必要时为了更易于理解也可加箭头。箭头表示步转换的方向。

(3)转换和转换条件。

在 SFC 中，步的活动状态的转换是由一个或多个转换条件的实现来完成的，并与控制过程的发展相对应。转换的符号是一根与有向连线垂直的短画线，步与步之间由转换分隔。转换条件在转换符号短画线旁边用文字表达或符号说明。当两步之间的转换条件得到满足时，转换得以实现，即上一步的活动结束而下一步的活动开始，因此不会出现步的重叠，每个活动步持续的时间取决于步之间转换的实现。

2. SFC 的基本结构

依据步之间的进展形式，SFC 有以下 3 种基本结构。

(1)单序列结构。

单序列结构由一系列相继激活的步组成。每步的后面仅有一个转换条件，每个转换条件后面仅有一步，如图 10-4 所示。

(2)选择序列结构。

选择序列结构的开始称为分支，即某一步的后面有几个步，当满足不同的转换条件时，转向不同的步。如图 10-5(a)所示，当步 5 为活动步时，若满足条件 e=1，则步 5 转向步 6；若满足条件 f=1，则步 5 转向步 8；若满足条件 g=1，则步 5 转向步 12。

选择序列结构的结束称为合并，即几个选择序列合并到同一个序列上，各个序列上的步在各自转换条件满足时转换到同一个步。如图 10-5(b)所示，当步 7 为活动步，且满足条件 h=1 时，步 7 转向步 16；当步 9 为活动步，且满足条件 j=1 时，步 9 转向步 16；当步 12 为活动步，且满足条件 k=1 时，步 12 转向步 16。

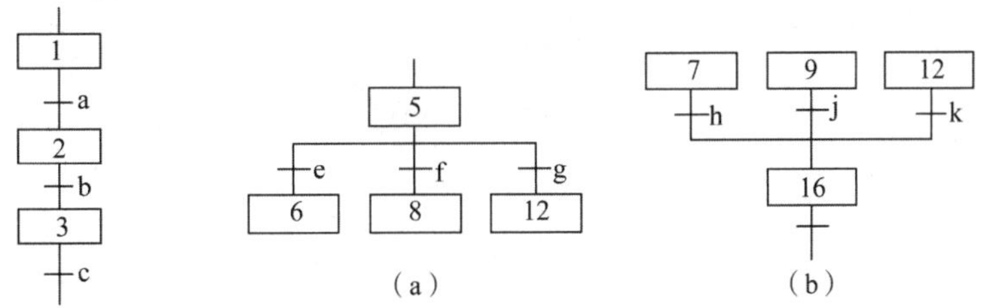


图 10-4　单序列结构　　　图 10-5　选择序列结构的分支与合并

(3)并行序列结构。

并行序列结构的开始称为分支。当转换的实现导致几个序列同时激活时，这些序列称为并行序列，它们被同时激活后，每个序列中的活动步的进展将是独立的。如图 10-6(a)所示，当步 11 为活动步时，若满足条件 b=1，步 12、14、18 同时变为活动步，步 11 变为不活动步。并行序列结构中，水平连线用双线表示，用以表示同步实现转换。并行序列结构的分支中只允许有一个转换条件，并标在水平双线之上。

并行序列结构的结束称为合并。在并行序列结构中，处于水平双线以上的各步都为活动步，且转换条件满足时，同时转换到同一个步。如图 10-6(b)所示，当步 13、15、17 都为活动步，且满足条件 d=1 时，则步 13、15、17 同时变为不活动步，步 18 变为活动步。并行序列结构的合并只允许有一个转换条件，并标在水平双线之下。

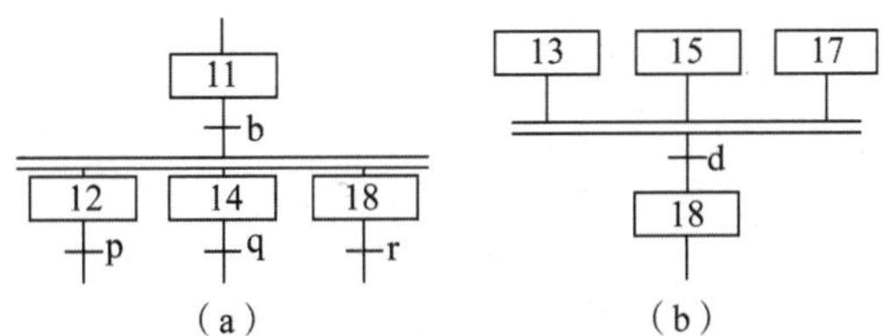


图 10-6　并行序列结构的分支与合并

首先根据系统的工艺流程设计 SFC，然后依据 SFC 设计顺序控制程序。在 SFC 中实现转换时，前级步的活动结束，后续步的活动才开始，步之间没有重叠，这使系统中大量复杂的联锁关系在步的转换中得以解决。而对于每步的程序段，只需处理极其简单的逻辑关系。因而这种编程方法简单易学、规律性强，设计出的控制程序结构清晰、可读性好，程序的调试和运行也很方便，可以极大地提高工作效率。S7-200 SMART 系列 PLC 采用 SFC 设计时，可用置位/复位指令、顺序控制继电器指令、SHRB 指令等来实现编程。

项目 11

# 异步电动机两地星-三角降压启动继电器控制系统的设计与调试

## 11.1 项目任务

理解电动机两地星-三角降压启动电路的工作过程；学会项目所需电气元件的检测与使用方法；学会电动机两地星-三角降压启动电路安装与调试，建立设计思维；学会分析电路中出现故障的原因，并找出解决方案；建立小组协作机制，形成团队协作意识；初步形成电气控制方向职业认同感。

## 11.2 项目目标

(1)掌握电动机两地控制和星-三角降压启动控制的基本概念。

(2)熟悉低压断路器、交流接触器、中间继电器、时间继电器、按钮等电气元件的作用及工作原理，会识别、检测、选择电气元件。

(3)能识读电气原理图，能将电气原理图转化为接线图。

(4)掌握电气控制线路的上电前检查及上电调试的方法，并能根据故障现象分析并排除故障。

(5)培养学生安全、节约意识。

(6)培养学生团结协作的精神。

(7)熟悉电气控制职业岗位。

## 11.3 项目描述

工业生产中常采用较大功率的电动机，其正常工作时定子三相绕组为三角形接法。如果直接启动，则启动电流一般会达到额定电流的 4~7 倍。因此，采用直接启动将导致电源变压器输出电压下降，不仅会减小电动机本身的启动转矩，而且会影响同一供电线路中其他电气设备的正常工作。因此，较大功率的电动机需采用降压启动。

降压启动即把电动机的输入电压降低到额定电压以下进行启动，目的是使电动机的启动电流降低。典型的降压启动方式有星-三角降压启动、串接电抗器启动、自耦变压器启动等。星-三角降压启动方式因为具有成本低、控制简单、运行稳定等优势，所以在实际应用中占有一席之地。

星-三角降压启动一般用 Y-△表示。电动机启动时，对其定子三相绕组采用星形接法，使每个绕组电压为 220 V，启动时的电流会比较小，从而对电网冲击较小，使电动机容易启动。电动机启动基本正常后，通过控制电路转换，将电动机定子三相绕组改为三角形连接，此时电动机绕组电压变成 380 V，保证电动机额定负荷运行。由于启动电流的减小必然导致电动机启动转矩下降，因此这种降压启动方式只适用于空载或轻载启动。在实际生产中，车床主轴电动机普遍采用星-三角降压启动方式。

在大型设备，如龙门刨床、X62W 型铣床中，为了操作方便，常常要求能在多个地点进行控制。多点控制就是在两个及两个以上的地点对同一台电动机根据实际情况设置启停控制按钮，以便在不同的地点可以达到相同的控制作用。如果要实现电动机两地星-三角降压启动控制，就应该有两组控制按钮，启动按钮并联，停止按钮串联，这样在甲、乙两地任一处按下启动按钮或停止按钮，均可达到控制同一台电动机的目的。

请思考，除机床主轴电动机采用两地星-三角降压启动外，企业生产中还有哪些应用场景？

## 11.4 项目分析

### 11.4.1 三接触器型电动机两地星-三角降压启动电路

传统的电动机两地星-三角降压启动电路电气原理图如图 11-1、图 11-2 所示，主电路使用 3 个接触器，所以称其为三接触器型电动机两地星-三角降压启动电路。

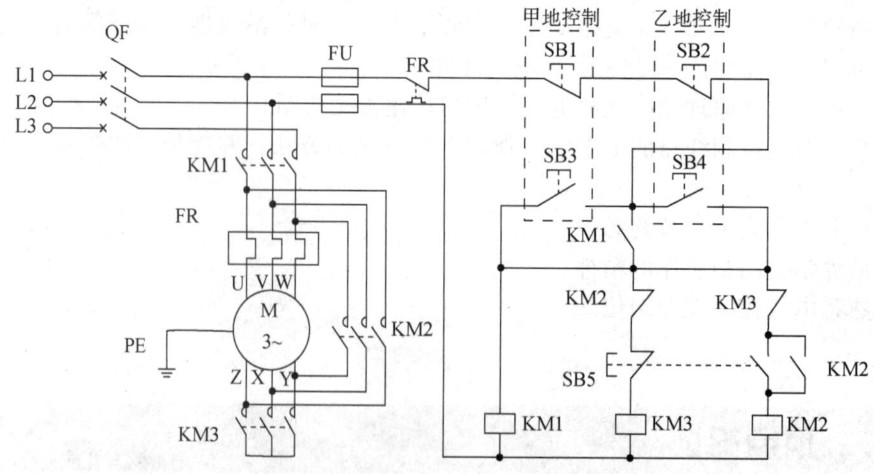


图 11-1 手动切换控制电动机两地星-三角降压启动电路电气原理图

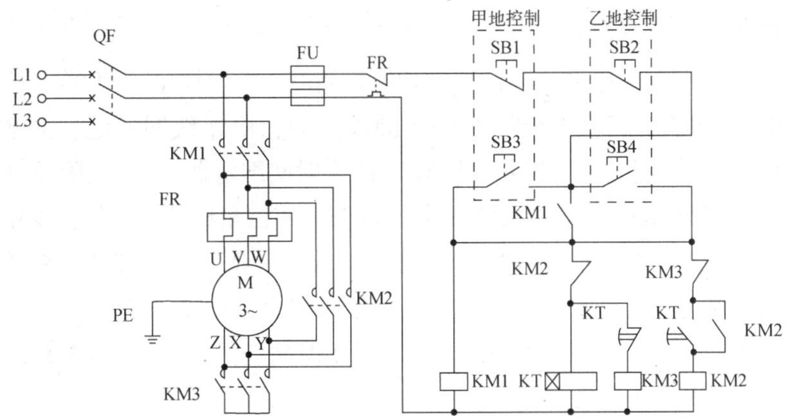


图 11–2　自动切换控制电动机两地星–三角降压启动电路电气原理图

1. 手动切换控制两地星–三角降压启动电路

图 11–1 为手动切换控制电动机两地星–三角降压启动电路电气原理图，电路工作过程如下。

(1)电动机星形启动。合上断路器 QF，按下启动按钮 SB3 或 SB4(此处接其常开触点)，KM1 线圈通电、主触点闭合、自锁触点(接其常开触点)闭合，同时 KM3 线圈通电、主触点闭合，电动机星形启动。此时，KM3 常闭互锁触点(串接在 KM2 线圈的控制回路中)断开，使 KM2 线圈失电，实现电气互锁。

(2)电动机三角形运行。当电动机转速升高到一定值，一般到其额定转速的 70%左右时，按下 SB5(其常闭触点和常开触点均接入电路中)后，SB5 的常闭触点先断开，KM3 线圈断电、主触点断开，电动机暂时失电，KM3 常闭互锁触点恢复闭合；紧接着 SB5 的常开触点闭合，使 KM2 线圈通电、自锁触点闭合，同时 KM2 主触点闭合，电动机三角形运行；KM2 常闭互锁触点(串接在 KM3 线圈的控制回路中)断开，使 KM3 线圈失电，实现电气互锁。

该电路采用 KM2 和 KM3 的常闭辅助触点实现电气互锁，可以保证星形启动和三角形运行两种状态的准确性与可靠性，也避免了误按启动按钮造成相间短路。该互锁装置的保护原理如下：与 SB5 常闭触点串联的 KM2 的常闭辅助触点在电动机运行过程中由于 KM2 线圈通电吸合而处于分断状态，此时即使误按 SB3 或 SB4，也不能使 KM3 吸合导致星形电路接通。这样一方面防止了运行中接通星形电路造成误动作，避免了故障的发生；另一方面在需要停车时，万一 KM2 主触点粘连或有其他原因分不开，但因 KM2 的互锁触点串联在启动电路中处于断开状态，按下 SB3 或 SB4 也不能星形启动，同样避免了误动作和短路。

该电路在切换的过程中，始终要靠操作人员来控制其切换时间，有时很难准确把握切换时间的准确性。一旦启动时间过长，电动机绕组会因过大的启动电流而发热，影响电动机的使用寿命，而且对操作人员也是一种考验，所以用时间继电器来控制其切换时间是一种较合理的控制方式。

2. 自动切换控制电动机两地星-三角降压启动电路

图 11-2 为采用时间继电器实现的自动切换控制电动机两地星-三角降压启动电路电气原理图。电路工作过程为：合上 QF，按下 SB3 或 SB4，KM1 线圈通电、主触点闭合、辅助触点闭合实现自锁，同时星形控制接触器 KM3 和时间继电器 KT 的线圈通电，KM3 主触点闭合，电动机星形启动；KM3 常闭互锁触点断开，使三角形控制接触器 KM2 线圈失电，实现电气互锁；经过一定时间后，时间继电器 KT 的常闭延时触点打开，常开延时触点闭合，使 KM3 线圈断电、主触点断开、常闭互锁触点闭合，KM2 线圈通电、常开触点闭合实现自锁，电动机三角形全压运行；KM2 的常闭互锁触点断开，切断 KT 线圈电路，并使 KM3 线圈失电，实现电气互锁。

该控制电路中多了一个时间继电器控制支路，并用时间继电器的延时断开触点对 KM3 的控制电路进行连锁，这样既实现了电气连锁的安全，又减轻了操作人员的劳动强度。

## 11.4.2 双接触器型电动机两地星-三角降压启动电路

图 11-1、图 11-2 所示电路中的 KM1 通常称为电源接触器，其功能有两个：一是接通电源；二是利用其常开辅助触点实现自保。其中第一个功能不是必须的。从逻辑上看，KM1 主触点可以短接，因为可以通过断开 QF 把电动机与电源切断，进行必要的维护保养。控制电路的自保功能也不一定非用 KM1 的辅助触点来完成，可以借用时间继电器或另外两个接触器完成。总之，三接触器型电动机两地星-三角降压启动电路中的电源接触器不是必须的，可以省去。

1. 接触器辅助触点互锁电路

图 11-3 是双接触器型电动机两地星-三角降压启动电路电气原理图，利用接触器 KM2 常开触点与常闭辅助触点的互锁关系，按下启动按钮 SB3 或 SB4 后，依靠时间继电器 KT 延时吸合触点的作用，KM2 线圈延迟通电、常闭辅助触点保持吸合，电动机星形启动；启动后到了规定时间电动机转速基本正常后，时间继电器 KT 延时吸合触点动作，KM2 线圈通电，KM2 常闭辅助触点断开后 KM2 主触点闭合，电动机三角形运行。

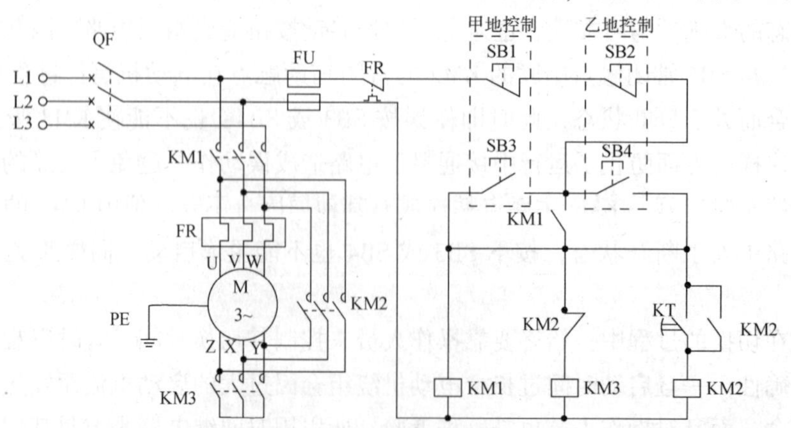


**图 11-3　双接触器型电动机两地星-三角降压启动电路电气原理图**

由于这种双接触器启动电路的电动机星形启动主回路借用了 KM2 常闭辅助触点，而电动机启动期间电流比较大，因此限制了其所控制电动机的功率。通常这种用接触器常闭辅助触点的双接触器型电动机两地星-三角降压启动电路所控制电动机功率限于 13 kW 以下。

2. 时间继电器瞬动触点自保电路

图 11-4 为用时间继电器瞬动触点自保电路电气原理图，接触器 KM1 功能为星形启动，接触器 KM2 功能为三角形运行，KM1 与 KM2 互锁。

此电路用时间继电器 KT 延时断开触点控制 KM1 线圈，用 KT 延时闭合触点控制 KM2 线圈。KT 线圈通电后，延时断开触点首先接通 KM1 线圈，延时时间到后，断开 KM1 线圈，接通 KM2 线圈。在星形启动期间，KT 通电工作，可利用 KT 瞬动常开触点与启动按钮 SB3 或 SB4 并联，实现星形启动期间的控制电路短时自保。在三角形运行期间，KM2 通电工作，可利用 KM2 的常开触点与时间继电器的缓合触点并联，实现三角形运行期间的控制电路长时自保。

启动时，按 SB3 或 SB4，KT 线圈与 KM1 线圈得电，KT 的瞬动常开触点吸合，对 SB3 或 SB4 实现短时自保，电动机星形启动，同时 KT 开始延时过程。延迟时间到后，KT 延时断开触点断开，KM1 断电，星形启动过程结束，KM1 常闭触点闭合，为 KM2 线圈通电做好准备。然后，KT 延时闭合触点闭合，KM2 线圈通电，KM2 常开触点闭合，对 KT 延时闭合触点实现自保，电动机自动过渡到三角形运行。KM2 线圈通电后，其常闭触点断开，切断 KT 线圈电路。KT 失电，其延时闭合触点迅速断开，但因为 KM2 常开触点已经对 KM2 线圈实现自保，故 KM2 继续通电。

图 11-4 所示电路用时间继电器的瞬动触点实现启动自保，因此要求所用时间继电器要有瞬动常开触点。

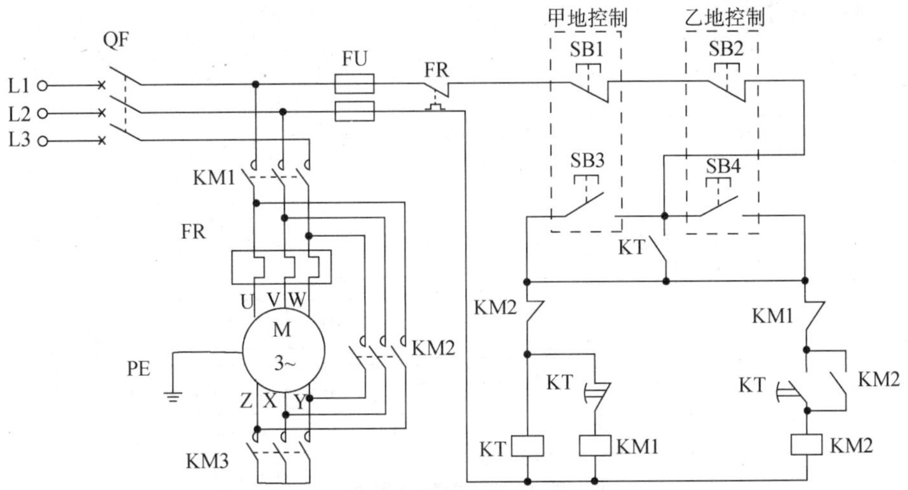


**图 11-4 用时间继电器瞬动触点自保电路电气原理图**

# 11.5 项目实施

## 11.5.1 项目实施前准备工作

详见附录 A。

## 11.5.2 电气布置图及接线图

根据图 11-2 所示电气原理图，设计电气布置图和接线图，可参考图 11-5 和图 11-6。

## 11.5.3 接线

选择适当的电气元件，按照图 11-5 和图 11-6 完成接线。对于电动机的连接，常从电动机接线架上引出 6 个接线柱。当电动机铭牌上标为星形接法时，绕组末端相连接，首端接电源；当标为三角形接法时，绕组首尾相连，即 U 与 Z 连接，V 与 X 连接，W 与 Y 连接，然后 U、V、W 接电源。

对于接线，技术要求如下。

(1)电气元件选择正确、安装牢固。

(2)布线整齐、平直、合理。

(3)导线绝缘层剥削合适、导线无损伤。

(4)接线时，导线不压绝缘层、不反圈、不露铜丝过长、不松动。

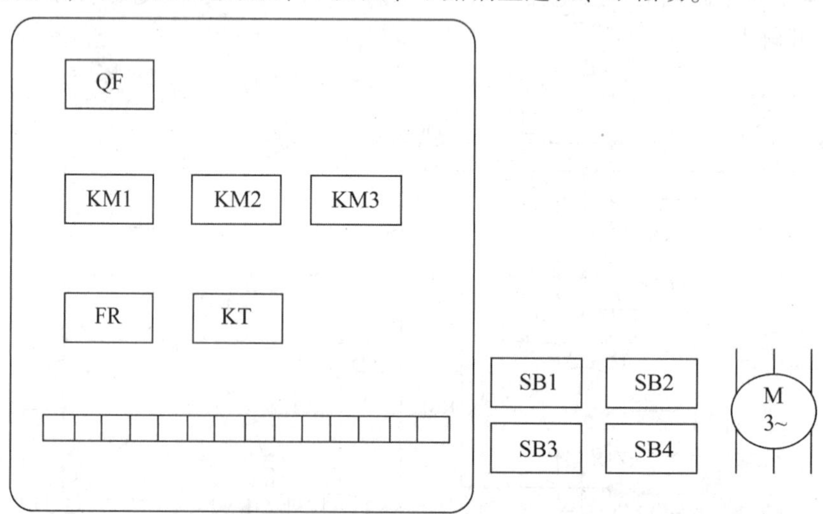


图 11-5 电气布置图

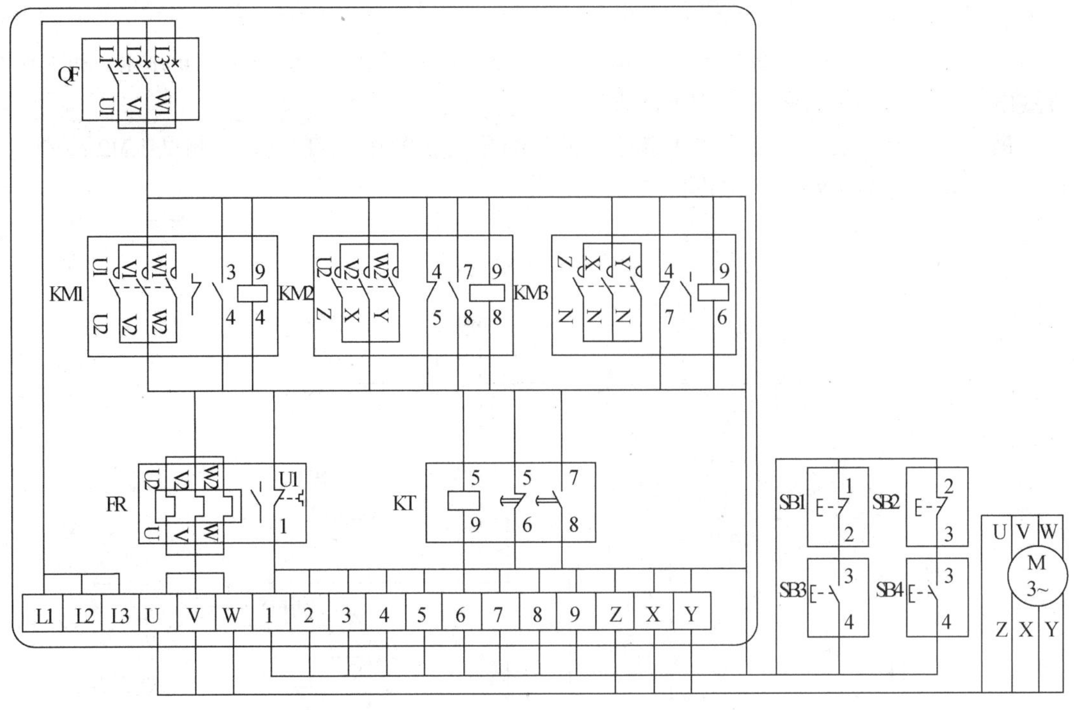


图 11-6 接线图

## 11.5.4 上电前检查

1. 检查主电路

将万用表置于电阻挡或蜂鸣挡，对主电路进行检测，如图 11-7 所示。

首先，检查 KM1 接线，U 相检测步骤为：将万用表的一个表笔放到 U1 端，另外一个表笔放到 U2、U 端，用螺丝刀压下 KM1 的手动测试按钮，观察万用表示数。若接近于 0，说明接线无问题；若接近于无穷大，说明接线不正确。如果 U1 与 U2 段数值接近无穷大，且测试接触器触点无问题，则接线可能虚接或接错了。V 相和 W 相测试方法与 U 相相同。

其次，检测 KM2 接线，用同样的检测方法分别检查 U2 和 Z、V2 和 X、W2 和 Y 之间的接线。

最后，检查 KM3 接线，将万用表的一个表笔放到 Z 端，另外一个表笔分别放到 X 端、Y 端，用螺丝刀压下 KM3 的手动测试按钮，观察万用表示数。若接近于 0，说明接线无问题；若接近于无穷大，说明接线不正确。

2. 检查控制电路

将万用表挡位打到 1 k 以上，检测控制电路。

首先，将万用表的一个表笔放到 1 点，另外一个表笔依次放置到 2、3、4、9 点，检测 KM1 线圈控制电路。注意，在 4、9 点处时，需要按下 SB3 或 SB4。按照顺序，当有某两点示数显示无穷大时，需要排除故障，然后继续测试。如果 1 点和 9 点无连接故障，当按下 SB3 或 SB4 时，万用表显示一个 600 Ω 左右的示数，该示数显示的是 KM1 线圈的电阻值。

其次，将万用表一端放置在4点处，另一端分别放置在5、6点处，测试KT和KM3线圈电路，分析方法与测KM1线圈相同。

最后，将万用表一端放置在4点处，另一端分别放置在7、8点处，测试KM2线圈电路，分析方法与测KM1线圈相同。

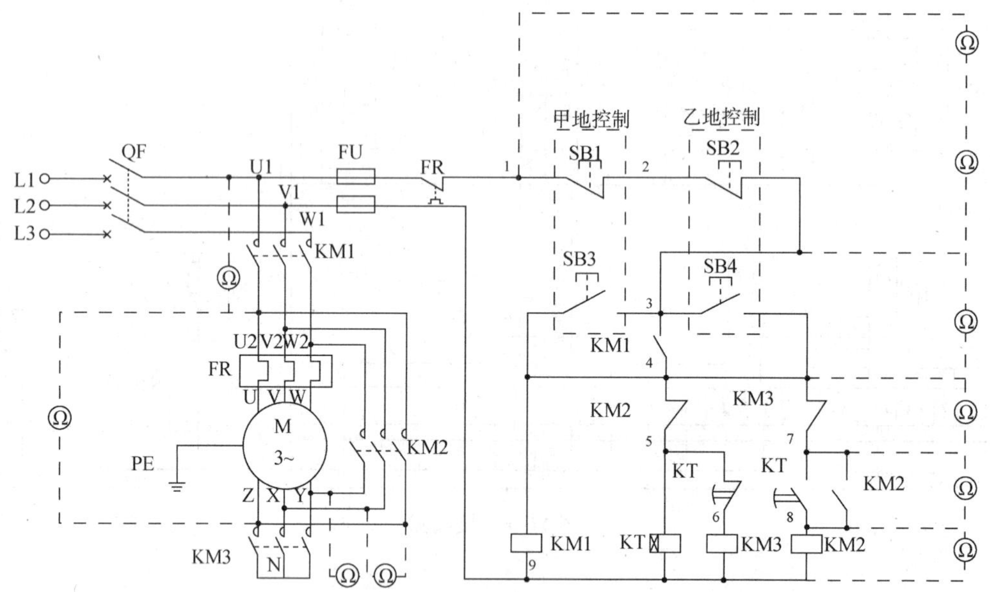


图 11-7　电路检测示意图

## 11.5.5　上电调试

详见附录B。

## 11.5.6　记录调试结果

记录实践过程中遇到的问题及处理方案，分小组完成项目报告，报告内容参照附录C。

# 11.6　预备知识

## 11.6.1　电动机启动要求

电动机的启动方式有两种，即在额定电压下的全压启动和降低启动时电压的降压启动。由于生产上的需要，在实际运行中的电动机需要经常启动和停机，启动过程非常短暂，一般为几分之一秒至数秒。虽然电动机的全压启动是一种简单、可靠、经济的启动方法，但是全压启动时，电流一般可达额定电流的4~7倍。由于电动机的启动过程中同步转速取决于电源频率，而转子从静止状态在感应力和负载的共同作用下加速，电动机电流由堵转电流(通常有4~7倍的额定电流)逐步减少。过大的启动电流会引起短时系统配电母线压降过大，影响供电系统的其他负载，如其他正在运行着的电动机可能会停转、照明灯会突然变暗、电阻焊机由于负偏差过大而发生虚焊、同一电网的其他电气设备发生保护动作及误动作。大电流会在电动机定子绕组和转子绕组产生很大的冲击力，会破坏绕组绝缘和造成笼条断裂，引起电动机故障，还会产生大量的焦耳热，损坏绕组绝缘，缩短电动机寿命。当电动机容量相对较大时，该启动电流会使电网失去稳定性，造成重大事故。

电动机的启动即从定子绕组通入三相电，转子开始转动，一直到转速达到额定转速这一工作过程。对于电动机的启动，有3点要求：尽可能大的启动转矩；一定启动转矩下，尽可能小的启动电流；操作方便。

电动机的启动性能主要包括以下几个。

(1)启动电流倍数 $I_{st}/I_N$。

(2)启动转矩倍数 $T_{st}/T_N$。

(3)启动时间。启动时间应较短，以提高生产率。

(4)启动过程中的能量消耗。对经常启动的电动机而言，能量损耗过大会使电动机的温升增高，危害绕组的绝缘。

(5)启动设备的简单性和可靠性。其中，最重要的是启动电流和启动转矩的大小。启动设备简单可以降低设备成本和便于维护。

在为各种生产机械选配电动机时，既要求启动电流不能太大，以免损坏电动机及影响同一电网上其他设备的正常工作，又希望电动机具备较大的启动转矩，可以使生产机械迅速达到额定转速，进而正常工作。但是，这两个要求不能同时满足。对于三相笼型异步电动机，启动电流倍数和启动转矩国家都有相关标准规定，一般 $I_{st}/I_N=4\sim7$(不允许超过此数值)，$T_{st}/T_N=1\sim2$(不允许小于此数值)。

一般规定，容量在10 kW以下的电动机可全压启动。10 kW以上的电动机是否允许直接启动，则要根据电动机容量和电源变压器容量的比值来确定。对于给定容量的电动机，一般用于估计的经验公式是：

$$\frac{I_q}{I_c} \leqslant \frac{3}{4} + \text{电源变压器容量(kV·A)}/[4\times\text{电动机容量(kV·A)}]$$

式中，$I_q$为电动机全压启动电流(A)；$I_c$为电动机额定电流(A)。

若计算结果满足上述经验公式，一般可以全压启动，否则应考虑采用降压启动。三相笼型异步电动机全压启动时，其启动转矩为额定转矩的1.2~2倍，产生的机械冲击会使整个传动系统受到过大的扭矩力冲击，容易损坏设备或缩短设备的使用寿命，如转子笼条断裂、变速箱齿轮打坏、转轴变形等。因此，为了限制和减少启动转矩对机械设备的冲击，允许全压启动的电动机也采用降压启动方式。

三相感应电动机启动时，启动电流过大的原因可由图11-8等效电路得出。

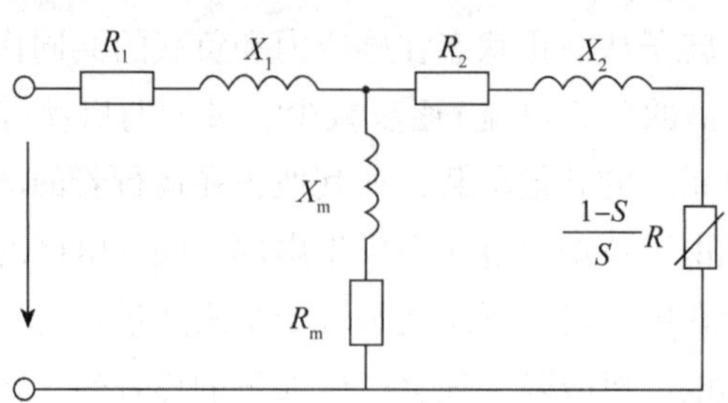


图 11-8　三相感应电动机启动等效电路

因为励磁阻抗比定子、转子漏阻抗大得多，所以去掉励磁支路对定子电流影响不大，则定子电流公式为：

$$I = \frac{U_1}{\sqrt{(R_1 + R_2/S)^2 + (X_1 + X_2)^2}} \tag{11-1}$$

正常运行时，三相感应电动机的转子转速 $n_2$ 非常接近同步转速 $n_1$，此时的转差率 $S$ 很小，一般 $S_N$ 为 0.01~0.05，所以 $R_2/S$ 数值很大，从而限制了定子的电流。但在启动时，因转子转速 $n_2=0$，由公式 $S=\frac{n_1-n_2}{n_1}$ 可得 $S=1$，$R_2/S=R_2$。此时转子的漏阻抗很小，所以启动电流很大，远远超过额定电流。

转子功率因数角计算公式为：

$$\varphi = \arctan\frac{S \cdot X_2}{R_2} \tag{11-2}$$

由式(11-2)可得，当电动机正常运行时，因转差率 $S$ 为 0.01~0.05，故转子功率因数角 $\varphi$ 数值很小，使功率因数 $\cos\varphi$ 数值很大，电磁转矩 $T$ 也就很大。但在电动机启动时转差率 $S=1$，使转子功率因数角 $\varphi$ 数值很大，$\cos\varphi$ 数值很小，尽管启动电流 $I$ 很大，但是其有功分量 $I\cos\varphi$ 却不大。另外，由于启动电流很大，定子绕组的漏阻抗压降很大，使感应电动势 $E_1$ 减小，主磁通 $\Phi_m$ 也相应减小。这两个因数使得虽然启动电流很大，但启动转矩却不大。

## 11.6.2　过载保护

过载保护是电动机保护的一个重要环节。当电动机过载时，流过电动机定子绕组的电流会急剧增大，并大大超过电动机的额定电流。此时如果没有良好的过载保护，就会使定子绕组温升超过其绝缘等级，电动机会由于过热而烧毁。热继电器是利用电流的热效应而动作的，能有效地对电动机起到过载保护的作用。其发热元件因电流过大而发热，双金属片受热弯曲，带动绝缘牵引板，将常闭触点断开，利用这个触点去切断接触器线圈电路，从而断开电动机的主电路，起到保护作用。

热继电器的主要作用就是整定电流，即发热元件中通过电流超过一定值时，热继电器在一定时间内动作。通常热继电器串接在电动机的主电路中，其电流的整定值为电动机的额定电流。

图 11-9(a)为常见电动机降压启动接线图(控制回路省略)，热继电器的整定值为 0.95~1.05 的额定电流。但该线路并不太合理，如果在启动过程中由于某种原因，负载突然增大，或由于控制回路故障，不能使电动机正常过渡到三角形运行，导致电动机在过载情况下星形运行，而此时热继电器是以三角形接法整定的(其值是星形接法时的 $\sqrt{3}$ 倍)，不能正常地起到过载保护的作用，这样就可能大大影响了电动机的使用寿命，甚至会烧毁电动机。例如，有一台电动机，其型号为 Y-132M-4-7.5 kW，额定电压为 380 V，三角形接法时额定电流为 15.4 A，额定转速为 1 440 r/min，采用星-三角降压启动。若按图 11-9(a)接线，热继电器的整定值可设为 16 A。电动机在星形运行时，通过各相绕组的额定电流是 $15.4/\sqrt{3}=8.9$ A。若此时出现了诸如上述电动机启动中负载突然增大或控制回路故障的情况，不能正常切换到三角形运行，而电动机要保持其对外输出功率不变，只有提高其电流值，这是由电动机特性所决定的，这时的电流就会超过星形运行的额定电流的 40%，热继电器不能有效地对电动机起到保护作用。

图 11-9(b)所示电路接线就比较合理，热继电器是与电动机定子绕组串联，相当于在绕组内接上温控装置，以直接监测电动机的定子绕组电流，而不受定子绕组接法的影响。其整定值按星形接法时的额定电流整定即可，上例中热继电器的整定值为9 A。这样不但使接线简单了，而且使热继电器对电动机的保护更可靠了。

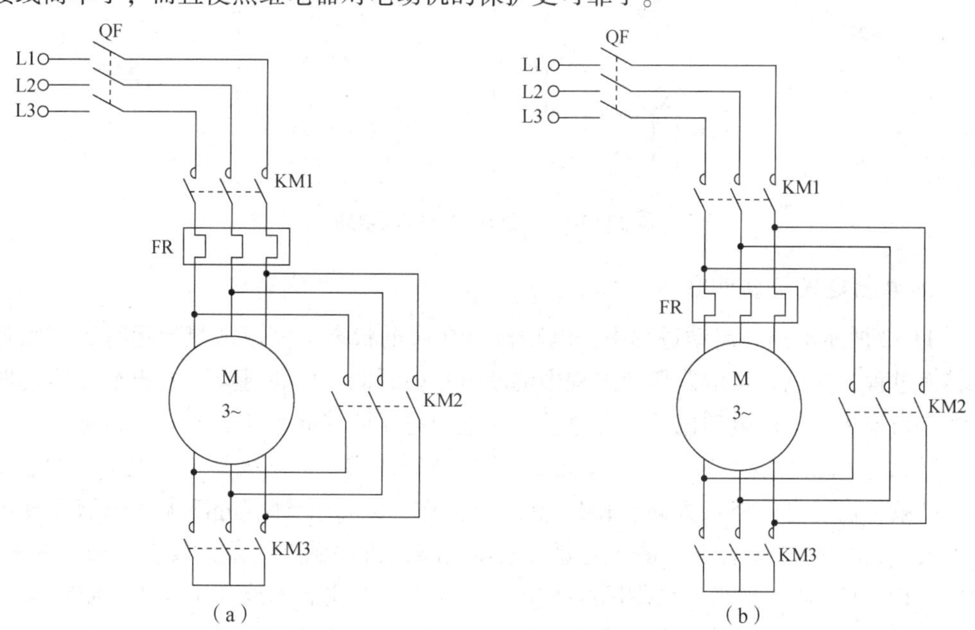


**图 11-9 热继电器安装位置对比**

(a)常见电动机降压启动接线图；(b)热继电器与电动机定子绕组串联接线图

## 11.6.3 改进措施

1. 单延时触电控制电路

前面讲的控制线路接法用到的触点较多，线路装接较复杂，尤其是时间继电器要使用两个独立的延时触点，在有些实训场合操作起来不太方便。有没有一种简洁的控制线路，使实训操作更加方便呢？图 11-10 是单延时触点控制线路。首先，按下启动按钮 SB3 或 SB4 让接触器 KM3 线圈和时间继电器 KT 线圈的支路先得电导通；其次，用 KM3 的常开触点接通 KM1 线圈和 KM2 线圈的支路，但此时 KM2 线圈由于 KM3 常闭触点的互锁作用而断开，因此电动机处于星形启动；最后，KT 的延时时间到，此时 KT 延时断开常闭触点断开，KM3 线圈失电，使 KM2 线圈得电，KT 线圈失电，电动机转为三角形运行。

图 11-10 所示电路只使用了时间继电器的一个延时断开常闭触点，装接起来自然比图 11-2 简单方便。此线路中 KM3 得电以后，通过 KM3 的常开辅助触点使 KM1 得电动作，这样 KM3 的主触点是在无负载的条件下闭合的，所以可延长 KM3 主触点的使用寿命，这也是该控制线路设计的巧妙之处。

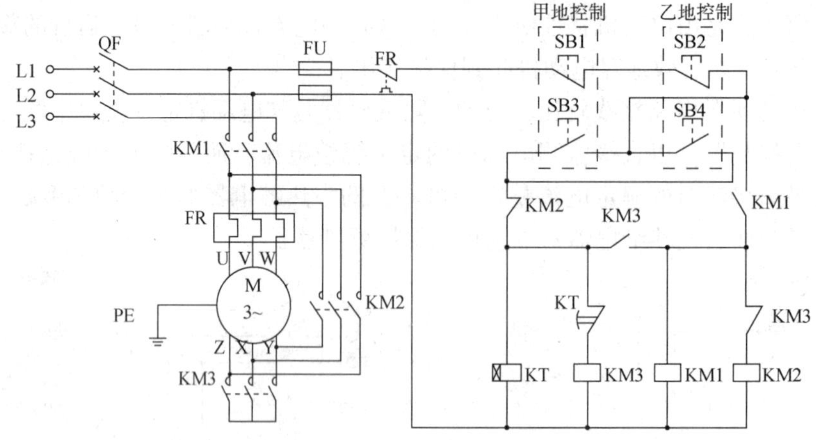


**图 11-10　单延时触点控制电路**

2. 继电器延迟控制电路

图 11-2 所示电路在启动过程中，电动机是在通电状态下完成从星形运行到三角形运行的转换过程，所以在接触器切换过程中的断电拉弧瞬间，KM3 主触点打开到一定的距离时电弧应当熄灭，但因电动机的自感电动势和电源电压的共同作用，延长了接触器的拉弧时间，但此时 KM2 紧接着闭合，形成弧光短路。若 KT 整定时间太短，在电动机的启动过程还未结束，启动电流还很大时，KM2 就已经动作，KM3 主触点分断大的电流而使电弧缓慢熄灭，此时 KM2 闭合也会造成电源的电弧短路，将主触点烧毁，发生三相电源短路。若 KT 在使用中损坏，如吸合线圈断线失电，或触点被卡住而不能产生动作，KM3 就一直保持吸合状态，使电动机在额定负载下长时间星形运行，无法完成从星形运行到三角形运行的转换。

为了避免出现电弧短路，使 KM2 闭合前 KM3 的电弧熄灭，在电路中加一个中间继电器 KA，起到短暂的延时作用，这就是继电器延迟控制电路，如图 11-11 所示。按下启动按钮 SB3 或 SB4，则 KM1、KM3、KT 得电，KM1 常开触点闭合形成自锁，电动机星形启动；当 KT 的延时时间到时，KM3 断电，KA 得电，KA 的常开触点闭合，KM2 得电，KM2 常开触点闭合自锁，KM2 常闭触点打开，KM3、KT、KA 线圈均失电，电动机转变为三角形运行。KA 在这里起到了短暂延迟作用，确保 KM2 闭合前 KM3 的主触点已完全断开。

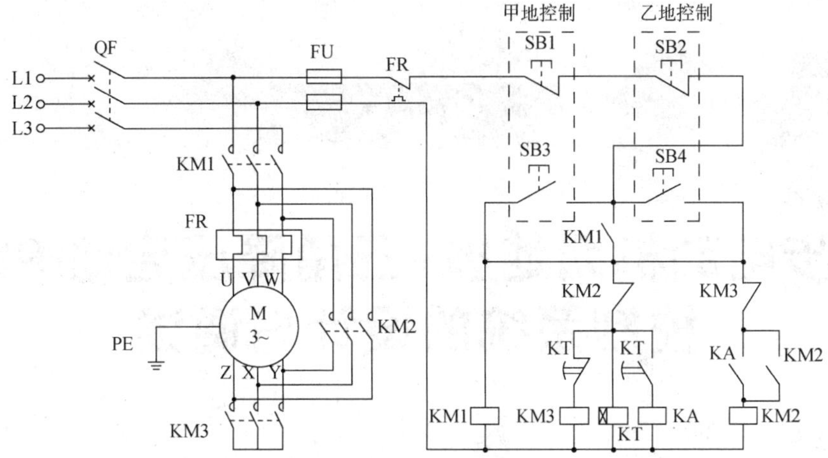


图 11-11 继电器延迟控制电路

另外还需要注意的是，技术人员要合理整定 KT。如果电动机的启动过程还未结束，KT 就已动作，这时 KM3 将分断较大的启动电流而使熄弧缓慢，KM2 吸合时同样会造成飞弧短路。因此，必须合理整定 KT，在现场可用电流表来观察电动机启动过程中的电流变化，当电流从刚启动的最大值下降到稳定时的这段时间，就是 KT 的整定值。这时 KM3 分断的电流小，不会发生飞弧短路。

项目 12

# 异步电动机两地星-三角降压启动 PLC 控制系统的设计与调试

## 12.1 项目任务

理解电动机两地星-三角降压启动 PLC 控制电路的工作过程；学会项目所需电气元件的检测与使用方法；学会电动机两地星-三角降压启动 PLC 控制电路安装、编程与调试，建立设计思维；学会分析电路及 PLC 程序中出现故障原因，并找出解决方案；建立小组协作机制，形成团队协作意识；初步形成电气控制方向职业认同感。

## 12.2 项目目标

(1)掌握电动机两地星-三角降压启动 PLC 控制的基本概念。

(2)熟悉交流接触器、按钮、低压断路器、中间继电器等电气元件作用及工作原理，会识别、检测、选择电气元件。

(3)能够识读电气原理图，能将电气原理图转化为接线图。

(4)掌握 LAD 设计方法。

(5)掌握定时器指令和子程序编程技巧。

(6)培养安全意识和节约意识。

(7)培养团结协作的精神。

(8)熟悉电气控制职业岗位。

## 12.3 项目描述

本项目采用西门子 S7-200 SMART 系列 PLC 实现电动机两地星-三角降压启动控制。

请思考，除机床主轴电动机采用两地星-三角降压启动外，企业生产中还有哪些场景应用该启动方式?

## 12.4 项目分析

### 12.4.1 系统功能

传统的继电器控制实现电动机两地星-三角降压启动的电路如图 11-2 所示。借鉴其控制功能，本项目采用 PLC 控制实现的主要功能如下。

(1)定子绕组星-三角接线切换功能。电源接通后，控制电动机定子绕组接成星形启动，实现降压启动。经过设定延时时间，控制电动机定子绕组接成三角形运行，电动机全压工作。

(2)互锁和延时保护功能。在星-三角降压启动的过程中，最重要的一环是要确保电动机定子绕组从星形接线到三角形接线的顺利切换。如果由于接触器或其他电气元件发生故障，星形接线和三角形接线同时通电，则电源会发生短路，损坏电动机或电网内其他设备。为了避免这一情况的发生，技术人员通常在硬件接线中增加“硬件互锁”，在 PLC 程序中设计互锁功能，或者通过程序指令对星形接线断电进行延时控制以达到设定时间后，再进行三角形接线。

(3)附加功能。附加功能包括诊断功能、报警功能、开机复位功能。

### 12.4.2 硬件设计

根据星-三角降压启动工作原理，设计主电路原理图，如图 12-1 所示。根据控制功能确定系统的 I/O 装置，设定对应的输入及输出点，制定 I/O 分配表，如表 12-1 所示。根据 I/O 分配表，画出 PLC 的接线图，如图 12-2 所示。停止按钮 SB1 或 SB2、启动按钮 SB3 或 SB4 和热继电器 FR 常闭触点是 PLC 的输入设备，分别用来发出电动机甲、乙两地的启动、停止和过载信号。中间继电器 KA1、KA2、KA3 是 PLC 的输出设备，用以执行电动机两地星-三角降压启动任务。

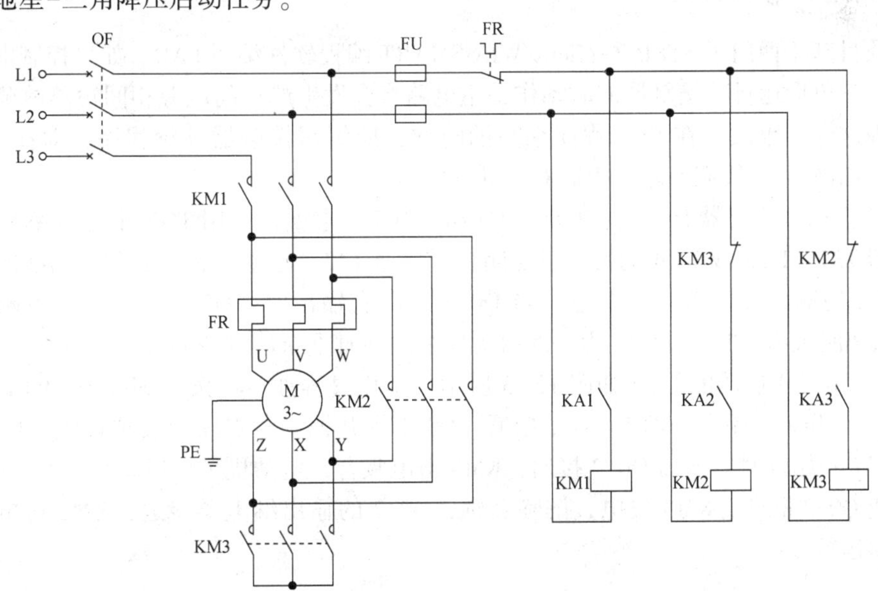


图 12-1 星-三角降压启动主电路原理图

表 12-1　I/O 分配表

| 输入信号和地址 | | 输出信号和地址 | |
|---|---|---|---|
| 甲地停止按钮 SB1 | I0. 0 | 中间继电器 KA1 | Q0. 1 |
| 乙地停止按钮 SB2 | I0. 1 | 中间继电器 KA2 | Q0. 2 |
| 甲地启动按钮 SB3 | I0. 2 | 中间继电器 KA3 | Q0. 3 |
| 乙地启动按钮 SB4 | I0. 3 | — | — |
| 热继电器 FR | I0. 4 | — | — |

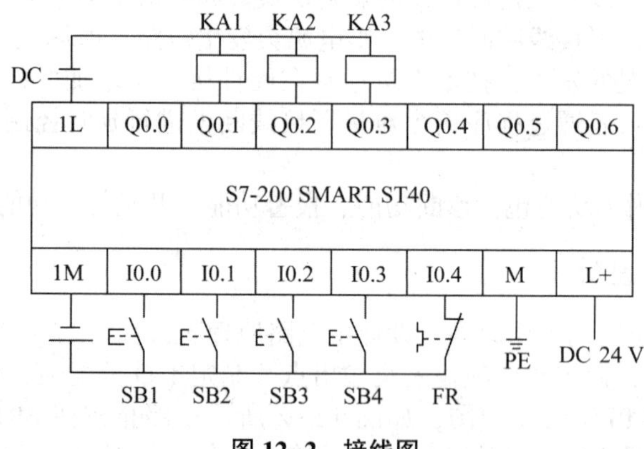


图 12-2　接线图

## 12. 4. 3　软件设计

本项目基于西门子 STEP 7-Micro/WIN SMART 编程软件编写 LAD。如果控制电动机星形启动、三角形运行的接触器同时动作，主电路将会发生严重的电源相间短路故障。为了避免出现这样的事故，在 PLC 程序编写的时候，应编写接触器互锁程序，即在 Q0. 2 和 Q0. 3 的输出继电器线圈回路中串联对方的常闭触点。

西门子 PLC 定时器有 3 类：TON、TONR、TOF。本项目选用 TON 中分辨率为 100 ms 的定时器 T37。I0. 3 或 I0. 4 的常开触点闭合，接通 T37。注意，必须在 T37 的线圈回路中串联 Q0. 2 的输出继电器常闭触点，当 Q0. 2 线圈有输出时，Q0. 2 的常闭触点断开，使 T37 线圈回路失电、T37 复位，为下次启动控制回路时重新计时做准备。

星-三角降压启动的 LAD 如图 12-3 所示，工作过程如下：按下 SB3 或 SB4 时，I0. 2 或 I0. 3 的常开触点闭合，输出 Q0. 1 接通，Q0. 1 常开辅助触点闭合实现自锁，KM1 得电吸合，T37 开始计时，输出 Q0. 3 接通，KM3 得电吸合，电动机星形启动；T37 延时 5 s 后动作，使 Q0. 3 断开，KM3 失电，解除互锁，Q0. 2 的输出继电器接通，KM2 得电，电动机三角形运行。

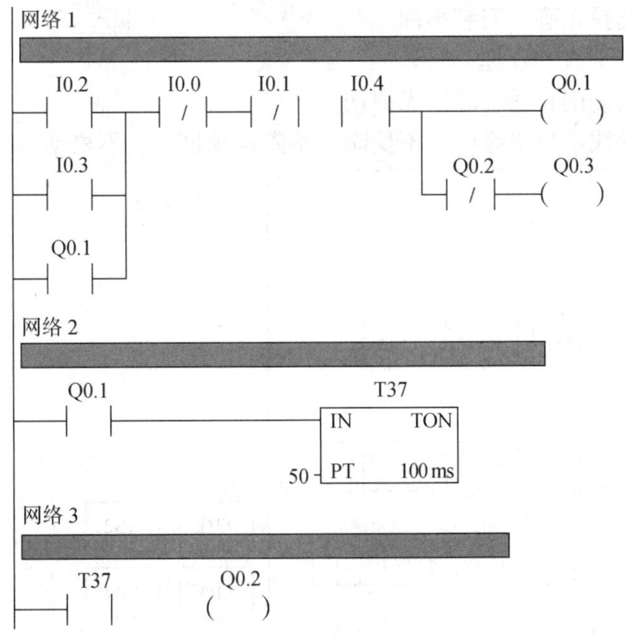


图 12-3　星-三角降压启动的 LAD

由图 11-2、图 12-1、图 12-2 对比可知，传统继电器控制电路中的时间继电器 KT 由 LAD 中的 T37 取代，延时断开触点与延时闭合触点被 PLC 软触点代替，使电路更简单、定时更精确、排除故障更容易。PLC 中的常开与常闭触点能无限次使用，可以减少继电器的使用次数，节约成本，缩小设备体积。

## 12.5　项目实施

### 12.5.1　项目实施前准备工作

详见附录 A。

### 12.5.2　电气布置图及接线图

根据图 12-1 所示电气原理图，设计电气布置图和接线图，可参考图 12-4 和图 12-5 所示。

### 12.5.3　接线

选择适当的电气元件，按照图 12-4 和图 12-5 完成接线。对于电动机的连接，常从电动机接线架上引出 6 个接线柱，当电动机铭牌上标为星形接法时，绕组末端相连接，首端接电源；标为三角形接法时，绕组首尾相连，即 U 与 Z 连接，V 与 X 连接，W 与 Y 连接，然后 U、V、W 接电源。

对于接线，技术要求如下。

(1)电气元件选择正确、安装牢固。

(2)布线整齐、平直、合理。

(3)导线绝缘层剥削合适、导线无损伤。

(4)接线时，导线不压绝缘层、不反圈、不露铜丝过长、不松动。

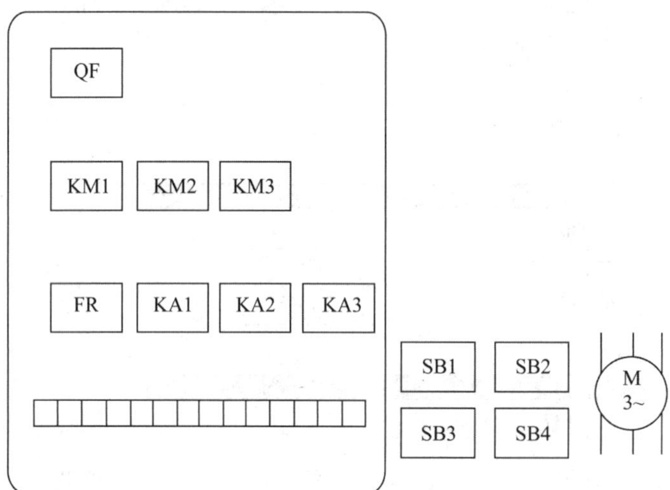


图 12-4 电气布置图

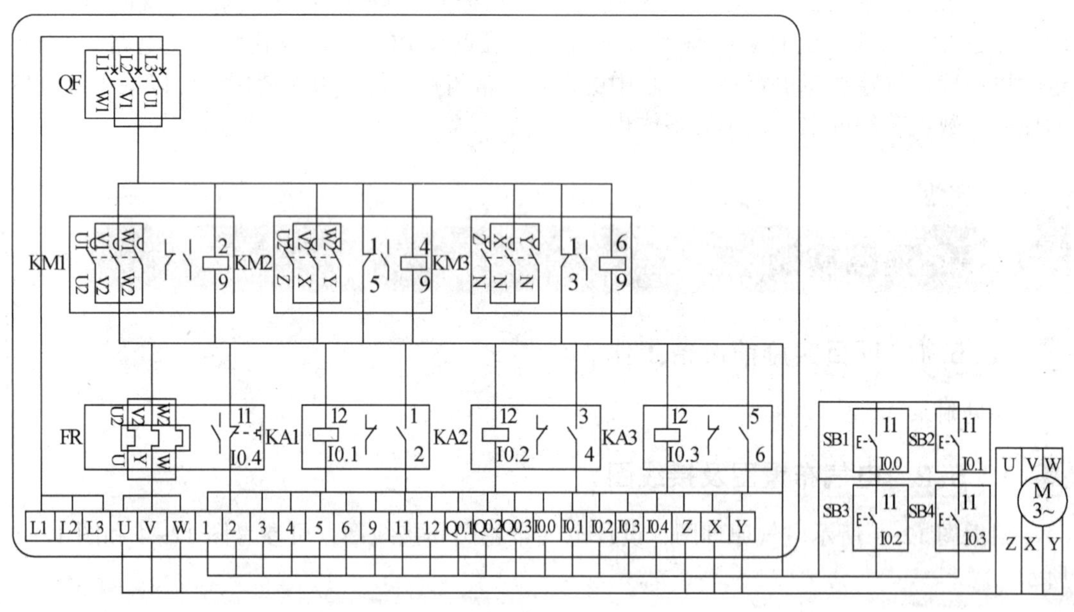


图 12-5 接线图

## 12.5.4 编写 LAD

用西门子 STEP 7-Micro/WIN SMART 编程软件编写 LAD。

1. 参考 LAD 1

使用置位指令与复位指令的参考 LAD 如图 12-6 所示。

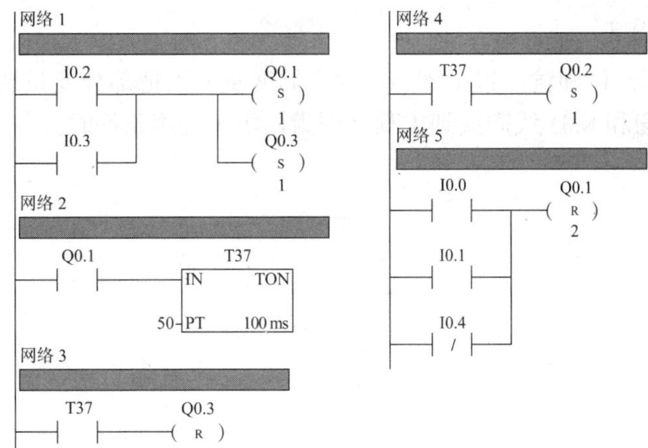


图 12-6 参考 LAD 1

2. 参考 LAD 2

当主程序只起到调用子程序作用时，参考 LAD 如图 12-7、图 12-8 所示。

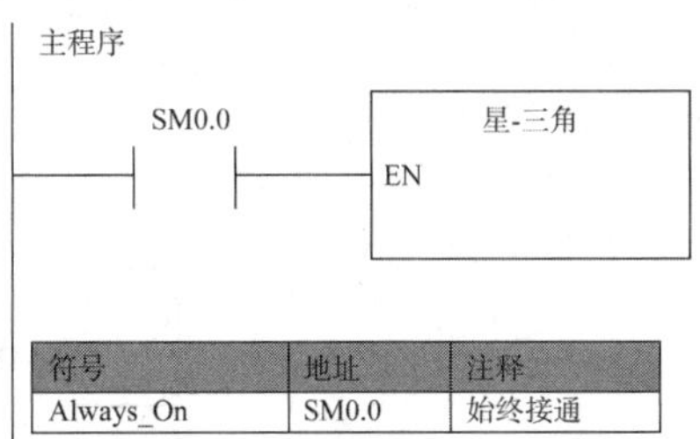


| 符号 | 地址 | 注释 |
|---|---|---|
| Always_On | SM0.0 | 始终接通 |

图 12-7 参考 LAD 2(主程序)

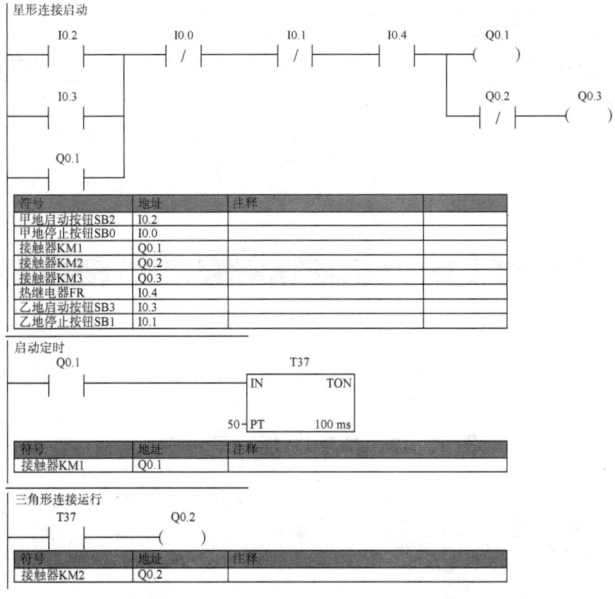


| 符号 | 地址 | 注释 | |
|---|---|---|---|
| 甲地启动按钮SB2 | I0.2 | | |
| 甲地停止按钮SB0 | I0.0 | | |
| 接触器KM1 | Q0.1 | | |
| 接触器KM2 | Q0.2 | | |
| 接触器KM3 | Q0.3 | | |
| 热继电器FR | I0.4 | | |
| 乙地启动按钮SB3 | I0.3 | | |
| 乙地停止按钮SB1 | I0.1 | | |



| 符号 | 地址 | 注释 |
|---|---|---|
| 接触器KM1 | Q0.1 | |



| 符号 | 地址 | 注释 |
|---|---|---|
| 接触器KM2 | Q0.2 | |

图 12-8 参考 LAD 2(子程序)

3. 参考 LAD 图 3

因为输入继电器(I)和输出继电器(Q)为全局变量，当把部分变量放到主程序，例如，把甲、乙两启动按钮和KM1线圈放到主程序作为调用子程序条件时，参考LAD如图12-9、图12-10所示。

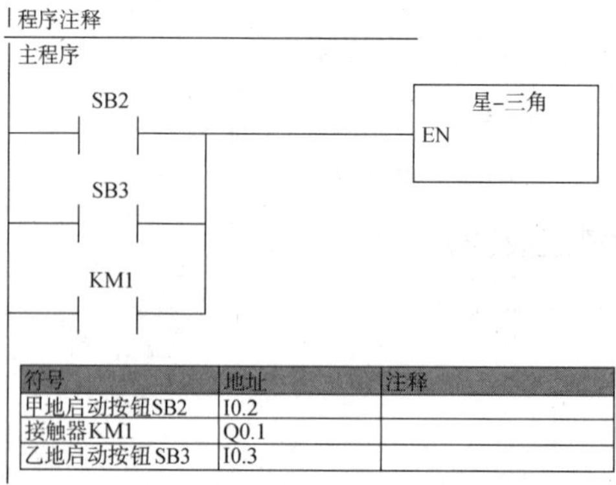


| 符号 | 地址 | 注释 |
|---|---|---|
| 甲地启动按钮SB2 | I0.2 | |
| 接触器KM1 | Q0.1 | |
| 乙地启动按钮SB3 | I0.3 | |

图 12-9　参考 LAD 3(主程序)

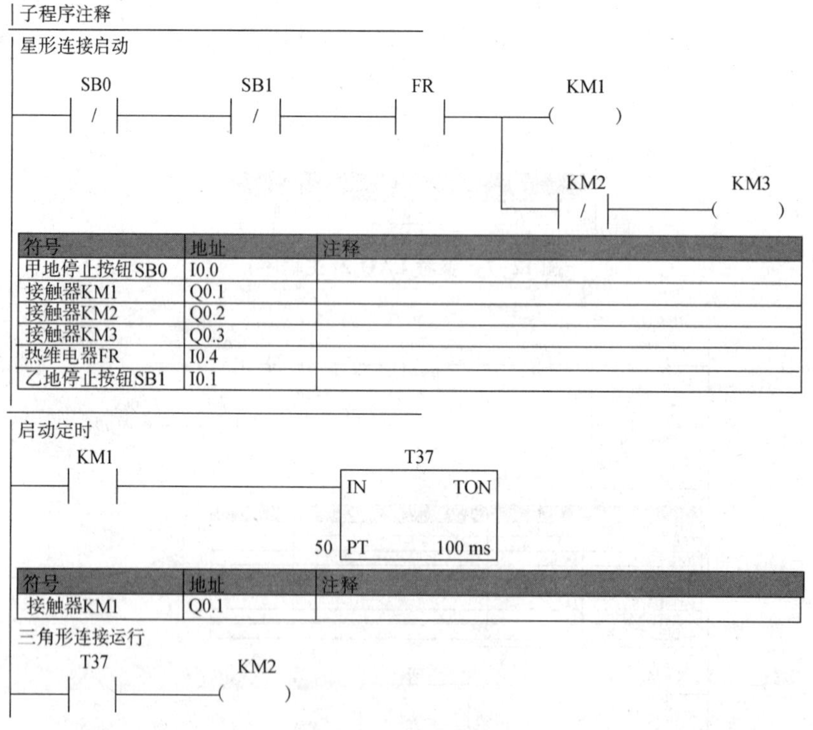


| 符号 | 地址 | 注释 |
|---|---|---|
| 甲地停止按钮SB0 | I0.0 | |
| 接触器KM1 | Q0.1 | |
| 接触器KM2 | Q0.2 | |
| 接触器KM3 | Q0.3 | |
| 热继电器FR | I0.4 | |
| 乙地停止按钮SB1 | I0.1 | |

| 符号 | 地址 | 注释 |
|---|---|---|
| 接触器KM1 | Q0.1 | |

图 12-10　参考 LAD 3(子程序)

## 12.5.5　上电前检查

1. 检查主电路

将万用表置于电阻挡或蜂鸣挡，对主电路进行检测，如图12-11所示。

首先，检查KM1接线。U相检测步骤如下：将万用表的一个表笔放到U1端，另外一个表笔分别放到U2、U端，用螺丝刀压下KM1的手动测试按钮，观察万用表示数。若接近于0，说明接线无问题；若接近于无穷大，说明接线不正确。若U1与U2段数值接近无穷大，若测试接触器触点无问题，则接线可能虚接或接错了。V相和W相测试方法与U相相同。

其次，检测KM2接线，用上面同样的方法分别检测U2和Z、V2和X、W2和Y之间的接线。

再次，检查KM3接线，将万用表的一个表笔放到Z端，另外一个表笔分别放到X、Y端，用螺丝刀压下KM3的手动测试按钮，观察万用表示数。若接近于0，说明接线无问题；若接近于无穷大，说明接线不正确。

最后，将万用表的一个表笔放到1点处，另外一个表笔分别放到2、3、4、5、6点处检测。

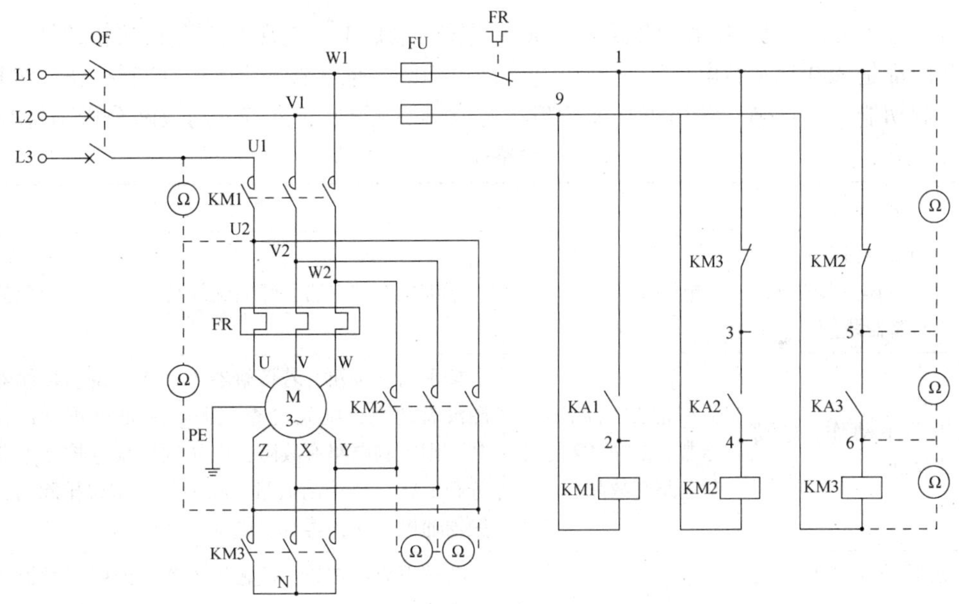


图12-11　主电路检测示意图

2. 检查控制电路

将万用表挡位打到1 k以上，测试控制电路，如图12-12所示。首先，将万用表的一个表笔放到11点，另外一个表笔依次放置到1M、I0.0、I0.1、I0.2、I0.3、I0.4处检测接线情况。其次，将万用表的一个表笔放到12点，另外一个表笔依次放置到1L、Q0.1、Q0.2、Q0.3处检测接线情况。

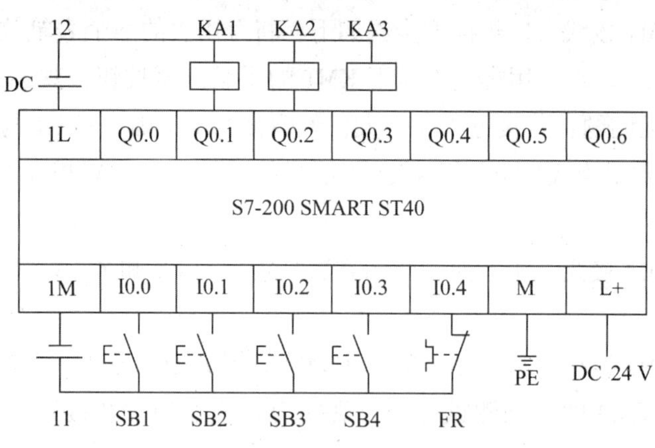


图 12-12　控制电路检测示意图

## 12.5.6　上电调试

合上开关 QF，用万用表(调至 AC 500 V 挡位)测试电源电压是否存在缺相的情况。若三相两两都是 380 V 左右电压，则电源电压是正确的。依次按下相应的控制按钮，测试相应的控制功能是否正确。若出现功能故障，可以参照表 12-2 进行电路故障分析与排查。

表 12-2　电路故障分析与排查

| 故障现象 | 原因 | 排查方法 |
| --- | --- | --- |
| 接通电源或按下启动按钮时，熔体立即熔断，或低压断路器跳闸 | 电路中有短路 | 仔细检查主电路，然后逐级检查，缩小故障范围 |
| 接触器不动作，电动机不能转动 | 可能是电源输入异常，也可能是控制电路有故障 | 按下启动按钮，若接触器不动作，说明接触器线圈没有通电，则先检查电源输入是否正常；若正常，则控制电路有故障，应先逐级检查控制电路部分和 LAD，待控制电路故障和程序错误排除后，接触器通电动作，再观察电动机是否运行 |
| 接触器动作，电动机不能转动 | 主电路有故障 | 若按下启动按钮，接触器动作，说明接触器线圈已通电，控制电路完好，应逐级检查主电路部分 |
| 电动机发出异响而不能转动或转速很慢 | 电动机缺相运行，主电路某一相电路开路 | 检查主电路是否存在线头松脱、接触器某对主触点损坏、熔断器的熔体熔断或电动机的接线某一相断开等 |
| 接通电源时，没有按下启动按钮而电动机自行启动 | 启动按钮被短接 | 检查控制电路中启动按钮的触点及接线 |
| 电动机不能停止 | 可能是接触器的主触点烧焊，也可能是停止按钮被卡住不能断开或被短接 | 检查接触器和停止按钮的触点及接线 |

### 12.5.7 记录调试结果

记录实践过程中遇到的问题及处理方案，分小组完成项目报告，项目报告内容参照附录 E。

## 12.6 预备知识

### 12.6.1 PLC 控制优势

传统的电动机两地星-三角降压启动电路(图 11-2)由各种中间继电器、时间继电器、交流接触器、按钮等组成，这种机械触点式开关控制系统接线复杂、体积大、可靠性低、速度低、精度低、故障率高、寿命短，尤其是对生产工艺多变的场合适应性差，一旦生产任务和工艺发生变化，就必须重新设计，并改变硬件结构，造成时间和资金的严重浪费。

将 PLC 应用到机床控制系统当中，可以实现机床的自动化控制。相比传统的人工操作方式，PLC 控制系统可以更加精准、快速地完成生产任务，对提高生产效率具有积极意义。在机床中使用 PLC 作为控制器的优点主要体现在以下几个方面。

(1)高可靠性。高可靠性对数字化控制设备至关重要，PLC 使用了大量的集成电路，并且在 PLC 的内部融合了多种抗干扰技术，与同等规模“继电器-接触器”控制系统对比，PLC 控制系统在实际运作过程中出现的故障显著减少。PLC 拥有故障报警功能，在硬件出现故障的情况下可以第一时间进行自我检测。

(2)功能多样的 I/O 模块。结合不同的生产作业现场，PLC 可以配备相应的 I/O 模块，对于机床控制系统而言，其主要处理的是按钮、接触器、限位开关、传感器等开关量信号，以及加工电流、加工电压等模拟量信号，从而在此基础上实现 PLC 与输出模块的有效对应。

(3)模块化结构。PLC 模块化结构可以更加理想地适应工业控制的柔性需要。PLC 的许多部件都采用模块化设计，借助机架实现多模块连接，在扩展系统功能时，通过添加相应的扩展模块，即可实现相应的功能需求。

利用 PLC 实现的电动机两地星-三角降压启动控制系统具有以下优点：安全、可靠、稳定，控制系统可靠性高，故障率低；可采用 LAD 编程，编程方便，简单易学；适应性强；抗振动、抗冲击，抗干扰。要将电动机两地星-三角降压启动“继电器-接触器”控制线路图转换为 PLC 控制的接线图和程序，应通过以下几个步骤。

(1)根据“继电器-接触器”控制线路图分析和掌握控制系统的工作原理。

(2)确定 PLC 的输入信号和输出信号。按钮、操作开关等是 PLC 的输入信号；继电器回路中的线圈是输出信号，时间继电器用 PLC 的定时器指令代替。

(3)选择合适的 PLC 型号。根据系统所需的功能选择合适的 CPU 模块、电源模块、数字量 I/O 模块；确定 PLC 的 I/O 信号的数量并进行 I/O 分配，根据 I/O 分配画出 PLC 的外部接线图；确定 PLC 中与时间继电器对应的定时器的地址。

(4)编写程序。在编写 LAD 时，可以把 PLC 想象成“继电器-接触器”控制系统中的控制箱，外围接线表示的是控制箱的外部接线，LAD 程序是控制箱内部的线路图，PLC 的输入和输出继电器是控制箱与外部联系的中间继电器，这样就能按照继电器控制图的逻辑来编写 LAD。

## 12.6.2 局部变量

### 1. 局部变量类型

L 为局部存储器，局部有效，即某一变量只能在某一特定程序(包括主程序、子程序和中断程序)中使用。注意，在子程序中，尽量使用局部变量。

局部变量用局部变量表来定义。打开变量表窗口方法为：单击“视图”菜单→“窗口”区域→“组件”按钮，打开变量表，如图 12-13 所示。

变量表

| | 地址 | 符号 | 变量类型 | 数据类型 | 注释 |
|---|---|---|---|---|---|
| 1 | | | TEMP | | |
| 2 | | | TEMP | | |
| 3 | | | TEMP | | |
| 4 | | | TEMP | | |

图 12-13 变量表

用变量表定义局部变量时，需为各个变量命名。局部变量名又称符号名，最多可以有 23 个字符，首字符不能是数字。选用合适的变量名可方便编程，并增强程序的可读性。局部变量的类型有：IN(输入子程序参数)、IN_OUT(I/O 子程序参数)、OUT(输出子程序参数)、TEMP(临时变量)4 种，如图 12-14 所示。

变量表

| | 地址 | 符号 | 变量类型 | 数据类型 | 注释 |
|---|---|---|---|---|---|
| 1 | | EN | IN | BOOL | |
| 2 | LW0 | Lvl | IN | INT | 罐发送器 |
| 3 | LW2 | Hset | IN | INT | 高设定值 |
| 4 | LW4 | Offset | IN | INT | 偏移量 |
| 5 | | | IN | | |
| 6 | | | IN_OUT | | |
| 7 | LW6 | Result | OUT | INT | 结果值 |
| 8 | L8.0 | Value | OUT | BOOL | 控制阀 |
| 9 | | | TEMP | | |

图 12-14 局部变量类型

(1)IN 类型：将指定位置的参数传入子程序。

(2)IN_OUT 类型：将指定位置的参数传到子程序，从子程序来的结果值被返回到同样的地址。

(3)OUT 类型：子程序的结果值(数据)传入到指定参数位置。

(4)TEMP 类型：局部存储器只用作子程序内部的暂时存储器，不能用来传递参数。

2. 局部变量地址

在变量表中定义局部变量时，只需指定局部变量的类型和数据类型，不用指定存储器地址。程序编辑器自动为各个局部变量分配地址，起始地址为 LB0，1~8 个连续的位参数分配一个字节，字节中位地址为 L*x*.0~L*x*.7(*x* 为字节地址)，如图 12-15 所示。若要增加变量，可右击已有的行，在弹出的快捷菜单中选择“插入”→“行”命令。

| | 名称 | 变量类型 | 数据类型 | 注释 |
|---|---|---|---|---|
| | EN | IN | BOOL | |
| L0.0 | IN1 | IN | BOOL | |
| LB1 | IN2 | IN | BYTE | |
| L2.0 | IN3 | IN | BOOL | |
| LD3 | IN4 | IN | DWORD | |
| LW7 | INOUT1 | IN_OUT | WORD | |
| LD9 | OUT1 | OUT | DWORD | |
| | | TEMP | | |

图 12-15 局部变量地址

## 12.6.3 子程序

在进行 PLC 编程时，使用子程序可以将 LAD 分成容易管理的小块，使 LAD 结构简单清晰，易于查错和维护。在 PLC 的 LAD 中可以多次调用同一个子程序，以便优化 LAD 结构，减少扫描时间。创建子程序可以采用下列方式。

(1)打开 STEP 7-Micro/WIN SMART 编程软件，在“编辑”下拉菜单中选择“对象”→“子程序”命令，如图 12-16 所示。

(2)在程序编辑器视窗中右击，在弹出的快捷菜单中选择“插入”→“子程序”命令，如图 12-17 所示。

(3)右击指令树上的“程序块”图标，在弹出的快捷菜单中选择“插入”→“子程序”命令，程序编辑器将自动生成并打开新的子程序，在程序编辑器底部出现标有新的子程序的标签，如图 12-18 所示。

单击左侧列表中子程序的图标，可以重新命名子程序。子程序返回指令包括无条件子程序返回指令(RET)和有条件子程序返回指令(CRET)。STEP 7-Micro/WIN SMART 编程软件为每个子程序自动加入无条件子程序返回指令。使用子程序时，要注意以下几点。

(1)子程序可以调用子程序。

(2)允许子程序递归调用(子程序调用自己)，但在进行递归调用时应非常慎重。

(3)主程序嵌套调用子程序，最大嵌套深度为 8 层。

(4)子程序中不能使用 END；不能用 JMP 指令跳入或跳出子程序。

(5)主程序和子程序共用累加器，调用时不需要重新存储或重装。

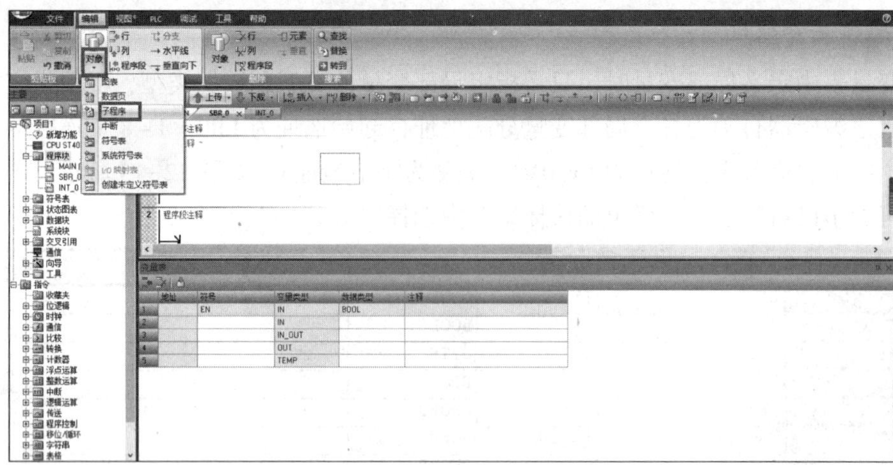

图 12-16　创建子程序方式 1

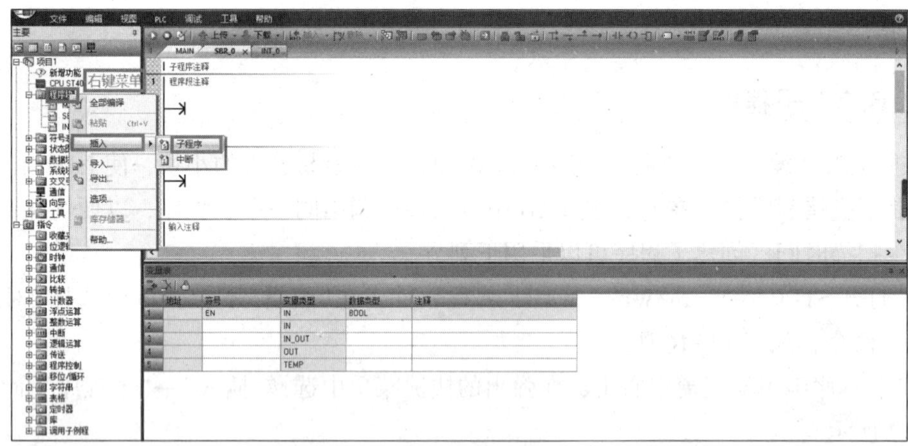


图 12-17　创建子程序方式 2

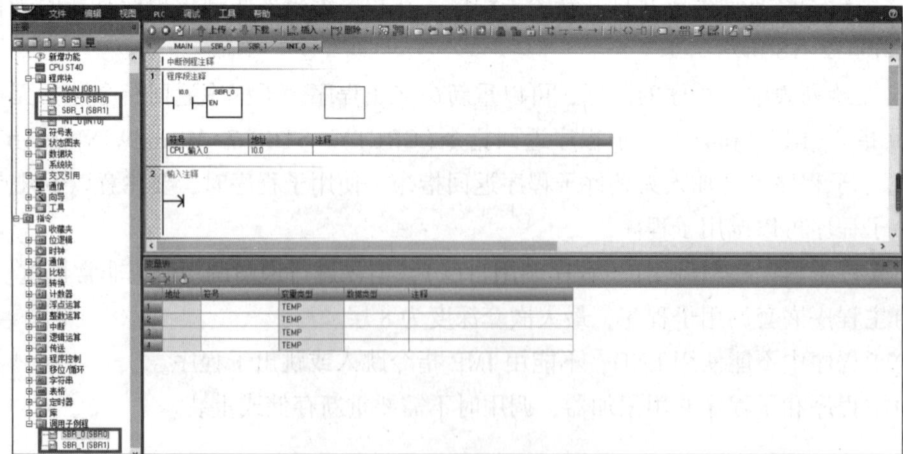

图 12-18　创建子程序方式 3

项目 13

# CA6140 普通卧式车床的电气控制

## 13.1 项目任务

理解 CA6140 普通卧式车床的工作过程；学会分析 CA6140 普通卧式车床的电气线路，建立设计思维；学会分析电路中出现故障的原因，并找出解决方案；建立小组协作机制，形成团队协作意识；初步形成电气控制方向职业认同感。

## 13.2 项目目标

(1)掌握 CA6140 普通卧式车床电气控制原理。
(2)熟悉 CA6140 普通卧式车床电气线路分析方法。
(3)理解 CA6140 普通卧式车床的结构、工作原理。
(4)能够正确分析、判断和处理 CA6140 普通卧式车床的电气控制线路常见的故障。
(5)具有安全、节约意识。
(6)具有团结协作的精神。
(7)熟悉电气控制职业岗位。

## 13.3 项目分析

### 13.3.1 CA6140 普通卧式车床的电气原理图

CA6140 普通卧式车床的电气原理图如图 13-1 所示。

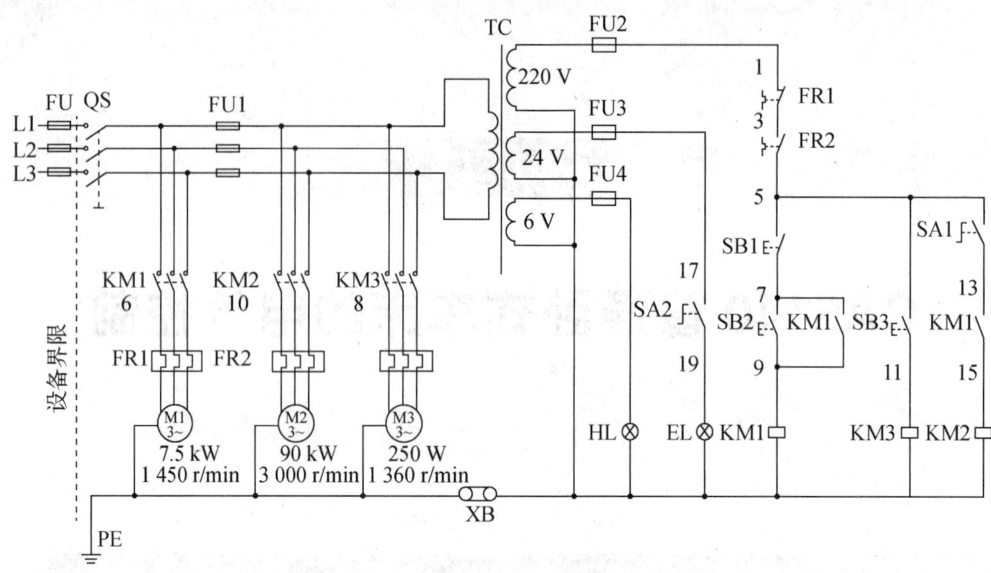


图 13-1　CA6140 普通卧式车床的电气原理图

1. 主电路分析

(1)M1 为主轴电动机，拖动主轴的旋转并通过传动机构实现车刀的进给。由熔断器 FU 作为短路保护，热继电器 FR1 作为过载保护，接触器 KM1 作为失压、欠压保护。M1 的运转和停止由 KM1 的 3 个常开主触点的接通和断开来控制。

(2)M2 为冷却泵电动机，拖动冷却泵，喷出冷却液，实现刀具的冷却。M2 由接触器 KM2 的主触点控制，热继电器 FR2 作为过载保护。

(3)M3 为快速移动电动机，可随时点动控制启动和停止。

M2、M3 的容量都很小，由熔断器 FU1 作为短路保护。M3 是短时工作的，所以不需要过载保护。带钥匙的低压短路器 QS 是电源总开关。

2. 控制电路分析

控制电路的供电电压是 110 V，通过控制变压器 TC 将 380 V 的电压降为 110 V 得到。控制变压器的一次侧由 FU1 作为短路保护，二次侧由熔断器 FU2 作为短路保护。

(1)电源开关的控制。

电源开关是带有钥匙开关的低压断路器 QS，当要合上电源开关时，首先用开关钥匙将开关锁右旋，再扳动 QS 将其合上。若用开关钥匙将开关锁左旋，QS 线圈通电，QS 将自动跳开。若出现误操作，又将 QS 合上，QS 将在 0.1 s 内再次自动跳闸。

由于机床的电源开关采用了钥匙开关，接通电源时，要先用钥匙打开开关锁，再合断路器，增加了安全性。

(2)M1 的控制。

SB1 是红色蘑菇形的停止按钮，SB2 是绿色的启动按钮。按下 SB2，KM1 线圈通电吸合并自锁，其主触点闭合，M1 启动。按下 SB1，KM1 断电释放，其主触点和自锁触点都断开，M1 断电停止运行。

(3) M2 的控制。

当 M1 启动后，KM1 的常开触点 KM1(13、15)闭合，这时若旋转转换开关 SA1 使其闭合，则 KM2 线圈通电，其主触点闭合，M2 启动，提供冷却液。

当 M1 停车时，KM1(13、15)断开，M2 随即停止。由此可见，M1 和 M2 之间存在联锁关系。

(4) M3 的控制。

M3 由接触器 KM3 进行点动控制。按下 SB3，KM3 线圈通电，其主触点闭合，M3 启动，拖动刀架快速移动。松开 SB3，M3 停止。快速移动的方向通过将装在溜板箱上的十字手柄扳到所需要的方向来控制。

3. 照明和信号电路的分析

照明电路采用 24 V 安全交流电压，信号回路采用 6 V 的交流电压，均由控制变压器二次侧提供。照明灯 EL 由开关 SA2 控制。合上 QS，指示灯 HL 亮，表明控制电路有电。

## 13.3.2 CA6140 普通卧式车床的电气控制系统故障诊断及检修

1. 机床电气控制系统故障诊断与维修

机床电气控制系统故障诊断与维修步骤如图 13-2 所示。

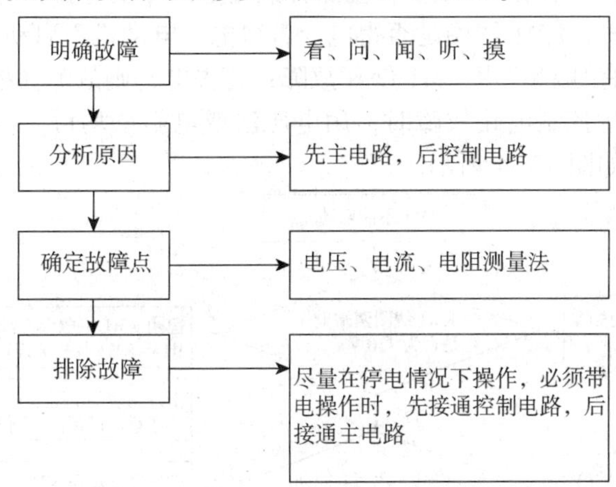


图 13-2　机床电气控制系统故障诊断与维修步骤

2. CA6140 普通卧式车床常见的电气故障的排除

(1) 整机不能工作。

1) 故障。试车时，整机不能工作，即试车时信号灯、照明灯、机床电动机都不工作，控制电动机的接触器均无动作和响声。

2) 分析。整机不能工作故障通常发生在电源线路中。信号灯、照明灯、电动机控制电路的电源均由变压器 TC 提供，因此故障范围在 TC 以及 TC 供电线路。当 TC 副边 3 个公共连接点的导线断线或接触不良时，也会使整机不能工作。

3) 检查方法。此时，应该用电压法和电阻法检查，检修流程图如图 13-3 所示。

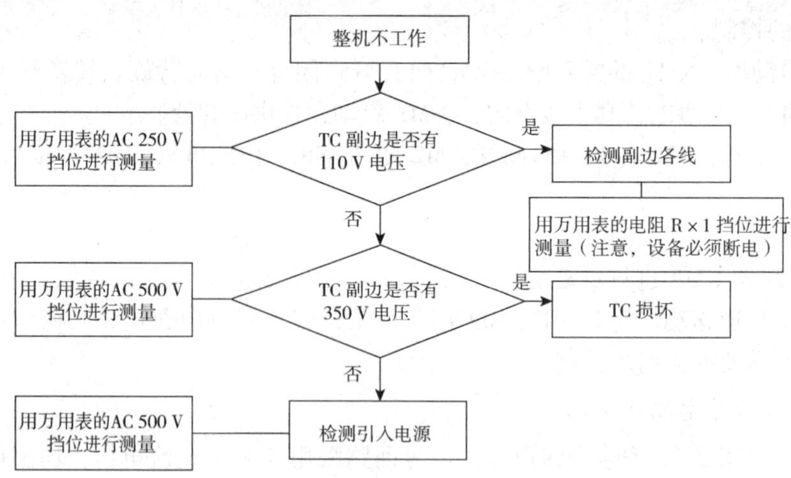


图 13-3　整机不能工作的检修流程图

4）故障修复。查明损坏原因及故障点，更换损坏元件或修复连接导线。

（2）M1 不能启动。

1）故障。M1 不能启动，其他电动机工作正常。

2）分析。M1 不能启动的原因较多，应当首先确定故障发生在主电路还是控制电路。

观察在通电试车时，KM1 线圈是否得电。若得电，电动机不启动，则故障在电动机的主电路上，如电动机有"嗡嗡"声、M1 缺相故障；若失电，则故障在控制电路。

3）检查方法。发生控制电路故障时，用电压法或电阻法均可。以 M1 不能启动为例，此故障的检修流程图如图 13-4 所示。

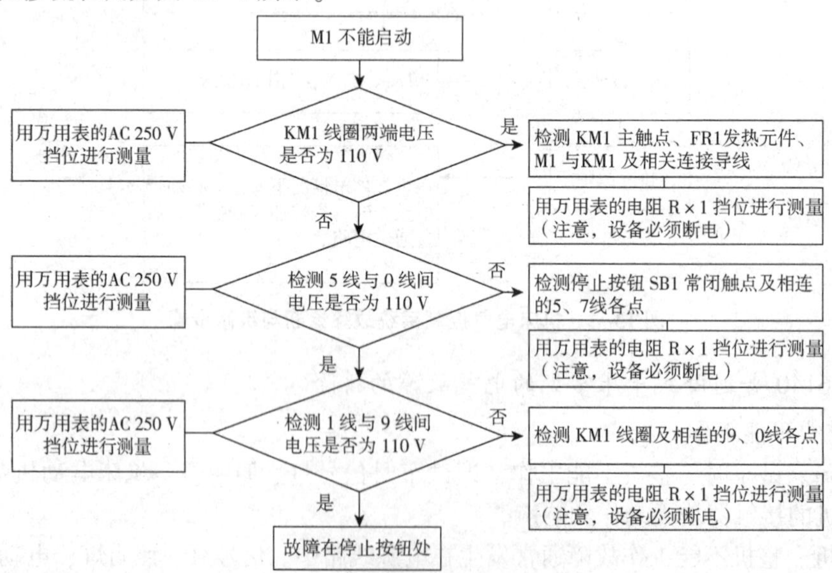


图 13-4　M1 不能启动的检修流程图

4）故障修复。

查明损坏原因及故障点，更换损坏元件或修复连接导线。

项目 14

# CA6140 普通卧式车床的 PLC 控制

## 14.1 项目任务

实现 CA6140 普通卧式车床的 PLC 控制；建立小组协作机制，形成团队协作意识；初步形成电气控制方向职业认同感。

## 14.2 项目目标

(1)掌握 PLC 自动控制生产设备的方法。

(2)具有安全、节约意识。

(3)具有团结协作的精神。

(4)熟悉电气控制职业岗位。

## 14.3 项目描述

1. 主轴电动机的双向旋转和调速控制方式

传统 CA6140 普通卧式车床的主轴电动机为主轴旋转、刀架及刀具的进给运动提供动力，采用机械变速箱、挂轮箱和进给箱实现换向和调速。现应用现代化控制技术，可考虑采用 PLC 发出控制指令，通过变频器实现主轴电动机的正反向旋转，给变频器输入可调控制电压，通过变频器实现主轴电动机的变频调速。用这种调速方法可获得更宽且更灵活的变速范围。这种控制方式可以大大简化机械传动变速机构的复杂程度，还可以大大降低能耗。根据主轴电动机的额定输出功率，本项目选用三菱 FR-E740-7.5K-CHT。

2. 刀架快速移动电动机和冷却泵电动机的控制

PLC 接收外部输入信号后，由程序控制输出接口，通过继电器控制快速移动电动机和冷却泵电动机。

3. 安全保护措施

控制线路除了应有的欠压、失压、过载、短路保护措施外，还要增加变频器和 PLC 的保护措施，有利于延长成本较高的电器的使用寿命。

4. 故障诊断功能

本项目增加若干个故障报警指示灯，一旦电路出现故障，就会发出对应的报警指示信号，维修人员可通过指示灯的提示查找故障，提高检修效率。

## 14.4 项目分析

### 14.4.1 I/O 分配

本项目 I/O 分配如表 14-1 所示。

**表 14-1 CA6410 普通卧式车床的 PLC 的 I/O 分配**

| 输入地址 | 说明 | 输出地址 | 说明 |
|---|---|---|---|
| I0.0 | 变频器和主轴电动机停止按钮 SB3 | Q0.0 | 主轴电动机交流接触器 KM |
| I0.1 | 变频器和主轴电动机启动按钮 SB4 | Q0.1 | 冷却泵电动机继电器 KA1 |
| I0.2 | 冷却泵电动机启停开关 SA4 | Q0.2 | 刀架快速移动电动机继电器 KA2 |
| I0.3 | 快速移动电动机点动按钮 SB5 | Q0.3 | 未用 |
| I0.4 | 变频器 BC 异常检测 | Q0.4 | PLC 电源指示灯 HL1 |
| I0.5 | 主轴电动机过载保护 FR1 检测 | Q0.5 | 故障指示灯 HL2 |
| I0.6 | 冷却泵电动机过载保护 FR2 检测 | Q0.6 | 故障指示灯 HL3 |
| I0.7 | 主轴接触器 KM 检测 | Q0.7 | 未用 |
| I1.0 | 冷却泵电动机继电器 KA1 检测 | Q1.0 | 未用 |
| I1.1 | 快速移动电动机继电器 KA2 检测 | Q1.1 | 未用 |

## 14.4.2 PLC 控制电路原理图

基于 S7-200 PLC 控制的 CA6140 普通卧式车床控制电路原理图如图 14-1 所示。

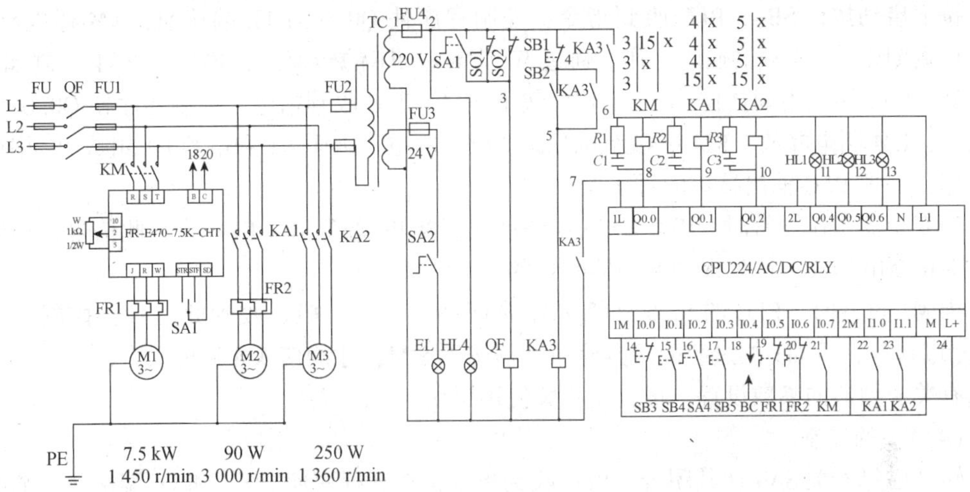


**图 14-1 基于 S7-200 PLC 控制的 CA6140 普通卧式车床控制电路原理图**

1. 主电路

主轴电动机 M1 由变频器 FR-E740-7.5K-CHT 控制，实现正反转及调速。KM 控制变频器通电，电位器 W 用于设定电动机运转速度。旋钮开关 SA1 用于控制电动机正反转。热继电器 FR1 实现 M1 过载保护。

冷却泵电动机 M2 由继电器 KA1 控制。热继电器 FR2 实现 M2 的过载保护。快速移动电动机 M3 由继电器 KA2 控制实现。因 M3 是点动运转方式，故没有过载保护。熔断器 FU1 实现整个电路的短路保护。

2. 控制电路

由变压器 TC 的一次侧输入 380 V、二次侧输出 220 V 为控制电路供电，输出 24 V 为照明灯电路供电。由旋钮开关 SA2 控制照明灯 EL，由熔断器 FU2~FU5 实现短路保护。

(1)断电保护电路。

断电保护电路由钥匙式开关 SA1、行程开关 SQ1、SQ2 和电源开关 QF 的分励脱扣器电磁线圈组成。接通电源时需先使 SA2 断开，使 QF 电磁线圈断电，再扳动 QF 手柄将其合闸。通电后指示灯 HL4 发光。SA2 闭合，QF 电磁线圈通电，脱扣器动作，使 QF 跳闸切断电源。SQ1 装在机床控制配电盘壁箱门处，关上箱门时，SQ1 受压，触点断开；打开箱门时，SQ1 复位，触点闭合，QF 电磁线圈通电，脱扣器动作，QF 跳闸切断电源。SQ2 装在车床床头的皮带罩处，盖上皮带罩时，SQ2 受压，触点断开；打开皮带罩时，SQ2 复位，触点闭合，QF 电磁线圈通电，脱扣器动作，使 QF 跳闸切断电源。确保人身安全。QF 必须选用分励脱扣器线圈电压为 AC 220 V 的类型。

(2)PLC 启动和保护电路。

PLC 启动和保护电路由开关 SB1、SB2，继电器 KA3 组成，按下 SB2，KA3 通电自锁吸合，KA3 常开触点闭合，PLC 通电工作，与此同时 HL1 发光。按下 SB1，KA3 断电释放，PLC 断电。KA3 的自锁电路对 PLC 实现欠压和失压保护。

(3)变频器、M1 的控制和保护。

按下启动按钮 SB4，PLC 收到指令，控制程序使 Q0.0 与 1L 端接通，KM 通电吸合，KM 主触点闭合，变频器通电工作。通过 W 设定好 M1 的转速后，再转动 SA1 控制 M1 的正反转。SA1 转到中间挡位，M1 停转。按下 SB3，PLC 收到指令，控制程序使 Q0.0 与 1L 端断开，KM 断电释放，KM 主触点断开，变频器断电。电阻 *R*1 和电容 *C*1 组成 *RC* 串联吸收回路，实现 PLC 输出接口的过压保护。

当变频器工作异常时，PLC 的 I0.4 外接变频器 BC 端断开，PLC 收到此信号，控制程序使 KM 断电释放。达到保护变频器的目的。

当 M1 过载时，PLC 的 I0.5 外接 FR1 常闭触点断开，PLC 收到此信号，控制程序使 KM 断电释放，等 M1 的过载故障排除后，需按下 SB4，才能使 KM 通电吸合。

有关变频器的参数设置，请查阅相关使用手册。

(4)M2 的控制。

转动启停开关 SA4 使其闭合，PLC 收到指令，控制程序使 Q0.1 和 1L 端接通。继电器 KA1 通电吸合，常开触点闭合，M2 通电运转。转动 SA2，使其断开，PLC 收到指令，控制程序使 Q0.1 和 1L 端断开。KA1 断电释放，常开触点断开，M2 断电停转。M1 启动后，M2 才能启动，此控制功能在控制程序中实现。当 M2 出现过载时，PLC 的 I0.6 外接 FR2 常闭触点断开，PLC 收到此信号，控制程序使 KA2 断电释放，M2 停转。KA1 并联的 *RC* 串联吸收回路，实现 PLC 输出接口的过压保护。

(5)M3 的控制。

按住点动按钮 SB5，PLC 收到指令，控制程序使 Q0.2 和 1L 端接通，KA2 通电吸合，常开触点闭合，M3 通电运转，实现刀架快速移动。松开 SB5，PLC 收到指令，控制程序使 Q0.5 和 1L 端断开，KA2 断电释放，常开触点断开，M3 停转。KA2 并联的 *RC* 串联吸收回路，实现对 PLC 输出接口的过压保护。

(6)故障检测及指示功能。

PLC 的 I0.4~I1.1 外接的变频器 BC 端(变频器内的常闭触点)，FR1、FR2 常闭触点和 KM、KA1、KA2 常开触点，给 PLC 输入检测信号。当电路出现某些常见故障时(PLC 故障除外)，这些触点中的某一个或几个会相应动作，PLC 收到相关信号后，控制程序会使故障报警指示灯点亮，发出报警信号，维修人员可根据信号种类进行快速检修，有利于缩短检修时间，提高检修效率。电路故障类型与指示灯状态的对应关系如表 14-2 所示。

**表 14-2　电路故障类型与指示灯状态的对应关系**

| 指示灯状态 | | 故障类型 |
|---|---|---|
| HL2 | HL3 | |
| 亮 | 灭 | 变频器异常 |
| 灭 | 亮 | M1 过载 |
| 亮 | 亮 | M2 过载 |

续表

| 指示灯状态 | | 故障类型 |
| --- | --- | --- |
| HL2 | HL3 | |
| 闪烁 | 灭 | KM 未吸合或异常 |
| 灭 | 闪烁 | KA1 未吸合或异常 |
| 闪烁 | 闪烁 | KA2 未吸合或异常 |

## 14.5 项目实施

### 14.5.1 项目实施前准备工作

详见附录 A。

### 14.5.2 接线

选择适当的电气元件，PLC 的 CPU 选用 CPU CR20s，完成接线。

对于接线，技术要求如下。

(1)电气元件选择正确、安装牢固。

(2)布线整齐、平直、合理。

(3)导线绝缘层剥削合适、导线无损伤。

(4)接线时，导线不压绝缘层、不反圈、不露铜丝过长、不松动。

### 14.5.3 编写 LAD

PLC 地址说明如表 14-3 所示，LAD 如图 14-2 所示。

**表 14-3 PLC 地址说明**

| 符号 | 地址 | 注释 |
| --- | --- | --- |
| 变频器停止 | I0. 0 | 变频器停止按钮 SB3 |
| 变频器启动 | I0. 1 | 变频器启动按钮 SB4 |
| M2 启停 | I0. 2 | M2 启停开关 SA4 |
| 快移启动 | I0. 3 | M3 启动按钮 SB5 |
| 变频器检测 | I0. 4 | 变频器内部常闭触点 BC 端 |
| M1 过载检测 | I0. 5 | M1 过载保护 FR1 常闭触点 |
| M2 过载检测 | I0. 6 | M2 过载保护 FR2 常闭触点 |
| KM 检测 | I0. 7 | M1 交流接触器 KM 常开触点 |
| KA1 检测 | I1. 0 | M2 继电器 KA1 常开触点 |
| KA2 检测 | I1. 1 | M3 继电器 KA2 常开触点 |
| KM 驱动 | Q0. 0 | M1 交流接触器 KM 电磁线圈 |

续表

| 符号 | 地址 | 注释 |
|---|---|---|
| KA1 驱动 | Q0. 1 | M2 继电器 KA1 电磁线圈 |
| KA2 驱动 | Q0. 2 | M3 继电器 KA2 电磁线圈 |
| HL1 驱动 | Q0. 4 | 电源指示灯 HL1 |
| HL2 驱动 | Q0. 5 | 故障指示灯 HL2 |
| HL3 驱动 | Q0. 6 | 故障指示灯 HL3 |

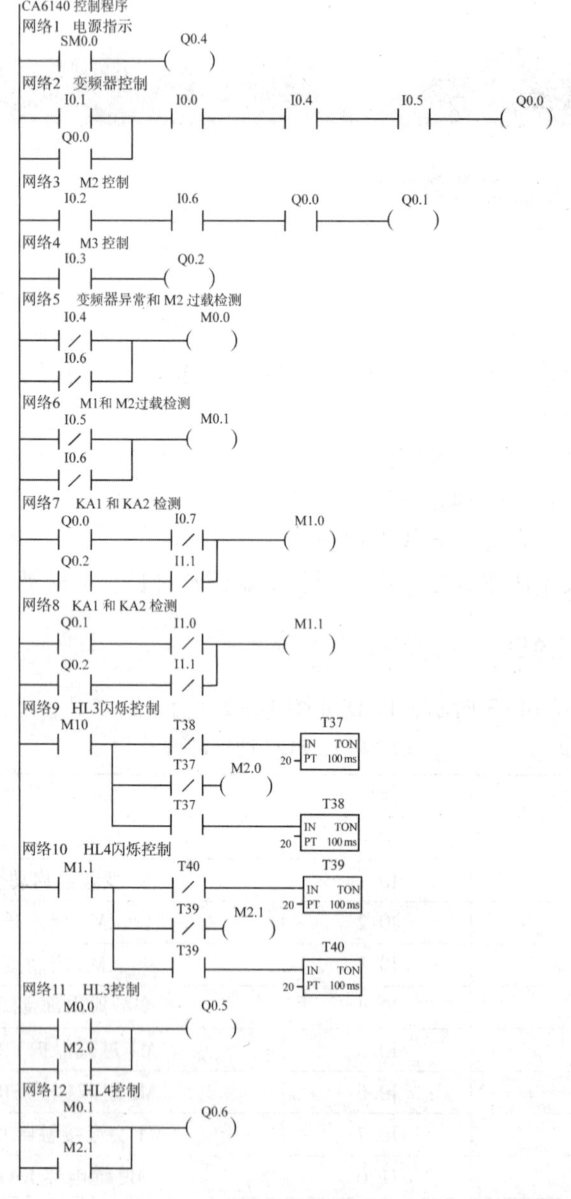


图 14-2 LAD

### 14.5.4 上电调试

进行上电调试，详细步骤参照附录B和附录D。

## 14.6 预备知识

传统的机床控制线路主要采用接触器、继电器进行控制，采用机械变速机构进行主轴旋转、工作台运动的调速，这种控制方式具有结构复杂、电气线路繁杂、操作烦琐、可靠性差、故障率高、能耗高、效率低、维修难度大、维修周期长等缺点。上述缺点导致操作人员劳加强度增大，维修人员工作量增大，从而生产效率低。

PLC具有可靠性高、抗干扰能力强、功能强、能耗低、使用维修方便等优点。把PLC控制技术应用于生产设备的自动控制中，将原来由“接触器-继电器”电路完成的大部分功能，更换成由程序来完成，这样可大大减少硬件电路的繁杂程度，提高设备的可靠性，有效降低设备的故障率。在程序中增加故障判断功能，有助于维修人员查找故障，降低维修难度，缩短维修周期，提高生产效率。

随着变频技术的不断发展，电动机的变频调速成本不断下降。采用变频器对电动机进行变频调速，可省去结构复杂的机械变速机构，进一步提高了生产设备的工作可靠性，大大降低了能耗，使变速操作大大简化，也降低了生产设备的制造成本。

基于PLC的生产设备的自动控制系统设计，其简化步骤如下。

(1)根据电气控制的功能和要求，进行初步的方案设计。例如，确定电动机的控制和调速方式、控制电路的供电方式、PLC的型号、电路保护方式、技术性能指标、工作环境要求等。

(2)根据控制方式确定I/O设备，并进行PLC的I/O分配。

(3)根据I/O分配的使用情况和控制功能要求，确定所选PLC的型号是否符合要求。如果要采用变频调速，需要根据电动机的规格，选择变频器的型号。

(4)设计并绘制PLC控制系统的电路，包含主电路、以PLC为控制核心的控制电路、调速电路、辅助电路和保护环节。

(5)根据控制要求和电路，编写PLC程序，建议采用LAD、SFC编程。用SFC编程可省去烦琐的触点串并联，有利于程序的编写和维护。在设计程序时，先完成基本功能，再增加联锁保护环节，最后增加故障判断功能。

(6)连接好硬件电路，把编写好的程序写入PLC中进行空载调试运行，针对不足之处修改完善。

(7)进行带负载调试运行，针对不足之处修改完善。

(8)进行极限条件测试，针对不足之处修改完善。

## 项目 15

# TK1640 数控车床电气控制电路

## 15.1　项目任务

学会 TK1640 数控车床电气控制电路的分析方法，建立设计思维；建立小组协作机制，形成团队协作意识；初步形成电气控制方向职业认同感。

## 15.2　项目目标

(1)掌握数控机床电气控制电路的分析方法。

(2)具有安全、节约意识。

(3)具有团结协作的精神。

(4)熟悉电气控制职业岗位。

## 15.3　项目描述

电气原理图分析的基本原则是“化整为零、顺藤摸瓜、先主后辅、集零为整、安全保护、全面检查”。“化整为零”是指以某一电动机或电气元件(如接触器或继电器线圈)为对象，从电源开始，自上而下，自左而右，逐一分析其接通和断开关系。

电气控制电路一般由主回路、控制电路和辅助电路等部分组成，了解了电气控制电路的总体结构、电动机和电气元件的分布状况及控制要求等内容，便可阅读分析电气原理图。电气控制电路的电气原理图分析步骤如下。

(1)分析主回路。从主回路入手，根据伺服电动机、辅助机构电动机和电磁阀等执行电器的控制要求，分析它们的控制内容，包括启动、方向控制、调速和制动。

(2)分析控制电路。分析控制电路的最基本方法是查线读图。根据主回路中各伺服电动机、辅助机构电动机和电磁阀等执行电器的控制要求，逐一找出控制电路中的控制环节，按功能不同划分成若干局部控制线路来进行分析。

（3）分析辅助电路。辅助电路包括电源显示、工作状态显示、照明和故障报警等部分，它们大多由控制电路中的元件来控制，故在分析时，需对控制电路进行分析。

（4）分析连锁与保护环节。机床对于安全性和可靠性有很高的要求，要满足这些要求，除合理选择元件和控制方案外，在控制电路中还设置了一系列电气保护和必要的电气连锁。

（5）总体检查。经过“化整为零”，逐步分析了每一个局部电路的工作原理以及各部分之间的控制关系之后，还必须“集零为整”，检查整个控制电路，看是否有遗漏。特别要从整体角度去进一步检查和理解各控制环节之间的联系，理解电路中每个元件所起的作用。

## 15.4 项目分析

TK1640 数控车床是我国自主研发的产品，采用主轴变频调速、三挡无级变速和 HNC-21T 车床数控系统，可实现机床的两轴联动。机床配有四工位刀架，可满足不同需要的加工，还具有可开闭的半防护门，可确保操作人员的安全。其适用于多品种、中小批量产品的加工，在复杂、高精度零件的加工方面具有明显的优越性。

### 15.4.1 TK1640 数控车床的组成及技术参数

1. TK1640 数控车床的组成

TK1640 数控车床的传动简图如图 15-1 所示。机床由底座、床身、主轴箱、大拖板（纵向拖板）、中拖板（横向拖板）、电动刀架、尾座等部分组成。

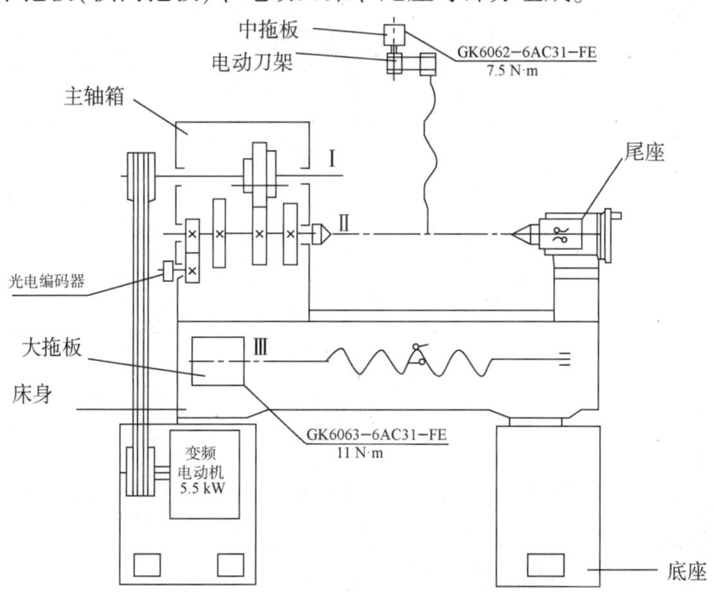


**图 15-1 TK1640 数控车床的传动简图**

机床主轴的旋转运动由 5.5 kW 变频主轴电动机经皮带传动至Ⅰ轴，经三联齿轮变速将运动传至主轴Ⅱ，并得到低、中、高速 3 段范围内的无级变速。

大拖板左右运动方向是 $z$ 轴方向，其运动由 GK6063-6AC31-FE 交流永磁伺服电动机与滚珠丝杠直联实现。中拖板前后运动方向是 $x$ 轴方向，其运动由 GK6062-6AC31-FE 交流永磁伺服电动机通过同步带及带轮带动滚珠丝杠和螺母实现。

在加工螺纹时，为保证主轴转一圈刀架移动一个导程，在主轴箱左侧安装有光电编码器。主轴至光电编码器的齿轮传动比为 1 : 1。光电编码器配合纵向进给交流伺服电动机，实现加工要求。

2. TK1640 数控车床的技术参数

TK1640 数控车床的部分技术参数见表 15-1。

**表 15-1　TK1640 数控车床的部分技术参数**

| 项目 | 参数 | 规格 |
|---|---|---|
| 加工范围 | 床身上最大回转直径(mm) | $\phi$410 |
| | 床鞍上最大回转直径(mm) | $\phi$180 |
| | 最大车削直径(mm) | $\phi$240 |
| | 最大工件长度(mm) | 1 000 |
| | 最大车削长度(mm) | 800 |
| 主轴 | 主轴通孔直径(mm) | $\phi$52 |
| | 主轴头形式 | ISO 702/II No. 6 |
| | 主轴转速(r/min) | 36~2 000 |
| | 高速(r/min) | 170~2 000 |
| | 中速(r/min) | 95~1 200 |
| | 低速(r/min) | 36~420 |
| | 主轴电动机功率(kW) | 5.5(变频) |
| 尾座 | 套筒直径(mm) | $\phi$55 |
| | 套筒手动行程(mm) | 120 |
| | 尾座套筒锥孔 | MT No. 4 |
| 刀架 | 快速移动速度($x/z$ 轴方向)(m/min) | 3/6 |
| | 刀位数 | 4 |
| | 刀方尺寸(mm×mm) | 20×20 |
| | $x$ 轴方向行程(mm) | 200 |
| | $z$ 轴方向行程(mm) | 800 |

续表

| 项目 | 参数 | 规格 |
| --- | --- | --- |
| 要求精度 | $x$ 轴方向机床定位精度(mm) | 0.030 |
| | $z$ 轴方向机床定位精度(mm) | 0.040 |
| | $x$ 轴方向机床重复定位精度(mm) | 0.012 |
| | $z$ 轴方向机床重复定位精度(mm) | 0.016 |
| 其他 | 机床尺寸 $L\times W\times H$(mm×mm×mm) | 2 140×1 200×1600 |
| | 机床毛重(kg) | 2 000 |
| | 机床净重(kg) | 1 800 |

## 15.4.2 TK1640 数控车床的电气控制电路

TK1640 数控车床的电气控制主要设备见表 15-2。

**表 15-2 TK1640 数控车床的电气控制主要设备**

| 序号 | 名称 | 规格 | 主要用途 | 备注 |
| --- | --- | --- | --- | --- |
| 1 | 数控装置 | HNC-21TD | 控制系统 | HCNC |
| 2 | 软驱单元 | HFD-2001 | 数据交换 | HCNC |
| 3 | 控制变压器 | AC 380/220 V 300 W/110 V | 伺服控制电源、开关电源供电 | HCNC |
| | | 250 W/24 V | 交流接触器电源 | |
| | | 100 W | 照明灯电源 | |
| 4 | 伺服变压器 | 3P AC 380/220 V 2.5 kW | 伺服电源 | HCNC |
| 5 | 开关电源 | AC 220/DC MV 145 W | HNC-21TD、PLC 及中间继电器电源 | 明纬 |
| 6 | 伺服驱动器 | HSV-16D030 | $x$、$z$ 轴电动机伺服驱动器 | HCNC |
| 7 | 伺服电动机 | GK6062-6AC31-FE(7.5 N·m) | $x$ 轴进给电动机 | HCNC |
| 8 | 伺服电动机 | GK6063-6AC31-FE(11 N·m) | $z$ 轴进给电动机 | HCNC |

### 1. 机床的运动及控制要求

TK1640 数控车床主轴的旋转运动由 5.5 kW 变频主轴电动机实现，与机械变速配合得到低速、中速和高速 3 段范围的无级变速。

$z$ 轴、$x$ 轴的运动由交流伺服电动机带动滚珠丝杠实现，两轴的联动由数控系统控制。

加工螺纹由光电编码器与交流伺服电动机配合实现。除上述运动外，还有电动刀架的转位，冷却电动机的启停等。

### 2. 主回路分析

图 15-2 是 TK1640 数控车床电气控制中的 380 V 强电回路。

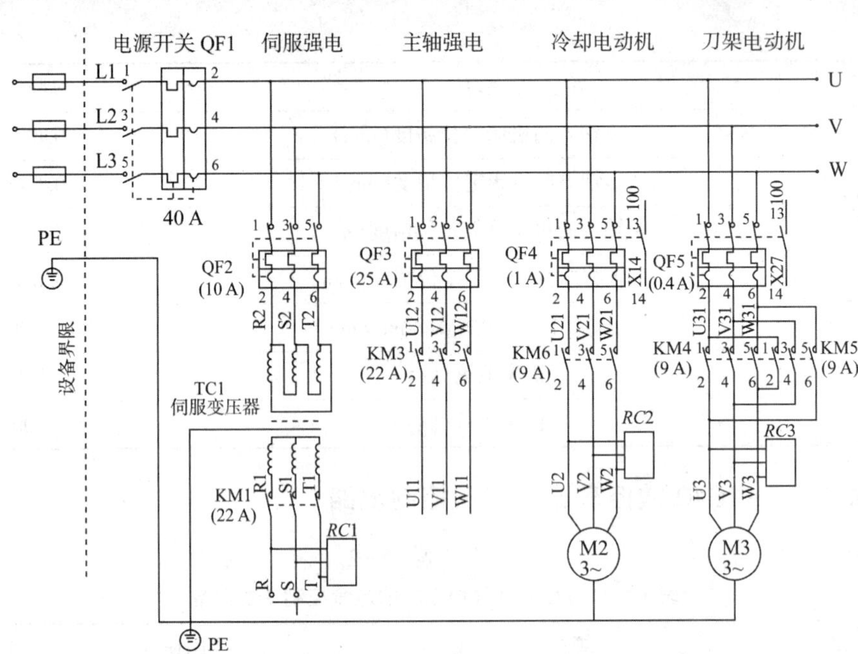


图 15-2　TK1640 数控车床电气控制中的 380 V 强电回路

在图 15-2 中，QF1 为电源总开关，QF2、QF3、QF4、QF5 分别为伺服强电、主轴强电、冷却电动机、刀架电动机的空气开关，它们的作用是接通电源及短路、过流时起保护作用。其中 QF4、QF5 带辅助触点，该触点输入 PLC 的信号，作为 QF4、QF5 的状态信号，这两个空气开关的保护电流为可调的，可根据电动机的额定电流来调节空气开关的设定值，起过流保护作用。

KM1、KM3、KM6 分别为伺服电动机、主轴电动机、冷却电动机交流接触器，由它们的主触点控制相应的电动机；KM4、KM5 为刀架正、反转交流接触器，用于控制刀架的正、反转。TC1 为三相伺服变压器，将 AC 380 V 电压变为 AC 200 V，供给伺服电源模块。*RC*1、*RC*3、*RC*4 为阻容吸收部分，当相应的电路断开后，吸收伺服电源模块、冷却电动机、刀架电动机中的能量，避免产生过电压而损坏电气元件。

3. 电源电路分析

图 15-3 为 TK1640 数控车床电气控制中的电源回路。

在图 15-3 中，TC2 为控制变压器，初级电压为 AC 380 V，次级电压为 AC 110 V、AC 220 V、AC 24 V。其中，AC 110 V 给交流接触器线圈和强电柜风扇提供电源；AC 220 V 通过低通滤波器滤波，给伺服模块、电源模块、DC 24 V 电源提供电源；AC 24 V 给电柜门指示灯、工作灯提供电源。VC1 为 24 V 电源，将 AC 220 V 转换为 DC 24 V 电源，给数控系统、PLC 的 I/O、24 V 继电器线圈、伺服模块、电源模块、吊挂风扇提供电源；空气开关 QF6、QF7、QF8、QF9、QF10 为电路的短路保护。

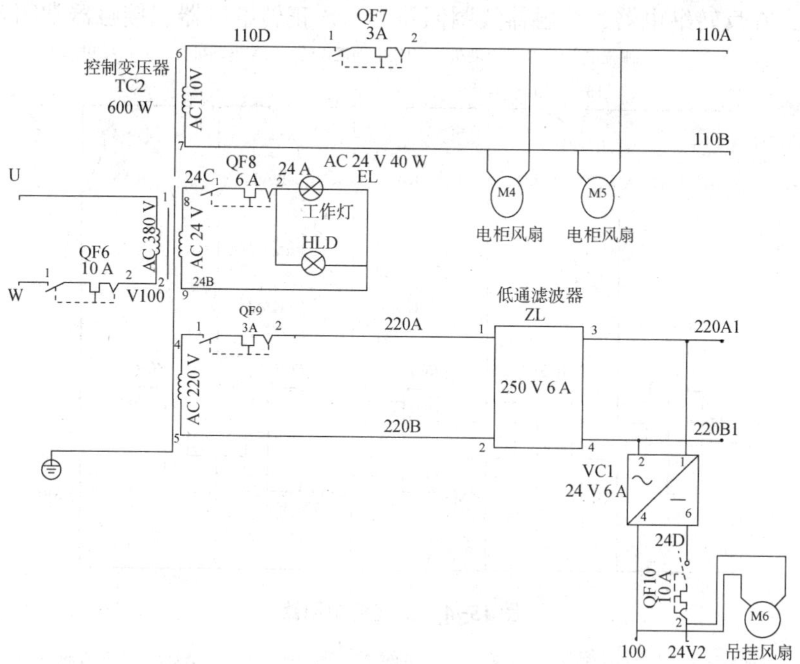


图 15-3　TK1640 数控车床电气控制中的电源回路

4. 控制电路分析

(1)主轴电动机的控制。

图 15-4、图 15-5 分别为交流控制回路和直流控制回路。先将空气开关 QF2、QF3 合上，当机床未按下限位开关、伺服未报警、急停按钮未按下、主轴未报警时，继电器 KA2、KA3 线圈通电、触点吸合，并且 PLC 输出点 Y00 发出伺服允许信号，继电器 KA1 线圈通电、触点吸合。在图 15-4 中，交流接触器 KM1 线圈通电、触点吸合，主轴交流接触器 KM3 线圈通电，强电回路中的交流接触器主触点吸合，主轴变频器加上 AC 380 V 电压。在图 15-5 中，PLC 输出主轴电动机正转 Y10 或主轴电动机反转 Y11 有效，主轴电动机转速指令输出对应于主轴电动机转速的直流电压值(0~10 V)，主轴电动机按指令值的转速正转或反转。当主轴电动机转速达到指令值时，主轴变频器输出主轴电动机转速到达信号给 PLC，主轴电动机转速指令完成。

主轴电动机的启动时间、制动时间由主轴变频器的内部参数设定。

(2)刀架电动机的控制。

当有手动换刀或自动换刀指令时，经过系统处理转变为刀位信号，这时 PLC 输出刀架电动机正转 Y06 有效，继电器 KA6 线圈通电、触点闭合，交流接触器 KM4 线圈通电、主触点吸合，刀架电动机正转。当 PLC 输入点检测到换刀指令所对应的刀位信号时，PLC 输出 Y06 有效撤销，刀架电动机正转停止，接着 PLC 输出刀架电动机反转 Y07 有效，继电器 KA7 线圈通电、触点闭合，交流接触器 KM5 线圈通电、主触点吸合，刀架电动机反转。延时一定时间以后(该时间由参数设定，并根据现场情况做调整)，PLC 输出 Y07 有效撤销，交流接触器 KM5 主触点断开，刀架电动机反转停止，换刀过程完成。为防止电源短路和电气互锁，在刀架电动机正转继电器、接触器线圈回路中串入反转继电器、接触器常闭触点，在反转继电器、接触器线圈回路中串入正转继电器、接触器常闭触点。

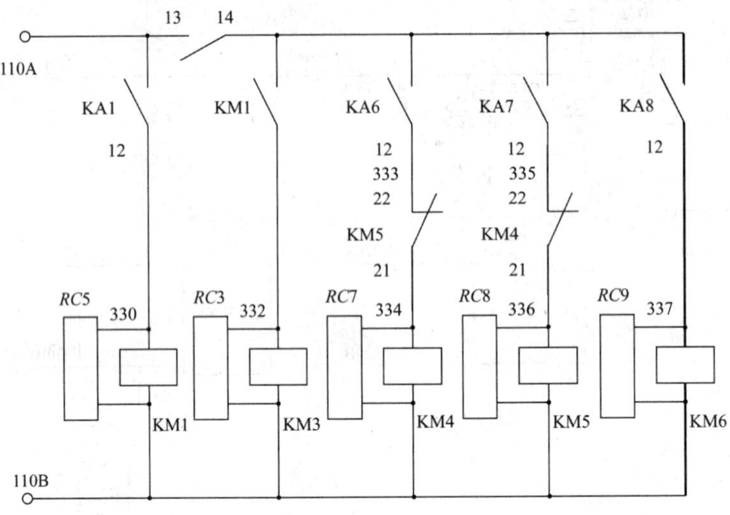


图 15-4　交流控制回路

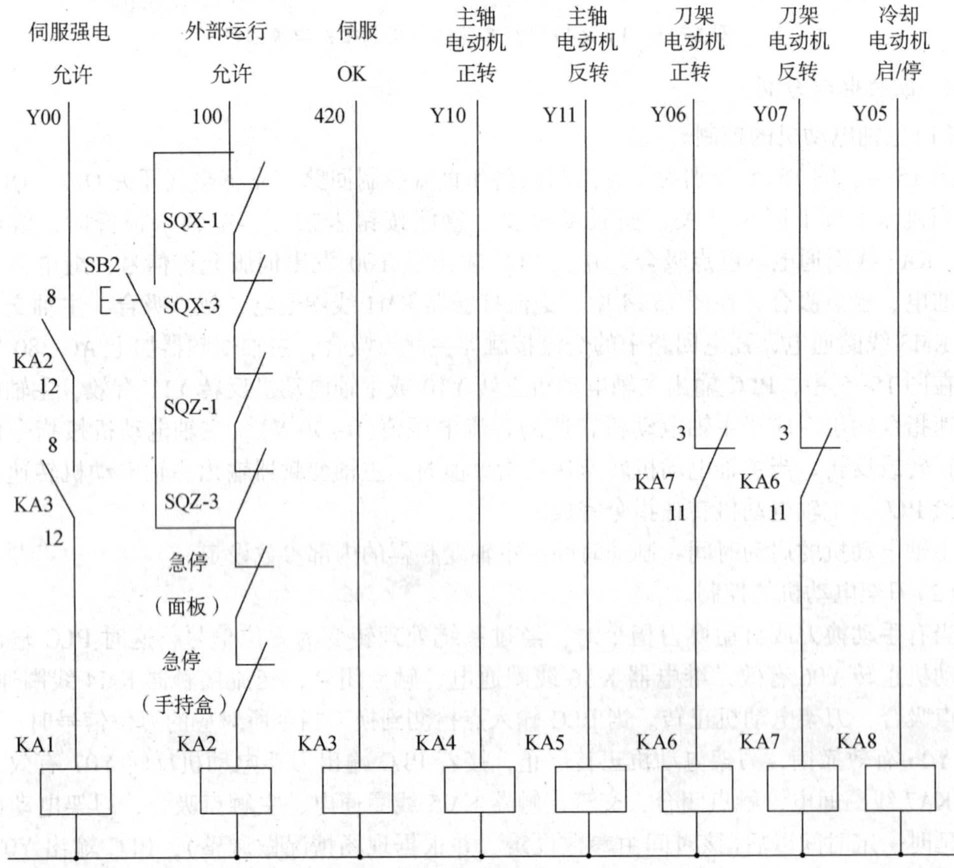


图 15-5　直流控制回路

需要注意的是，刀架转位换刀只能一个方向转动，取刀架电动机正转。刀架电动机反转时，刀架锁紧定位。

(3)冷却电动机控制。

当有手动或自动冷却指令时，PLC 输出冷却电动机启/停 Y05 有效，继电器 KA8 线圈通电、触点闭合，交流接触器 KM6 线圈通电、主触点吸合，冷却电动机旋转，带动冷却泵工作。

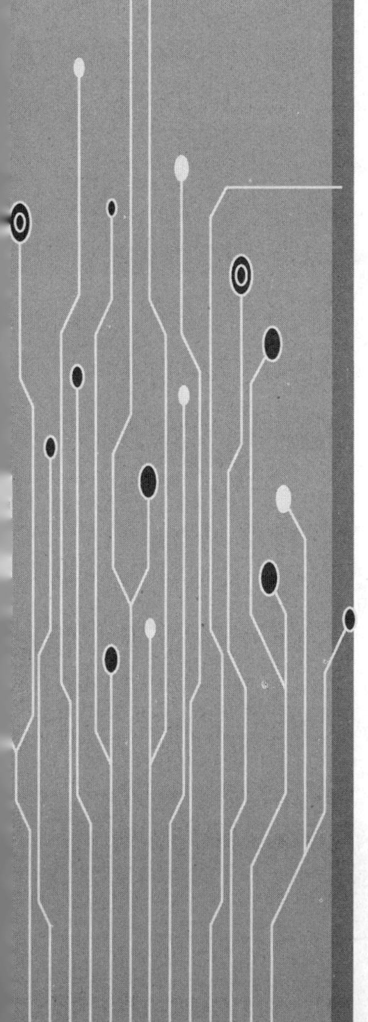

# 提高篇

项目 16

# 交通信号灯顺序运行 PLC 控制系统的设计与调试

## 16.1 项目任务

了解交通信号灯顺序运行的控制需求，理解顺序控制设计法中的启保停电路编程法，掌握编程要点，建立良好的程序设计思维。

## 16.2 项目目标

(1)理解顺序控制设计法中的启保停电路编程法。

(2)掌握编程要点，建立良好的程序设计思维。

(3)具有安全、节约意识。

(4)具有团结协作精神。

## 16.3 项目描述

交通信号灯常用于管理道路交通流量和保证交通安全。红绿灯是最常见的、颜色最好识别(对比度高)的交通灯，通常由红灯、绿灯和黄灯组成，其中各颜色灯所代表的含义如下。

(1)红灯：表示停止。当红灯亮起时，车辆必须停下等待，不得通过路口。这是为了确保交叉道路上的车辆安全地停下，避免交通事故和碰撞发生。

(2)绿灯：表示通行。当绿灯亮起时，车辆可以安全地通过路口，但仍需注意交通流量和行人。

(3)黄灯：表示警告。当黄灯亮起时，它是一个过渡信号，给驾驶员留出准备停车的时间。在某些情况下，黄灯还可以表示准备开始行动，如在左转或右转时。

红绿灯的变化由交通信号控制器控制。控制器具有预设程序，根据交通流量和时间间隔来决定每个灯的工作状态。在一般情况下，红绿灯会按照一定的时间序列进行循环。例如，红灯亮起一段时间，然后绿灯亮起一段时间，最后黄灯亮起一段时间。这个时间序列可以根据路口的交通需求和交通流量进行调整，以便最大程度地提高交通的效率和安全性。

## 16.4 项目分析

本项目旨在设计和实施一个基于PLC的交通信号灯顺序运行控制系统，用于管理交通信号灯的顺序运行。该系统将提供自动、准确和可靠的交通信号灯控制，以确保交通流量的合理调配，提高交通效率和安全性。系统设计将基于以下两个关键要点。

(1)集中控制。PLC将作为交通信号灯控制系统的控制核心，负责控制和监测交通信号灯的状态。

(2)信号灯顺序运行。系统将控制交通信号灯按一定的顺序自动运行，本项目中的运行顺序参照下文具体控制要求中给出的顺序。

## 16.5 项目实施

### 1. 本项目具体控制要求

交通信号灯布置如图16-1所示。按下启动按钮，东西绿灯亮25 s、闪烁3 s后熄灭，然后黄灯亮2 s后熄灭，紧接着红灯亮30 s后再熄灭，再接着绿灯亮……如此循环；在东西绿灯亮的同时，南北红灯亮30 s，然后绿灯亮25 s、闪烁3 s后熄灭，紧接着黄灯亮2 s后熄灭，再接着红灯亮……如此循环，其工作情况如表16-1所示。

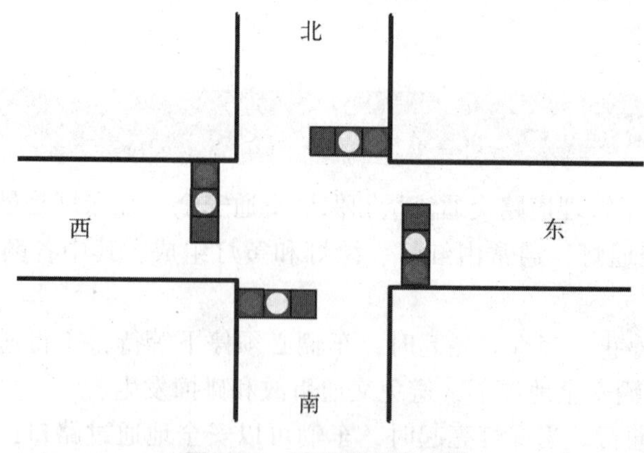


图16-1　交通信号灯布置

表 16-1 交通信号灯工作情况

| 方向 | 信号灯工作情况 | | | | | |
|---|---|---|---|---|---|---|
| 东西 | 绿灯 | 绿闪 | 黄灯 | 红灯 | | |
| | 25 s | 3 s | 2 s | 30 s | | |
| 南北 | 红灯 | | | 绿灯 | 绿闪 | 黄灯 |
| | 30 s | | | 25 s | 3 s | 2 s |

试根据上述的控制要求，编制程序。

2. 根据控制要求，进行 I/O 分配

I/O 分配如表 16-2 所示。

表 16-2 I/O 分配

| 输入 | | | 输出 | | |
|---|---|---|---|---|---|
| 输入设备 | 输入地址 | 功能说明 | 输出设备 | 输出地址 | 功能说明 |
| SB1 | I0. 0 | 开始按钮 | HL1 | Q0. 0 | 东西绿灯 |
| — | — | — | HL2 | Q0. 1 | 东西黄灯 |
| — | — | — | HL3 | Q0. 2 | 东西红灯 |
| SB2 | I0. 1 | 停止按钮 | HL4 | Q0. 3 | 南北绿灯 |
| — | — | — | HL5 | Q0. 4 | 南北黄灯 |
| — | — | — | HL6 | Q0. 5 | 南北红灯 |

3. 根据 I/O 分配，绘制 PLC 外部接线图

PLC 外部接线图如图 16-2 所示。

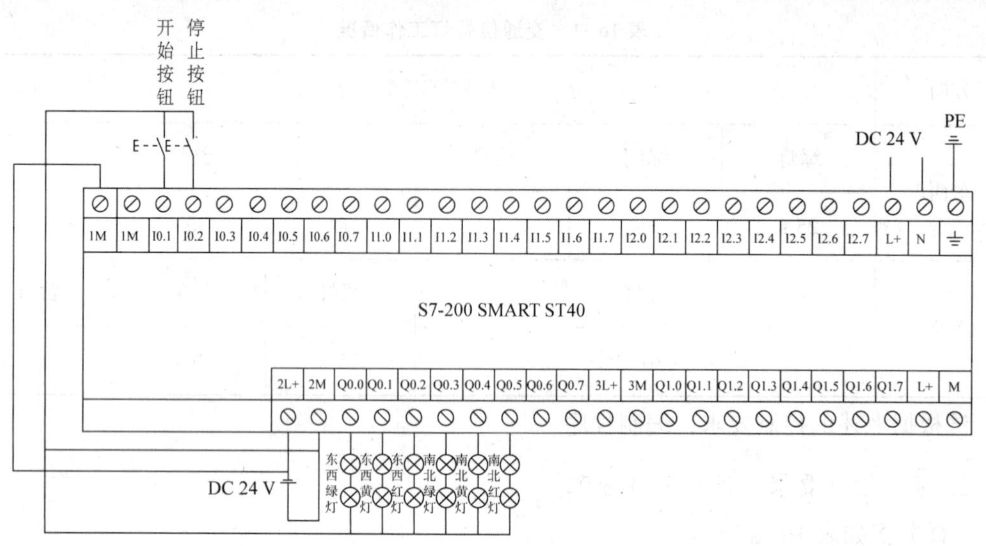


图 16-2　PLC 外部接线图

4. 根据控制要求，绘制 SFC

SFC 如图 16-3 所示。

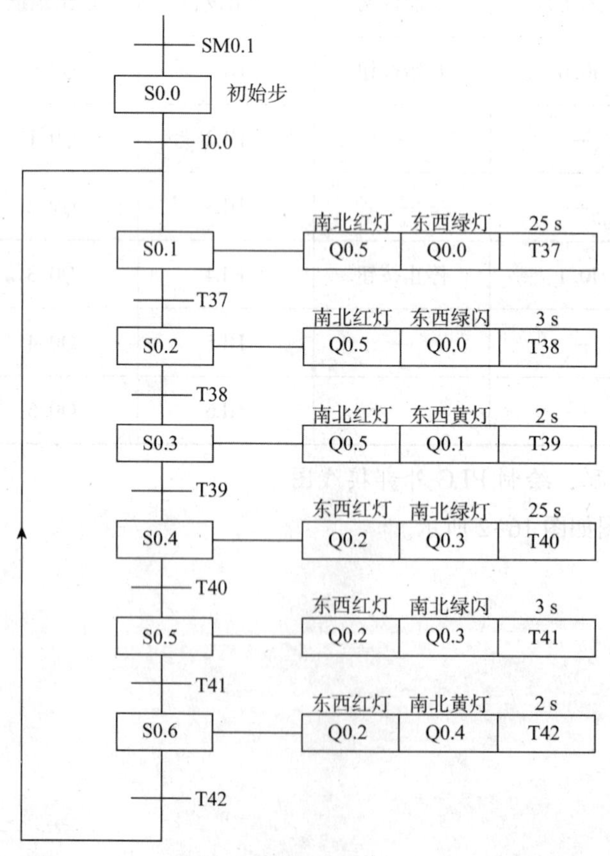


图 16-3　SFC

5. 将 SFC 转化为 LAD

LAD 如图 16-4 所示。

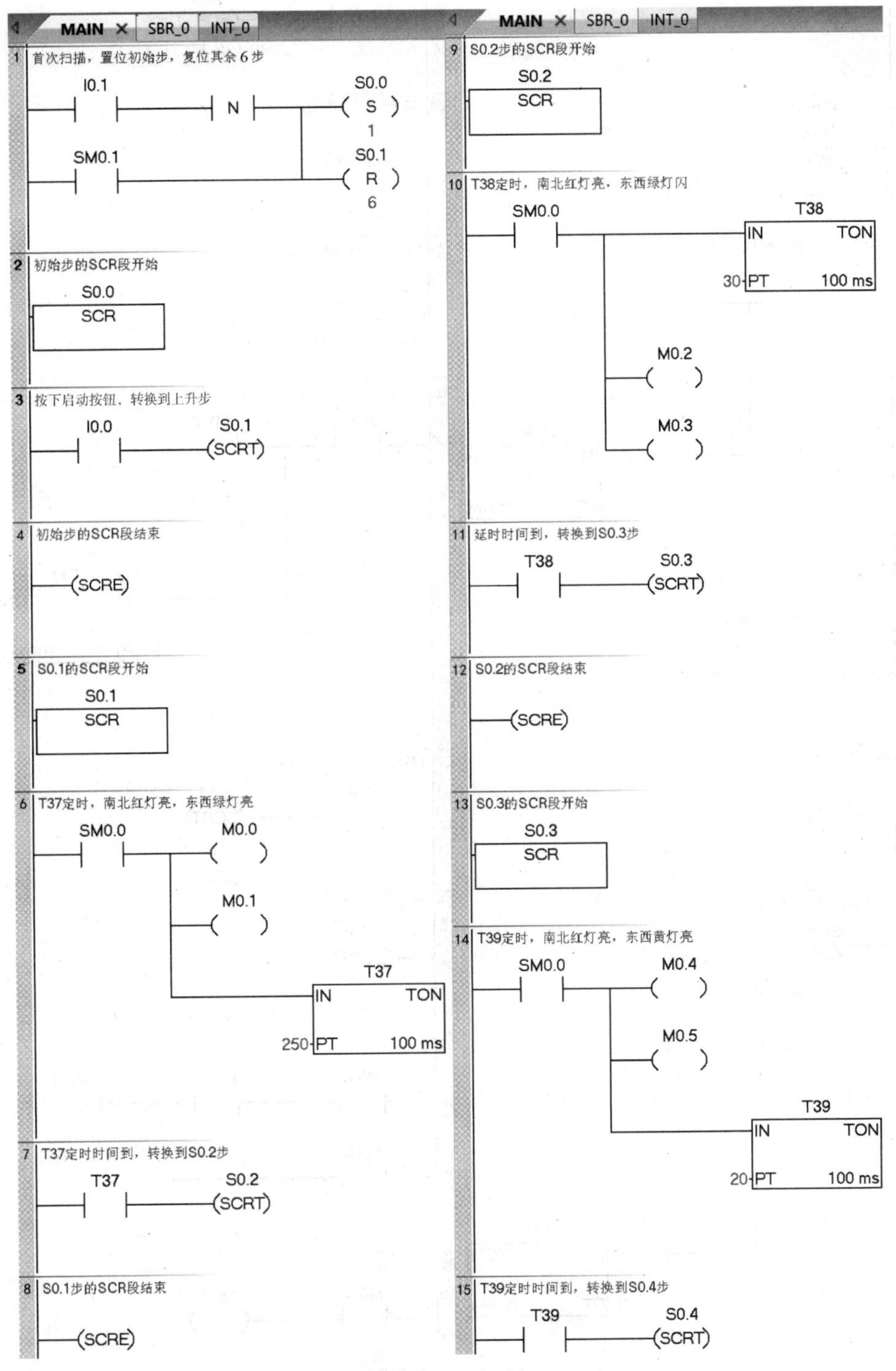


图 16-4 LAD

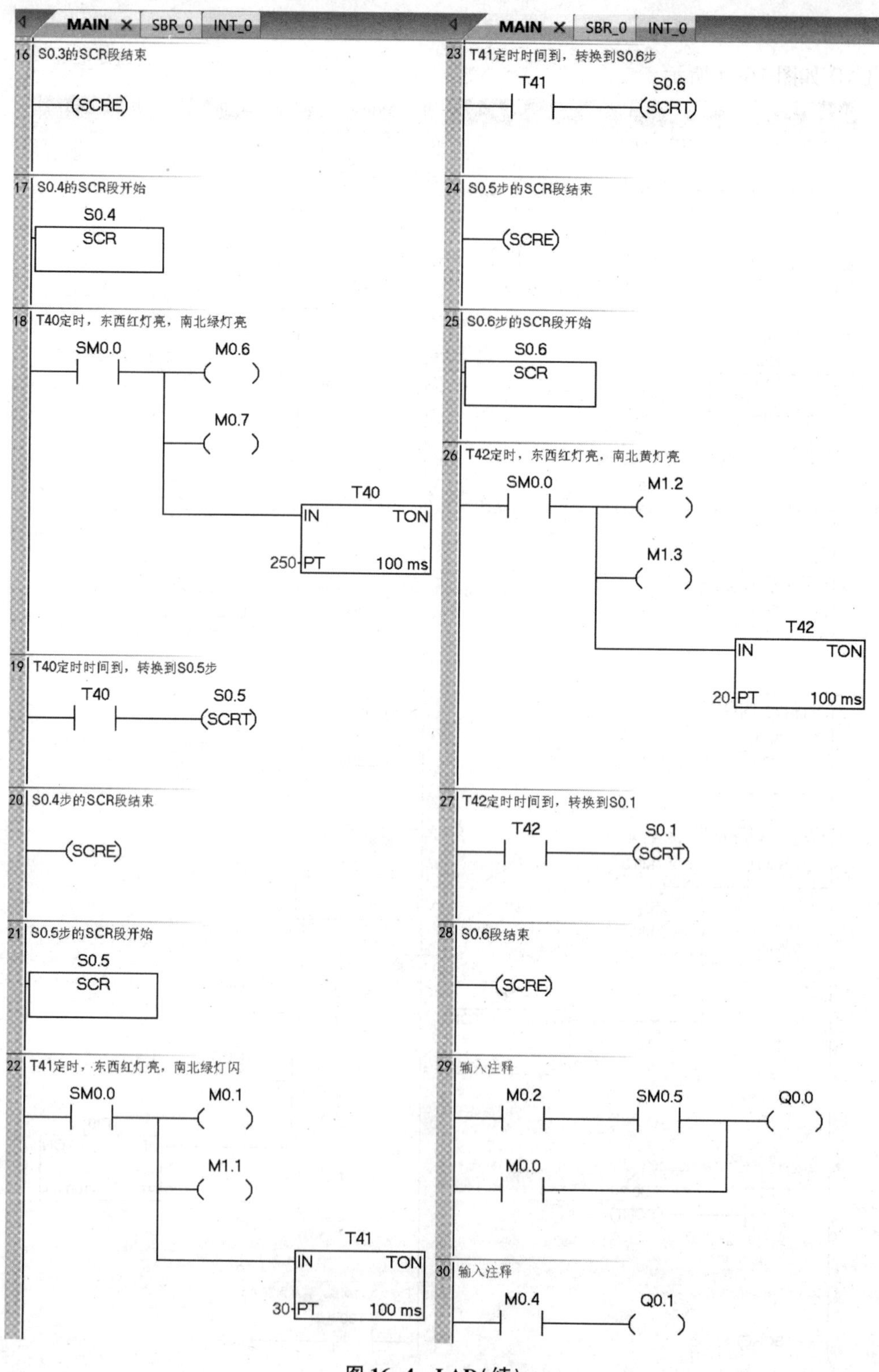
MAIN ×
SBR_0
INT_0
16 S0.3的SCR段结束
SCRE
17 S0.4的SCR段开始
S0.4
SCR
18 T40定时，东西红灯亮，南北绿灯亮
SM0.0
M0.6
M0.7
T40
IN
TON
250 PT
100 ms
19 T40定时时间到，转换到S0.5步
T40
S0.5
SCRT
20 S0.4步的SCR段结束
SCRE
21 S0.5步的SCR段开始
S0.5
SCR
22 T41定时，东西红灯亮，南北绿灯闪
SM0.0
M0.1
M1.1
T41
IN
TON
30 PT
100 ms
23 T41定时时间到，转换到S0.6步
T41
S0.6
SCRT
24 S0.5步的SCR段结束
SCRE
25 S0.6步的SCR段开始
S0.6
SCR
26 T42定时，东西红灯亮，南北黄灯亮
SM0.0
M1.2
M1.3
T42
IN
TON
20 PT
100 ms
27 T42定时时间到，转换到S0.1
T42
S0.1
SCRT
28 S0.6段结束
SCRE
29 输入注释
M0.2
SM0.5
Q0.0
M0.0
30 输入注释
M0.4
Q0.1

图 16-4 LAD(续)

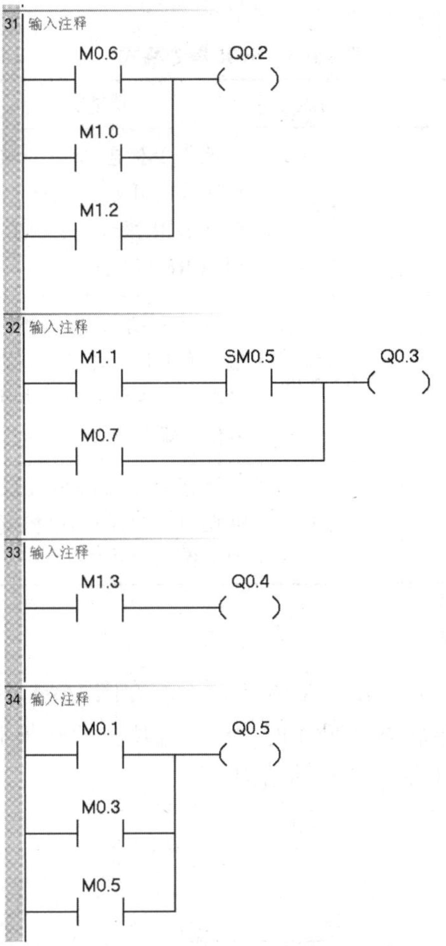

图 16-4 LAD(续)

## 16.6 预备知识

S7-200 SMART 系列 PLC 的顺序控制继电器(Sequence Control Relay, SCR)指令是基于 SFC 的编程方式，专门用于编制顺序控制程序。顺序控制程序被装载顺序控制继电器(Load Sequence Control Relay, LSCR)指令划分为若干个 SCR 段，一个 SCR 段对应于 SFC 中的一步。

SCR 指令不能与辅助继电器连用，只能和状态继电器连用，才能实现顺序控制功能。SCR 指令格式如表 16-3 所示。

当 SCR 位的状态为 1(如 S0.1=1)时，对应的 SCR 段被激活，即 SFC 对应的步被激活，成为活动步，否则是非活动步。SCR 段中执行程序所完成的动作(或命令)对应着 SFC 中该步相关的动作(或命令)。程序段的转换(Sequence Control Relay Transition, SCRT)指令相当于实施了 SFC 中步的转换功能。由于 PLC 周期性循环扫描执行程序，编制程序时各 SCR 段只要按 SFC 有序地排列，各 SCR 段活动状态的进展就能完全按照 SFC 中有向连线规定的方向进行。

表 16-3　SCR 指令格式

| 指令名称 | 梯形图 | 语句表 | 功能说明 | 数据类型及操作数 |
| --- | --- | --- | --- | --- |
| 顺序步开始指令 | ??.? SCR | LSCR S bit | 该指令标志着一个顺序控制程序段的开始，当输入为 1 时，允许 SCR 段动作，SCR 段必须用 SCRE 指令结束 | BOOL，S |
| 顺序步转换指令 | ??.? —(SCRT) | SCRT S bit | 该指令执行 SCR 段的转换。当输入为 1 时，对应下一个 SCR 段使能位被置位，同时本使能位被复位，即本 SCR 段停止工作 | |
| 顺序步结束指令 | —(SCRE) | SCRE | 该指令结束由 SCR 段开始到 SCRE 指令之间顺序控制程序段的工作 | — |

## 16.6.1　单序列编程

单序列 SFC 与 LAD 的对应关系如图 16-5 所示。在图 16-5 中，当 $S_{i-1}$为活动步，$S_{i-1}$步开始，$Q_{i-1}$有输出；当满足转换条件 $I_i$时，$S_i$被置位，即转换到下一步 $S_i$步，$S_{i-1}$步停止。对于单序列程序，每一步都是这样的结构。

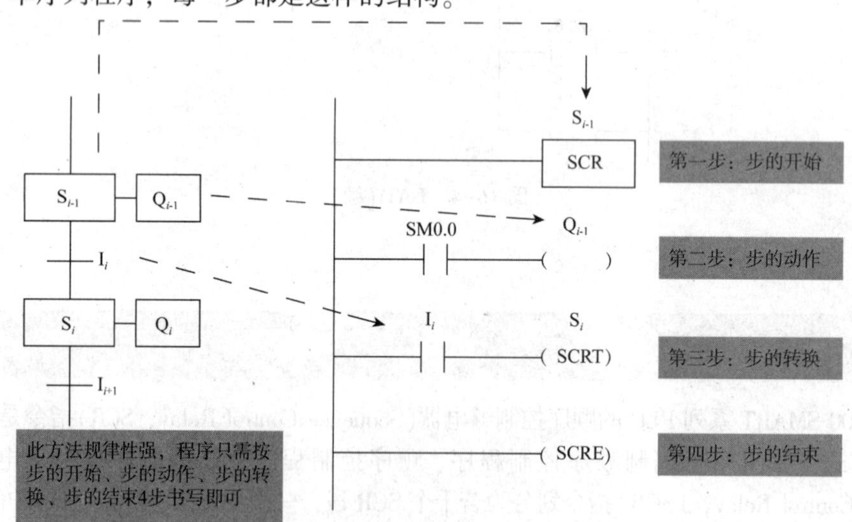


图 16-5　单序列 SFC 与 LAD 的对应关系

## 16.6.2　选择序列编程

选择序列每个分支的动作由转换条件决定。注意，每次只能选择一条分支进行转移。

1. 分支处编程

选择序列分支处 SFC 与 LAD 的对应关系如图 16-6 所示。

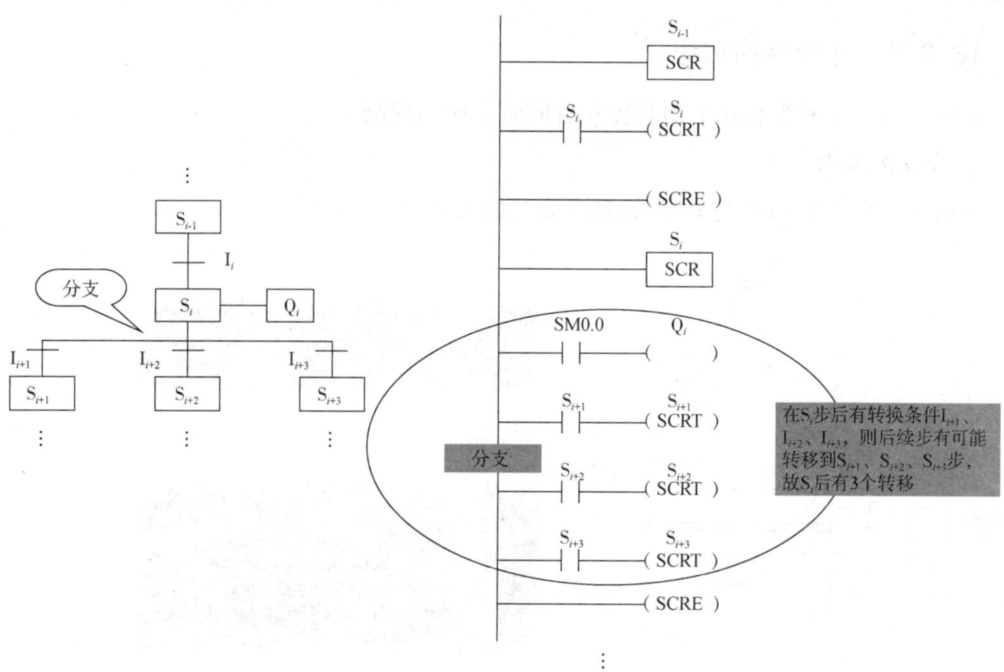


图 16-6 选择序列分支处 SFC 与 LAD 的对应关系

2. 合并处编程

选择序列合并处 SFC 与 LAD 的对应关系如图 16-7 所示。

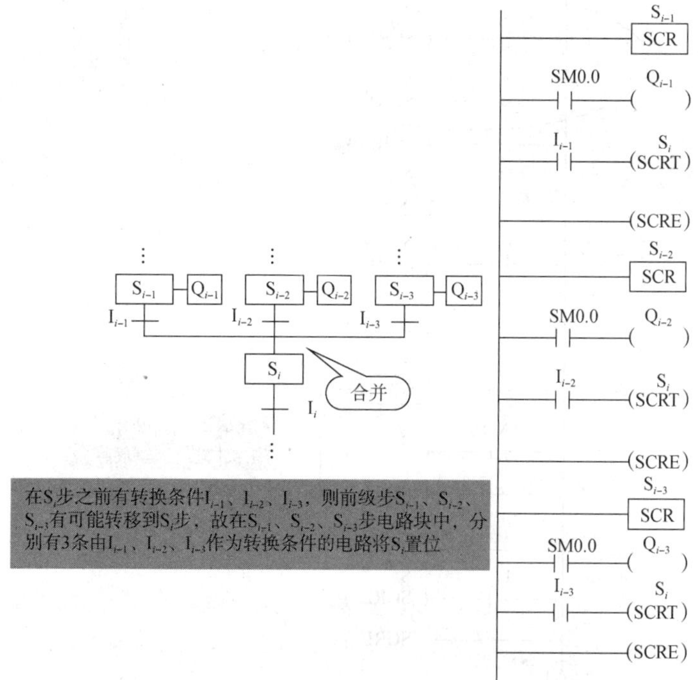


图 16-7 选择序列合并处 SFC 与 LAD 的对应关系

## 16.6.3 并行序列编程

并行序列用于系统有几个相对独立且同时动作的控制。

1. 分支处编程

并行序列分支处 SFC 与 LAD 的对应关系如图 16-8 所示。

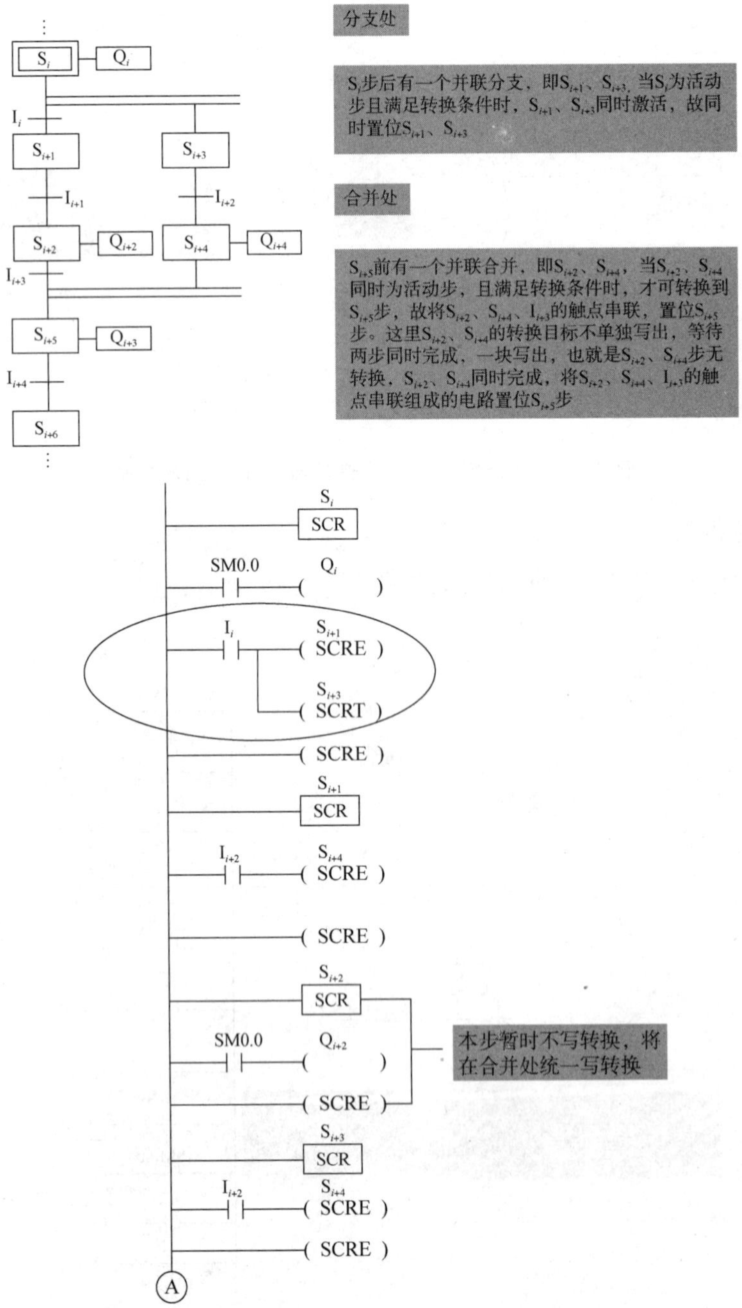

$S_i$
$Q_i$
$I_i$
$S_{i+1}$
$S_{i+3}$
$I_{i+1}$
$I_{i+2}$
$S_{i+2}$
$Q_{i+2}$
$S_{i+4}$
$Q_{i+4}$
$I_{i+3}$
$S_{i+5}$
$Q_{i+3}$
$I_{i+4}$
$S_{i+6}$
分支处
$S_i$步后有一个并联分支，即$S_{i+1}$、$S_{i+3}$，当$S_i$为活动步且满足转换条件时，$S_{i+1}$、$S_{i+3}$同时激活，故同时置位$S_{i+1}$、$S_{i+3}$
合并处
$S_{i+5}$前有一个并联合并，即$S_{i+2}$、$S_{i+4}$，当$S_{i+2}$、$S_{i+4}$同时为活动步，且满足转换条件时，才可转换到$S_{i+5}$步，故将$S_{i+2}$、$S_{i+4}$、$I_{i+3}$的触点串联，置位$S_{i+5}$步。这里$S_{i+2}$、$S_{i+4}$的转换目标不单独写出，等待两步同时完成，一块写出，也就是$S_{i+2}$、$S_{i+4}$步无转换，$S_{i+2}$、$S_{i+4}$同时完成，将$S_{i+2}$、$S_{i+4}$、$I_{i+3}$的触点串联组成的电路置位$S_{i+5}$步
$S_i$ SCR
SM0.0 $Q_i$
$I_i$ $S_{i+1}$ SCRE
$S_{i+3}$ SCRT
SCRE
$S_{i+1}$ SCR
$I_{i+2}$ $S_{i+4}$ SCRE
SCRE
$S_{i+2}$ SCR
SM0.0 $Q_{i+2}$
SCRE
本步暂时不写转换，将在合并处统一写转换
$S_{i+3}$ SCR
$I_{i+2}$ $S_{i+4}$ SCRE
SCRE
A


图 16-8 并行序列分支处 SFC 与 LAD 的对应关系

2. 合并处编程

并行序列合并处 SFC 与 LAD 的对应关系如图 16-9 所示。

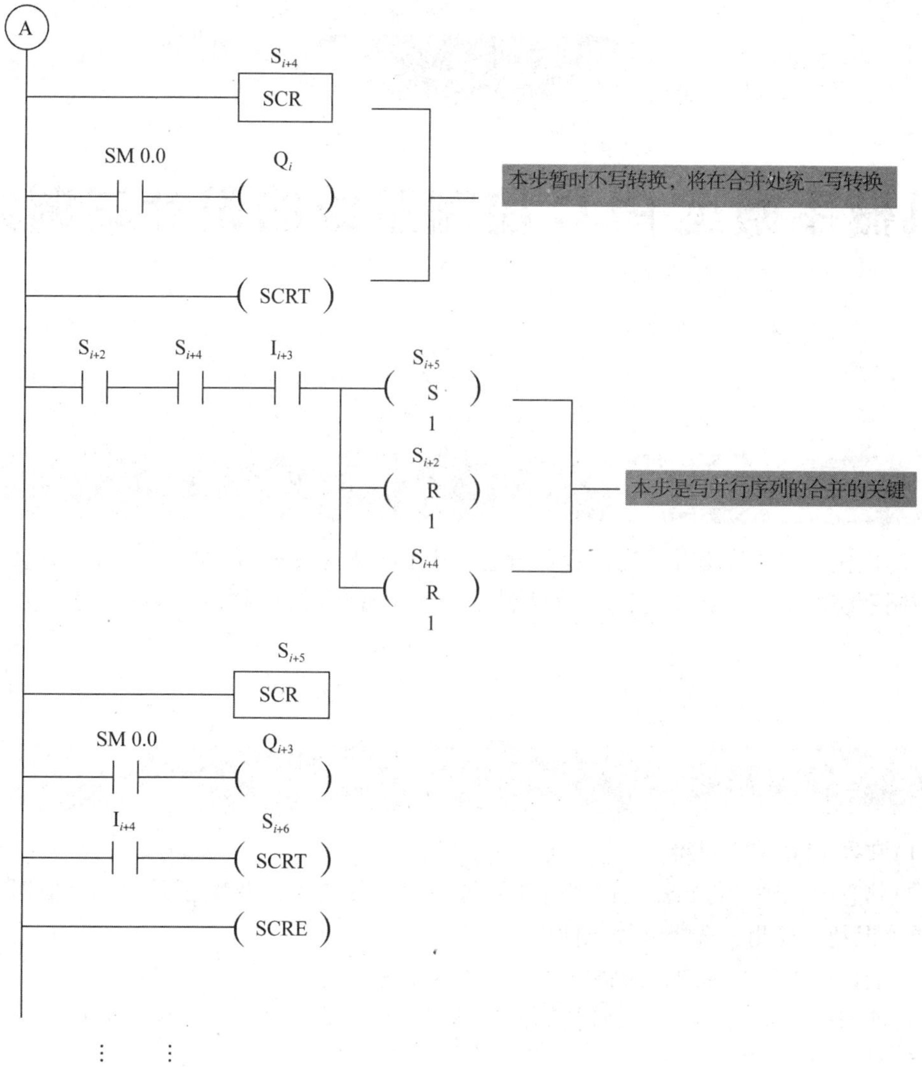


⋮ ⋮

16-9 并行序列合并处 SFC 与 LAD 的对应关系

项目 17

# 机械手搬运 PLC 控制系统的设计与调试

## 17.1 项目任务

理解机械手工作环境及工作过程；学会应用 PLC 控制机械手的控制方法；学会搬运机械手控制系统的安装与调试，建立设计思维；学会分析控制过程中出现故障原因及解决方案。

## 17.2 项目目标

(1)掌握 PLC 编程思维。

(2)熟悉电磁阀、传感器、伺服电动机等电气元件的作用及工作原理，会根据不同的项目要求识别、检测、选择电气元件。

(3)能识读电气原理图，能将电气原理图转化为接线图。

(4)能根据控制流程绘制 PLC 控制流程图，并根据流程图进行 I/O 分配并编写程序。

(5)具有安全、节约意识。

(6)具有团结协作的精神。

(7)熟悉电气控制职业岗位。

## 17.3 项目描述

随着科学技术的不断发展，机械手已经成为柔性制造系统、自动化工厂等的必要工具。如今，机械手在各个工业领域都得到广泛应用，机械手搬运流水线和装配流水线分别如图 17-1 和图 17-2 所示。机械手在搬运方面极大地提高了劳动生产率，降低了制造成本。在工业生产过程中，一般安排两台机械手实现装配搬运流水线工作，由两台机械手配合将一条传送带上的物料搬运到另一条传送带上，适用于在中、小批量生产的柔性自动化生产线上实现工件在流水线上的搬运，具有较高的工作效率、准确的定位精度、超强的适应能力，实现了机械化和自动化的有效结合。

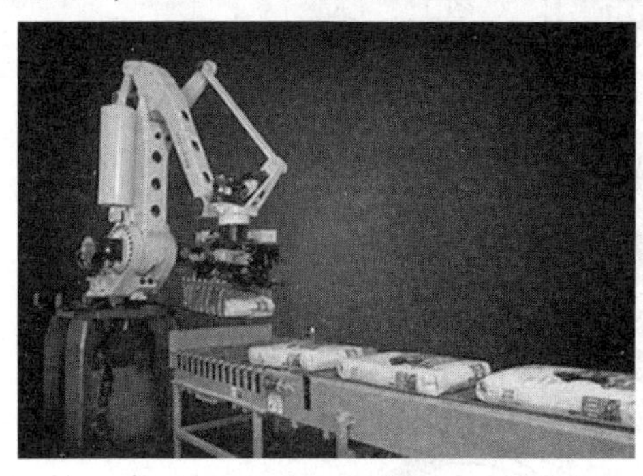

图 17-1　机械手搬运流水线

图 17-2　机械手装配流水线

## 17.4　项目分析

本项目由两台机械手、两条传送带组成，机械手将物料搬起放于传送带 1 上，传送带 1 运行到机械手 2 的位置，机械手 2 再将物料搬运到传送带 2 上。

该项目机械手是气动控制，以压缩空气的压力来驱动执行机构运动，其特点是介质来源方便、气动动作迅速、结构简单、成本低，适用于在高速、轻载、高温等环境中进行工作。

该项目控制系统组成主要由以下部件组成。

(1)控制装置：采用 PLC 控制，用来处理各种信息和调度，完成控制过程。

(2)驱动部分：为了使机械手完成操作及移动功能，机械手各关节采用气动方式驱动。机械手的上升、下降、前进、后退、夹紧、松开动作由电磁阀控制气动传动系统实现。

(3)传感器：由两个行程开关组成，并应用行程开关检测物料位置情况。

(4)传送带：用于传输和运送物料。传送带 1、2 均由电动机驱动，应具有相关保护措施。

## 17.5　项目实施

### 17.5.1　控制要求

机械手搬运系统的工作流程示意图如图 17-3 所示。

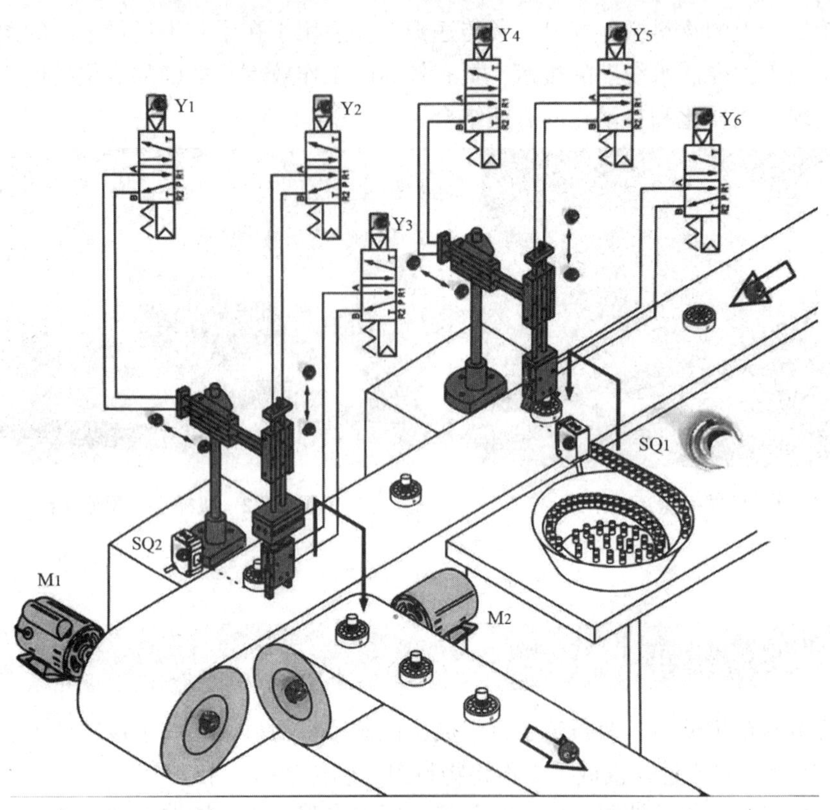


图 17-3 机械手搬运系统的工作流程示意图

首先，电磁阀 Y1、Y2、Y3、Y4、Y5、Y6 和电动机 M1、M2 均为停止状态。

其次，启动传送带，操作步骤如下。

按下启动按钮，M1 运行，当传感器 SQ1 检测到有货物时(SQ1 为 ON)，进行下列操作：M1 停止运行，机械手 1 向前推出(Y4 为 ON)4 s后下行(Y5 为 ON)，4 s 后机械手 1 夹紧物料(Y6 为 ON)，4 s 后机械手 1 向上提起(Y5 为 OFF)，4 s 后机械手 1 向后拉回(Y4 为 OFF)，4 s 后机械手 1 下行(Y5 为 ON)，4 s 后机械手 1 松开物料(Y6 为 OFF)，M1 运行。物料离开 SQ1 位置(SQ1 为 OFF)。当传感器 SQ2 检测到有货物时(SQ2 为 ON)进行下列操作：M1 停止运行，机械手 2 向下运行(Y2 为 ON)，4 s 后机械手 2 夹紧物料(Y3 为 ON)，4 s 后机械手 2 向上提起(Y2 为 OFF)，4 s 后机械手 2 向前推出(Y1 为 ON)，4 s 后机械手 2 下行(Y2 为 ON)，4 s后机械手 2 松开物料(Y3 为 OFF)，4 s后机械手 2 向上提起(Y2 为 OFF)，电动机 M2 运行 10 s，送走货料，同时，机械手 2 向上提起，4 s 后机械手 2 向后拉回(Y1 为 OFF)。

最后，停止操作，按下停止按钮，系统回到初始状态。

试根据上述控制要求编制程序。

## 17.5.2 I/O 分配

根据控制要求进行 I/O 分配，如表 17-1 所示，包含启动、停止按钮，两个物料到位传感器，控制传送带 1 和 2 的中间继电器，控制机械手 1 和 2 的 6 个电磁阀。

表 17-1 I/O 分配

| 输入 | | | 输出 | | |
|---|---|---|---|---|---|
| 输入设备 | 输入地址 | 功能说明 | 输出设备 | 输出地址 | 功能说明 |
| SB1 | I0. 0 | 启动按钮 | KA1 | Q0. 0 | 控制传输带 1 |
| | | | YV1 | Q0. 1 | 控制机械手 2 前进 |
| SQ1 | I0. 1 | 传感器 SQ1 | YV2 | Q0. 2 | 控制机械手 2 下降 |
| | | | YV3 | Q0. 3 | 控制机械手 2 夹紧 |
| SQ2 | I0. 2 | 传感器 SQ2 | YV4 | Q0. 4 | 控制机械手 1 前进 |
| | | | YV5 | Q0. 5 | 控制机械手 1 下降 |
| SB2 | I0. 3 | 停止按钮 | YV6 | Q0. 6 | 控制机械手 1 夹紧 |
| | | | KA2 | Q0. 7 | 控制传送带 2 |

## 17. 5. 3 电气原理图

根据 I/O 分配，分别绘制 PLC 外部接线图及电气原理图，如图 17-4 和图 17-5 所示。

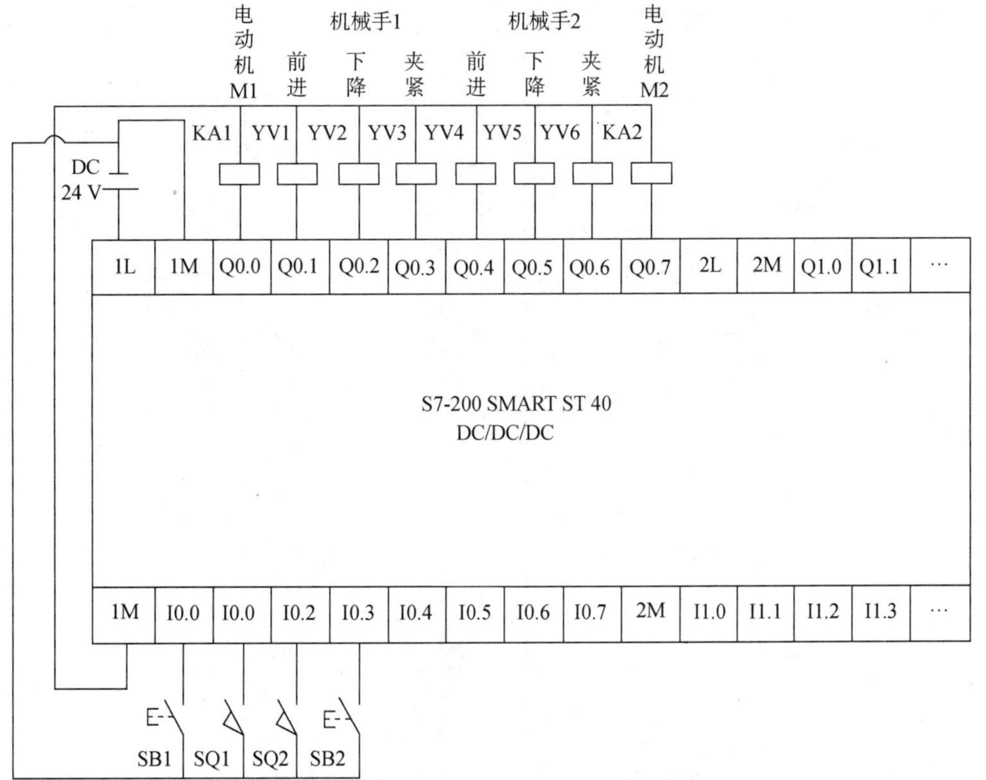


图 17-4 PLC 外部接线图

QF1
L1
L2
L3
FU1
FU2
KM1
KM2
M1~
M2~
L
N
KA1
KA2
KM2
KM1
KM1
KM2

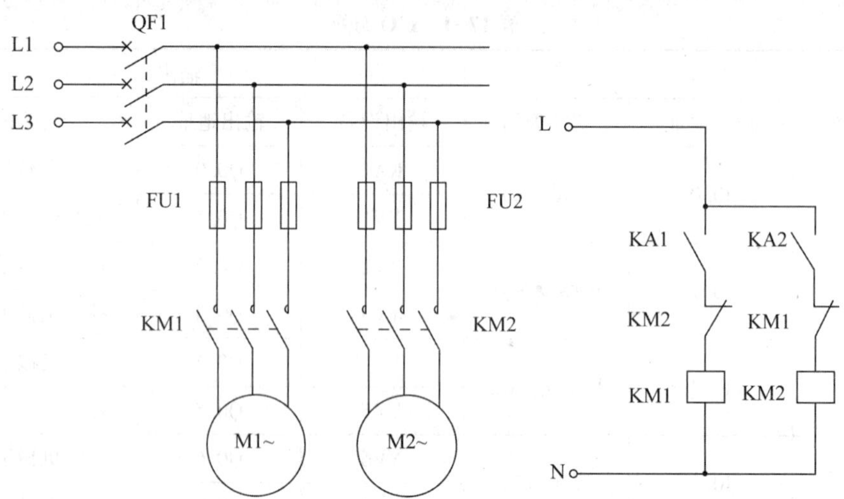

图 17-5　电气原理图

## 17.5.4　控制流程图

根据控制要求绘 SFC，如图 17-6 所示。

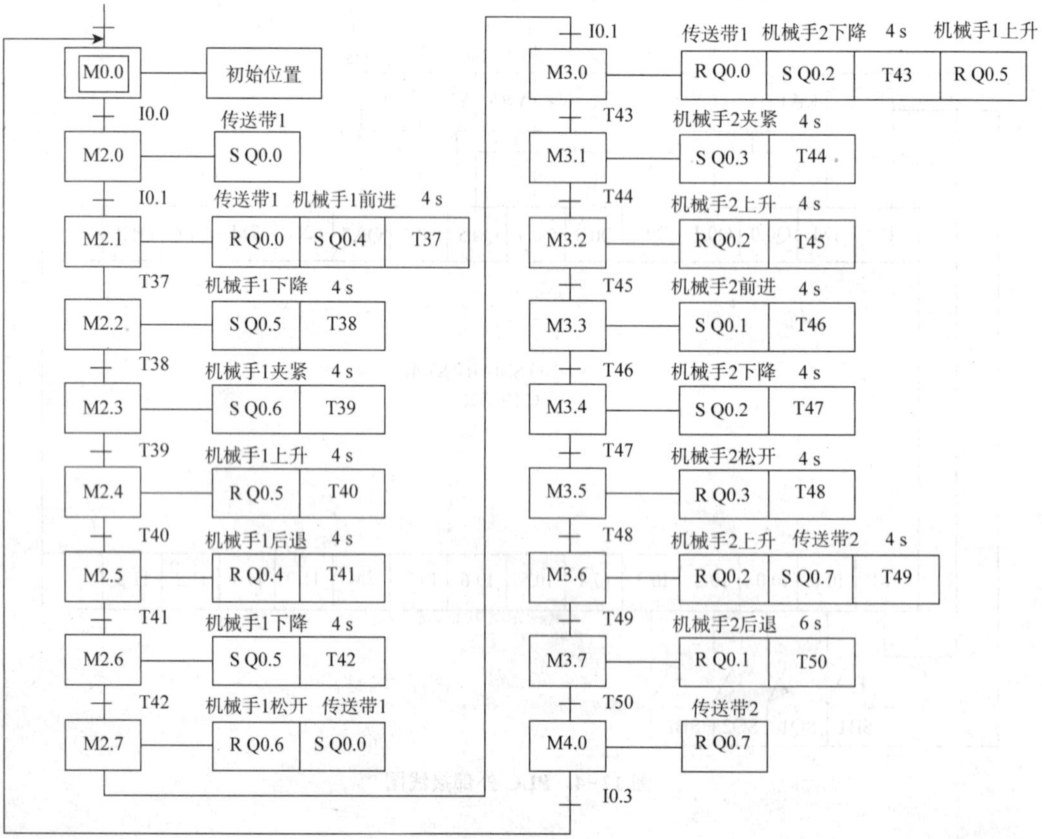

M0.0
初始位置
I0.0
传送带1
M2.0
S Q0.0
I0.1
传送带1　机械手1前进　4 s
M2.1
R Q0.0
S Q0.4
T37
T37
机械手1下降　4 s
M2.2
S Q0.5
T38
T38
机械手1夹紧　4 s
M2.3
S Q0.6
T39
T39
机械手1上升　4 s
M2.4
R Q0.5
T40
T40
机械手1后退　4 s
M2.5
R Q0.4
T41
T41
机械手1下降　4 s
M2.6
S Q0.5
T42
T42
机械手1松开　传送带1
M2.7
R Q0.6
S Q0.0
I0.1
传送带1　机械手2下降　4 s　机械手1上升
M3.0
R Q0.0
S Q0.2
T43
R Q0.5
T43
机械手2夹紧　4 s
M3.1
S Q0.3
T44
T44
机械手2上升　4 s
M3.2
R Q0.2
T45
T45
机械手2前进　4 s
M3.3
S Q0.1
T46
T46
机械手2下降　4 s
M3.4
S Q0.2
T47
T47
机械手2松开　4 s
M3.5
R Q0.3
T48
T48
机械手2上升　传送带2　4 s
M3.6
R Q0.2
S Q0.7
T49
T49
机械手2后退　6 s
M3.7
R Q0.1
T50
T50
传送带2
M4.0
R Q0.7
I0.3

图 17-6　SFC

## 17.5.5 程序设计

根据控制要求及上述流程图编写LAD，如图17-7~图17-14所示。

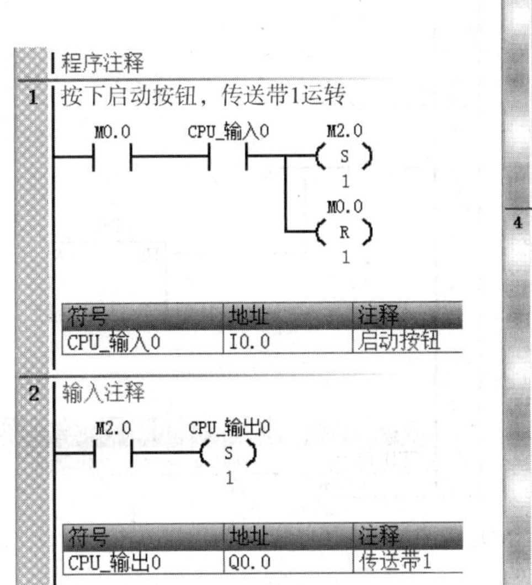


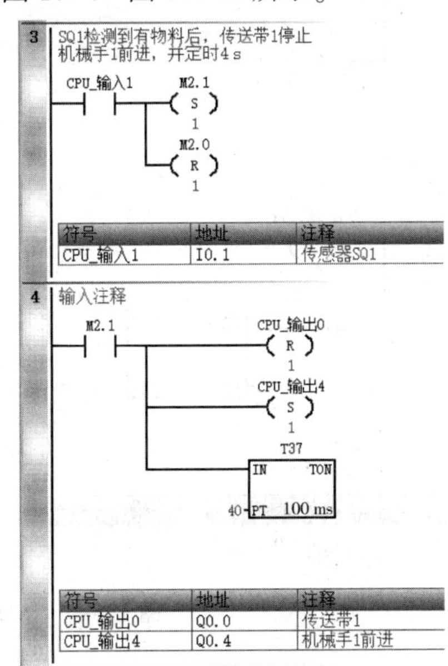


图17-7 LAD(程序段1~4)

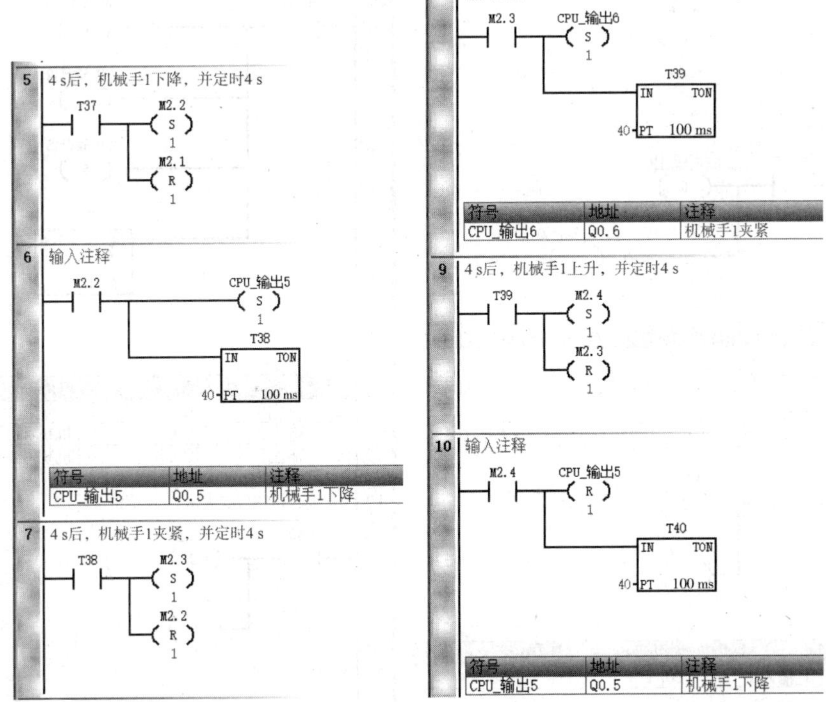


图17-8 LAD(程序段5~10)

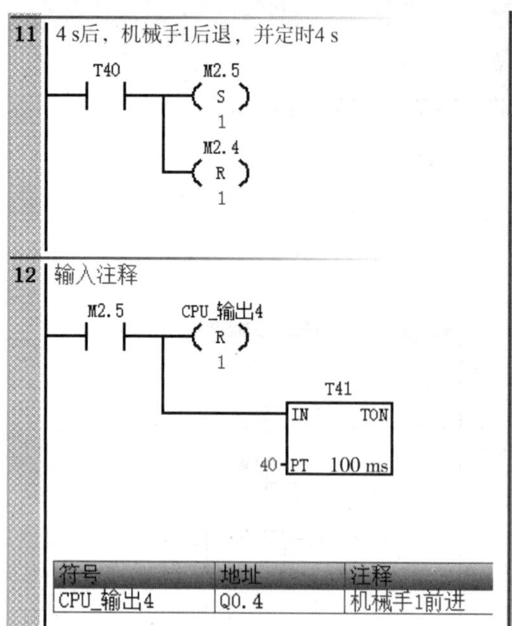


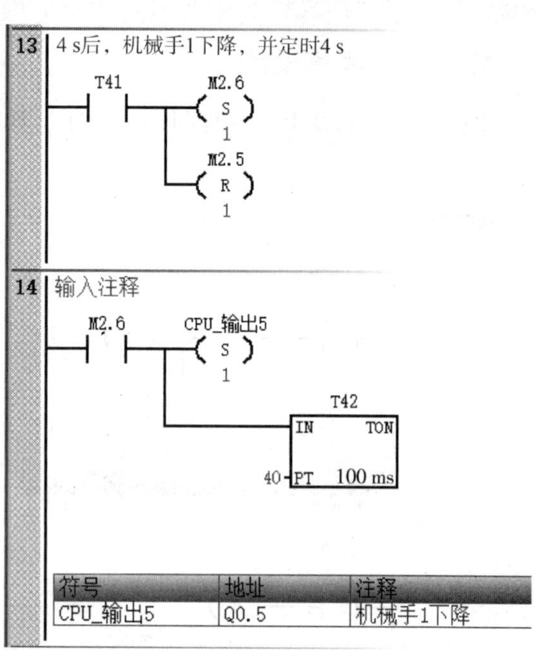


图 17-9 LAD(程序段 11~14)

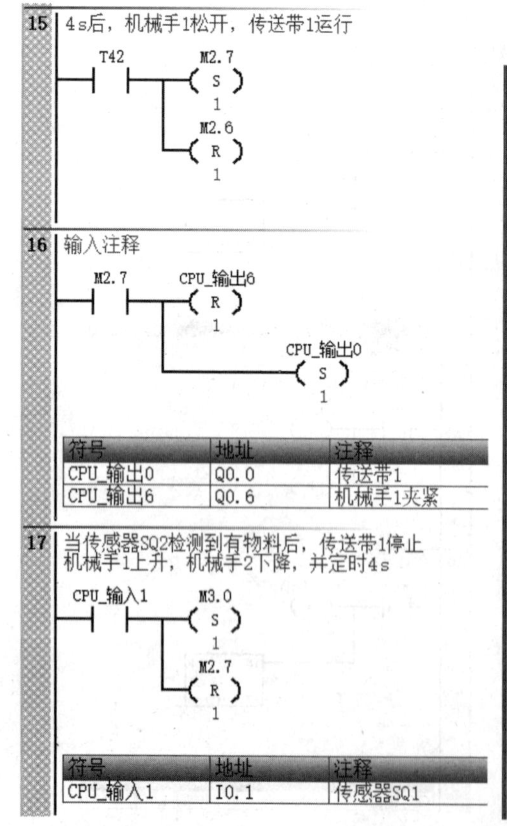


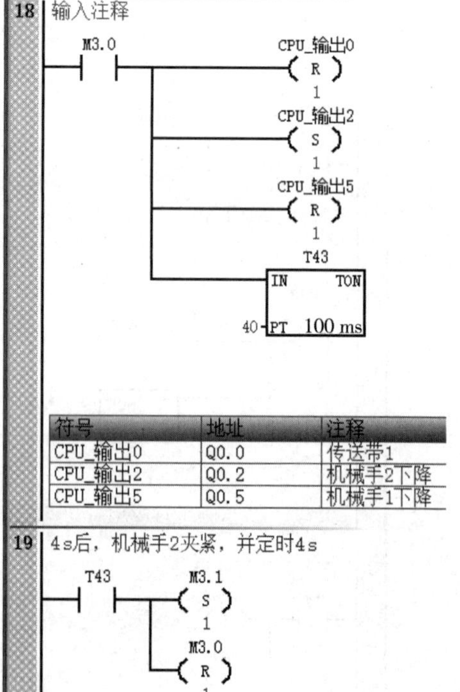


图 17-10 LAD(程序段 15~19)

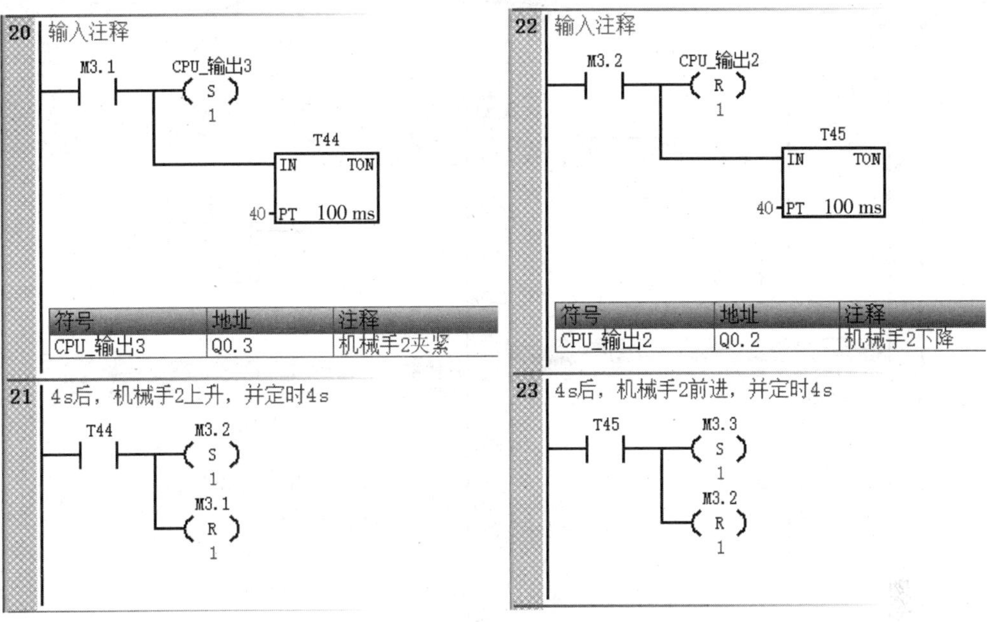


图 17-11 LAD(程序段 20~23)

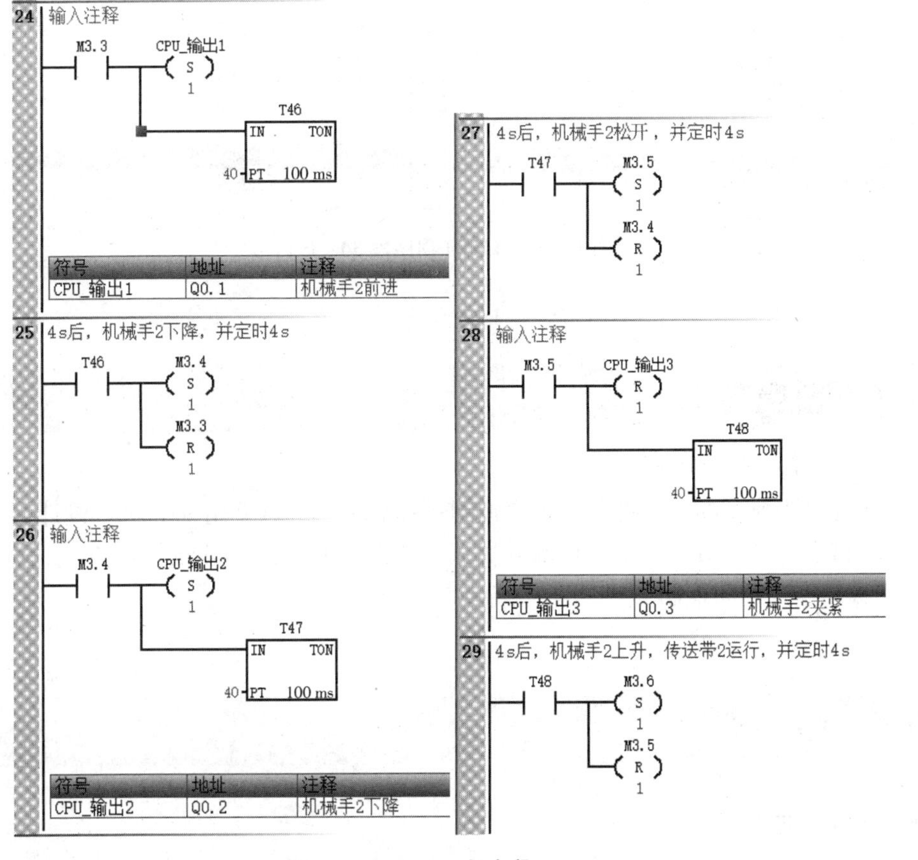


图 17-12 LAD(程序段 24~29)

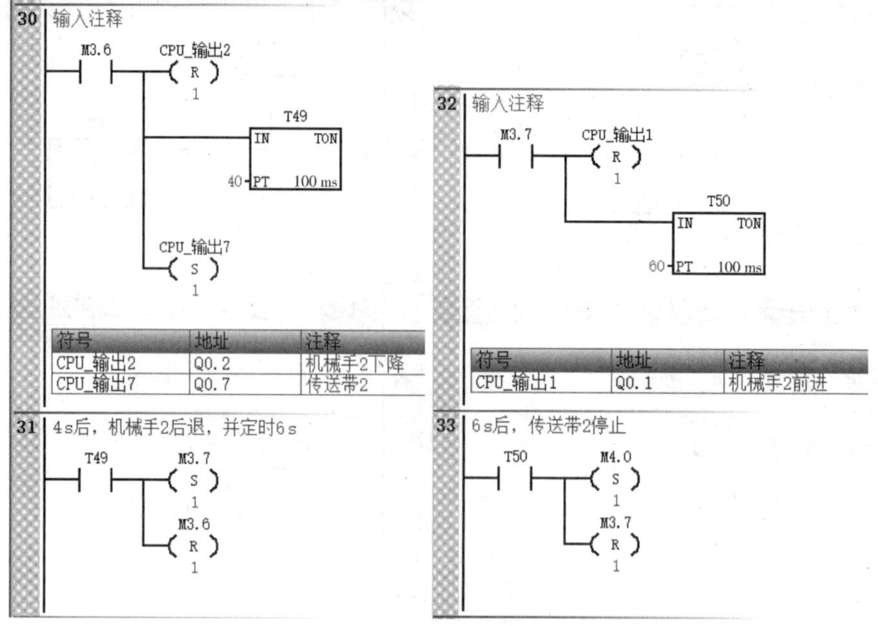


图 17-13　LAD(程序段 30~33)

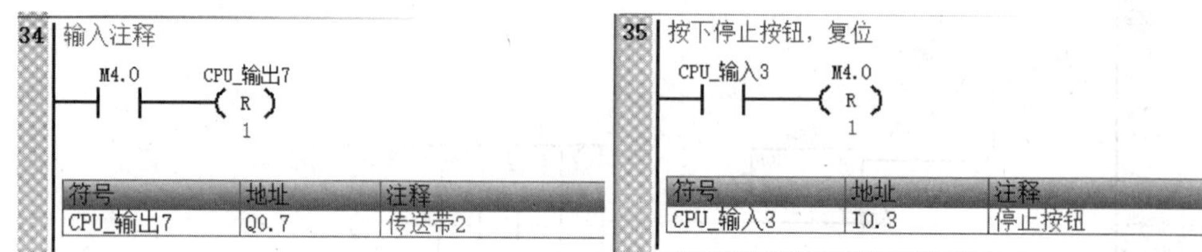


图 17-14　LAD(程序段 34~35)

## 17.6　项目提高

本章内容的拓展部分如下。

(1)本项目为典型的顺序控制，程序控制过程简单，也可采用 SFC 进行设计。

(2)机械手控制一般包括手动控制方式、单周期控制方式和连续控制方式，可自行设计控制面板，实现手动控制。

## 17.7　预备知识

### 17.7.1　传送指令

传送(Move，MOV)指令是指将数据元素复制到新的存储器地址的指令，传送过程不会更改源数据。按照功能可分为单一数据的传送指令、数据块的传送指令、交换字节指令和字节传送立即读写指令等，前两类 MOV 指令又按传送的数据类型分为字节(BYTE)、字(WORD)、双字(DWORD)、实数(REAL)型，其说明如表 17-2 所示。

**表 17-2　MOV 指令类型说明**

<table>
<tr><th>数据类型</th><th>LAD/FBD</th><th>说明</th></tr>
<tr><td>BYTE</td><td>MOV_B<br>EN ENO<br>IN OUT</td><td rowspan="4">字节传送指令 MOV_B、字传送指令 MOV_W、双字传送指令 MOV_DW 和实数传送指令 MOV_R 都是将数据值从源(常数或存储单元)传送到新存储单元，而不会更改源存储单元中存储的值。一般使用 MOV_DW 创建指针</td></tr>
<tr><td>WORD</td><td>MOV_W<br>EN ENO<br>IN OUT</td></tr>
<tr><td>DWORD</td><td>MOV_DW<br>EN ENO<br>IN OUT</td></tr>
<tr><td>REAL</td><td>MOV_R<br>EN ENO<br>IN OUT</td></tr>
</table>

当使能有效(即 EN=1)时，将一个输入(IN)的字节、字、双字和实数传送到指定的存储器输出(OUT)，在传送过程中不改变数据的大小，传送后，输入存储器中的内容不变。

I/O 数据类型如表 17-3 所示。

**表 17-3　I/O 数据类型**

<table>
<tr><th>I/O</th><th>数据类型</th><th>操作数</th></tr>
<tr><td rowspan="4">IN</td><td>BYTE</td><td>IB，QB，VB，MB，SMB，SB，LB，AC，＊VD，＊LD，＊AC，Constant</td></tr>
<tr><td>WORD，INT</td><td>IW，QW，VW，MW，SMW，SW，T，C，LW，AC，AIW，＊VD，＊AC，＊LD，Constant</td></tr>
<tr><td>DWORD，DINT</td><td>ID，QD，VD，MD，SMD，SD，LD，HC，&VB，&IB，&QB，&MB，&SB，&T，&C，&SMB，&AIW，&AQW，AC，＊VD，＊LD，＊AC，Constant</td></tr>
<tr><td>REAL</td><td>ID，QD，VD，MD，SMD，SD，LD，AC，＊VD，＊LD，＊AC，Constant</td></tr>
<tr><td rowspan="3">OUT</td><td>BYTE</td><td>IB，QB，VB，MB，SMB，SB，LB，AC，＊VD，＊LD，＊AC</td></tr>
<tr><td>WORD，INT</td><td>IW，QW，VW，MW，SMW，SW，T，C，LW，AC，AQW，＊VD，＊LD，＊AC</td></tr>
<tr><td>DWORD，DINT，REAL</td><td>ID，QD，VD，MD，SMD，SD，LD，AC，＊VD，＊LD，＊AC</td></tr>
</table>

MOV 指令使用技巧如下。

(1)初始化程序。MOV_B 指令应用示例如图 17-15 所示，该指令表示 SM0.1 传送 1 次，将 0 赋值给 VB0 进行程序初始化。

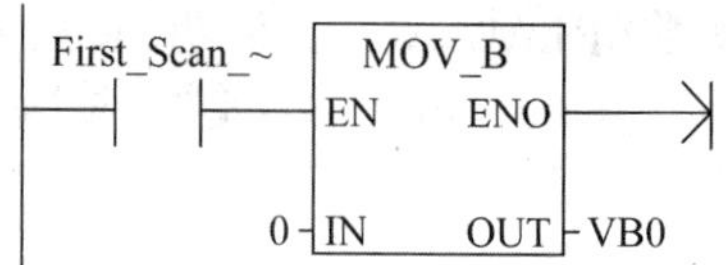


**图 17-15　MOV_B 指令应用示例 1**

(2)清零。在给计数器、数据存储器单元清零时，可以使用 MOV 指令将 IN 端的 0 传送到 OUT 端的 D0 里去，D0 的值即为 0。

(3)赋值。MOV_B 指令应用示例如图 17-16 所示，该指令表示将 1 赋给 VB21。

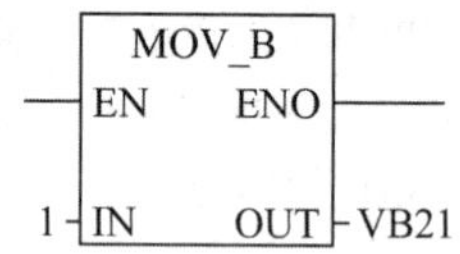


**图 17-16　MOV_B 指令应用示例 2**

(4)数据批量传送。例如，在通信应用中，从站把 I/O 信号等数据批量传送给主站，QW12 开始的 10 个字节传给 VW12 等。

## 17.7.2　解码指令

解码(Decoding，DECO)指令是编码(Encoding，ENCO)指令的逆过程，其将输入中的低 4 位，展开成输出 16 位中的某一位为 1。DECO 指令首先产生一个每一位都为 0 的二进制数，然后根据输入值指示的位号，将输出中相应的二进制位置为 1，其余不变。DECO 指令说明如表 17-4 所示。

**表 17-4　DECO 指令说明**

| LAD/FBD | 说明 |
|---|---|
| DECO<br>EN　ENO<br>IN　OUT | 将输入中的字节写成二进制形式，读取低 4 位，然后根据输入值指示的位号，将输出中相应的二进制位修改为 1，其余位不变 |

I/O 数据类型如表 17-5 所示。

**表 17-5　I/O 数据类型**

| I/O | 数据类型 | 操作数 |
|---|---|---|
| IN | WORD(ENCO) | IW，QW，VW，MW，SMW，SW，T，C，LW，AC，AIW，＊VD，＊LD，＊AC，常数 |
| | BYTE(DECO) | IB，QB，VB，MB，SMB，SB，LB，AC，＊VD，＊LD，＊AC，常数 |
| OUT | BYTE(ENCO) | IB，QB，VB，MB，SMB，SB，LB，AC，＊VD，＊LD，＊AC |
| | WORD(DECO) | IW，QW，VW，MW，SMW，SW，T，C，LW，AC，AQW，＊VD，＊LD，＊AC |

DECO 指令应用示例如图 17-17 所示。

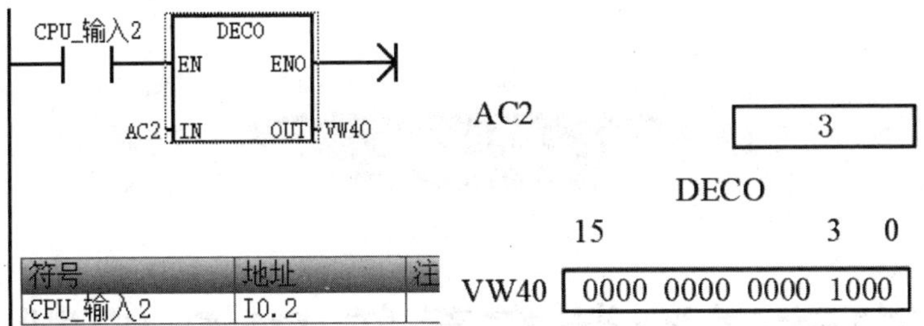


图 17-17 DECO 指令应用示例

## 17.7.3 填充指令

填充指令 FILL_N 使用地址输入中存储的字值填充从地址输出开始的 *N*(取值范围为 1~255)个连续字。也就是说，将输入内的字节写入从输出开始的 *N* 个字节。FILL_N 指令说明如表 17-6 所示。

表 17-6 FILL_N 指令说明

| LAD/FBD | 说明 |
| --- | --- |
| FILL_N：EN ENO / IN OUT / N | 存储器 FILL_N 使用地址输入中存储的字值填充从地址输出开始的 *N* 个连续字，*N* 取值范围是 1~255 |

I/O 数据类型如表 17-7 所示。

表 17-7 I/O 数据类型

| I/O | 数据类型 | 操作数 |
| --- | --- | --- |
| IN | INT | IW，QW，VW，MW，SMW，SW，T，C，LW，AC，AIW，*VD，*LD，*AC，常数 |
| N | BYTE | IB，QB，VB，MB，SMB，SB，LB，AC，*VD，*LD，*AC，常数 |
| OUT | INT | IW，QW，VW，MW，SMW，SW，T，C，LW，AQW，*VD，*LD，*AC |

FILL_N 指令应用示例如图 17-18 所示。

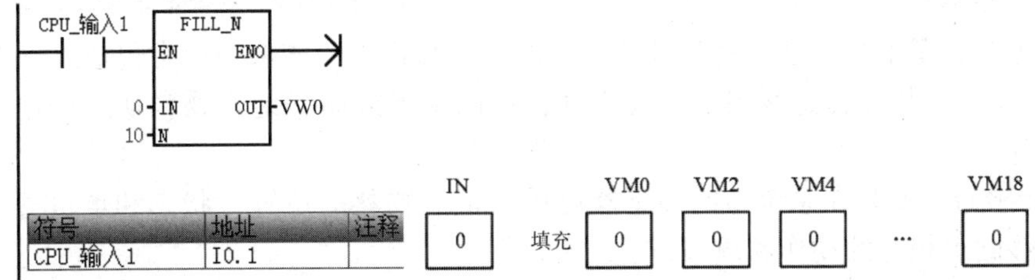


图 17-18 FILL_N 指令应用示例

FILL_N 指令一般用于清空表格内容。

项目 18

# 自动送料装车系统 PLC 控制系统的设计与调试

## 18.1 项目任务

了解自动送料装车系统的控制要求；理解顺序控制设计法中的置位复位指令编程法，掌握编程要点，能够养成良好的程序设计思维；建立小组协作机制，形成团队协作意识；初步形成电气控制方向职业认同感。

## 18.2 项目目标

(1)理解顺序控制设计法中的置位复位指令编程法。

(2)掌握编程要点，建立良好的程序设计思维。

(3)具有安全、节约意识。

(4)具有团结协作的精神。

## 18.3 项目描述

自动送料装车系统用于自动化处理物料的装卸和运输，该系统通常包括以下组件。

(1)传送带：用于传送物料的主要组件，可以水平或倾斜地将物料从一个位置输送到另一个位置。

(2)传感器：安装在系统中的传感器可用于检测物料的位置、状态和重量等信息，以便系统能够做出相应的动作和决策。

(3)放料电磁阀：用于控制装卸物料的推杆，能够根据需要将物料从输送带上装卸。

(4)控制系统：PLC 作为该系统的“大脑”，负责监控和控制整个自动送料装车过程，它可以基于预设的规则或编程来协调各个组件的工作。

自动送料装车系统的优点是能够提高生产效率、降低人工成本、减少人为错误以及提高操作安全性。它在物流、制造业和仓储等领域广泛应用，可以适应不同类型和尺寸的物料，提供高效、准确、可靠的物料装载和运输解决方案。

## 18.4 项目分析

本项目旨在设计和实施一个基于 PLC 的自动送料装车控制系统，用于将上方料斗中的物料通过自动化和智能化的控制，快速、准确、可靠地送到指定位置并装车。系统设计将基于以下两个关键要点。

(1)集中控制。PLC 将作为自动送料装车控制系统的控制核心，负责控制和监测自动送料装车系统的状态。

(2)输送带顺序启停。系统将按照一定顺序控制各级物料输送带的启动和停止，以确保物料按照预定的路径和节奏进行送料。

本项目中的运行顺序可以参考项目实施中的控制要求中给出的顺序。

## 18.5 项目实施

### 18.5.1 控制要求

自动送料装车系统示意图如图 18-1 所示。当按下启动按钮后，电磁阀 YV 打开，开始落料，同时一级传送带电动机 M1 启动，将物料往前传送，6 s 后二级传送带电动机 M2 启动，M2 启动 5 s 后，三级传送带电动机 M3 启动，M3 启动 4 s 后，四级传送带电动机 M4 启动。

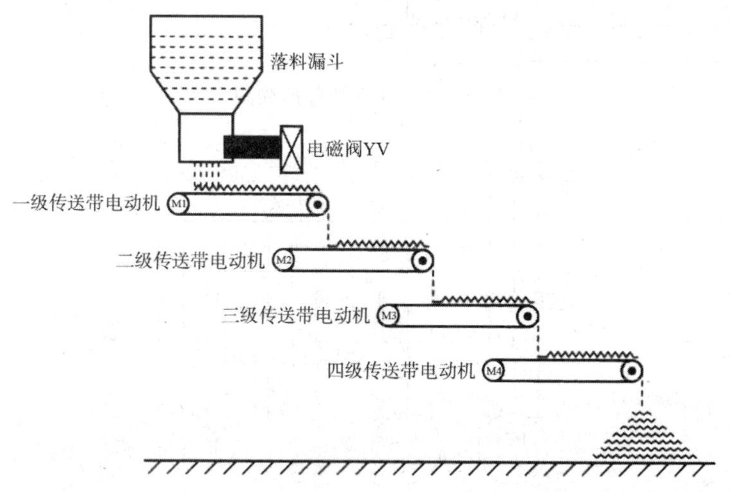


图 18-1 自动送料装车系统示意图

当按下停止按钮后，为了不让各传送带上有物料堆积，要求先关闭电磁阀 YV，6 s 后让 M1 停转，M1 停转 5 s 后让 M2 停转，M2 停转 4 s 后让 M3 停转，M3 停转 5 s 后让 M4 停转。

试根据上述的控制要求编制程序。

## 18.5.2 I/O 分配

I/O 分配如表 18-1 所示。

表 18-1 I/O 分配

| 输入 | | | 输出 | | |
|---|---|---|---|---|---|
| 输入设备 | 输入地址 | 功能说明 | 输出设备 | 输出地址 | 功能说明 |
| SB1 | I0.0 | 启动按钮 | KM1 线圈 | Q0.0 | 控制电磁阀 YV |
| SB2 | I0.1 | 停止按钮 | KM2 线圈 | Q0.1 | 控制一级传送带电动机 M1 |
| — | — | — | KM3 线圈 | Q0.2 | 控制二级传送带电动机 M2 |
| — | — | — | KM4 线圈 | Q0.3 | 控制三级传送带电动机 M3 |
| — | — | — | KM5 线圈 | Q0.4 | 控制四级传送带电动机 M4 |

## 18.5.3 PLC 外部接线图及电气原理图

PLC 外部接线图及电气原理图如图 18-2、图 18-3、图 18-4 所示。

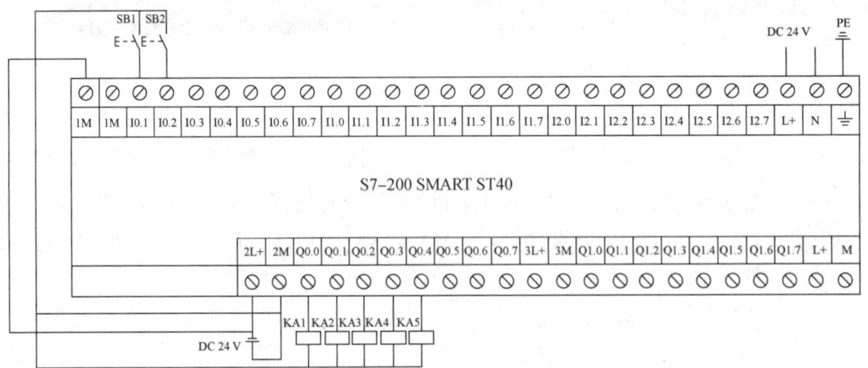


图 18-2 PLC 外部接线图

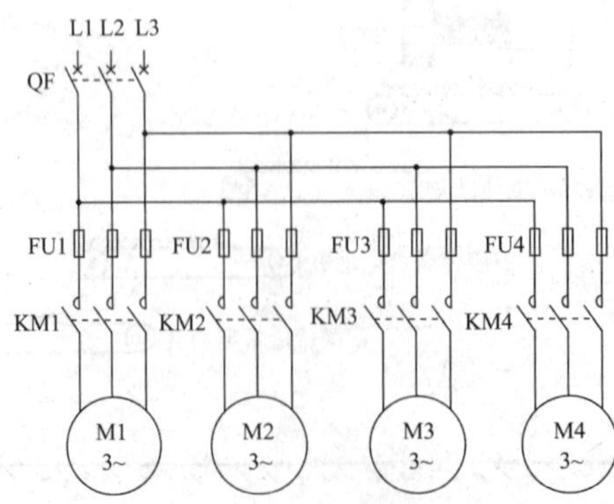


图 18-3 电气原理图(1)

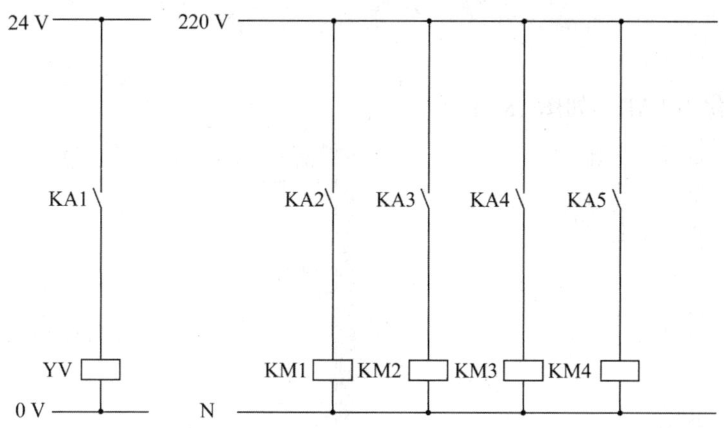


图 18-4 电气原理图(2)

## 18.5.4 SFC

SFC 如图 18-5 所示。

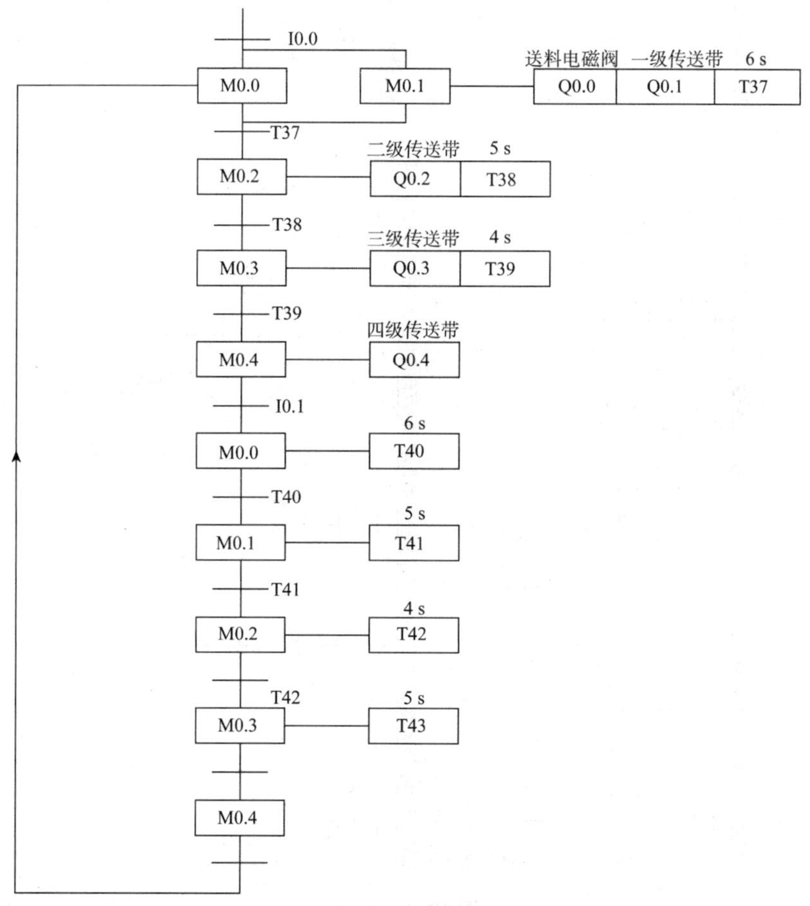


图 18-5 SFC

## 18.5.5 LAD

将 SFC 转化为 LAD，如图 18-6 所示。

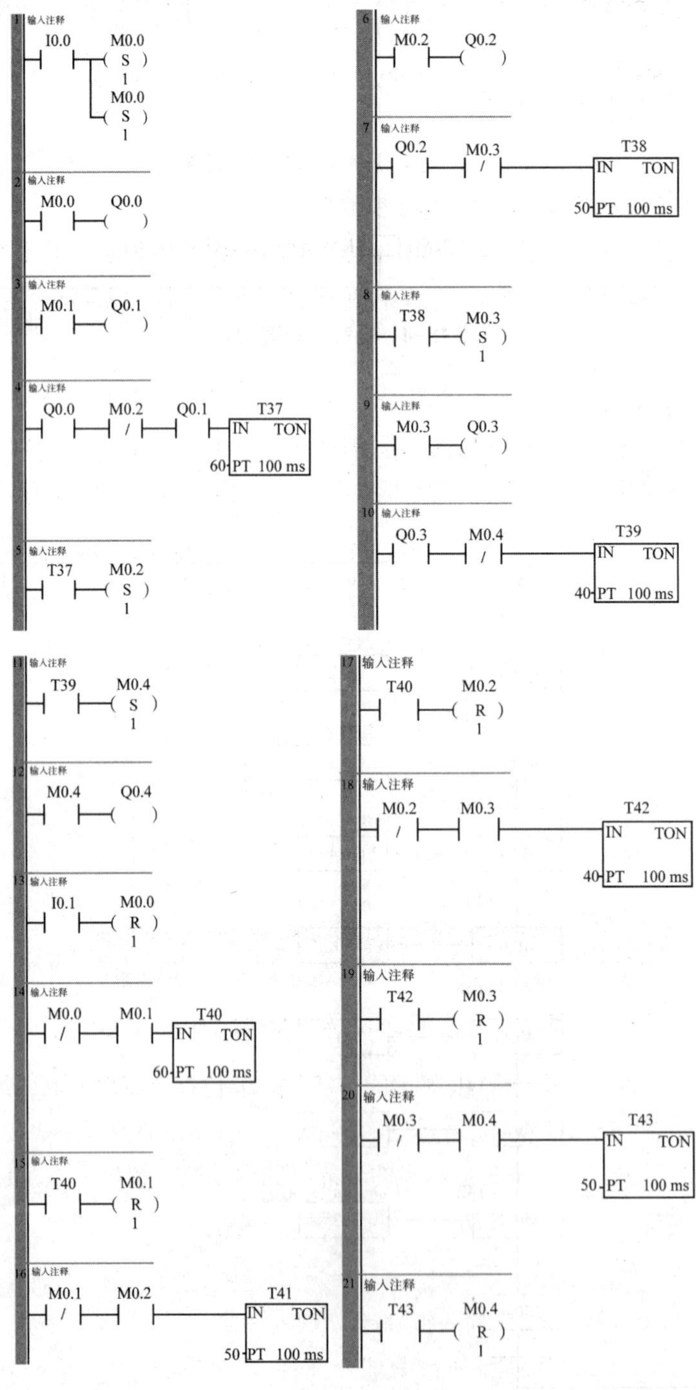


图 18-6 LAD

# 18.6 预备知识

## 18.6.1 置位复位指令编程法

置位复位指令编程法的中间编程元件仍为辅助继电器 M，当前级步为活动步且满足转换条件的情况下后续步被置位，同时前级步被复位。

需要说明的是，置位复位指令编程法也称以转换为中心编程法，其中有一个转换就对应有一个置位复位电路块，因此有多少个转换就有多少个这样的电路块。

1. 单序列编程

单序列 SFC 与 LAD 的对应关系如图 18-7 所示。在图 18-7 中，当 $M_{i-1}$ 为活动步且满足转换条件 $I_i$，$M_i$ 被置位，同时 $M_{i-1}$ 复位，因此 $M_{i-1}$ 和 $I_i$ 的常开触点串联是 $M_i$ 步的启动条件，同时它也是 $M_{i-1}$ 步的停止条件。这里只有一个转换条件 $I_i$，故仅有一个置位复位电路块。

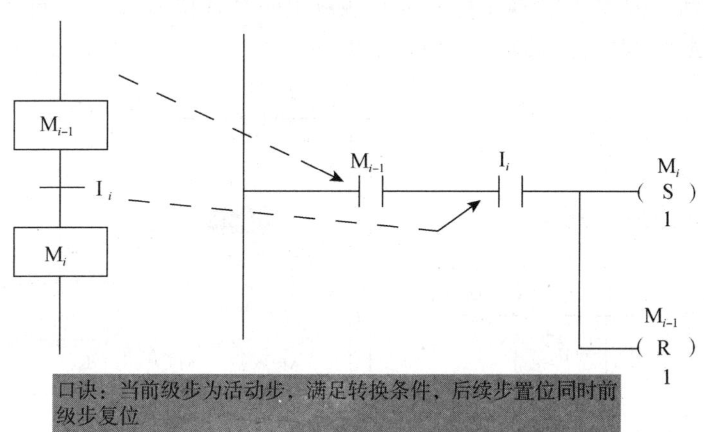


**图 18-7 单序列 SFC 与 LAD 的对应关系**

需要说明的是，输出继电器 $Q_i$ 线圈不能与置位、复位指令直接并联，原因是前级步和转换条件的常开触点组成的串联电路接通时间很短，当满足转换条件后，前级步立即复位，而输出继电器至少应在某步为活动步的全部时间内接通。解决方法是用所需步的常开触点驱动输出线圈 $Q_i$，如图 18-8 所示。

2. 选择序列编程

将选择序列 SFC 转化为 LAD 的关键在于分支处和合并处程序的处理。置位复位指令编程法的核心是转换，因此选择序列在处理分支和合并处编程上与单序列的处理方法一致，无须考虑多个前级步和后续步的问题，只考虑转换即可。

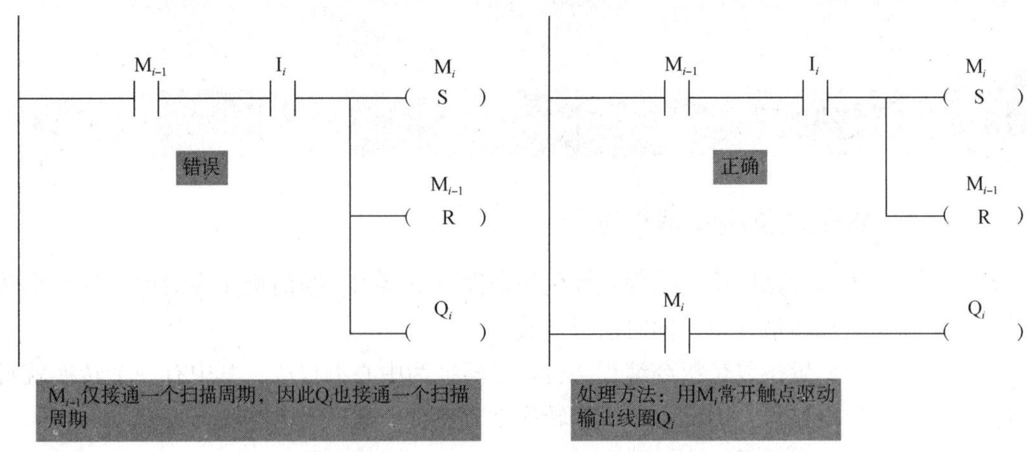


**图 18-8　用所需步的常开触点驱动输出线圈**

3. 并行序列编程

(1)分支处编程。

如果某一步 $M_i$的后面由多条分支组成，当其为活动步且满足转换条件时，其后的 $N$ 个后续步同时激活，故 $M_i$与转换条件的常开触点串联来置位后 $N$ 步，同时复位 $M_i$步。并行序列 SFC 与 LAD 的对应关系如图 18-9 所示。

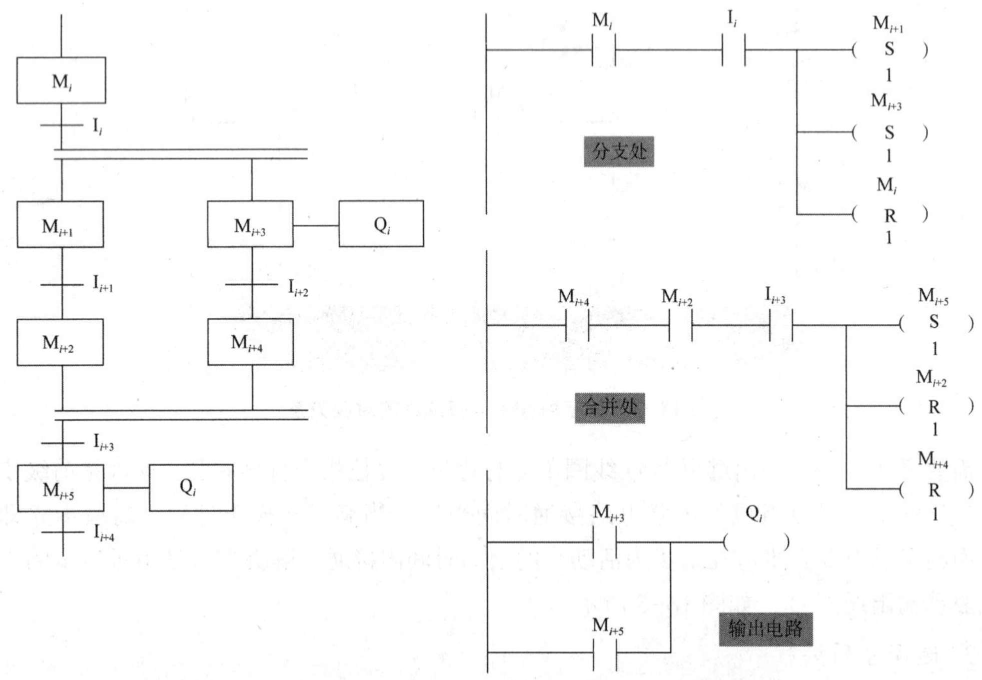


**图 18-9　并行序列 SFC 与 LAD 的对应关系**

(2)合并处编程。

对于并行序列的合并，若某步之前有 $N$ 条分支，即有 $N$ 条分支进入该步，则只有这 $N$ 条分支的最后一步同时为 1 且满足转换条件时，才能完成合并。因此合并处的 $N$ 条分支最后一步和转换条件的常开触点串联，置位$M_i$步的同时复位 $M_i$所有前级步。

## 18.6.2 重点提示

综上所述，在进行置位复位指令编程时应注意如下事项。

(1)使用置位复位指令编程法时，在前级步为活动步且满足转换条件的情况下，后续步被置位，同时前级步被复位。对于并行序列来说，当分支处有多个后续步，那么这些后续步都同时置位，仅有一个前级步复位；当合并处有多个前级步，那么这些前级步都同时复位，仅有一个后续步置位。

(2)使用置位复位指令编程法时，其中有一个转换就对应有一个置位复位电路块，因此有多少个转换就有多少个这样的电路块。

(3)输出继电器 $Q_i$ 线圈不能与置位复位指令并联，原因在于前级步和转换条件的常开触点组成的串联电路接通时间很短，当满足转换条件后，前级步立即复位，而输出继电器至少应在某步为活动步的全部时间内接通，处理方法是用所需步的常开触点驱动输出线圈 $Q_i$。

## 10.6.2 重点提示

# 拓展篇

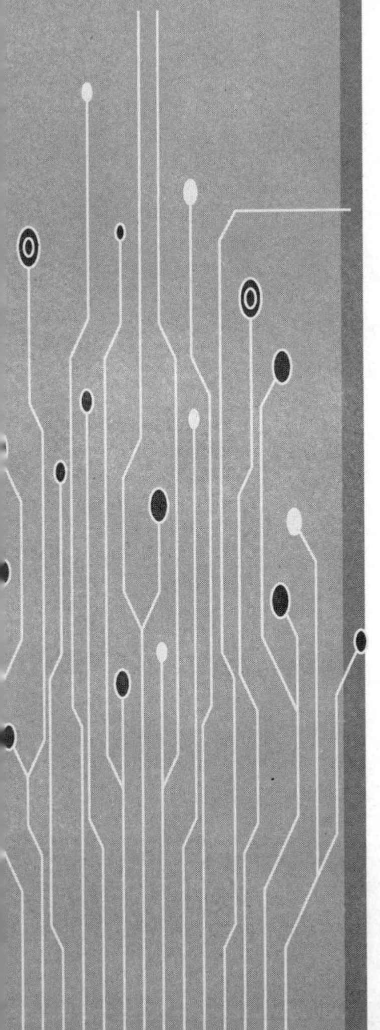

# 项目 19

# 邮件分拣机 PLC 控制系统的设计与调试

## 19.1 项目任务

一般情况下，PLC 的普通计数器受 CPU 扫描周期的影响，只能接收频率为几十赫兹的低频脉冲信号，在对高速脉冲信号计数时会发生脉冲丢失的现象。尽管如此，对于大多数控制系统来说，这已经能够满足控制要求。

但在实际生产中，PLC 可能要处理上百赫兹的高速脉冲信号，这时就需要使用高速计数器。例如，常见机械设备的主轴转速可高达每分钟上千转，检测其转速就要使用 PLC 的高速计数器。PLC 的高速计数器是脱离主机扫描周期而独立计数的计数器，它可对脉宽小于主机扫描周期的高速脉冲准确计数，其脉冲输入速率可达 10~30 kHz。

## 19.2 项目目标

(1)理解西门子 S7-200 SMART 系列 PLC 集成的工艺功能指令。

(2)理解 PLC 的高速计数器的功能。

(3)学会使用 STEP 7-Micro/WIN SMART 编程软件提供的高速计数器向导，以正确配置高速计数器。

(4)学会调用子程序。

(5)建立良好的程序设计思维，完成邮件分拣机的程序设计。

(6)具有安全、节约意识。

(7)具有团结协作的精神。

## 19.3 项目描述

最初的邮件分拣系统是完全基于人力的操作系统，通过人工搜索搬运来完成邮件的分拣。这种分拣系统的效率低下，无法满足现代化物流配送对速度和准确性的高要求。随着科学技术的飞速发展，分拣系统中开始运用各种各样的自动化设备，计算机控制技术和信息技术也随之成为信息传递和处理的重要手段。机械化、自动化、智能化成为现代分拣系统的主要特点与发展趋势。近年来，随着我国经济的发展和社会的进步，邮政通信网的技术含量不断增加，技术装备水平也在不断提高，邮件处理已基本实现机械化，并且朝着自动化的方向迈进。

## 19.4 项目分析

本项目旨在设计和实施一个基于 PLC 的邮件分拣机控制系统，主要利用西门子 S7-200 SMART 系列 PLC 集成的工艺功能指令中的高速计数器功能，通过比较旋转编码器输入的高速脉冲的数量来进行判断，将邮件分拣到对应的位置，以此来构建一种高效、精确的自动化邮件分拣控制系统。

## 19.5 项目实施

### 19.5.1 控制要求

邮件分拣机示意图如图 19-1 所示，由传感器(用 $S_1$ 按钮代替)、旋转编码器、指示灯、按钮、传送带及其电动机和推杆及其电动机等部件组成。

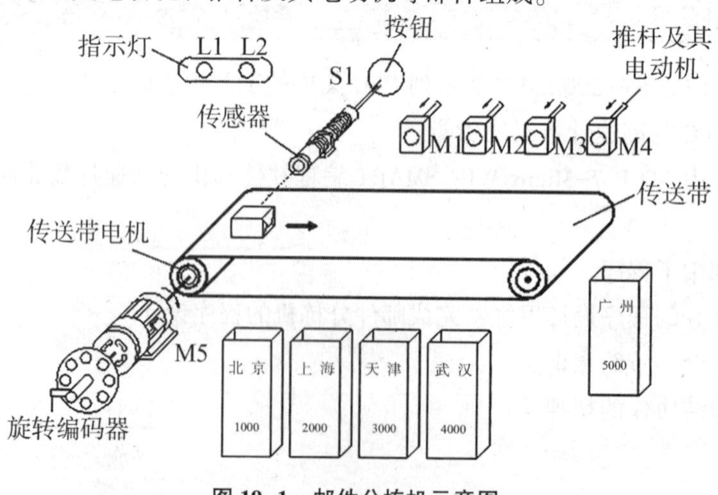


图 19-1 邮件分拣机示意图

1. 初始状态

红灯 L1 亮，绿灯 L2 灭，其他均为 OFF。

2. 启动操作

按下启动按钮，启动邮件分拣机后，L1 灭，L2 亮，表示可以进行邮件分拣。按下按钮 S1，表示监测到有邮件，S1 模拟传感器工作，开始进行邮件分拣。设置拨码器上 1、2、3、4、5 为有效邮件，1 代表北京、2 代表上海，3 代表天津、4 代表武汉、5 代表广州，其余数字均为无效邮件。

如果检测到有效邮件，则把邮件送入对应的分拣箱，然后可以继续分拣邮件。如果检测到无效邮件，则 L1 闪烁。

3. 停止操作

按停止按钮可恢复初始状态，重新启动可以继续进行邮件分拣。

4. 注意事项

旋转编码器(BV)发出 1 000 个脉冲，邮件到北京；发出 2 000 个脉冲，邮件到上海；发出 3 000 个脉冲，邮件到天津；发出 4 000 个脉冲，邮件到武汉；发出 5 000 个脉冲，邮件到广州。

试根据上述的控制要求编制程序。

## 19.5.2 I/O 分配

I/O 分配如表 19-1 所示。

**表 19-1 I/O 分配**

| 输入 | | | 输出 | | |
|---|---|---|---|---|---|
| 输入设备 | 输入地址 | 功能说明 | 输出设备 | 输出地址 | 功能说明 |
| BV | I0.0 | 编码器脉冲 | — | Q0.0 | 输出复位信号 |
| — | I0.2 | 复位高速计数器 | M1 | Q0.1 | 1 号推杆 |
| SB1 | I0.3 | 开始按钮 | M2 | Q0.2 | 2 号推杆 |
| S1 | I0.4 | 有邮件按钮 | M3 | Q0.3 | 3 号推杆 |
| SB2 | I0.5 | 停止按钮 | M4 | Q0.4 | 4 号推杆 |
| 拨码器 | I1.0 | 拨码 1 | M5 | Q0.5 | 传送带 |
| | I1.1 | 拨码 2 | HL1 | Q0.6 | 红灯 L1 |
| | I1.2 | 拨码 4 | HL2 | Q0.7 | 绿灯 L2 |
| | I1.3 | 拨码 5 | | | |

## 19.5.3 PLC 外部接线图及电气原理图

PLC 外部接线图及电气原理图如图 19-2、图 19-3 和图 19-4 所示。

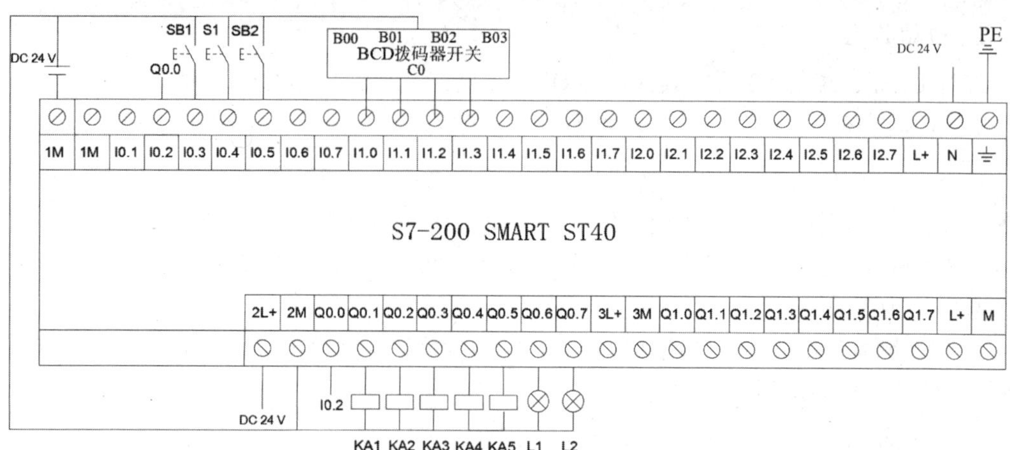


**图 19-2　PLC 外部接线图**

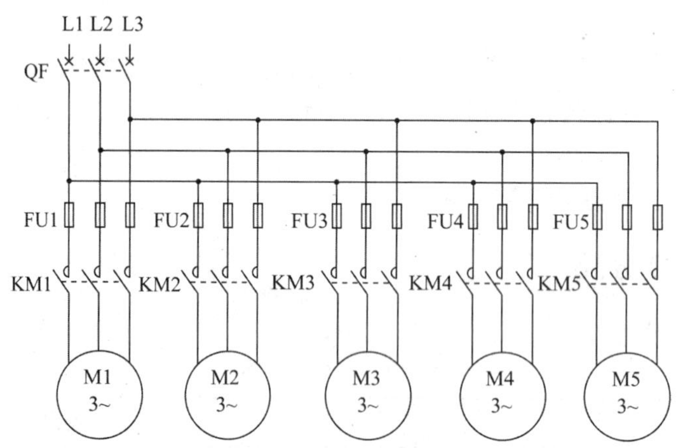


**图 19-3　电气原理图(1)**

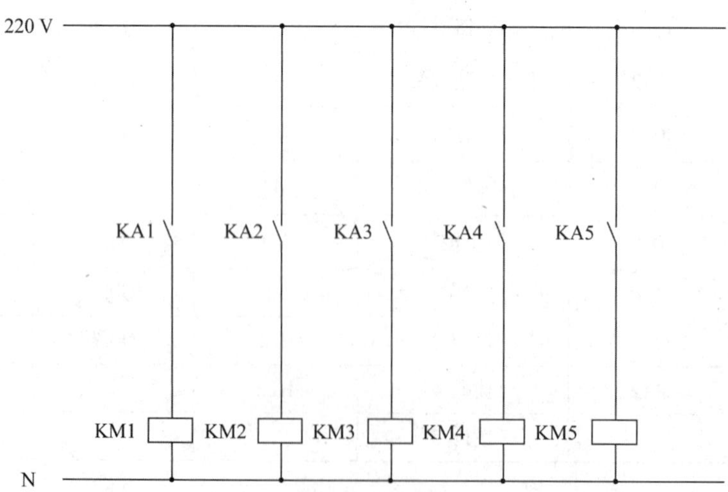


**图 19-4　电气原理图(2)**

## 19.5.4 PLC 程序

LAD 如图 19-5 所示。

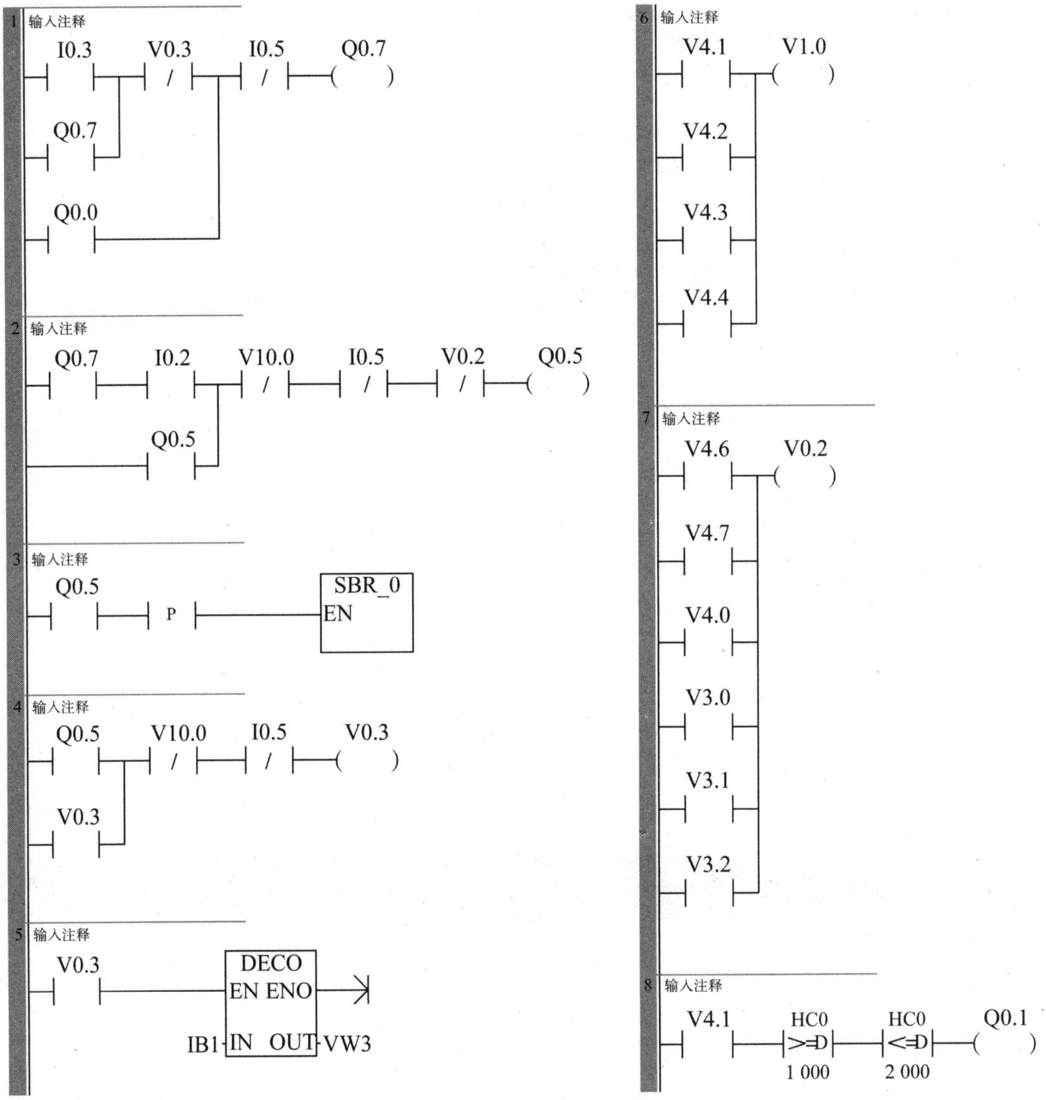

图 19-5 LAD

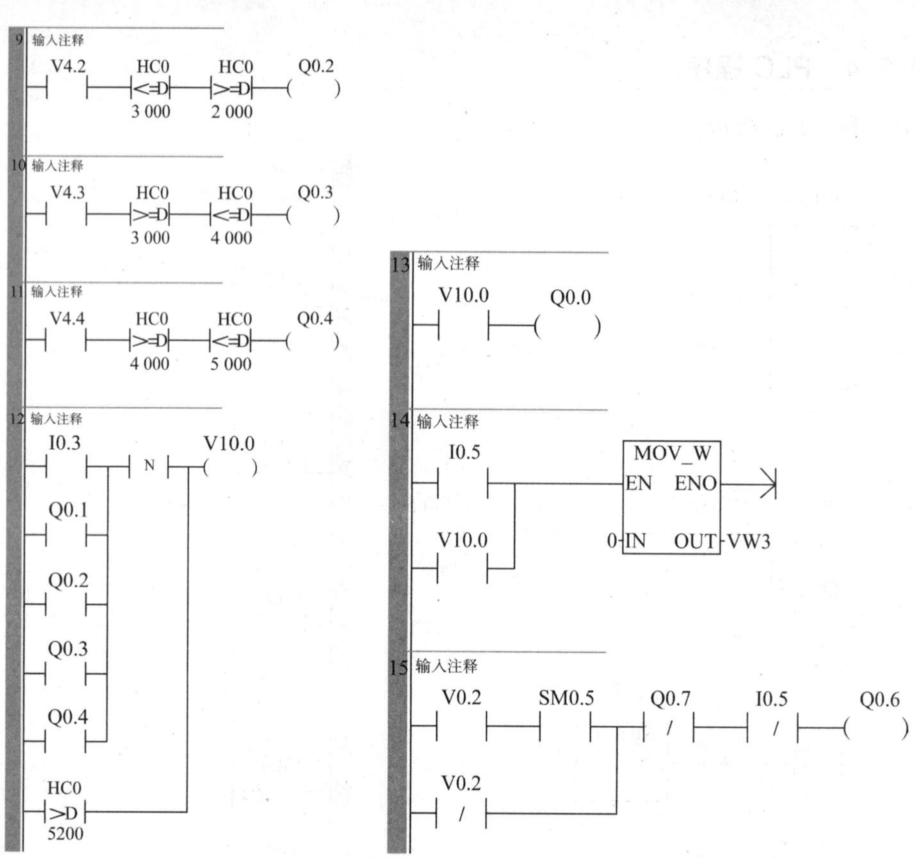

图 19-5 LAD(续)

## 19.6 预备知识

### 19.6.1 高速计数器

1. 高速计数器指令概述、类型与说明

普通计数器与扫描工作方式有关，CPU 通过每个扫描周期读取一次被测信号的方法来捕捉被测信号的正跳变，并进行计数。当被测脉冲信号的频率较高时，就会发生脉冲丢失的现象。高速计数器脱离主机的扫描周期而独立计数，它可对脉宽小于主机扫描周期的高速脉冲准确计数，即高速计数器计数的脉冲输入频率比 PLC 扫描频率高得多。

高速计数器用于对高频脉冲信号进行测量和记录，并提供中断功能，其在实际生产中有着广泛的应用，如测量电动机转速、设备运行距离及对某些工艺的快速响应。高速计数器通常被用作鼓式计数器驱动器，鼓式计数器以恒速旋转的转轴配有增量轴式编码器，增量轴式编码器提供每次旋转的指定计数，每次旋转发出一个复原脉冲。增量轴式编码器的时钟和复原脉冲为高速计数器提供输入。

高速计数器指令包含定义高速计数器(High Speed Counter Definition，HDEF)指令和高速计数器(High Speed Counter，HSC)指令，在编程时，可以使用HDEF指令和HSC指令来创建自己的HSC程序，也可以使用高速计数器向导简化编程任务。HSC指令格式与功能说明见表19-2。高速计数器的时钟输入速率可达20~200 kHz。

HDEF指令可以为指定的高速计数器选定一种模式(MODE)，还可以建立起高速计数器和模式之间的联系。HDEF、HSC指令格式与功能说明如表19-2所示。

**表19-2 HDEF、HSC指令格式与功能说明**

| 指令名称 | LAD/FBD | 语句表 | 功能 |
|---|---|---|---|
| HDEF | HDEF<br>—EN ENO—<br>????-HSC<br>????-MODE | HDEFHSC，MODE | 当EN=1时，为指定高速计数器设置模式 |
| HSC | HSC<br>—EN ENO—<br>????-N | HSC N | 当EN=1时，用于启动编号为$N$的高速计数器 |

在使用高速计数器之前，必须使用HDEF指令来选定一种模式。可以使用首次扫描存储器位SM0.1直接执行HDEF指令，也可以调用包含HDEF指令的子程序。所有计数器类型(带复位输入或不带复位输入)均可使用。激活复位输入时，会清除当前值，并在禁用复位输入之前保持清除状态。注意，对每个高速计数器只能使用一次HDEF指令。

HDEF、HSC指令输入接口对应操作数的类型和范围见表19-3。

**表19-3 HDEF、HSC指令输入接口对应操作数的类型和范围**

| 输入接口 | 数据类型 | 操作数 |
|---|---|---|
| HSC | BYTE | 0，1，2，3，4，5 |
| MODE | BYTE | 0，1，3，4，6，7，9或10 |
| N | WORD | 0，1，2，3，4，5 |

HSC指令根据有关特殊标志位来组态和控制高速计数器的工作，操作数$N$指定了高速计数器号(0~5)。

高速计数器装入预设值后，当当前计数值小于预设值时，计数器处于工作状态。当当前值等于预设值或外部复位信号有效时，可使计数器产生中断；除模式0和1外，计数方向的改变也可产生中断。可以利用这些中断事件完成预定的操作，每当中断事件出现时，采用中断的方法在中断程序中装入一个新的预设值，从而使高速计数器进入新一轮的工作。

可以利用地址HC$x$($x$=0~5)来读取高速计数器的当前值。

2. 高速计数器的输入信号和模式

S7-200 SMART系列PLC不同型号的CPU所集成的高速计数器的数量并不相同。紧凑型CPU(C型)有4个，分别是CR20s、CR30s、CR40s、CR60s，它们是HSC0~HSC3；标准型CPU(S型)有6个，分别是SR20、ST20、SR30、ST30、SR40、ST40、SR60、ST60，它们是HSC0~HSC5。各高速计数器的最大计数频率取决于所使用的CPU，其最大脉冲(输入频率)见表19-4。

**表 19-4　高速计数器最大脉冲(输入频率)**

<table>
<tr><th>高速计数器号</th><th>单相最大脉冲(输入频率)</th><th>双相/AB 正交相最大脉冲(输入频率)</th></tr>
<tr><td>HSC0</td><td rowspan="4">200 kHz(S 型 CPU)<br>100 kHz(C 型 CPU)</td><td>标准型 CPU：<br>1 倍计数频率=100 kHz<br>最大 4 倍计数频率=400 kHz<br>紧凑型 CPU：<br>1 倍计数频率=50 kHz<br>最大 4 倍计数频率=200 kHz</td></tr>
<tr><td>HSC1</td><td>—</td></tr>
<tr><td>HSC2</td><td>标准型 CPU：<br>1 倍计数频率=100 kHz<br>最大 4 倍计数频率=400 kHz<br>紧凑型 CPU：<br>1 倍计数频率=50 kHz<br>最大 4 倍计数频率=200 kHz</td></tr>
<tr><td>HSC3</td><td>—</td></tr>
<tr><td>HSC4</td><td>200 kHz(SR30 和 ST30)<br>30 kHz(SR20、ST20、SR40、ST40、SR60 和 ST60)<br>紧凑型 CPU：不适用</td><td>SR30 和 ST30：<br>1 倍计数频率= 100 kHz<br>最大 4 倍计数频率=400 kHz<br>SR20、ST20、SR40、ST40、SR60 和 ST60：<br>1 倍计数频率=20 kHz<br>最大 4 倍计数频率=80 kHz<br>紧凑型 CPU：不适用</td></tr>
<tr><td>HSC5</td><td>30 kHz(标准型 CPU)<br>紧凑型 CPU：不适用</td><td>标准型 CPU：<br>1 倍计数频率=20 kHz<br>最大 4 倍计数频率=80 kHz<br>紧凑型 CPU：不适用</td></tr>
</table>

(1)高速计数器的输入信号。

高速计数器的输入端不可任意选择，必须按系统指定的输入点输入信号。不同高速计数器的输入分配见表 19-5。高速计数器在不同模式下的中断类型见表 19-6。

**表 19-5　不同高速计数器的输入分配**

<table>
<tr><th colspan="2">高速计数器号</th><th colspan="2">输入分配</th></tr>
<tr><td>HSC0</td><td>I0. 0</td><td>I0. 1</td><td>I0. 4</td></tr>
<tr><td>HSC1</td><td>I0. 1</td><td>—</td><td>—</td></tr>
<tr><td>HSC2</td><td>I0. 2</td><td>I0. 3</td><td>I0. 5</td></tr>
<tr><td>HSC3</td><td>I0. 3</td><td>—</td><td>—</td></tr>
<tr><td>HSC4</td><td>I0. 6</td><td>I0. 7</td><td>I1. 2</td></tr>
<tr><td>HSC5</td><td>I1. 0</td><td>I1. 1</td><td>I1. 3</td></tr>
</table>

表 19-6 高速计数器不同工作模式下的中断类型

| 模式 | 说明 | 中断类型 | | |
|---|---|---|---|---|
| 0 | 内部方向控制的单相计数器 | 脉冲(预设值中断) | — | — |
| 1 | | 脉冲(预设值中断) | — | 复位(外部复位中断) |
| 3 | 外部方向控制的单相计数器 | 脉冲(预设值中断) | 方向(外部方向改变中断) | — |
| 4 | | 脉冲(预设值中断) | 方向(外部方向改变中断) | 复位(外部复位中断) |
| 6 | 具有两个时钟输入的双相计数器 | 增脉冲(预设值中断) | 减脉冲(外部方向改变中断) | — |
| 7 | | 增脉冲(预设值中断) | 减脉冲(外部方向改变中断) | 复位(外部复位中断) |
| 9 | A/B 相正交脉冲输入计数器 | A 相脉冲(预设值中断) | B 相脉冲(外部方向改变中断) | — |
| 10 | | A 相脉冲(预设值中断) | B 相脉冲(外部方向改变中断) | 复位(外部复位中断) |

高速计数器指定的有些输入点(I0.0~I0.3)相互之间(或它们与边沿中断输入点之间)是重叠的。使用时，同一输入端不能同时用于两个不同的功能。但是，高速计数器当前模式未使用的输入点可以用于其他功能。例如，HSC0 工作在模式 1 时没有使用输入端 I0.1，那么 I0.1 可以用作 HSC1 的输入端或边沿中断输入端，而输入点 I0.0、I0.4 不能用于其他功能。

(2)高速计数器的模式及其中断功能。

高速计数器有 8 种不同的模式，可分为 4 类。

1)内部方向控制的单相计数器(模式 0~1)。它没有外部控制方向的输入信号，由内部控制字节控制增/减计数，有一个计数输入端。具有内部方向控制的单向计数器如图 19-6 所示。

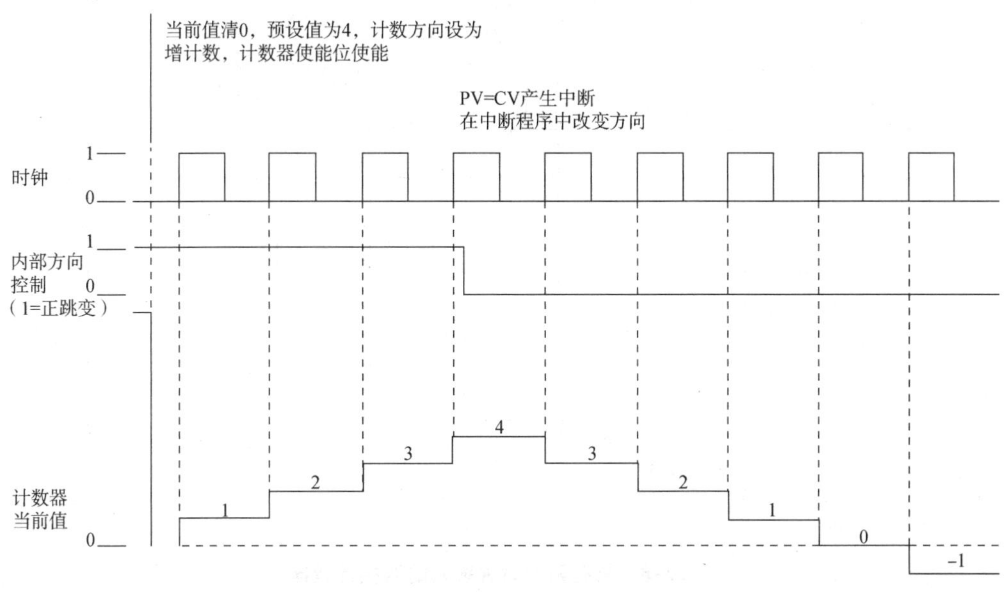


图 19-6 单相计数器(内部方向控制)

2)外部方向控制的单相计数器(模式 3~4)。它由外部方向输入信号控制计数方向，有一个计数输入端，输入信号为1时为增计数，为0时为减计数。外部方向控制的单相计数器如图19-7所示。

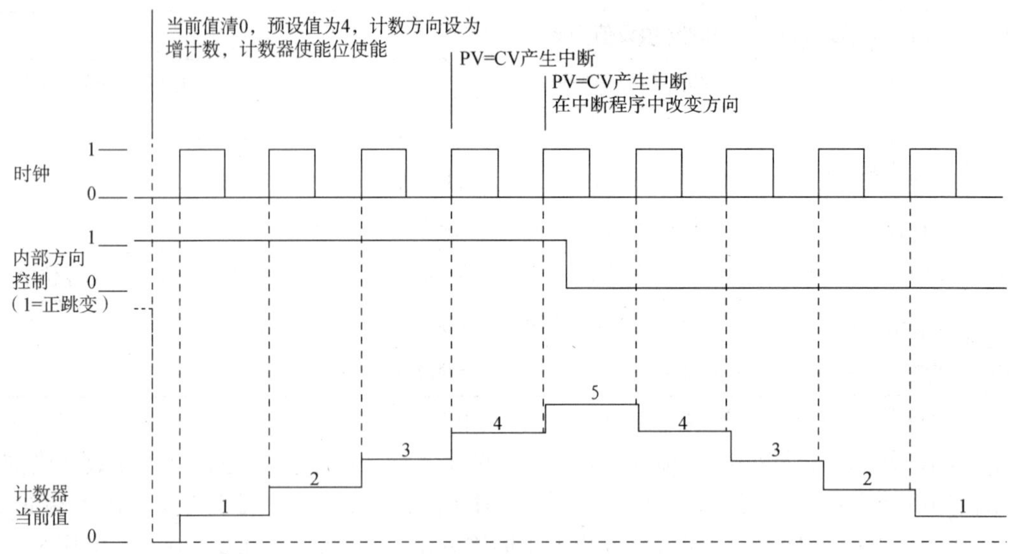


图19-7　单相计数器(外部方向控制)

3)具有两个时钟输入的双相计数器(模式6~7)。它有两个计数输入端：增计数输入端和减计数输入端。如果增计数脉冲和减计数脉冲的正跳变出现的时间间隔不到0.3 ms，高速计数器认为这两个事件是同时发生的，当前值保持不变，也不会有计数方向变化的指示。具有两个时钟输入的双相计数器如图19-8所示。

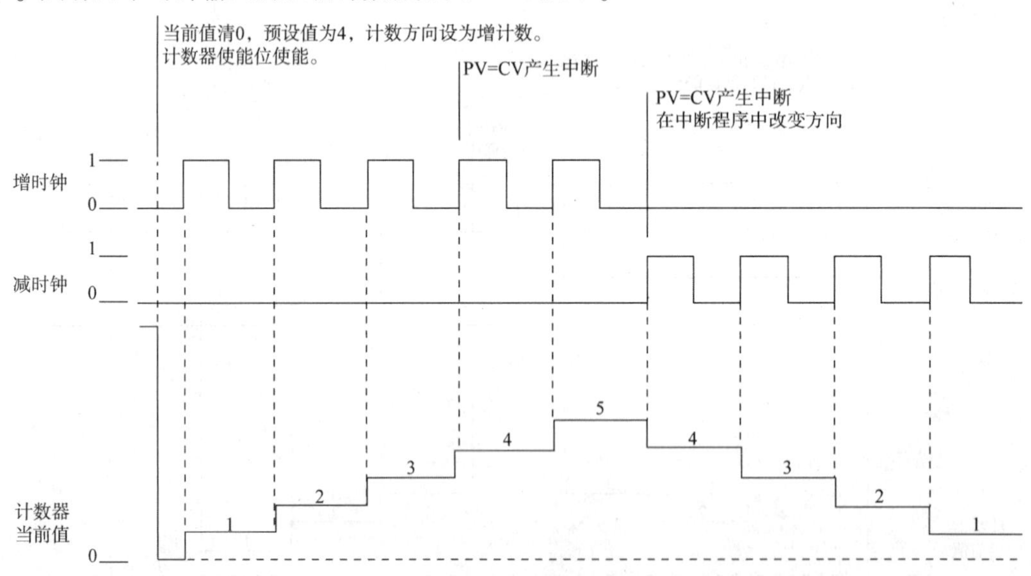


图19-8　具有两个时钟输入的双相计数器

4)A/B相正交脉冲输入计数器(模式9~10)。它有两个计数脉冲输入端：A相计数脉冲输入端和B相计数脉冲输入端。A/B相计数脉冲的相位差互为90°。当A相计数脉冲超前 B 相计数脉冲时，计数器进行增计数，反之进行减计数。在正交模式下，可选择 1 倍速(1×)或 4 倍速(4×)模式，分别如图 19-9 与图 19-10 所示。

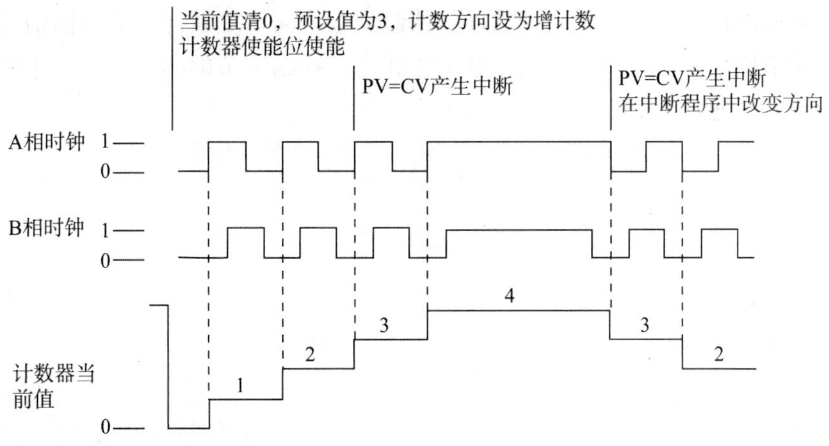


图 19-9 A/B 相脉冲输入正交计数器(1×)

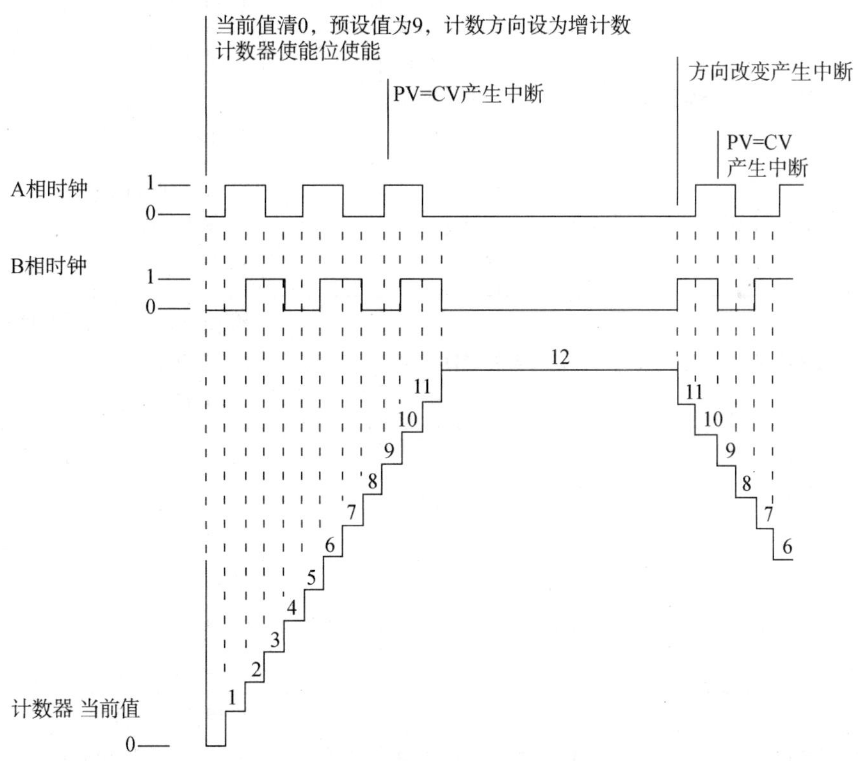


图 19-10 A/B 相脉冲输入正交计数器(4×)

所有的计数器模式都会在预设值等于当前值时产生中断，使用外部复位端的计数器模式支持外部复位中断。除模式 0、1 之外，所有计数器模式还支持计数方向改变中断。每种中断条件都可以分别使能或者禁止。S7-200 SMART 系列 PLC 的 CPU 还在特殊存储区中为高速计数器提供了状态字节(仅在中断程序中有效)，以在中断服务程序中使用。

(3)高速计数器控制字节与状态字节。

每个高速计数器在 CPU 的特殊存储区中都拥有各自的控制字节与状态字节。

控制字节可以执行启用或禁止计数器、修改计数方向、更新计数器当前值或预设值等操作；状态字节则用来反映计数器的一些工作状态。控制字节的各个位的 0/1 状态具有不同的设置功能，高速计数器控制字节的位地址分配如表 19-7 所示。

**表 19-7　高速计数器控制字节的位地址分配**

| 位地址分配 | | | | | | 描述 |
|---|---|---|---|---|---|---|
| HSC0 | HSC1 | HSC2 | HSC3 | HSC4 | HSC5 | |
| SM37.0 | SM47.0 | SM57.0 | SM137.0 | SM147.0 | SM157.0 | 用于复位的有效电平控制位：<br>0 =复位为高电平有效；<br>1 =复位为低电平有效 |
| — | SM47.1 | SM57.1 | — | — | — | 用于启动的有效电平控制位：<br>0 =启动为高电平有效；<br>1 =启动为低电平有效 |
| SM37.2 | SM47.2 | SM57.2 | — | SM147.2 | — | 正交计数器的计数速率选择：<br>0=4×计数速率；<br>1=1×计数速率 |
| SM37.3 | SM47.3 | SM57.3 | SM137.3 | SM147.3 | SM157.3 | 计数方向控制位：<br>0=减计数；<br>1=增计数 |
| SM37.4 | SM47.4 | SM57.4 | SM137.4 | SM147.4 | SM157.4 | 将计数方向写入高速计数器：<br>0=无更新；<br>1=更新方向 |
| SM37.5 | SM47.5 | SM57.5 | SM137.5 | SM147.5 | SM157.5 | 将新预设值写入高速计数器：<br>0=无更新；<br>1=更新预设值 |
| SM37.6 | SM47.6 | SM57.6 | SM137.6 | SM147.6 | SM157.6 | 将新的当前值写入高速计数器：<br>0=无更新；<br>1=更新当前值 |
| SM37.7 | SM47.7 | SM57.7 | SM137.7 | SM147.7 | SM157.7 | 启用高速计数器：<br>0=禁止高速计数器；<br>1=启用高速计数器 |

注意，每个状态字节的 0~4 位不用。监视高速计数器状态字节的状态位值，除了可以了解计数器当前的工作状态外，还可以用状态位值来触发其他操作。例如，当 SM36.6=1 时，表示 HSC0 的当前计数值正好等于预设值，可以用 SM36.6=1 触发执行一段程序。高速计数器状态字节的位地址分配如表 19-8 所示。

表 19-8 高速计数器状态字节的位地址分配

| 位地址分配 | | | | | | 描述 |
|---|---|---|---|---|---|---|
| HSC0 | HSC1 | HSC2 | HSC3 | HSC4 | HSC5 | |
| SM36. 0~SM36. 4 | SM46. 0~SM46. 4 | SM56. 0~SM56. 4 | SM136. 0~SM136. 4 | SM146. 0~SM146. 4 | SM156. 0~SM156. 4 | 不用 |
| SM36. 5 | SM46. 5 | SM56. 5 | SM136. 5 | SM146. 5 | SM156. 5 | 当前计数方向状态位：<br>0=减计数；<br>1=增计数 |
| SM36. 6 | SM46. 6 | SM56. 6 | SM136. 6 | SM146. 6 | SM156. 6 | 当前值等于预设值状态位：<br>0=不等；<br>1=相等 |
| SM36. 7 | SM46. 7 | SM56. 7 | SM136. 7 | SM146. 7 | SM156. 7 | 当前值大于预设值状态位：<br>0=小于等于；<br>1=大于 |

(4)高速计数器预设值和当前值的设置。

每个高速计数器都有一个初始值和一个预设值，它们都是 32 位有符号的整数。初始值是高速计数器计数的起始值，预设值是计数器运行的目标值。当当前实际计数值等于预设值时，会触发一个内部中断事件。必须先设置控制字节，以允许装入新的初始值和预设值，并且把初始值和预设值存入特殊存储器中，然后执行 HSC 指令使其有效。当计数值达到最大值时，会自动翻转，从负的最大值正向计数。以 HSC0 为例，其当前值是一个 32 位的有符号整数，从 HSC0 读取。高速计数器当前值、初始值与预设值如表 19-9 所示。

表 19-9 高速计数器当前值、初始值与预设值

| 项目 | 高速计数器 | | | | | |
|---|---|---|---|---|---|---|
| | HSC0 地址 | HSC1 地址 | HSC2 地址 | HSC3 地址 | HSC4 地址 | HSC5 地址 |
| 当前值 | HC0 | HC1 | HC2 | HC3 | HC4 | HC5 |
| 初始值 | SMD38 | SMD48 | SMD58 | SMD138 | SMD148 | SMD158 |
| 预设值 | SMD42 | SMD52 | SMD62 | SMD142 | SMD152 | SMD162 |

(5)高速计数器输入接口滤波时间与对应的最大检测频率。

由于在使用 PLC 时大多数情况下输入信号频率较低，为了抑制高频信号的干扰，输入接口的默认滤波时间为 6. 4 ms，该滤波时间较长，最高只允许 78 Hz 信号输入。如果要将某些接口用于高速计数器输入，需要将这些接口的滤波时间设短。表 19-10 列出了 PLC 输入接口滤波时间与对应的最大检测频率。

表 19-10 PLC 输入接口滤波时间与对应的最大检测频率

| 输入接口滤波时间 | 最大检测频率 | 输入接口滤波时间 | 最大检测频率 |
|---|---|---|---|
| 0. 2 μs | 200 kHz(标准型 CPU) | 6. 4 μs | 78 kHz |
| | 100 kHz(紧凑型或经济型 CPU) | 12. 8 μs | 39 kHz |

续表

| 输入接口滤波时间 | 最大检测频率 | 输入接口滤波时间 | 最大检测频率 |
|---|---|---|---|
| 0.4 μs | 200 kHz(标准型 CPU) | 0.2 ms | 2.5 kHz |
| | 100 kHz(紧凑型或经济型 CPU) | 0.4 ms | 1.25 kHz |
| 0.8 μs | 200 kHz(标准型 CPU) | 0.8 ms | 625 Hz |
| | 100 kHz(紧凑型或经济型 CPU) | 1.6 ms | 312 Hz |
| 1.6 μs | 200 kHz(标准型 CPU) | 3.2 ms | 156 Hz |
| | 100 kHz(紧凑型或经济型 CPU) | 6.4 ms | 78 Hz |
| 3.2μs | 156 kHz(标准型 CPU) | 12.8 ms | 39 Hz |
| | 100 kHz(紧凑型或经济型 CPU) | | |

在 STEP 7-Micro/WIN SMART 编程软件中，可以设置 PLC 输入接口滤波时间，如图 19-11 所示。在项目指令树区域双击“系统块”，弹出“系统块”对话框，在对话框上方选中 CPU 模块，在左边列表中选择“数字量输入”下的“I0.0~I0.7”；然后在右边对高速计数器使用的接口进行滤波时间设置，先勾选接口旁的“脉冲捕捉”复选框，再根据计数可能的最大频率来选择合适的滤波时间，不用作高速计数器输入接口的滤波时间保持默认值。单击“确定”按钮，关闭“系统块”对话框。将系统块下载到 CPU 模块，即可使滤波时间设置生效。

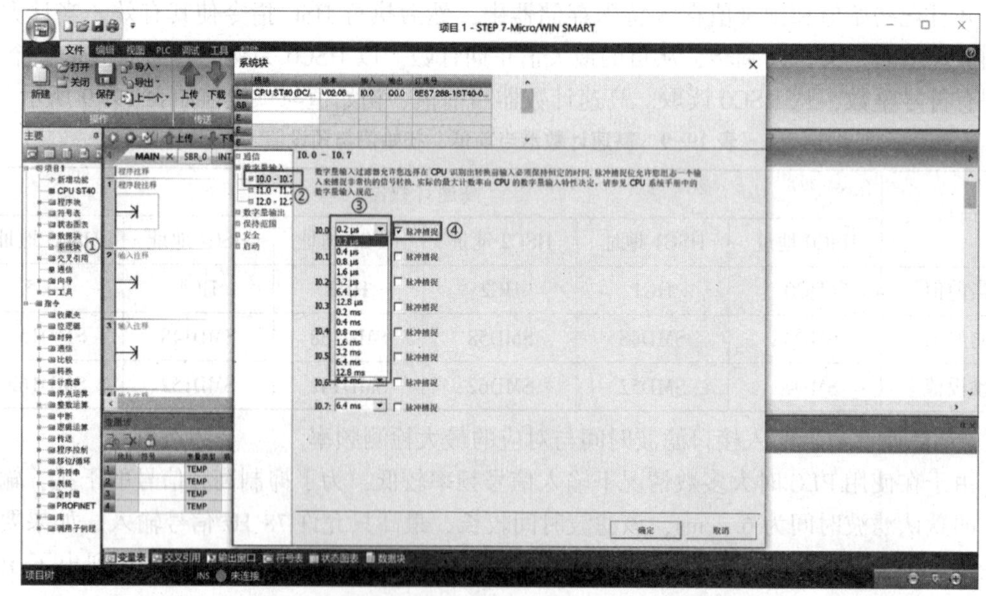


图 19-11　设置 PLC 输入接口滤波时间

## 19.6.2　高速计数器向导组态

向导组态可以使用户快速地根据工艺配置高速计数器，相对于设置控制字节的组态方式，用户可以更加直观地定义功能，并最大限度地避免出错。向导组态完成后，用户可直

接在程序中调用向导生成的子程序，也可将生成的子程序根据自己的要求进行修改，因此这是一种灵活的编程方式。通过向导进行编程的步骤如下。

(1)在菜单栏中单击“工具”菜单，单击下方第一个按钮“高速计数器向导”，在弹出的“高速计数器向导”对话框中选择需要组态的高速计数器，如图 19-12 所示。

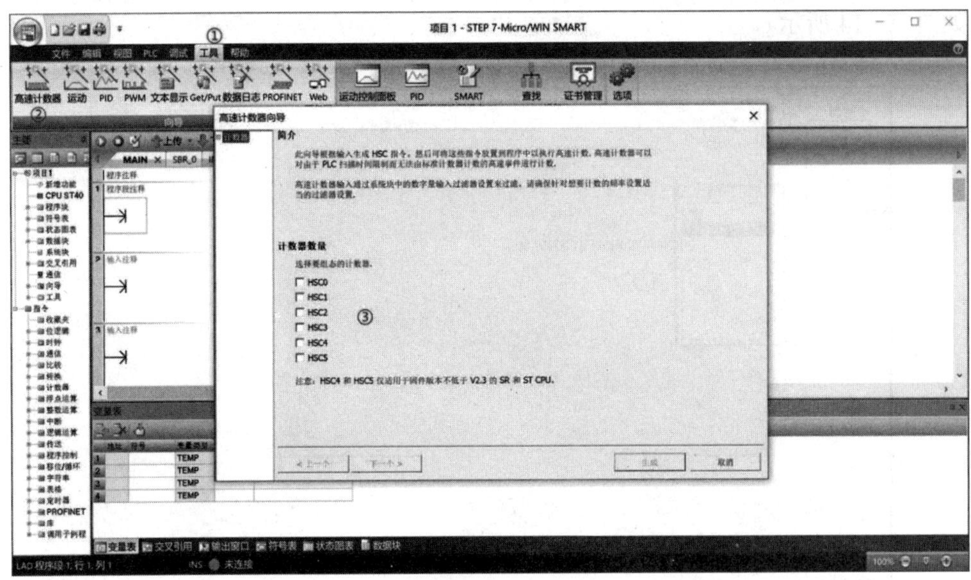

图 19-12　选择需要组态的高速计数器

本项目选择“HSC0”高速计数器，如图 19-13 所示。

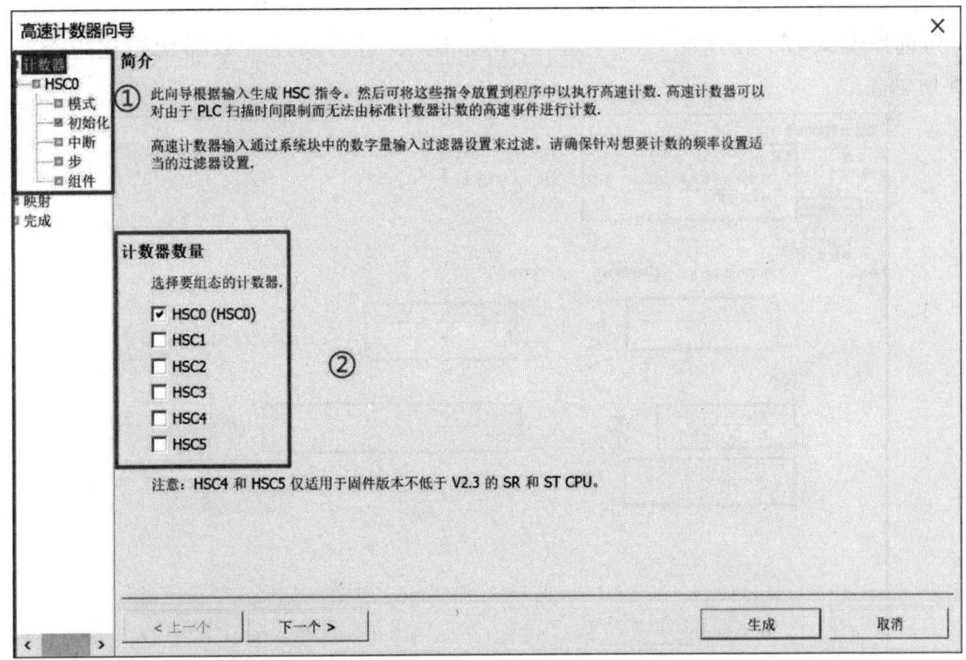


图 19-13　选择“HSC0”高速计数器

高速计数器向导左侧有一个树形目录，所有选项的设置在此归类。默认值若未被修改，则对应选项的方框内没有“√”；如果有修改，则方框内有“√”。

具体选择哪个高速计数器，需要根据实际工艺和 CPU 类型确定。

(2)选择“HSC0”高速计数器后，在左侧列表中选择“模式”，进行高速计数器模式选择，如图 19-14 所示。

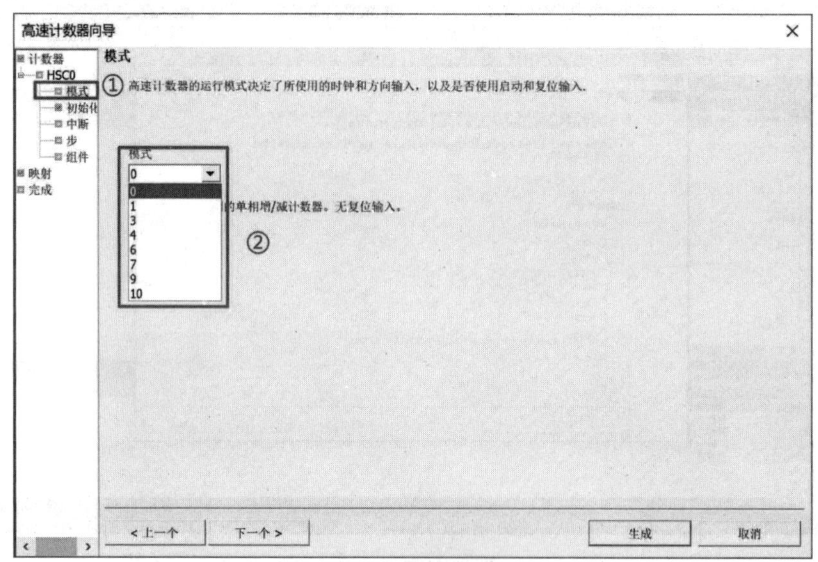


图 19-14 高速计数器模式选择

在“模式”下拉菜单中，可以选择模式“0、1、3、4、6、7、9、10”。

(3)选择模式后，在左侧列表中选择“初始化”，进行高速计数器初始化组态，如图 19-15 所示。

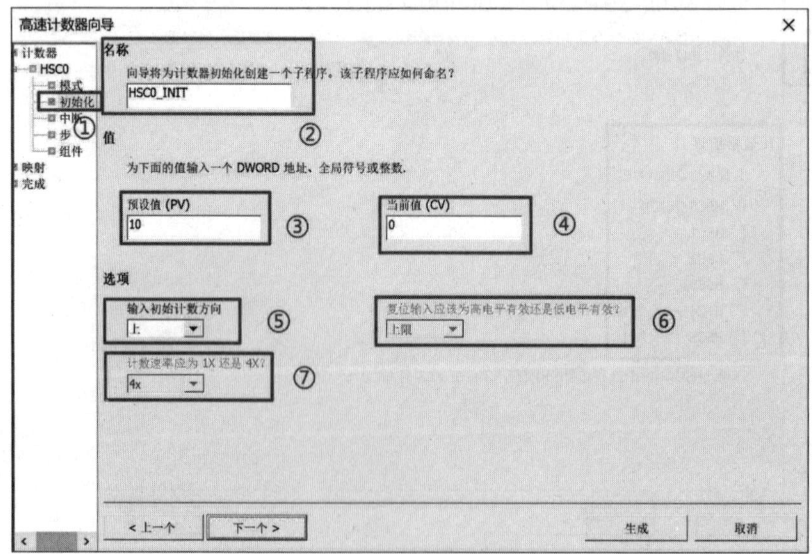


图 19-15 高速计数器初始化组态

图 19-15 中对应选项的含义如下。

① 高速计数器初始化设置。

② 初始化子程序名。

③ 用于产生预设值(CV=PV)中断。

④ 设置当前计数器的初始值，可用于初始化或复位高速计数器。

⑤ 初始计数方向选择，对于没有外部方向控制的高速计数器，需要在此定义计数器的计数方向。

⑥ 复位信号电平选择，若有外部复位信号，则需要选择复位的有效电平，上限为高电平有效，下限为低电平有效。

⑦ A/B 相计数时倍速选择，可选 1 倍速(1×)与 4 倍速(4×)。选择 1 倍速时，相位相差 90°的两个脉冲输入后，计数器值加 1。选择 4 倍速时，相位相差 90°的两个脉冲输入后，计数器值加 4。由于 A/B 相计数时对两个脉冲的正跳变和负跳变分别进行计数，可提升编码器的分辨率。

(4) 初始化设置完成后，在左侧列表中选择“中断”，进行中断设置，如图 19-16 所示。

图 19-16 中对应选项的含义如下。

① 中断设置，高速计数器提供了多种中断以用于不同工艺场合。

② 外部复位中断使能与子程序命名，当外部复位信号有效时产生中断。

③ 外部方向改变中断使能与子程序命名，当外部方向输入信号变化时产生中断。

④ 当前值等于预设值(CV=PV)中断使能与子程序命名，计数器的当前值等于预设值时产生中断。

(5) 中断设置完成后，在左侧列表中选择“步”，设置中断步，此处设置步数为 1，如图 19-17 所示。

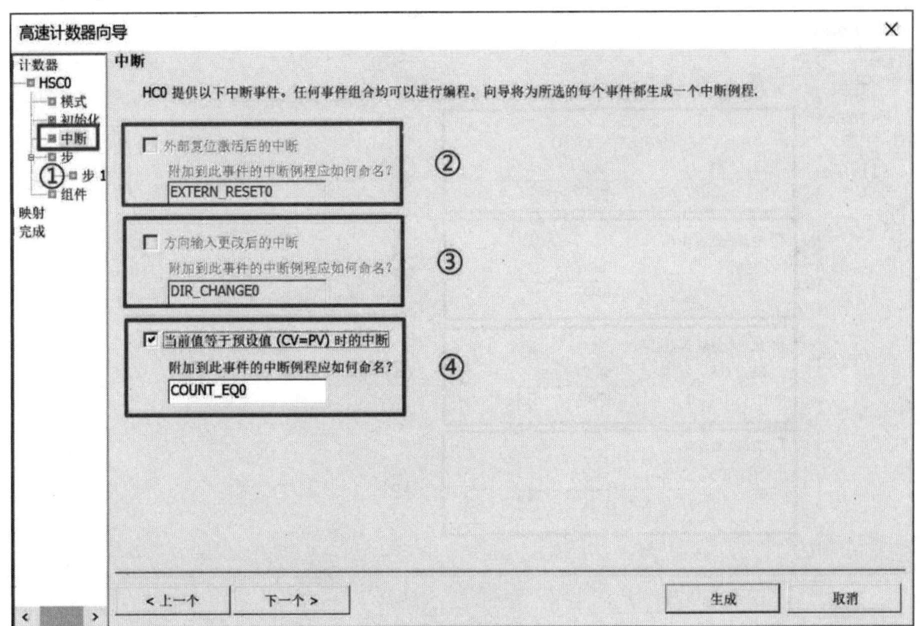


图 19-16 高速计数器中断设置

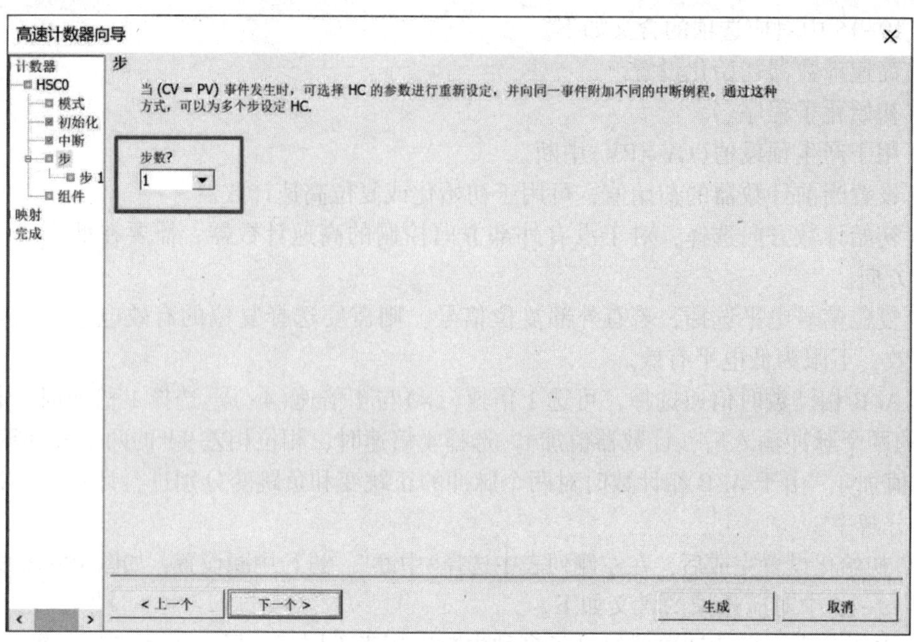


图 19-17　高速计数器中断步数设置

步数选择功能仅在使能 CV=PV 中断后才能激活。在已编程的中断程序中，可以选择将相同的中断事件重新连接到另一个中断程序，这个中断程序称为一个“步”。在某些工艺应用中，需要在每次中断后修改预设值、当前值或计数方向，此处情况下可以使用多步编程的功能。每一个步的运行状态与参数都可以更改。

高速计数器中断步的功能设置界面如图 19-18 所示，图中对应选项的含义如下。

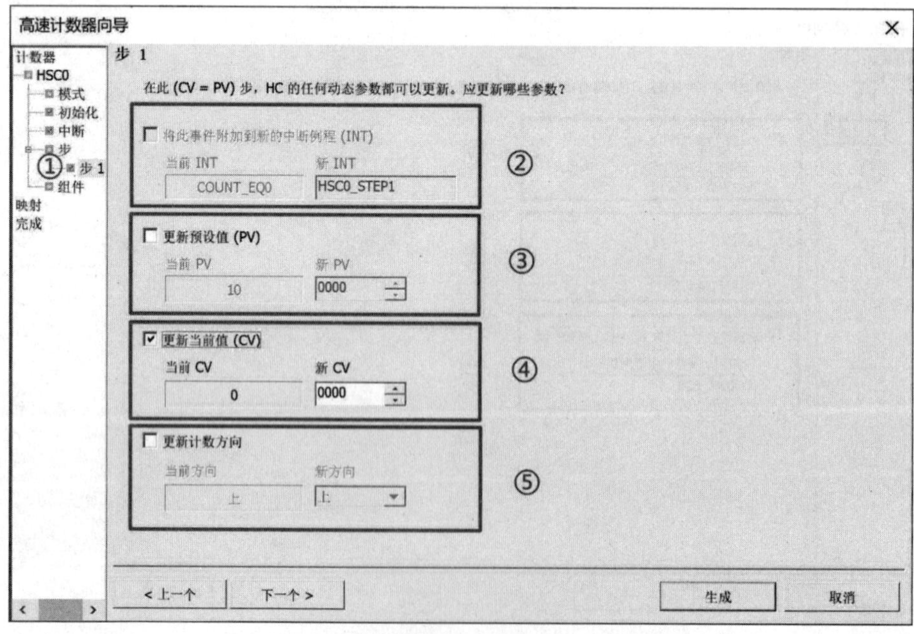


图 19-18　高速计数器中断步的功能设置界面

① CV=PV 中断中的步设置，可在程序中设置多次 CV=PV 中断事件。

② 连接中断子程序，系统默认。

③ 在中断子程序中更新预设值。

④ 在中断子程序中更新当前值。

⑤ 在中断子程序中更新计数方向。

(6)最后设置 I/O 映射表，如图 19-19 所示。

I/O 映射表中显示了所使用的高速计数器资源以及占用的输入点，同时显示了根据滤波器的设置当前高速计数器所能达到的最大计数频率。由于 CPU 的高速计数器输入需要经过滤波器，所以在使用高速计数器之前，一定要注意所使用的输入点的滤波时间。

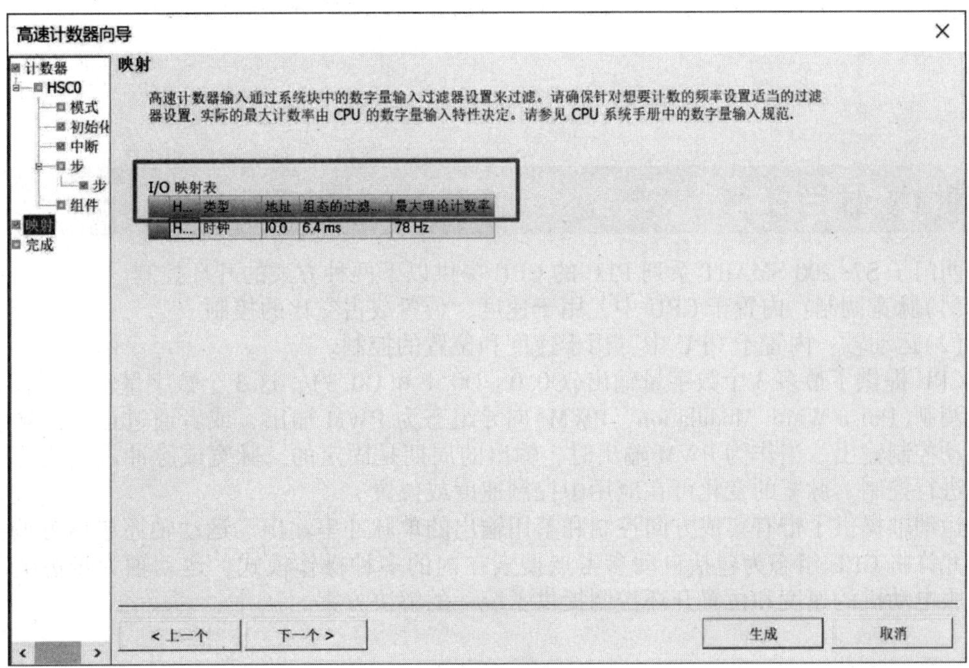


图 19-19 高速计数器 I/O 映射表设置

项目 20

# 自动化仓储 PLC 控制系统的设计与调试

## 20.1 项目任务

西门子 S7-200 SMART 系列 PLC 的 CPU 提供以下两种方式的开环控制。

(1)脉宽调制：内置于 CPU 中，用于速度、位置或占空比的控制。

(2)运动轴：内置于 CPU 中，用于速度和位置的控制。

CPU 提供了最多 3 个数字量输出(Q0.0、Q0.1 和 Q0.3)，这 3 个数字量输出可以通过脉宽调制(Pulse Width Modulation，PWM)向导组态为 PWM 输出，或者通过运动向导组态为运动控制输出。当作为 PWM 输出时，输出的周期是固定的，脉宽或脉冲占空比可通过程序进行控制。脉宽的变化可在应用中控制速度或位置。

运动轴提供了带有集成方向控制和禁用输出的单脉冲串输出。运动轴还包括可编程输入，允许将 CPU 组态为包括自动参考点搜索在内的多种操作模式。运动轴为步进电动机或伺服电动机的速度和位置开环控制提供了统一的解决方案。

## 20.2 项目目标

(1)理解西门子 S7-200 SMART 系列 PLC 的工艺功能指令。

(2)理解其中的高速脉冲输出功能。

(3)学会使用 STEP 7-Micro/WIN SMART 编程软件提供的 PWM 向导来正确配置 PWM 指令。

(4)建立良好的程序设计思维，完成自动化仓储控制系统的程序设计。

(5)具有安全意识和节约意识。

(6)具有团结协作的精神。

## 20.3 项目描述

自动化仓储控制系统是一种智能化系统，集成了物流、仓储和信息技术，可自动完成

货物进出库、转移等操作，从而显著提高企业效率和自动化水平。该系统采用自动化设备，通过信息技术控制系统完成货物的存储、分拣、配送等操作，无须人工干预。这种自动化技术的应用不仅减少了人力成本，提高了作业效率，而且可以避免人为因素的误操作，减少了货物损失。

## 20.4 项目分析

本项目旨在设计和实施一个自动化仓储控制系统，以提高仓库操作的效率、准确性和安全性。该系统将采用PLC控制技术，结合现代物联网技术和传感器技术，实现自动化设备和流程的管理和控制。

本项目设计的系统由出货口、输送设备(传送带及其步进电动机)、推料气缸、载货台、传感器、仓库等部分构成。通过将步进电动机转动时产生的脉冲数量反馈给高速计数器，同时结合仓库内的各个传感器，来完成对推料气缸电磁阀的控制，从而实现精准控制货物入库的操作。

## 20.5 项目实施

### 20.5.1 控制要求

自动化仓储控制系统外观示意图如图20-1所示，其由传感器、按钮、传送带及其步进电动机、气动推杆及其电磁阀等部件组成。

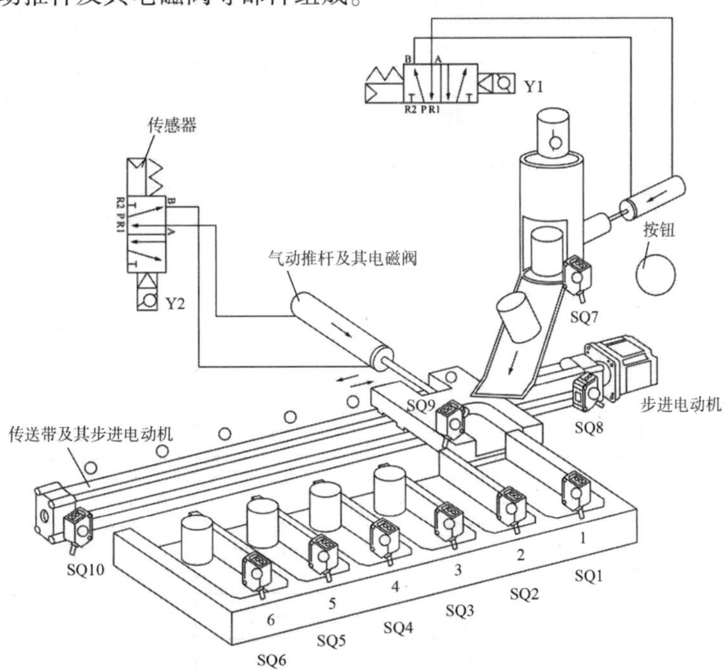


图20-1 自动化仓储控制系统外观示意图

1. 初始状态

系统开关处于停止状态，载货台处于原点(传感器 SQ8 处)位置，电磁阀 Y1、Y2 和步进电动机均为 OFF。

2. 运行操作

按下启动按钮，载货台由原点处运行到接货处，当传感器 SQ7 检测到有货物时，SQ7 亮(此处为手动控制)，Y1 控制的气缸把货物推出(Y1 为 ON)，当载货台传感器 SQ9 检测到有货物时，SQ9 亮，载货台自动把货物送到空仓库。顺序遵循就近原则，从 1 号仓库到 6 号仓库自动送货。载货台到仓库，Y2 控制的气缸把货物推进仓库内，送完货物后，载货台返回到原点位置，并再次运行到接货处准备下次接货。若仓库已满，则载货台不动作。从原点到接货点的脉冲数为 1 000 步，1 号仓库到原点的脉冲数为 1 000 步，2 号仓库到原点的脉冲数为 2 000 步，3 号仓库到原点的脉冲为 3 000 步，4 号仓库到原点的脉冲数为 4 000步，5 号仓库到原点的脉冲数为 5 000 步，6 号仓库到原点的脉冲数为6 000步。当系统脉冲数超出 7 000 步时，传感器 SQ10 亮，此时系统出现故障，载货台收到 SQ10 反馈回的信号，返回原点。

按下停止按钮，系统停止运行，当再次按下启动按钮时，系统重新工作。

试根据上述的控制要求编制程序。

## 20.5.2 I/O 分配

I/O 分配如表 20-1 所示。

**表 20-1　I/O 分配**

| 输入 | | | 输出 | | |
|---|---|---|---|---|---|
| 输入设备 | 输入地址 | 功能说明 | 输出设备 | 输出地址 | 功能说明 |
| — | I0.0 | 输入脉冲 | — | Q0.0 | 脉冲输出 |
| — | I0.2 | 清零高速计数器 | — | Q0.1 | 清零高速计数器 |
| SB1 | I0.3 | 开始按钮 | Y1 | Q0.2 | 电磁阀 1 |
| SB2 | I0.4 | 停止按钮 | Y2 | Q0.3 | 电磁阀 2 |
| 限位 1 | I0.5 | SQ1 | M4 | Q0.4 | 脉冲方向 |
| 限位 2 | I0.6 | SQ2 | — | — | — |
| 限位 3 | I0.7 | SQ3 | — | — | — |
| 限位 4 | I1.0 | SQ4 | — | — | — |
| 限位 5 | I1.1 | SQ5 | — | — | — |
| 限位 6 | I1.2 | SQ6 | — | — | — |
| 限位 7 | I1.3 | SQ7 | — | — | — |
| 限位 8 | I1.4 | SQ8 | — | — | — |
| 限位 9 | I1.5 | SQ9 | — | — | — |
| 限位 10 | I1.6 | SQ10 | — | — | — |

## 20.5.3 PLC 外部接线图及电气原理图

PLC 外部接线图及电气原理图如图 20-2、图 20-3 所示。

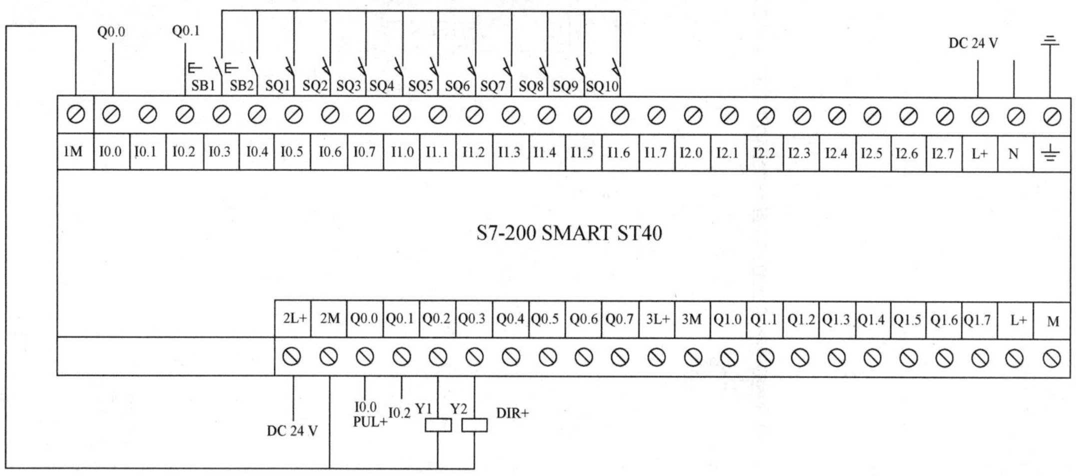


图 20-2 PLC 外部接线图

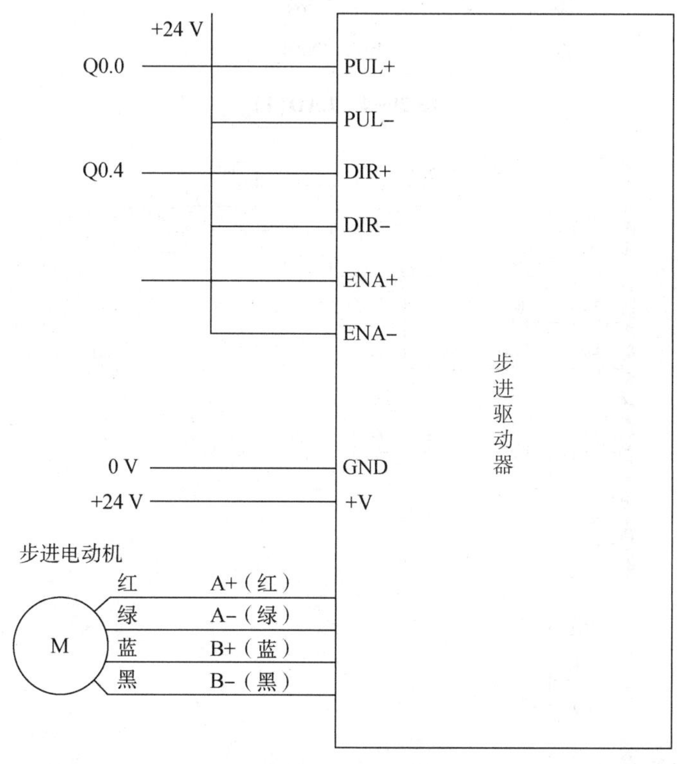


图 20-3 电气原理图

## 20.5.4 PLC 程序

LAD 如图 20-4~图 20-8 所示。

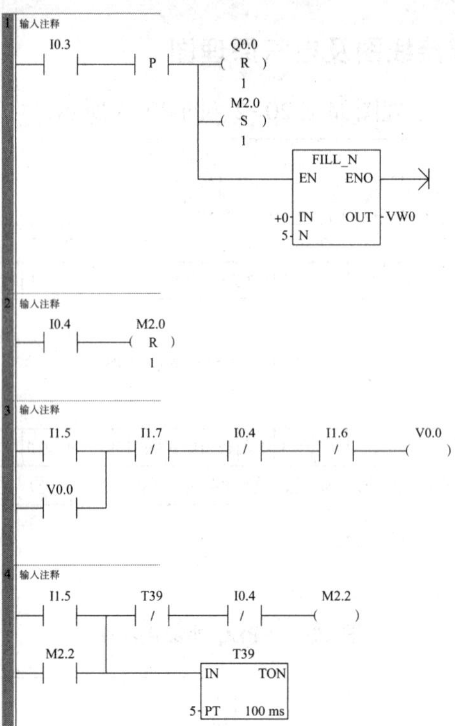


图 20-4　LAD(1)

图 20-5　LAD(2)

8 输入注释

M2.0 I1.4 I1.3 P I0.4 / M2.5 / I1.5 / Q0.2 ( )

Q0.2

9 输入注释

I1.4 /

I0.5 / HC0 ==D 1 300 V1.1 ( )

I0.6 / HC0 ==D 1 500 V1.2 ( )

I0.7 / HC0 ==D 2 300 V1.3 ( )

I1.0 / HC0 ==D 3 000 V1.4 ( )

I1.1 / HC0 ==D 4 200 V1.5 ( )

I1.2 / HC0 ==D 5 000 V1.6 ( )

10 输入注释

I0.4 I0.3 / M2.6 ( )

M2.6

11 输入注释

V1.1 SM66.5 ( R ) 1

图 20-6 LAD(3)

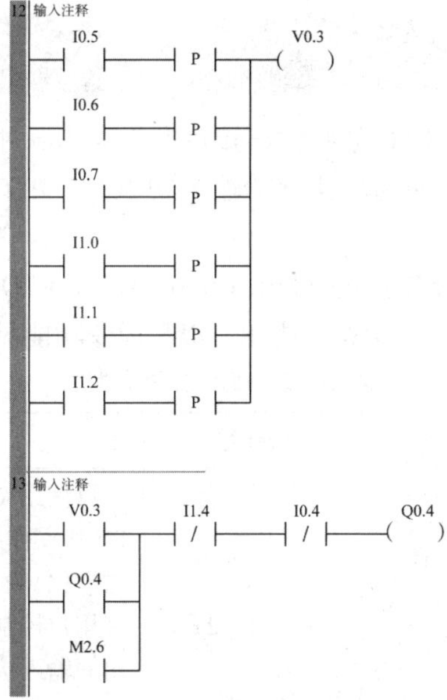


图 20-7 LAD(4)

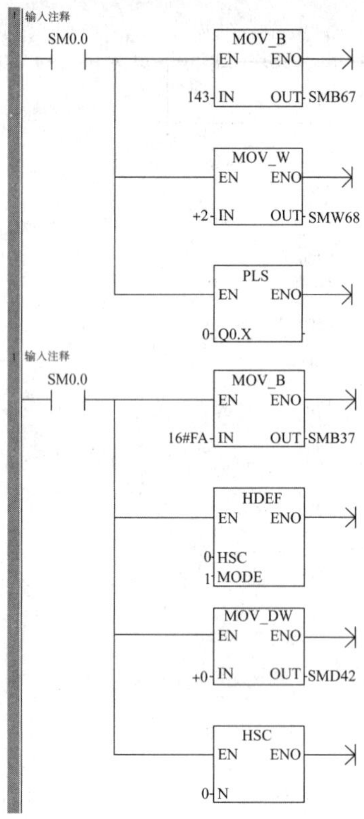


图 20-8　LAD(5)

## 20.6　预备知识

高速脉冲输出功能是指在PLC某些输出接口产生高速脉冲，以驱动负载，实现精确控制(如对步进电动机的控制)。使用高速脉冲输出功能时，PLC主机应选用晶体管输出型，以满足高速输出的要求。

高速脉冲输出(PLS)指令控制高速输出(Q0.0、Q0.1和Q0.3)是否提供高速的脉冲串输出(Pulse Train Output，PTO)和PWM功能。PLS指令功能见表20-2。

表 20-2　PLS 指令功能

| 指令名称 | LAD | 语句表 | 操作数 | 功能 |
| --- | --- | --- | --- | --- |
| 高速脉冲输出 | PLS<br>EN ENO<br>????-N | PLS　N | N<br>(0、1、2) | 可使用PLS指令来创建最多3个PTO或PWM操作。PTO允许用户控制方波(50%占空比)输出的频率和脉冲数量。PWM允许用户控制占空比可变的固定循环时间输出。输入接口N的数据类型是WORD，操作数为0、1、2 |

S7-200 SMART系列PLC的CPU具有3个PTO/PWM生成器(PLS0、PLS1和PLS2)，

能够生成高速脉冲串或 PWM 波。PLS0 分配给了数字量输出端 Q0. 0，PLS1 分配给了数字量输出端 Q0. 1，PLS2 分配给了数字量输出端 Q0. 3。指定的特殊存储器单元用于存储每个发生器的一个 8 位的 PTO 状态字节、一个 8 位的控制字节、一个 16 位无符号的周期时间或频率、一个 16 位无符号的脉宽值和一个 32 位无符号的脉冲计数值。PLS 指令仅用于 S7-200 SMART 标准型 CPU。SR20/ST20 只有 Q0. 0 和 Q0. 1 两个通道，其他型号有 Q0. 0、Q0. 1 和 Q0. 3 这 3 个通道。

PTO/PWM 生成器和过程映像寄存器共同使用 Q0. 0、Q0. 1 和 Q0. 3。在 Q0. 0、Q0. 1 或 Q0. 3 上激活 PTO/PWM 功能时，PTO/PWM 生成器控制输出，正常使用输出点禁止功能。输出信号波形不受过程映像区状态、输出点强制值或立即输出指令执行结果的影响。当不使用 PTO/PWM 生成器功能时，对输出点的控制权交回到过程映像寄存器。过程映像寄存器决定输出信号波形的初始和结束状态，以高低电平控制信号波形的启动和结束。

需要注意的是，如果通过运动控制向导将输出点组态为运动控制用途，则无法通过 PLS 指令激活 PTO/PWM 功能。PTO/PWM 输出的负载至少为额定负载的 10%才能转换启动与禁止。在启用 PTO/PWM 操作前，过程映像寄存器中 Q0. 0、Q0. 1 和 Q0. 3 的值设置为 0。所有控制位、周期时间和频率、脉宽和脉冲计数值的默认值均为 0。

1. PTO

PTO 功能用于输出指定脉冲数和占空比为 50%的方波脉冲串，如图 20-9 所示。

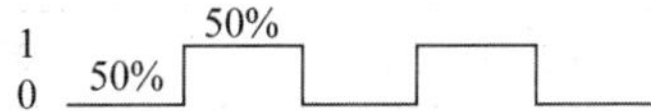


**图 20-9 占空比为 50%的方波脉冲串**

PTO 功能只能改变脉冲的频率和脉冲数，脉冲数和频率的设置与响应见表 20-3。

**表 20-3 脉冲数和频率的设置与响应**

| 脉冲数和频率的设置 | 脉冲数和频率的响应 |
| --- | --- |
| 频率小于 1 Hz | 频率默认为 1 Hz |
| 频率大于 100 000 Hz | 频率默认为 100 000 Hz |
| 脉冲数等于 0 | 脉冲数默认为 1 个脉冲 |
| 脉冲数大于 2 147 483 647 | 脉冲数默认为 2 147 483 647 个脉冲 |

PTO 功能允许脉冲串实现“链接”或“管道化”。有效脉冲串结束后，新脉冲串的输出会立即开始，这样便可持续输出后续脉冲串。

(1) PTO 脉冲的单段管道化。

在单段管道化中，用指定的特殊标志寄存器定义脉冲特性参数，每次定义一个脉冲串。一个脉冲串开始后，必须立即把第二个波形的参数赋值给特殊存储器单元；特殊存储器对应值更新后，再次执行 PLS 指令。PTO 功能在管道中保留第二个脉冲串的特性参数，直到第一个脉冲串输出完成为止。PTO 功能在管道中一次只能存储一个条目，第一个脉冲串完成后，开始输出第二个波形，然后在管道中存储一个新脉冲串，重复此过程，以设置下一脉冲串的特性参数。

单段管道化的优点在于各脉冲段可以采用不同的时间基准。但当单段 PTO 多段高速脉冲串时，编程就很复杂，而且参数设置不当，会造成脉冲串之间的转换不够平滑。需要注意的是，在管道填满时，若要再装入一个脉冲串的控制参数，将导致 PTO 状态位(SM66.6、SM76.6 或 SM566.6)置位，表示 PTO 管道溢出。单段管道化频率的上限为 65 535 Hz。如果需要更高的频率(最高为 100 000 Hz)，则必须使用多段管道化。

(2)PTO 脉冲的多段管道化。

在多段管道化中，集中定义多个脉冲串，并把各段脉冲串的特性参数按照规定的格式写入变量存储区用户指定的缓冲区中，这个缓冲区称为包络表。S7-200 SMART 系列 PLC 从变量存储器的包络表中自动读取每个脉冲串段的特性，该模式中使用的特殊存储器单元为控制字节、状态字节和包络表的起始变量存储(SMW168、SMW178 或 SMW578)的偏移量。执行 PLS 指令启动多段操作，每段的特性参数长 12 字节，由 32 位起始频率、32 位结束频率和 32 位脉冲计数组成。表 20-4 为多段 PTO 操作的包络表格式。

**表 20-4　多段 PTO 操作的包络表格式**

| 字节偏移量 | 段 | 表格条目的描述 |
|---|---|---|
| 0 | — | 段数量(1~2 552) |
| 1 | #1 | 起始频率(1~100 000 Hz) |
| 5 | — | 结束频率(1~100 000 Hz) |
| 9 | — | 脉冲计数(1~2 147 483 647) |
| 13 | #2 | 起始频率(1~100 000 Hz) |
| 17 | — | 结束频率(1~100 000 Hz) |
| 21 | — | 脉冲计数(1~2 147 483 647) |
| (依此类推) | #3 | (依此类推) |

PTO 生成器会自动将频率从起始频率线性提高(或降低)到终止频率。在脉冲数量达到指定的脉冲计数时，立即装载下一个 PTO 段，该操作将一直重复，直到包络结束。PTO 段持续时间应大于 500 ms，如果持续时间太短，CPU 没有足够的时间计算下一个 PTO 段值，则 PTO 状态位(SM66.6、SM76.6 和 SM566.6)被置为 1，PTO 操作终止。多段 PTO 操作时，需把包络表的起始地址装入标志寄存器(SMW168、SMW178 或 SMW578)中。执行 PTO 指令时，当前输出段的段号由系统填入 SMB166、SMB176 或 SMB576 中。多段管道编程比单段管道编程简单，而且在同一段脉冲串中，其周期可以均匀改变。

2. PWM

PWM 功能用于输出占空比可变、周期固定的脉冲。PWM 功能输出指定频率(循环时间)后将继续运行，脉宽根据所需要的控制要求进行变化，占空比可表示为周期的百分比或对应于脉宽的时间值。PWM 波形如图 20-10 所示。

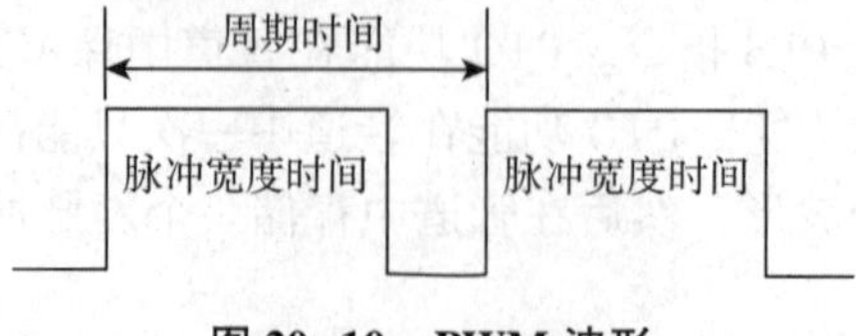


**图 20-10　PWM 波形**

周期范围为 10~65 535 μs(2~65 535 ms)，脉宽范围为 0~65 535 μs(0~65 535 ms)。当脉宽设置等于周期(占空比为 100%)时，无脉冲，始终为高电平；当脉宽设置为 0(占空比为 0%)时，无脉冲，始终为低电平。脉宽和周期的设置与响应见表 20-5。

**表 20-5 脉宽和周期的设置与响应**

| 脉宽和周期的设置 | 脉宽和周期的响应 |
|---|---|
| 脉宽不小于周期时间 | 占空比为 100%：输出一直接通 |
| 脉宽等于 0 | 占空比为 0%：连续关闭输出 |
| 脉宽大于两个时间单位 | 默认情况下，周期时间为两个时间单位 |

利用 PWM 功能，可以根据需要调节脉宽，进而实现控制要求。PWM 输出占空比可从 0%变化到 100%，因此它可以提供一个类似于模拟量输出的数字量输出。例如，PWM 输出可用于电动机从静止到全速运行的速度控制，或用于阀门从关闭到全开的位置控制。

PWM 功能可以通过设置特殊寄存器的方式进行配置，分别设置每个位，最后组成控制字节，并由程序写入，特殊寄存器位定义见表 20-6。

**表 20-6 特殊寄存器位定义**

| PWM 控制地址 | | | PWM 控制功能 |
|---|---|---|---|
| Q0.0 | Q0.1 | Q0.3 | PWM 输出通道标识符 |
| SM67.0 | SM77.0 | SM567.0 | PWM 更新周期(0=不更新，1=更新周期) |
| SM67.1 | SM77.1 | SM567.1 | PWM 更新脉宽(0=不更新，1=更新脉宽) |
| SM67.2 | SM77.2 | SM567.2 | 保留 |
| SM67.3 | SM77.3 | SM567.3 | PWM 时基(0=1 μs/刻度，1=1 ms/刻度) |
| SM67.4 | SM77.4 | SM567.4 | 保留 |
| SM67.5 | SM77.5 | SM567.5 | 保留 |
| SM67.6 | SM77.6 | SM567.6 | 保留 |
| SM67.7 | SM77.7 | SM567.7 | PWM 使能(0=禁用，1=使能) |
| SMW68 | SMW78 | SMW568 | PWM 周期时间值(2~65 535) |
| SMW70 | SMW80 | SMW570 | PWM 脉冲时间值(2~65 535) |

下面通过一个例子说明如何设置特殊寄存器发送 PWM。

发送 PWM 的脉冲周期为 100 ms，脉宽为 30 ms，发送脉冲的输出点为 Q0.0。程序设置如图 20-11 所示。

使用 M0.0 正跳变触发，将控制字 16#8B 送入 SMB67，16#8B 对应的功能为：使能 Q0.0 的 PWM 功能，使能更新脉冲周期、脉宽，使用 1 ms 时基。

脉冲周期为 100 ms。

脉宽为 30 ms。

执行 PLS 指令，触发 PWM 输出。

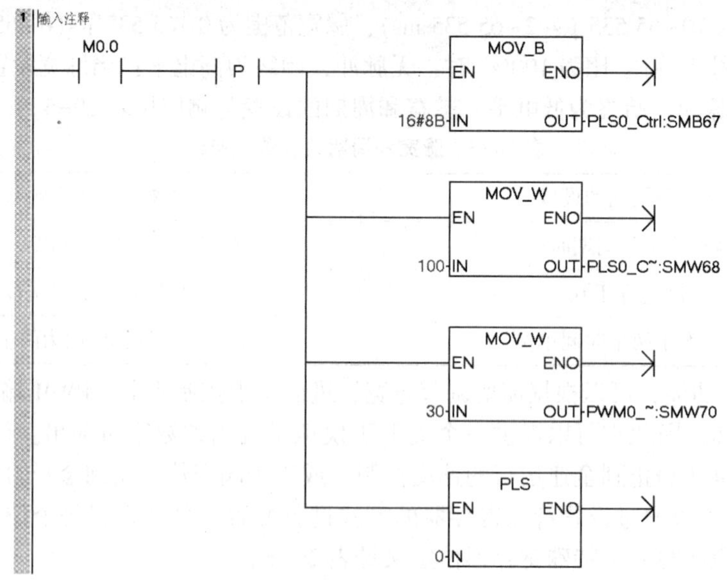


**图 20-11 使用特殊寄存器发送 PWM**

除了直接使用设置特殊寄存器发送 PWM，还可以使用 PWM 向导功能组态 PWM 生成器和控制 PWM 输出的负载周期。PWMx_RUN 子程序用于在程序控制下执行 PWM 功能。PWMx_RUN 子程序格式见表 20-7。

**表 20-7 PWMx_RUN 子程序格式**

| LAD | 语句表 | 功能 |
|---|---|---|
| PWM0_RUN<br>EN<br>RUN<br>????-Cycle Error-????<br>????-Pulse | CALL PWMx_RUN，Cycle，Pulse，Error | PWMx_RUN 子程序允许通过改变脉宽(从 0 到周期时间的脉宽)来控制 PWM 输出占空比 |

操作数的类型和范围见表 20-8。

**表 20-8 操作数的类型和范围**

| I/O 接口 | 数据类型 | 操作数 |
|---|---|---|
| Cycle，Pulse | WORD | IW，QW，VW，MW，SMW，SW，T，C，LW，AIW，AC，AIW，*VD，*AC，*LD，常数 |
| Error | BYTE | IB，QB，VB，MB，SMB，SB，LB，AC，*VD，*LD，*AC，常数 |

输入接口 Cycle 用于定义 PWM 输出的周期。当时基单位为 ms 时，取值范围是 2~65 535；当时基单位为 μs 时，取值范围是 10~65 535。输入接口 Pulse 用于定义 PWM 输出的脉宽(占空比)，取值范围为 0~65 535 个时基单元，时基是在向导中指定的，单位为 ms 或 μs。输出接口 Error 用于指示执行结果，当其为 0 时表示正常完成，为 131 时表示脉冲生成器已被另一个 PWM(或运动轴)占用，或时基更改无效。

使用向导设置 PWM 来实现本例要求功能的具体步骤如下。

(1)在“工具”菜单的“向导”区域单击“PWM”按钮，或在左侧列表中打开“向导”文件夹，然后双击“PWM”，打开“脉宽调制向导”。在弹出的组态界面中选择“PWM0”，如图20-12所示。可以看出，S7-200 SMART系列PLC总共支持3个PWM输出。

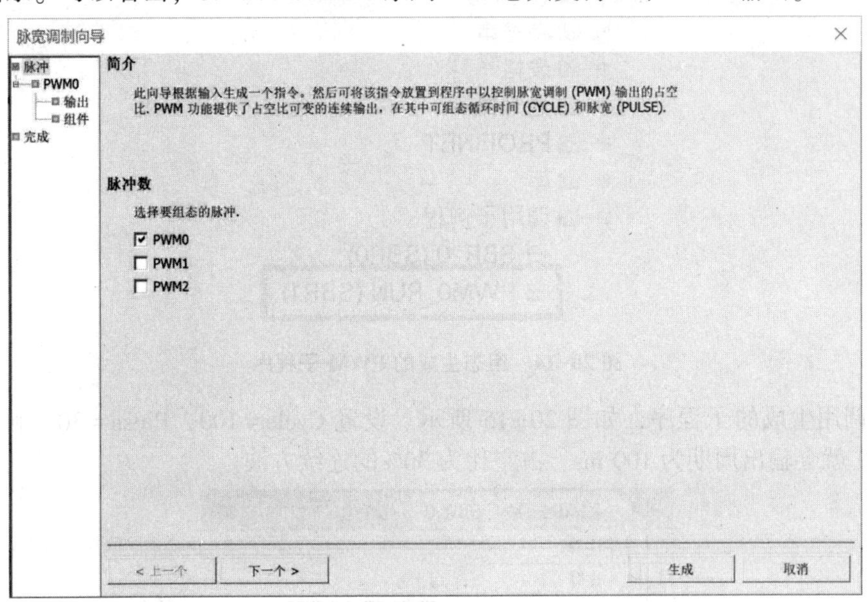


图 20-12 PWM组态界面

(2)选择脉冲的时基单位为“毫秒”或者“微秒”，如图20-13所示。

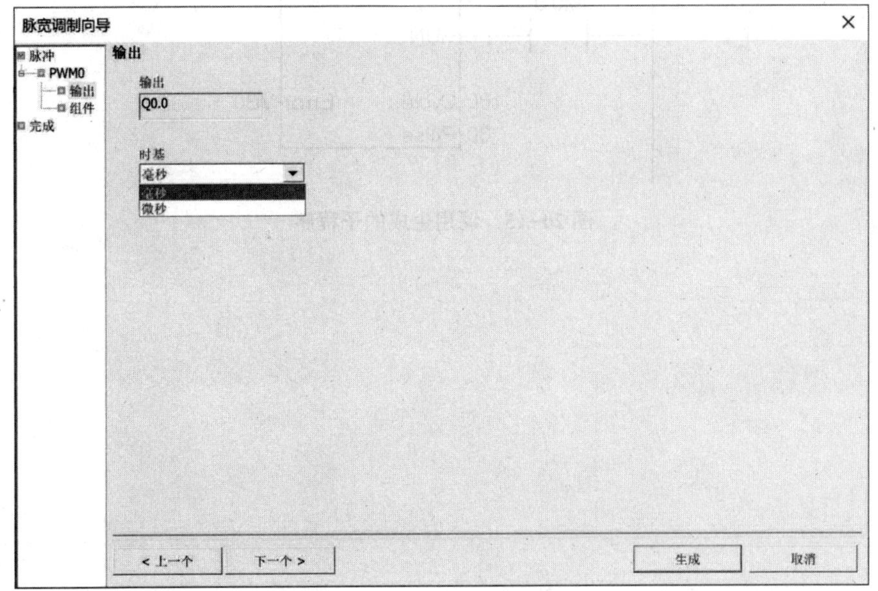


图 20-13 选择脉冲的时基单位

(3)选择了时基单位后，单击“生成”按钮，会生成一个名为“PWM0_RUN”的子程序，在项目树的调用子程序文件夹里找到此子程序，如图20-14所示。

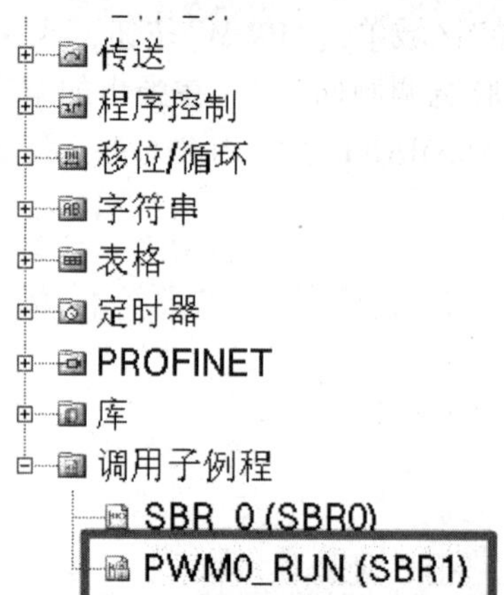


图 20-14　组态生成的 PWM 子程序

(4)调用生成的子程序，如图 20-15 所示。设置 Cycle = 100，Pulse = 30，触发 M0.0 后，Q0.0 就会输出周期为 100 ms、占空比为 30%的连续方波。

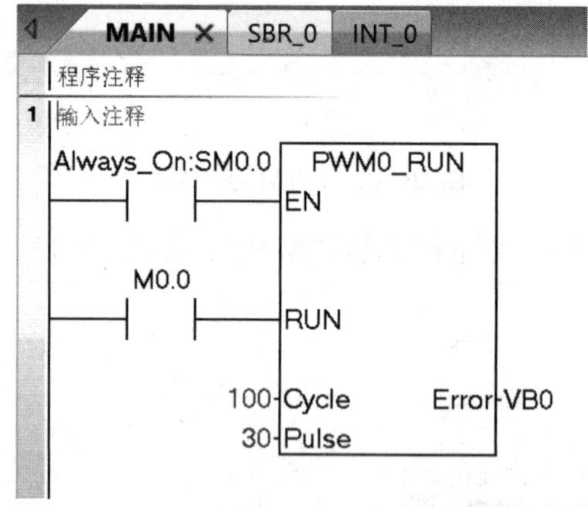


图 20-15　调用生成的子程序

# 项目 21

# 加热炉温度 PLC 控制系统的设计与调试

## 21.1 项目任务

了解加热炉的温度控制要求；理解顺序控制设计法中的置位复位指令编程法，掌握编程要点，能够养成良好的程序设计思维；建立小组协作机制，形成团队协作意识；初步形成电气控制方向职业认同感。

## 21.2 项目目标

(1)理解顺序控制设计法中的置位复位指令编程法。

(2)掌握编程要点，建立良好的程序设计思维。

(3)具有安全、节约意识。

(4)具有团结协作的精神。

## 21.3 项目描述

加热炉被广泛于工业生产和科学研究中，通常这类设备可通过调节输出功率来控制温度，进而实现较好的控制性能，故在冶金、机械、化工等领域中得到了广泛的应用。在工业过程控制中，加热炉作为关键部件，其炉温控制精度已经成为产品质量好坏的决定性因素。加热炉主要应用 PID 调节器控制，其温度控制系统通常包括以下组件。

(1)传送带：用于将物料传送到固定加热位置。

(2)传感器：包括行程开关传感器和温度传感器。安装在系统中的行程开关传感器可用于检测物料及炉门的位置和状态等信息，以便系统能够做出相应的动作和决策；安装在炉内的温度传感器用于显示和反馈炉内温度，方便 PLC 进行控制。

(3)电炉丝：通过给定电压，给加热炉进行加热。

(4)控制系统：PLC 作为该系统的控制器，负责监控和控制整个加热炉加热保温过程，并按照预设的规则或编程来协调各个组件的工作。

## 21.4 项目分析

本项目旨在设计和实施一个基于 PLC 的加热炉温度控制系统，用于对物料进行自动化和智能化控制，实现快速、准确和可靠地将物料在加热炉中进行加热。系统设计将基于温度控制这一关键点展开，因此该系统的控制方案要满足所产生的热量适应物料负荷要求，保证温度的平稳上升和保持及加热炉的安全运行，因此采用 PID 调节器调节炉温。

恒温控制是一种典型的模拟量控制方法，在实际应用中，首先在铝块上布有加热丝和 Pt100 温度传感器，变送器将传感器输出的温度信号转换成 4~20 mA 的标准信号，PLC 接收该系统 4~20 mA 的温度信号输入，输入信号经 A/D(Analog to Digital，数模)转换和程序处理变成过程变量，然后经 PLC 的 PID 回路指令处理输出 4~20 mA 的调节量，再经晶闸管调功器控制加热器的加热量，最后由 Pt100 温度传感器检测温度，形成温度闭环控制系统。

## 21.5 项目实施

### 21.5.1 项目具体控制要求

加热炉温度控制系统示意图如图 21-1 所示。

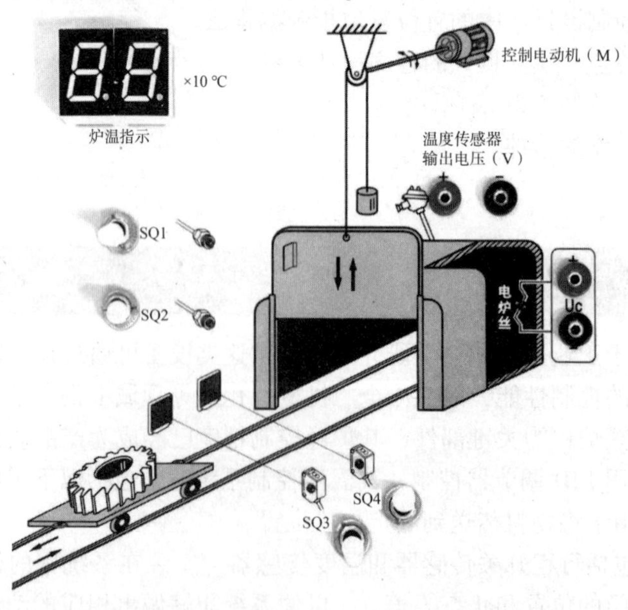


图 21-1　加热炉温度控制系统示意图

初始状态下，传感器 SQ1、SQ3、SQ4 为断开，SQ2 为闭合；然后进行启动操作，首先按启动按钮 SB0，SQ3 闭合，表示被加热物料准备好。打开加热炉门，SQ2 断开，SQ1 闭合，表示加热炉门打开完成。被加热物料开始进入加热炉，SO3 断开，SQ4 闭合，表示被加热物料到位。延时 5 s 后，加热炉门开始关闭，SQ1 断开，SQ2 闭合，表示加热炉门关闭完成。加热炉开始对工件加热，电炉丝 LED 发光。炉温指示逐渐升高，当温度达到 500 ℃后，保持 30 s，加热炉门打开，SQ2 断开，SQ1 闭合，表示被加热物料出炉。SQ4 断开，SQ3 闭合，表示被加热物料移出炉外。加热炉门开始关闭，SQ1 断开，当 SQ2 闭合后本次加热过程结束。炉温仍保持 500 ℃等待下一被加热物料到来。

### 21.5.2 I/O 分配

根据控制要求，进行 I/O 分配，如表 21-1 所示。包含启动、停止按钮，炉门打开、关闭到位行程开关，物料进、出炉到位行程开关，升温及降温，以及控制电动机正反转的中间继电器线圈。

**表 21-1 I/O 分配**

| 输入 | | | 输出 | | |
|---|---|---|---|---|---|
| 输入设备 | 输入地址 | 功能说明 | 输出设备 | 输出地址 | 功能说明 |
| SB0 | I0. 0 | 启动按钮 | KA1 线圈 | Q0. 0 | 控制电动机 M 反转上 |
| SQ1 | I0. 1 | 炉门打开到位行程开关 | KA2 线圈 | Q0. 1 | 控制电动机 M 正转下 |
| SQ2 | I0. 2 | 炉门关闭到位行程开关 | T2 | AQW16 | 模拟量 T2 输出 |
| SQ3 | I0. 3 | 物料出炉到位行程开关 | — | — | — |
| SQ4 | I0. 4 | 物料进炉到位行程开关 | — | — | — |
| SB1 | I0. 5 | 停止按钮 | — | — | — |
| T1 | AIW16 | 模拟量 T1 输入 | — | — | — |

### 21.5.3 PLC 外部接线图及电气原理图

根据 I/O 分配，绘制 PLC 外部接线图及电气原理图，如图 21-2 和图 21-3 所示。

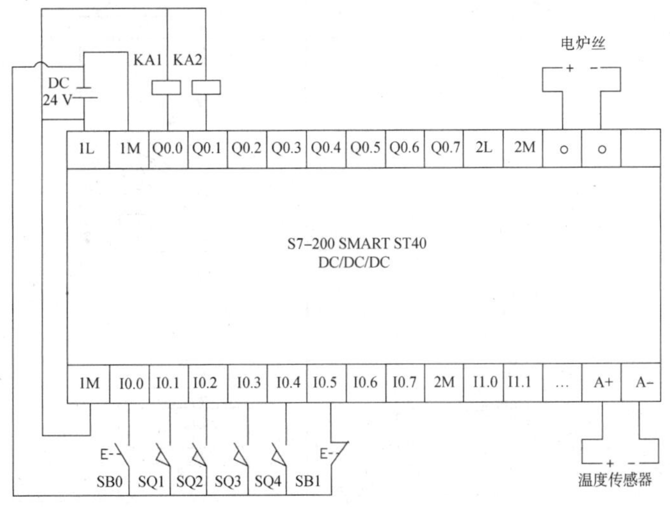


**图 21-2 PLC 外部接线图**

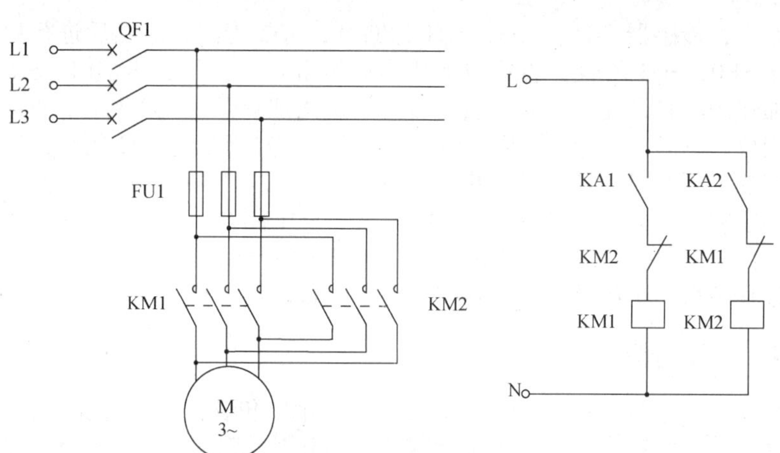


**图 21-3　电气原理图**

PLC 选取 S7-200 SMART ST40 型号，该 PLC 具有 24 路输入，16 路输出，I/O 点足够，与设计要求符合，且机型丰富，配置灵活。在电气原理图中，应用接触器进行正反转控制。

## 21.5.4　控制流程图

根据控制要求绘制控制流程图，如图 21-4 所示。

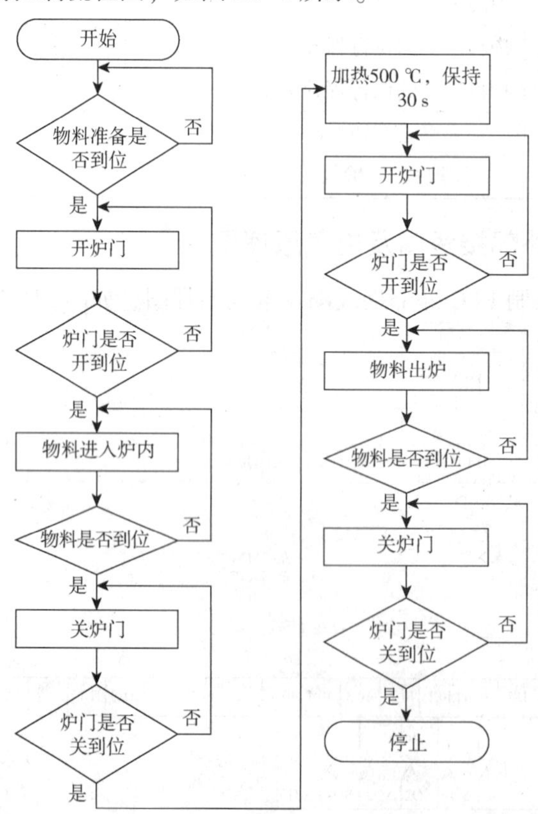


**图 21-4　控制流程图**

## 21.5.5 PLC 程序

1. 设置子程序

(1)PID 向导(闭环控制)设置。

PID 向导可帮助组态 PID 控制和生成 PID 子程序。打开 PID 向导，设置步骤如图 21-5 所示。

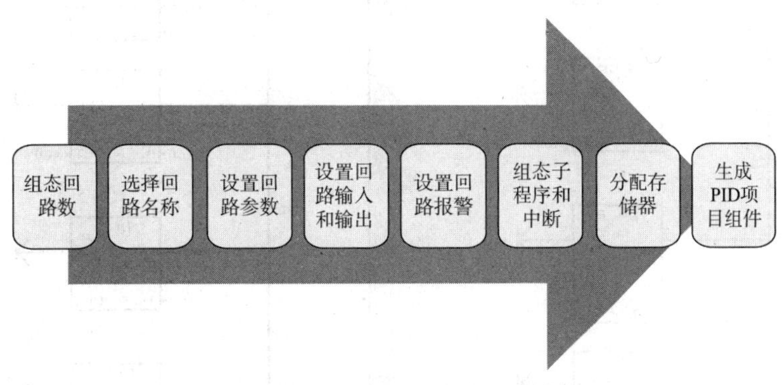


图 21-5 PID 设置步骤

1)在“工具”菜单功能区的“向导”区域单击“PID”按钮。

2)在左侧列表中打开“向导”文件夹，然后双击“PID”按钮。

PID 回路设置方法的前提是在稳态运行中，PID 控制器调节输出值，使偏差($e$)为零。偏差是设定值(所需工作点)与过程变量(实际工作点)之差。PID 控制的原理基于 PID 回路算法，输出 $M(t)$是比例项、积分项和微分项的函数。

STEP 7-Micro/WIN SMART 编程软件包括 PID 整定控制面板，允许以图形方式监视 PID 回路行为。此外，控制面板还可用于启动自整定序列、中止序列以及应用建议的整定值或自己的整定值，其生成的子程序如图 21-6 所示。

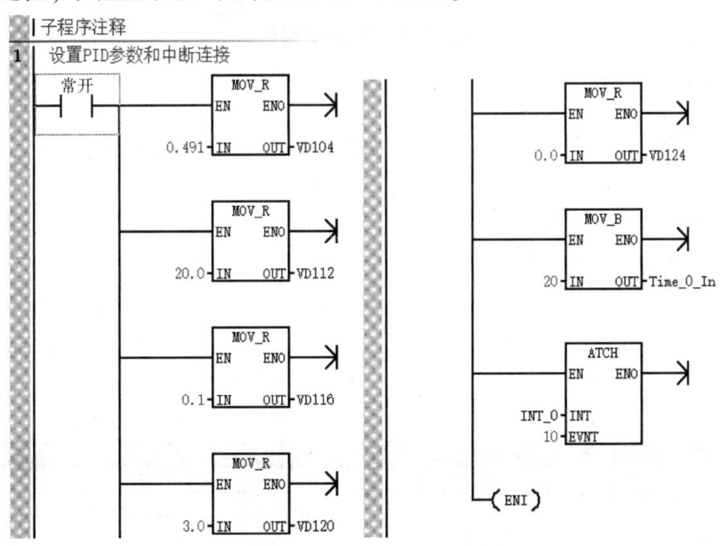


图 21-6 PID 控制子程序

（2）中断子程序设置。

中断子程序如图 21-7 所示，其设置过程见 21.6 小节中 PID 回路的详细设置过程。

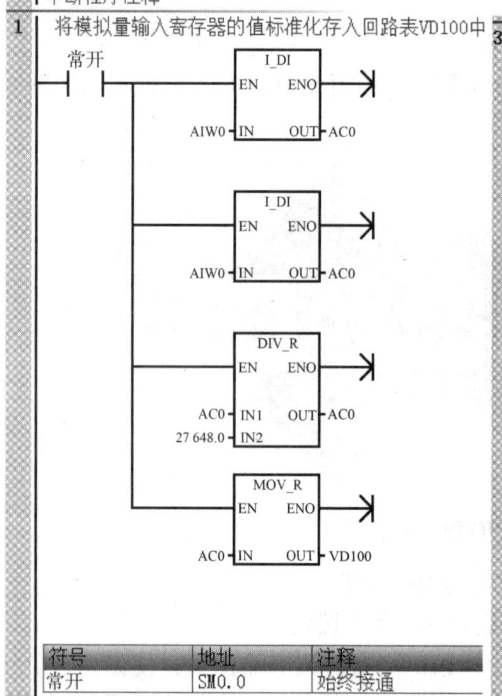


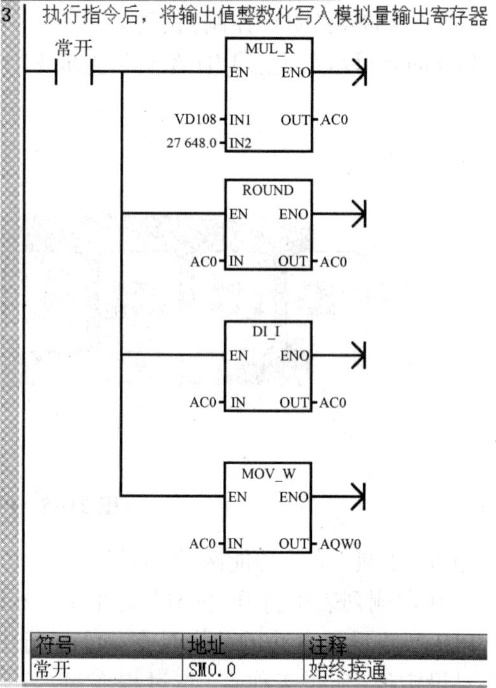


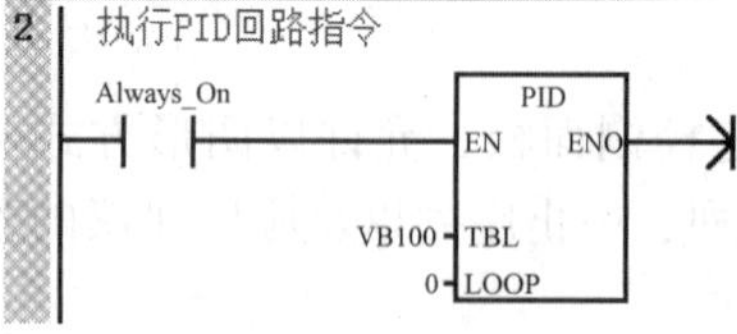


图 21-7　中断子程序

2. 设置主程序

根据控制要求及控制逻辑编写主程序，如图 21-8～图 21-12 所示。

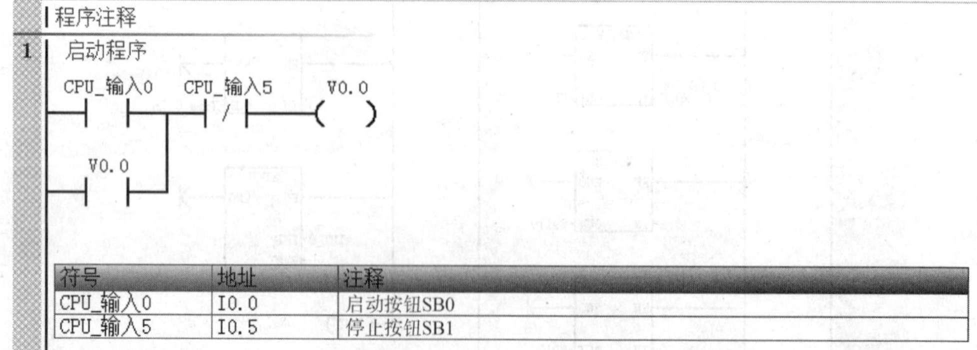


图 21-8　主程序（1）

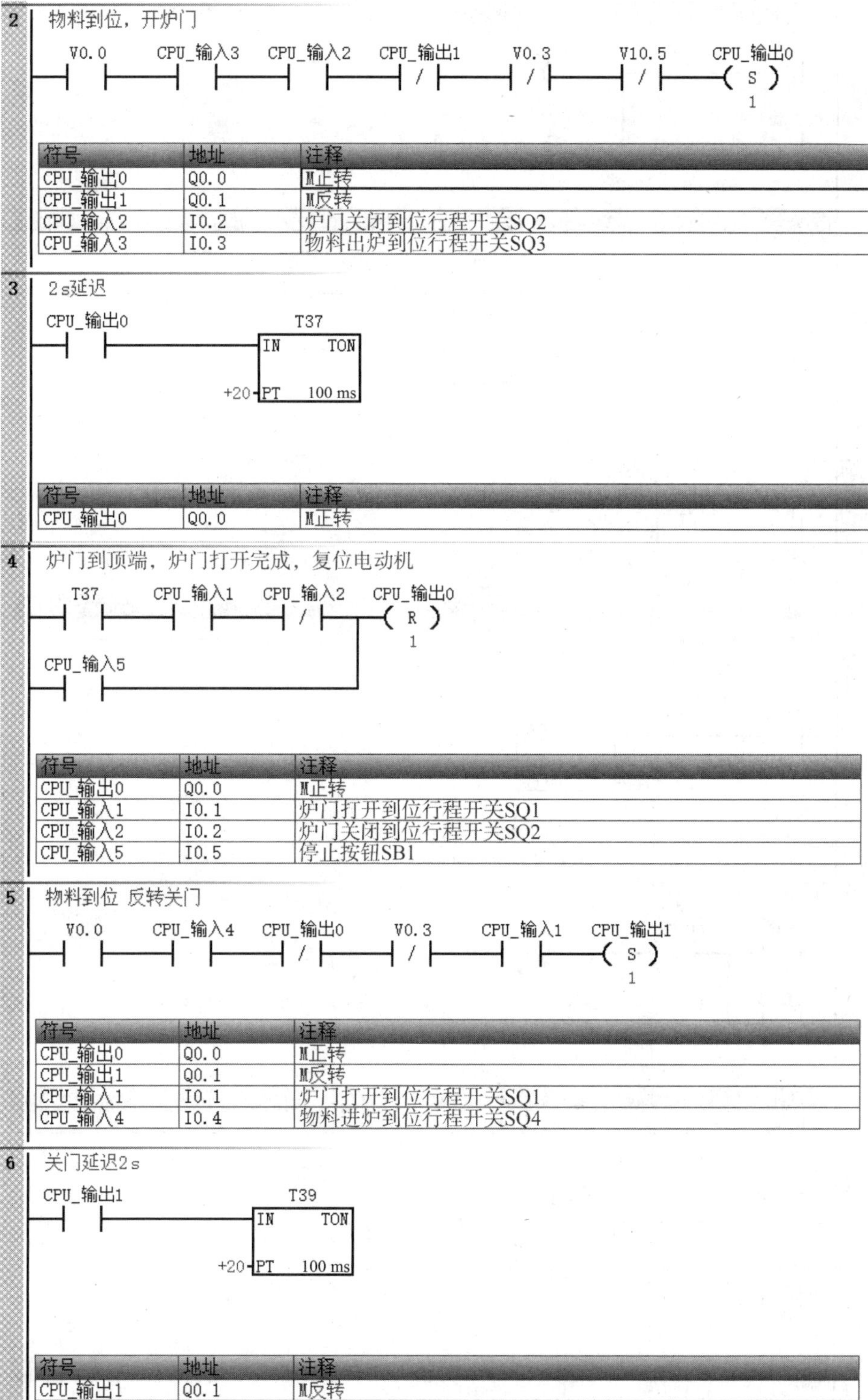


| 符号 | 地址 | 注释 |
|---|---|---|
| CPU_输出0 | Q0.0 | M正转 |
| CPU_输出1 | Q0.1 | M反转 |
| CPU_输入2 | I0.2 | 炉门关闭到位行程开关SQ2 |
| CPU_输入3 | I0.3 | 物料出炉到位行程开关SQ3 |

| 符号 | 地址 | 注释 |
|---|---|---|
| CPU_输出0 | Q0.0 | M正转 |

| 符号 | 地址 | 注释 |
|---|---|---|
| CPU_输出0 | Q0.0 | M正转 |
| CPU_输入1 | I0.1 | 炉门打开到位行程开关SQ1 |
| CPU_输入2 | I0.2 | 炉门关闭到位行程开关SQ2 |
| CPU_输入5 | I0.5 | 停止按钮SB1 |

| 符号 | 地址 | 注释 |
|---|---|---|
| CPU_输出0 | Q0.0 | M正转 |
| CPU_输出1 | Q0.1 | M反转 |
| CPU_输入1 | I0.1 | 炉门打开到位行程开关SQ1 |
| CPU_输入4 | I0.4 | 物料进炉到位行程开关SQ4 |

| 符号 | 地址 | 注释 |
|---|---|---|
| CPU_输出1 | Q0.1 | M反转 |

图 21-9　主程序(2~6)

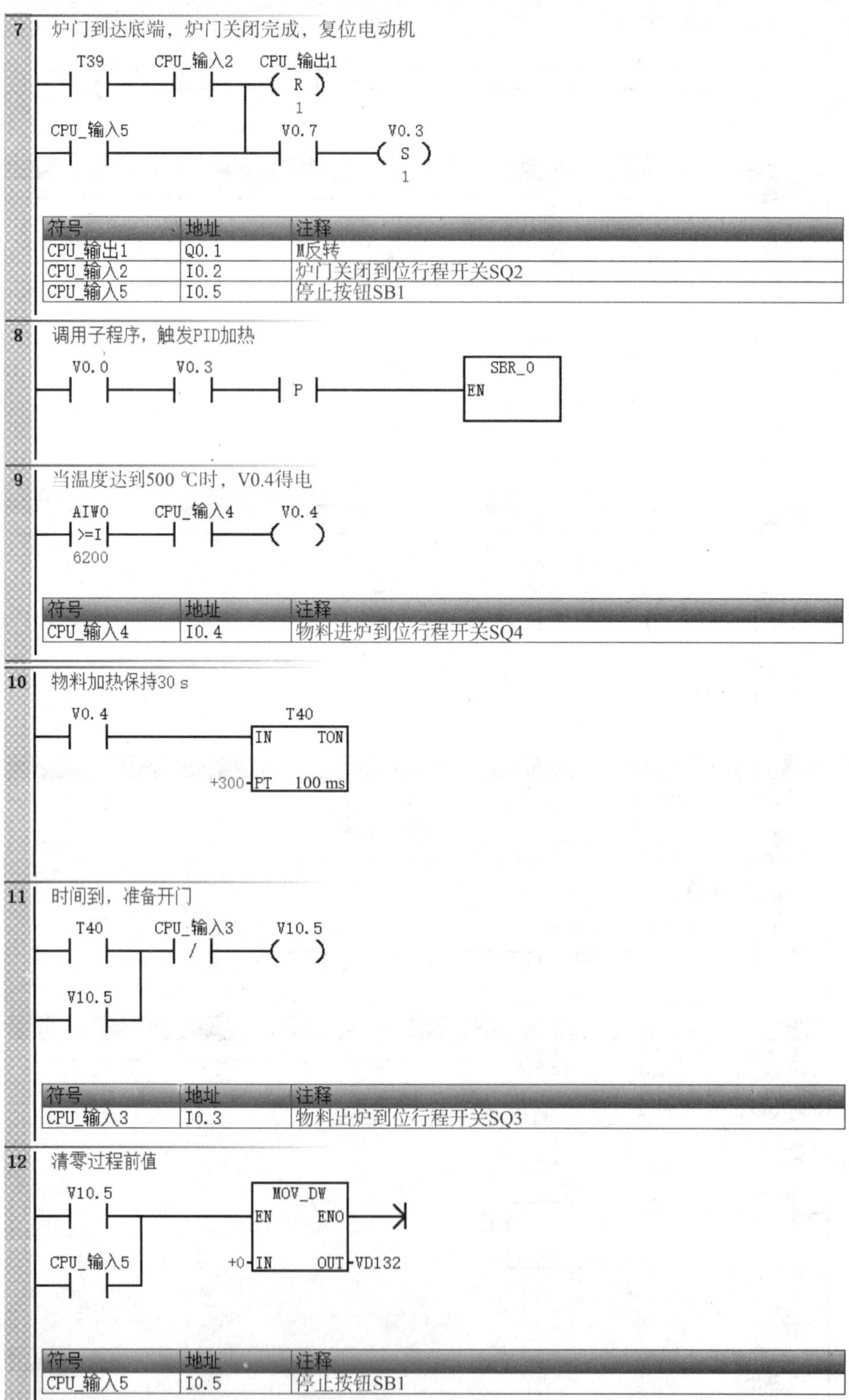


| 符号 | 地址 | 注释 |
|---|---|---|
| CPU_输出1 | Q0.1 | M反转 |
| CPU_输入2 | I0.2 | 炉门关闭到位行程开关SQ2 |
| CPU_输入5 | I0.5 | 停止按钮SB1 |

| 符号 | 地址 | 注释 |
|---|---|---|
| CPU_输入4 | I0.4 | 物料进炉到位行程开关SQ4 |

| 符号 | 地址 | 注释 |
|---|---|---|
| CPU_输入3 | I0.3 | 物料出炉到位行程开关SQ3 |

| 符号 | 地址 | 注释 |
|---|---|---|
| CPU_输入5 | I0.5 | 停止按钮SB1 |

图 21-10　主程序(7~12)

13 打开炉门

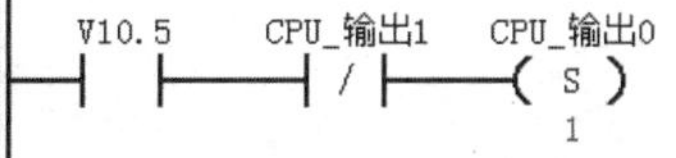

V10.5
CPU_输出1
CPU_输出0
S
1

| 符号 | 地址 | 注释 |
|---|---|---|
| CPU_输出0 | Q0.0 | M正转 |
| CPU_输出1 | Q0.1 | M反转 |

14 炉门开启到位，保持2 s

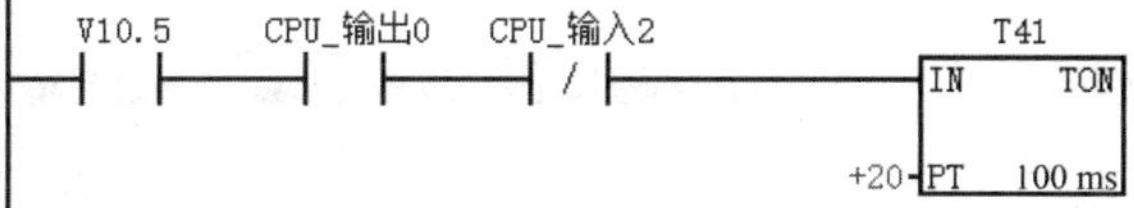

V10.5
CPU_输出0
CPU_输入2
T41
IN
TON
+20
PT
100 ms

| 符号 | 地址 | 注释 |
|---|---|---|
| CPU_输出0 | Q0.0 | M正转 |
| CPU_输入2 | I0.2 | 炉门关闭到位行程开关SQ2 |

15 炉门到达顶端，电动机复位

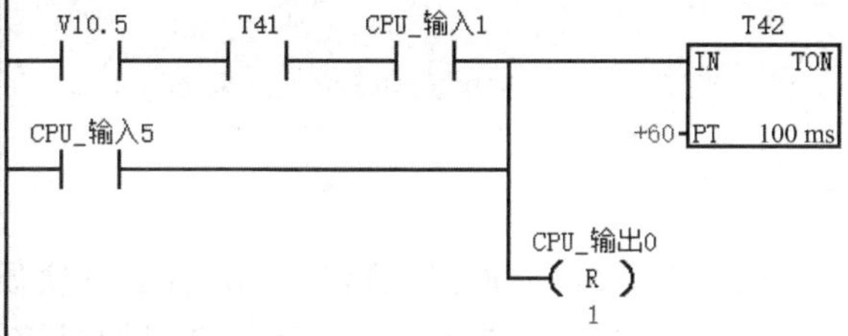

V10.5
T41
CPU_输入1
T42
IN
TON
CPU_输入5
+60
PT
100 ms
CPU_输出0
R
1

| 符号 | 地址 | 注释 |
|---|---|---|
| CPU_输出0 | Q0.0 | M正转 |
| CPU_输入1 | I0.1 | 炉门打开到位行程开关SQ1 |
| CPU_输入5 | I0.5 | 停止按钮SB1 |

16 延迟6 s后，炉门关闭

V10.5
T42
CPU_输入4
CPU_输出1
S
1

| 符号 | 地址 | 注释 |
|---|---|---|
| CPU_输出1 | Q0.1 | M反转 |
| CPU_输入4 | I0.4 | 物料进炉到位行程开关SQ4 |

17 关闭后，延迟2 s

V10.5
CPU_输出1
CPU_输入1
T43
IN
TON
+20
PT
100 ms

| 符号 | 地址 | 注释 |
|---|---|---|
| CPU_输出1 | Q0.1 | M反转 |
| CPU_输入1 | I0.1 | 炉门打开到位行程开关SQ1 |

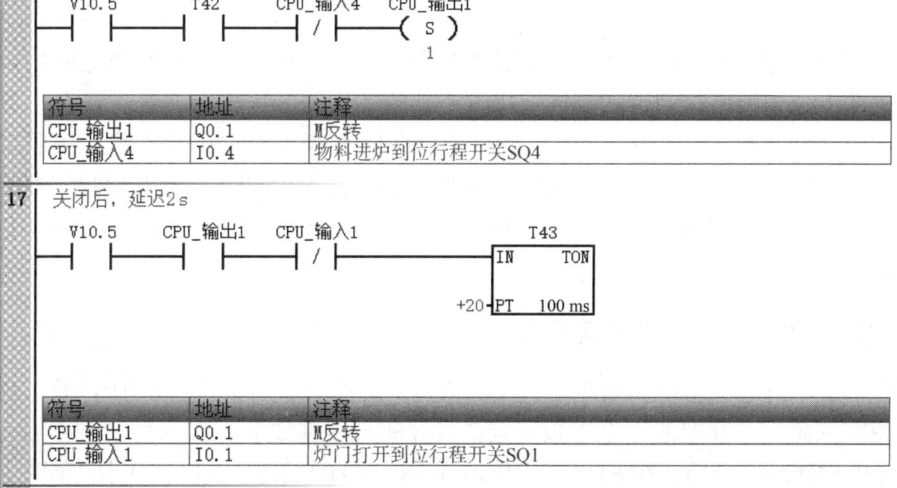

图 21-11 主程序(13~17)

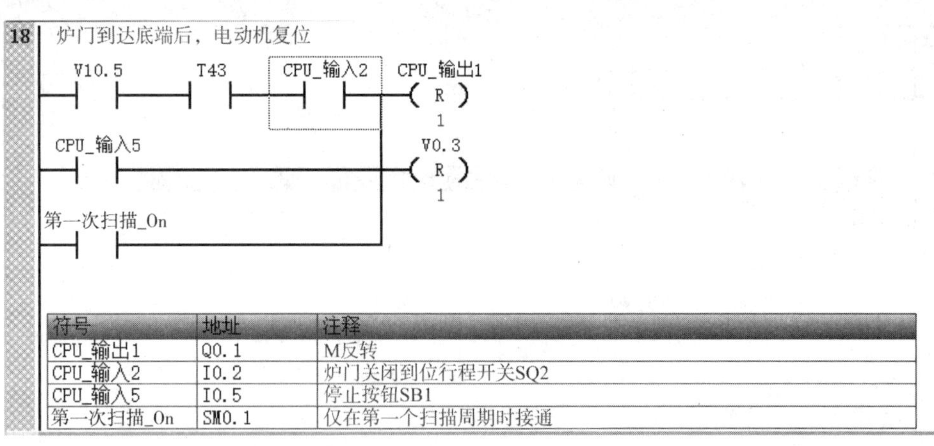


| 符号 | 地址 | 注释 |
|---|---|---|
| CPU_输出1 | Q0.1 | M反转 |
| CPU_输入2 | I0.2 | 炉门关闭到位行程开关SQ2 |
| CPU_输入5 | I0.5 | 停止按钮SB1 |
| 第一次扫描_On | SM0.1 | 仅在第一个扫描周期时接通 |

图 21-12　主程序(18)

# 21.6　预备知识

## 21.6.1　PID 回路指令编程法

PID 是连续系统中技术最成熟、应用最广泛的一种控制算法。PID 控制的实质就是根据输入的偏差值，按照比例、积分、微分的函数关系进行运算，运算结果用以控制输出，这种方式可有效纠正被控制对象的偏差，从而使其达到一个稳定的状态。

在工业过程中，PID 控制的规律一般为：

$$u(t) = K_{\mathrm{p}}\left(e(t) + \frac{1}{T_{\mathrm{I}}}\int_0^t e(t)\,\mathrm{d}t + T_{\mathrm{D}}\frac{\mathrm{d}e(t)}{\mathrm{d}t}\right) \tag{21-1}$$

式中，$K_{\mathrm{p}}$ 为比例增益；$T_{\mathrm{I}}$ 为积分时间常数；$T_{\mathrm{D}}$ 为微分时间常数；$u(t)$ 为 PID 控制的输出信号；$e(t)$ 为给定值 $r(t)$ 与测量值之差。

在整定 PID 控制器参数时，可以根据其参数与系统动态性能和稳态性能之间的定性关系，用实验的方法来调节控制器的参数。PID 控制器参数的工程整定方法主要有临界比例法、反应曲线法和衰减法。3 种方法各有特点，其共同点都是通过试验，然后按照工程经验公式对 PID 控制器参数进行整定。无论采用哪一种方法得到 PID 控制器参数，都需要在实际运行中进行调整与完善，应根据 PID 控制器参数与系统性能的关系，反复调节 PID 控制器参数。

## 21.6.2　PID 回路详细设置步骤

PID 回路指令由 S7-200 SMART 系列 PLC 的 CPU 提供，用于执行 PID 计算。PID 回路的操作由在回路表中存储的 9 个参数确定，具体实现步骤如下。

(1)打开 PID 回路向导。在 STEP 7-Micro/WIN SMART 编程软件的“工具”菜单中单击“PID”按钮，如图 21-13 所示。

(2)选择需要配置的 PID 回路号。在图 21-14 所示的对话框中选择要组态的回路。最多可组态 8 个回路。选择回路时，PID 回路向导左侧列表会随组态该回路所需的所有节点一起更新。

图 21-13　打开 PID 回路向导

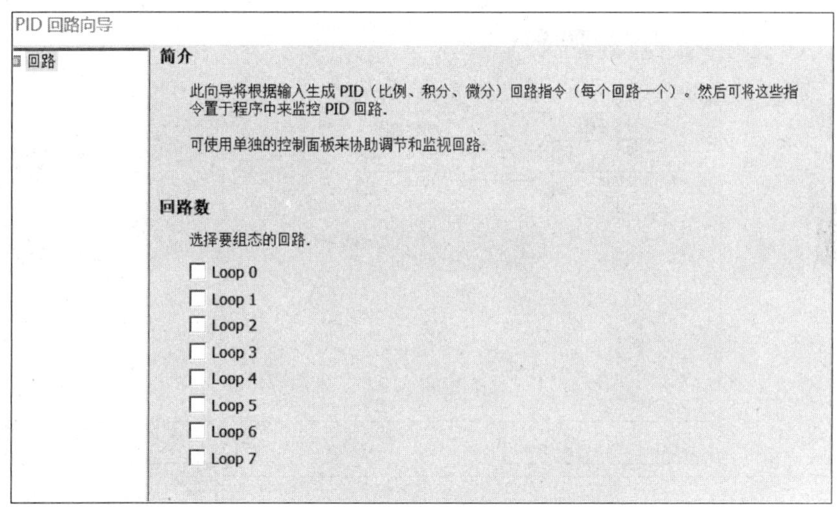


图 21-14　选择需要配置的 PID 回路号

(3)设置 PID 参数，如图 21-15 所示。

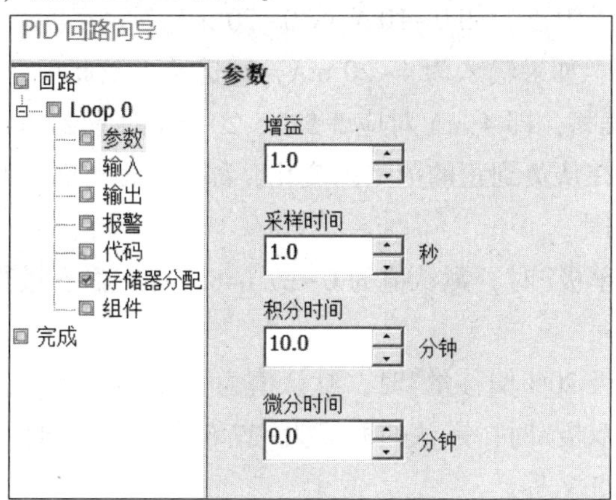


图 21-15　设置 PID 参数

1)增益：比例常数，默认值为 1.00。

2)采样时间：PID 控制回路对反馈采样和重新计算输出值的时间间隔，默认值为 1.00。在 PID 回路向导设置完成后，若想要修改此数，则必须返回 PID 回路向导中修改，不可在程序中或状态表中修改。

3)积分时间：如果不想要积分作用，可以将该值设置得很大(比如10 000.0)，默认值为10.00。

4)微分时间：如果不想要微分回路，可以把微分时间设为0，默认值为0.00。

(4)设置回路过程变量，如图21-16所示。

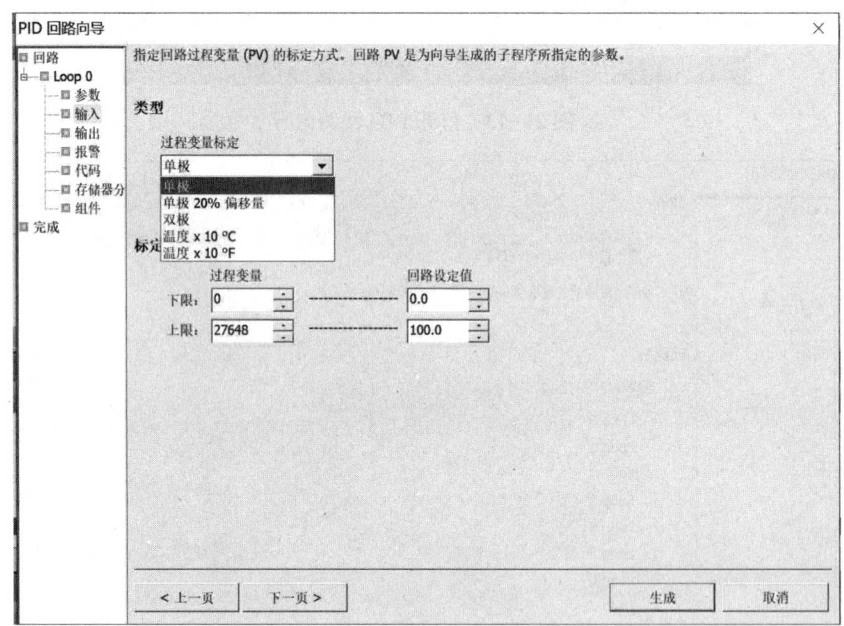


图21-16　设置回路过程变量

1)指定回路过程变量如何标定，可以从以下选项中选择。

①单极：输入的信号为正，如0~10 V或0~20 mA等。

②单极20%偏移量：如果输入为4~20 mA，则选单极及此项，4 mA是0~20 mA信号的20%，所以选20%偏移，即4 mA对应5 530，20 mA对应27 648。

③双极：输入信号在从负到正的范围内变化，如输入信号为±10 V、±5 V等时选用。

2)反馈输入取值范围。

①在1)中设置为“单极”时，默认值为0~27 648，对应输入量程范围0~10 V或0~20 mA等，输入信号为正。

②在1)中选中“单极20%偏移量”时，默认值为5 530~27 648，不可改变。

③在1)中设置为“双极”时，默认的取值为-27 648~+27 648，对应的输入范围根据量程不同可以是±10 V、±5 V等。

3)在“标定”参数中，指定回路设定值如何标定，默认值是0.0~100.0之间的一个实数。

(5)设置回路输出变量，如图21-17所示。

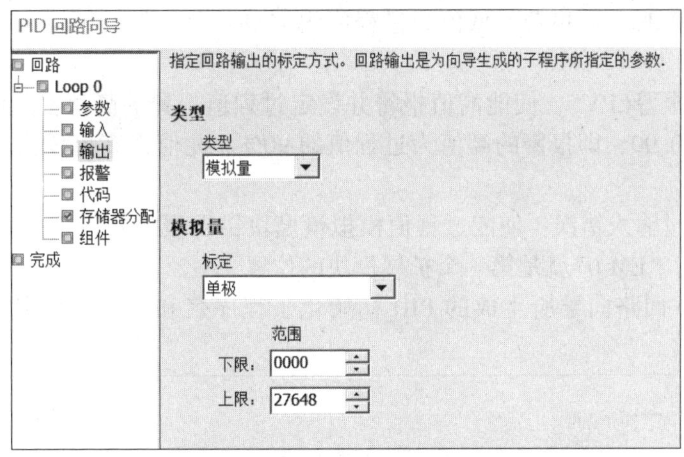


图 21-17 设置回路输出变量

1) 输出类型：可以选择模拟量输出或数字量输出。模拟量输出用来控制一些需要模拟量给定的设备，如比例阀、变频器等；数字量输出实际上是控制输出点的通、断状态按照一定的占空比变化，可以控制固态继电器，如加热棒等。

2) 选择模拟量则需设定回路输出变量值的范围，可以选择以下 3 种。

①单极：单极性输出，可为 0~10 V 或 0~20 mA 等。

②单极 20% 偏移量：单极 20%偏移量输出，可为 4~20 mA。

③双极：双极性输出，可为±10 V 或±5 V 等。

3) 取值范围：选“单极”时，默认值为 0~27 648；选“单极 20%偏移量”时，取值为 5 530~27 648；选“双极”时，默认值为-27 648~+27 648，不可改变。

(6) 设置回路报警选项，如图 21-18 所示。

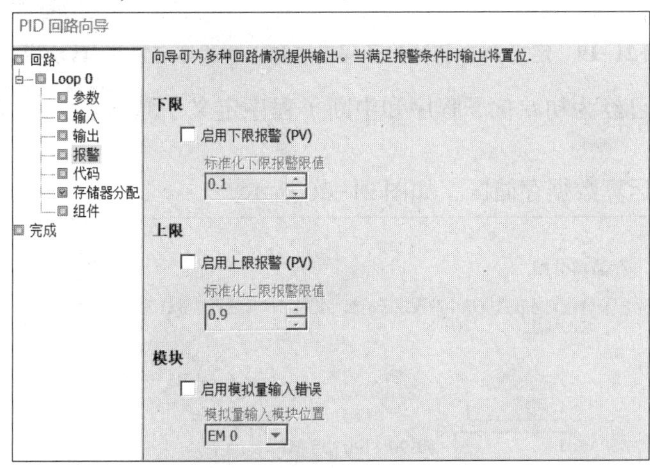


图 21-18 设置回路报警选项

PID 回路向导提供了 3 个输出来反映过程值(PV)的低值报警、高值报警及过程值模拟量模块错误报警。当报警条件满足时，输出置位为 1。这些功能在勾选了相应的复选框之后起作用。

1) 启用下限报警(PV)：使能低值报警并设定过程值报警的低值，此值为过程值的百分数，默认值为0.10，即报警的低值为过程值的10%。此值最低可设为0.01，即满量程的1%。

2)启用上限报警(PV)：使能高值报警并设定过程值报警的高值，此值为过程值的百分数，默认值为0.90，即报警的高值为过程值的90%。此值最高可设为1.00，即过量程的100%。

3)启用模拟量输入错误：使能过程值模拟量模块错误报警并设定模块与CPU连接时所处的模块位置，“EM 0”就是第一个扩展模块的位置。

(7)定义PID回路向导所生成的PID初始化子程序名和中断程序名及手/自动模式，如图21-19所示。

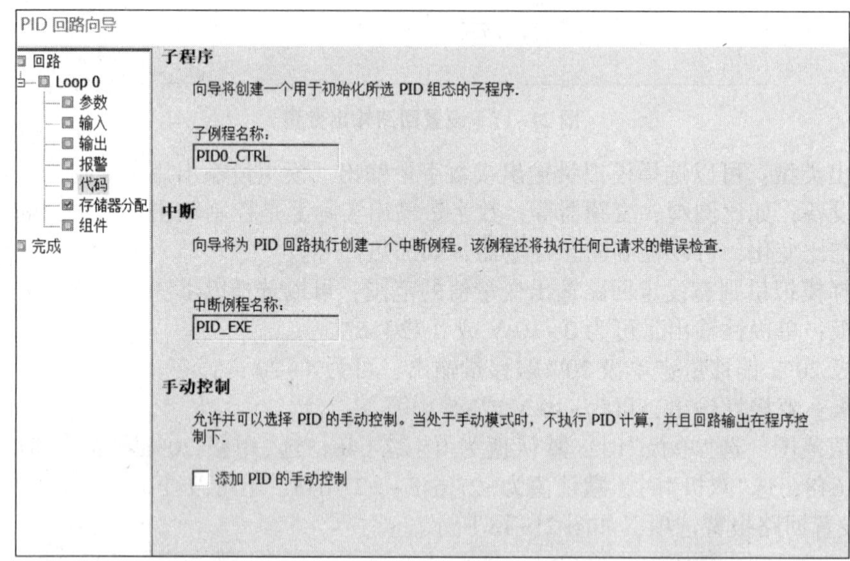


**图21-19　定义PID初始化子程序名和中断程序名及手/自动模式**

PID回路向导已经为初始化子程序和中断子程序定义了默认名，可以使用默认名，也可以自行修改。

(8)指定PID运算数据存储区，如图21-20所示。

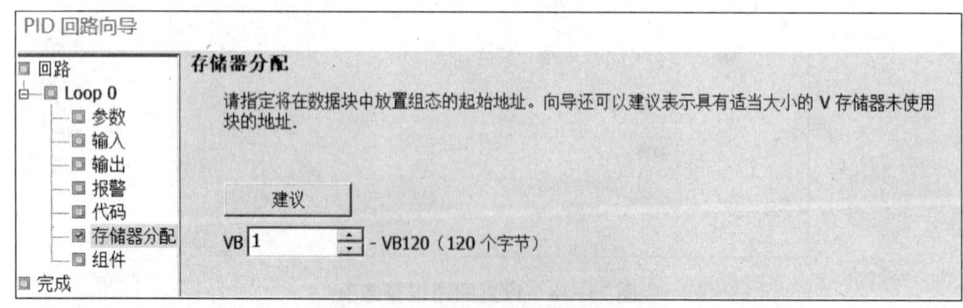


**图21-20　指定PID运算数据存储区**

PID指令(功能块)使用了一个120个字节的变量存储区参数表来进行控制回路的运算工作。除此之外，PID回路向导生成的I/O量的标准化程序也需要运算数据存储区。需要为这些程序定义一个起始地址，要保证该地址起始的若干字节在程序的其他地方没有被重复使用。如果单击“建议”按钮，则 PID 回路向导将自动设定当前程序中没有用过的变量存储区地址。

(9)生成 PID 子程序、中断程序及符号表，如图 21-21 所示。

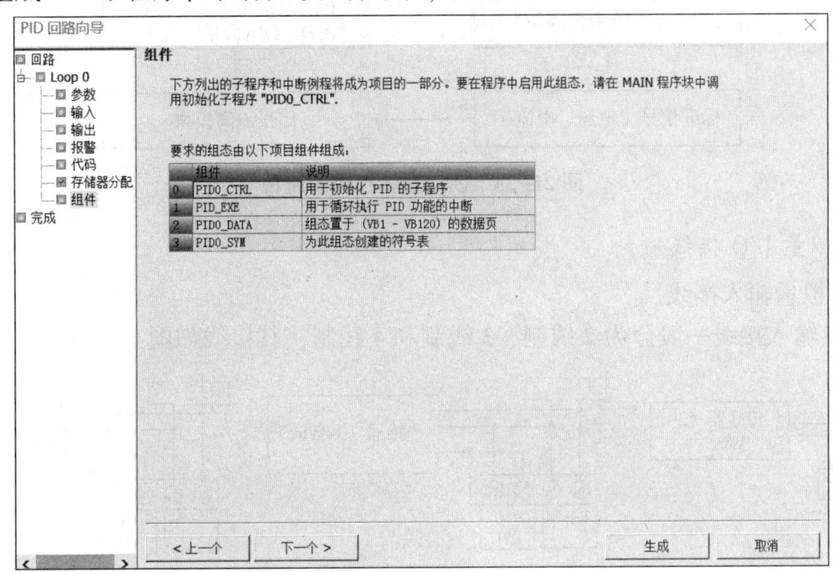


图 21-21　生成 PID 子程序、中断程序及符号表

单击“生成”按钮，将在项目中生成上述 PID 子程序、中断程序及符号表等。

(10)配置完 PID 回路向导，需要在程序中调用此向导生成的 PID 子程序，如图 21-22 所示。

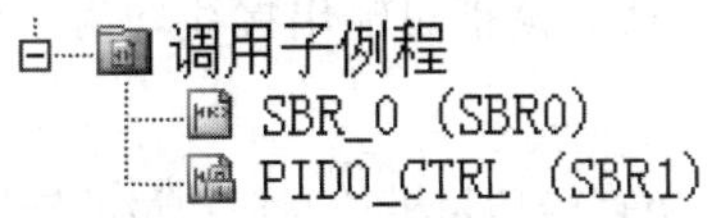


图 21-22　调用 PID 子程序

## 21.6.3　模拟量设置

模拟量信号是自动化过程控制系统中最基本的过程信号(如压力、温度、流量等)输入形式。系统中的过程信号通过变送器，将这些检测信号转换为统一的电压、电流信号，并将这些信号实时传送至控制器(如 PLC)。控制器通过计算转换，将这些模拟量信号转换为内部的数值信号，从而实现系统的监控及控制。

1. 模拟量的控制过程

在时间上或数值上都是连续的物理量称为模拟量，如温度、流量、压力、湿度、转速、电流、电压、扭矩、重量和长度等。

这些物理量无法在控制中直接应用，必须经专用的传感器进行采集后转换为标准的信号，如 DC 0~10 V、DC 0~5 V、±10 V、0~20 mA、4~20 mA 等。

通过控制器的模拟量模块，将上述标准的信号转换成控制器能处理的数字信号，其流程如图 21-23 所示。

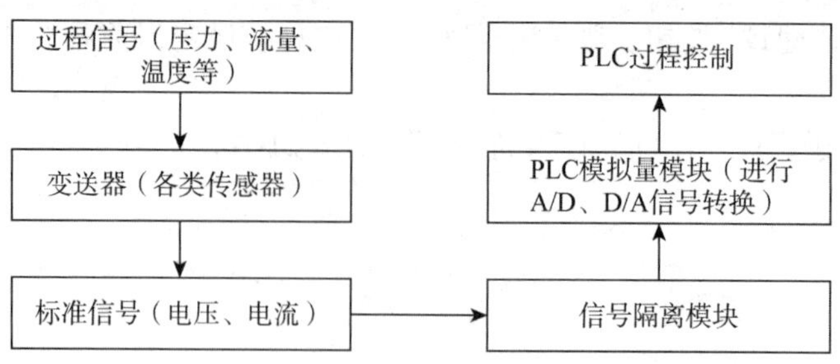


**图 21-23　模拟量转换控制流程**

2. 模拟量 I/O 接线

(1)模拟量输入接线。

模拟量输入接线一般分为 2 线制、3 线制和 4 线制，其接线如图 21-24 所示。

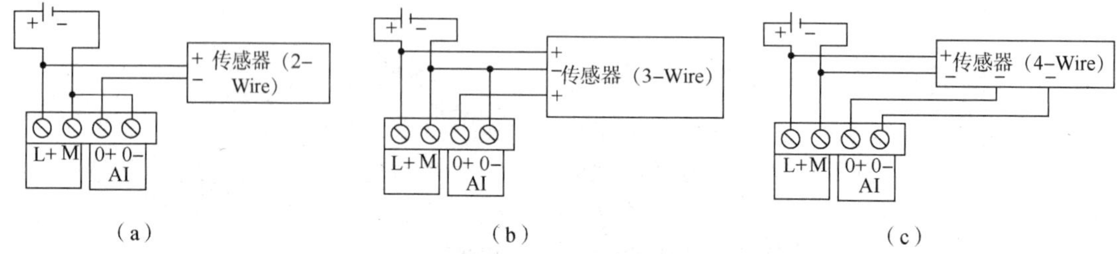


**图 21-24　模拟量输入接线**

(a)2 线制；(b)3 线制；(c)4 线制

(2)模拟量输出接线。

模拟量输出接线不用区分，所有模拟量输出接线均为 2 根线，正负输出。

3. PLC 模拟量换算

西门子 S7-200 SMART 系列 PLC 模拟量模块对模拟量的转换的相关参数如表 21-2 所示。

**表 21-2　PLC 模拟量模块对模拟量的转换的相关参数**

| 参数 | 模块模拟量 | |
|---|---|---|
| | EM4 点模拟量输入 | EM8 点模拟量输入 |
| 输入点数 | 4 | 8 |
| 类型 | 电压电流型 | 电压电流型 |
| 范围 | ±10 V、±5 V、±2.5 V 或 0~20 mA | ±10 V、±5 V、±2.5 V 或 0~20 mA |
| 满量程范围 | -27 648~+27 648 | -27 648~+27 648 |

模拟量的转换是只将非电量的物理量转换为标准的电压信号和电流信号，最常用的是 0~10 V和 4~20 mA。被采集到的电压信号或电流信号通过 PLC 的 A/D 转换，变成对应的数字量。

例如，传感器输出的是 4~20 mA 的电流信号，则对应到 S7-200 SMART 系列 PLC 的数字量为 5 530~27 648。

又如，传感器输出是 0~10 V 的电压信号，则对应到 S7-200 SMART 系列 PLC 的数字量为 0~27 648。

# PLC 综合应用篇

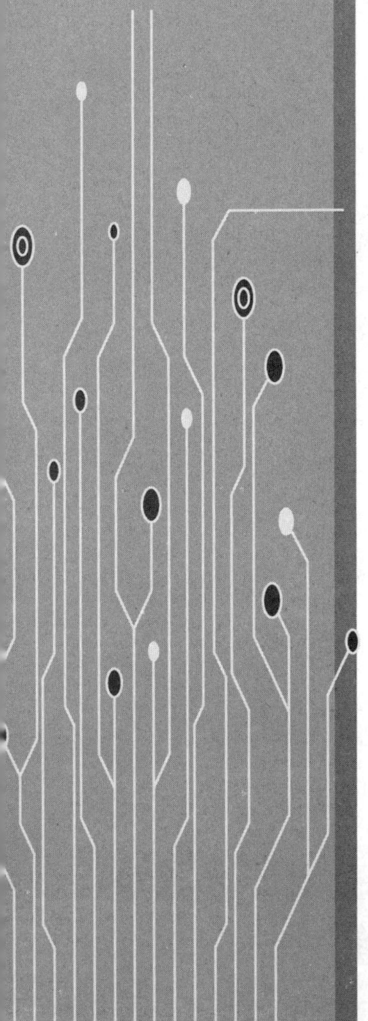

项目 22

# PLC 与变频器在电梯控制中的综合应用

## 22.1 项目任务

学会灵活运用学习过的 PLC 指令及程序设计方法；学习 PLC 工程项目流程；会根据需求选择 PLC 型号；学会变频器控制；学习触摸屏的使用与程序设计；形成较好的工程设计思维与职业规范。

## 22.2 项目目标

(1)掌握变频器的操作过程及变频器的参数设置。
(2)掌握变频器与 PLC 的接线。
(3)掌握 PLC 的综合设计方法。
(4)能独立完成电气原理图设计，并能完成连接、调试工作。
(5)能独立完成触摸屏的参数设置，以及程序传递等操作过程。
(6)具有安全、节约意识。
(7)具有团结协作的精神。
(8)形成良好的电气控制职业素养。

## 22.3 项目描述

4 层乘客电梯目前采用的结构及技术都已较为成熟，安全性有保障，而且能耗低。通常利用成本较低的曳引系统，电梯的提升绳靠主机的驱动轮绳槽的摩擦力驱动电梯。电梯结构示意图如图 22-1 所示，曳引系统采用西门子变频器加永磁同步电动机，轿厢门采用变频门机开环控制方式，可实现以下功能。

当轿箱停于 1 层、2 层或 3 层时，按下 4 层的选择信号进行呼梯，则轿箱上升至 4 层停止。

当轿箱停于4层、3层或2层时，若按下1层的选择信号进行呼梯，则轿箱下降至1层停止。

当轿箱停于1层时，若按下2层的选择信号进行呼梯，则轿箱上升至2层停止；若按下3层的选择信号进行呼梯，则轿箱上升至3层停止。

当轿箱停于4层时，若按下3层的选择信号进行呼梯，则轿箱下降至3层停止；若按下2层的选择信号进行呼梯，则轿箱下降至2层停止。

当轿箱停于1层，而2层、3层、4层的选择信号均有人呼梯时，轿箱上升至2层暂停后，继续上升至3层暂停，然后继续上升至4层停止。

当轿箱停于4层，而1层、2层、3层的选择信号均有人呼梯时，轿箱下降至3层暂停后，继续下降至2层暂停，然后继续下降至1层停止。

当按下内选信号的开门和关门信号后，这时无论按下上行或下行信号都视为无效信号。

本项目利用图22-2所示模块进行调试。

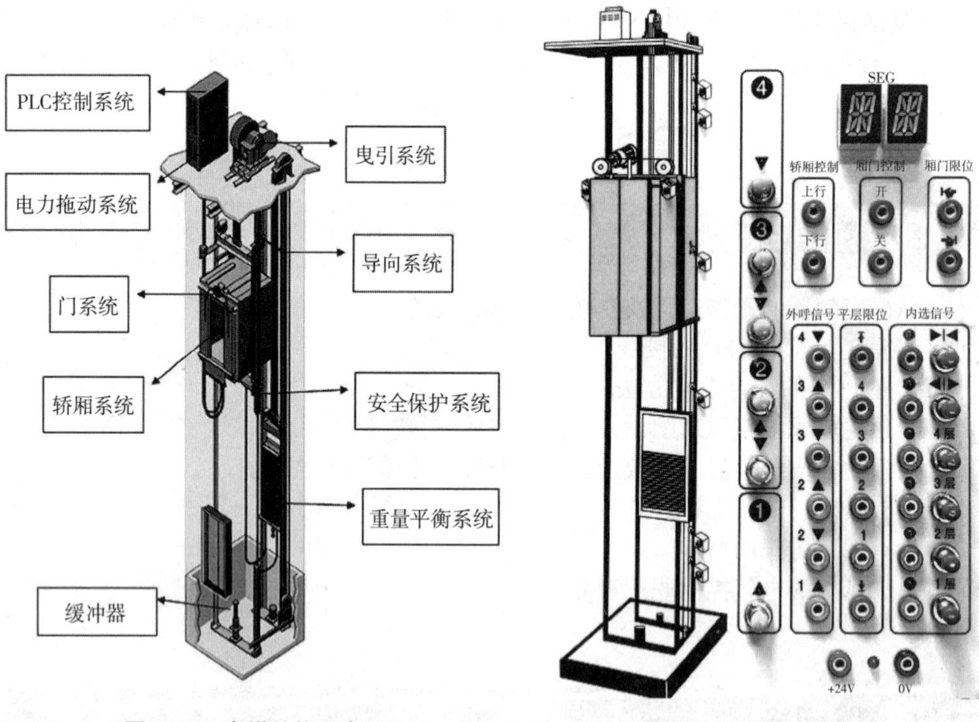


图22-1　电梯结构示意图

图22-2　模拟调试模块

## 22.4　项目分析

电梯控制框图如图22-3所示。

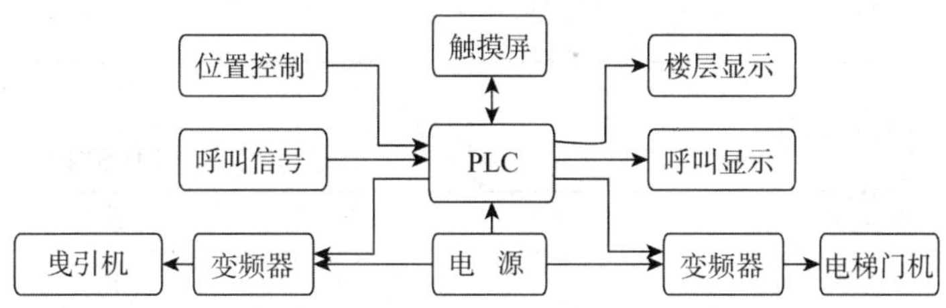


图 22-3 电梯控制框图

## 22.4.1 PLC 选型及系统配置

1. I/O 点数估计

根据对电梯的控制要求，预估所需 PLC 点数，PLC 点数预估表如表 22-1 所示。

表 22-1 PLC 点数预估表

| 功能 | 数字量输入点数 | 功能 | 数字量输出点数 |
|---|---|---|---|
| 内呼选楼层 | 4 | 曳引电动机正反 | 2 |
| 外呼上、下呼叫 | 6 | 门电动机正反 | 2 |
| 每层到达信号 | 4 | Seg 码输出显示 | 8 |
| 楼层上、下限位 | 2 | 外呼按钮灯 | 6 |
| 上、下减速开关 | 6(可选) | 外呼上、下灯 | 8 |
| 开、关门到位 | 2 | 内呼按钮灯 | 4 |
| 开、关门减速 | 1(可选) | 总控按钮灯 | 1 |
| 内呼开、关门按钮 | 2 | 开关门按钮灯 | 2 |
| 系统总开关按钮 | 2 | — | — |
| 合计 | 22 | 合计 | 33 |

不考虑可选项，初步估计可以选择小型机。

考虑 20%的余量，需 PLC 提供的 I/O 点数应不少于 27/40。

2. 存储器容量估算

按照经验公式，I/O 点数的 10~15 倍加上模拟 I/O 点数的 100 倍，以此数为内存的总字数(16 位为一个字)，另外再按此数的 25%考虑余量，则总字数为(22+33)×15×125% = 1 031字，约 2 063 字节。

考虑本控制系统并无特殊控制需求，西门子 S7-200 SMART 系列 PLC 可以满足，而且该系列 PLC 性价比也很高，运行可靠性强，所以决定选择此系列 PLC。根据表 22-2 的性能指标，初步选择 CPU ST40。

表 22-2 CPU ST40 性能指标

| 性能指标 | 型号 |
|---|---|
| | CPU ST40 |
| 数字量 I/O 点数 | 24DI/16DO |
| 用户程序区 | 24 KB |
| 用户数据区 | 16 KB |

续表

| 性能指标 | 型号 |
|---|---|
| | CPU ST40 |
| 扩展模块数 | 6 |
| 信号板 | 1 |

3. 扩展模块选择

根据点数计算结果，及 CPU ST40 提供的点数，还需扩展选择 3 个数字量输入点和 24 个数字量输出点。在此可选择 1 个 EM DR16 和 2 个 EM DR08 扩展模块。

4. 系统配置

打开 STEP 7-Micro/WIN SMART 编程软件，在系统块中进行 CPU 和扩展模块的配置，如图 22-4 所示。

系统块

| | 模块 | 版本 | 输入 | 输出 | 订货号 |
|---|---|---|---|---|---|
| CPU | CPU ST40 (DC/DC/DC) | V02.00.00... | I0.0 | Q0.0 | 6ES7 288-1ST40-0AA0 |
| SB | | | | | |
| EM 0 | EM DR08 (8DQ Relay) | | | Q8.0 | 6ES7 288-2DR08-0AA0 |
| EM 1 | EM DR08 (8DQ Relay) | | | Q12.0 | 6ES7 288-2DR08-0AA0 |
| EM 2 | EM DR16 (8DI / 8DQ | | I16.0 | Q16.0 | 6ES7 288-2DR16-0AA0 |
| EM 3 | | | | | |

**图 22-4 系统配置图**

## 22.4.2 曳引系统设计

传统的电梯驱动使用的多是有齿轮传动系统，使用的电动机主要是异步电动机。有齿轮传动系统的主要问题是采用蜗轮蜗杆或行星齿轮等机械减速机构，不仅存在系统结构复杂、维护工作难度增大、噪声较大的缺点，而且由于齿轮传动的效率很低，如蜗轮蜗杆的传动效率仅为 70%左右，整个系统能耗较大，增加了运行成本。同时，这种传动方式由于齿轮箱和曳引机的体积较大，需要大的上置式机房，不仅挤占了建筑物的有效面积，增加了建筑成本，而且降低了建筑物的立面整体美观程度。

为解决上述问题，从 20 世纪 90 年代起，有关企业就开始采用新型曳引机，即水磁同步无齿轮曳引机。它采用扁平、盘式外形，有轴向磁场、径向磁场内转子、径向磁场外转子 3 种结构，其电动机的径向尺寸大，多对极，是一种低速、高转矩的永磁同步电动机。这种电动机轴向尺寸短，质量轻，体积小，结构紧凑，定子绕组具有良好的散热条件，可获得很高的功率密度。同时，该电动机的转子转动惯量小，机电时间常数小，峰值转矩和堵转转矩高，转矩质量比大，低速运行平稳，具有优良的动态性能。

本次设计拟采用永磁同步电动机作为曳引机驱动电动机。

1. 曳引机驱动电动机选型计算

本次设计电梯主要技术参数如下：额定载质量 $Q=1\ 000$ kg，轿厢自重 $W=1\ 150$ kg，额定转速为 $v=1.8$ m/s，平衡系数 $\Psi=0.45$，传动效率 $\eta=0.68$。当电梯装载 110%额定负载时，曳引机驱动电动机输出功率为：

$$P=\frac{(1-\Psi)Qv}{102\eta}=\frac{(1-0.45)\times 1\ 000\times 1.8}{102\times 0.68}\approx 14.27\ \mathrm{kW} \tag{22-1}$$

根据曳引机驱动电动机功率选择原则，电动机的额定功率≥110%电梯负载功率，相应变频器额定功率≥电动机额定功率>110%电梯负载功率，变频器的额定电流>电动机额定电流。

因此，选择永磁同步电动机额定功率为 15 kW，额定电流为 28.8 A；选择变频器为西门子 440 系列变频器，额定功率为 15 kW，额定电流为 32 A。变频器和电动机外观图如图 22-5 所示。

**图 22-5　变频器和电动机外观图**

变频器接线框图如图 22-6 所示。

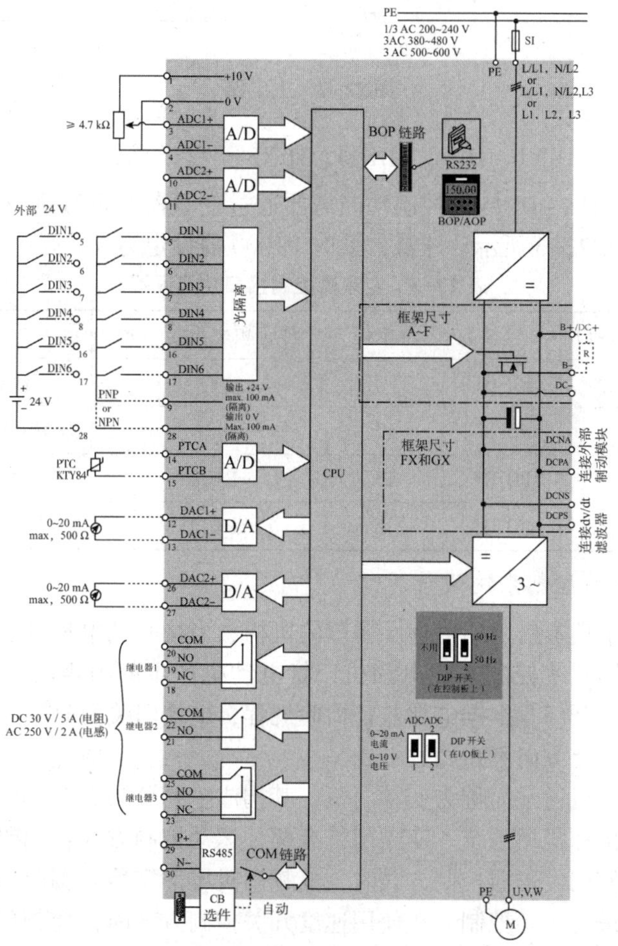


**图 22-6　变频器接线框图**

2. 主电路设计

主电路如图 22-7 所示。

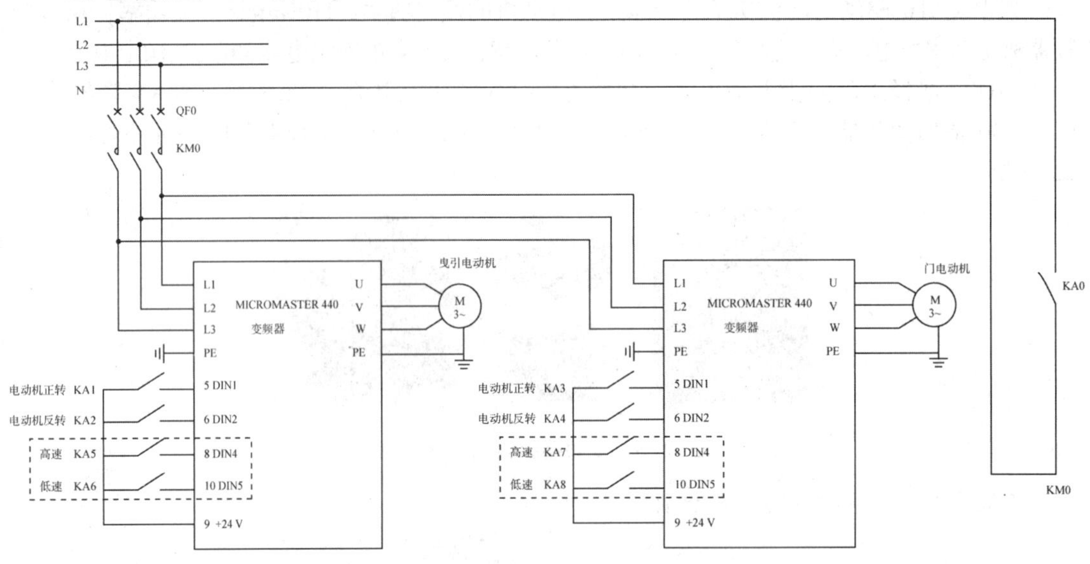


注：图虚线框中内容可选

**图 22-7　主电路**

3. 数字输入接口 DIN1、DIN2、DIN4、DIN5 参数设置

数字输入接口 DIN1～DIN5 的控制功能需要通过变频器的参数进行设定，当 P0700＝0 或 2 时，设定值如表 22-3 所示。注意，此时 P1000 需设定为 3。

**表 22-3　变频器控制接口功能设置**

| 编号 | 数字输入接口 | 对应参数 | 设定值 | 对应频率设定参数 | 功能说明 |
|---|---|---|---|---|---|
| 5 | DIN1 | P0701 | 1 | — | 接通正转/断开停车 |
| 6 | DIN2 | P0702 | 12 | — | 反转(与正转命令配合使用) |
| 8 | DIN4 | P0704 | 15 | P1004 | 固定频率直接输入 |
| 10 | DIN5 | P0705 | 15 | P1005 | 固定频率直接输入 |

4. 电梯门机开关控制系统设计

电梯门机是一个负责启、闭电梯厅轿门的机构，当接收到电梯开、关门信号时，电梯门机通过自带的控制系统控制开门电动机，将电动机产生的力矩转变为一个特定方向的力，从而实现关门或开门。根据电梯监督检验规程，电梯门关门时的夹紧力在水平移动门和折叠门动门扇的开启方向不得超过 150 N。

交流异步变频门机通常简称为变频门机，其构成主要分为 3 个部分：变频门机控制系统、交流异步电动机和机械系统。变频门机有两种运动控制方式：编码器控制方式和速度开关控制方式。在使用编码器控制方式时，变频门机尾部安装有编码器，通过编码器检测轿门位置及速度，进行闭环控制。在使用速度开关控制方式时，变频门机不带编码器，依据电梯上安装的速度开关(行程开关等)来检测速度切换点，在此控制方式下，没有位置检测及速度检测，因此属于开环控制。

下面以变频门机的速度开关控制方式为例进行设计，其结构示意图如图 22-8 所示。

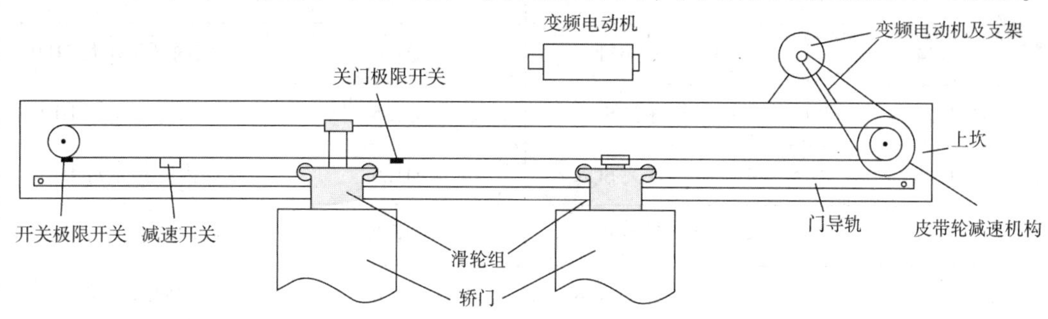


**图 22-8　变频门机结构示意图**

本次设计选择普通异步电动机加西门子变频器。

## 22. 4. 3　PLC 控制系统设计

1. I/O 分配

本次设计的 I/O 分配如表 22-4 所示。

**表 22-4　I/O 分配**

| 输入 | | 输出 | |
|---|---|---|---|
| 输入地址 | 功能 | 输出地址 | 功能 |
| I0. 0 | 系统总启动按钮 SB0 | Q0. 0 | 电梯上升继电器 KA1 |
| I0. 1 | 1 层上外呼 SB1 | Q0. 1 | 电梯下降继电器 KA2 |
| I0. 2 | 2 层上外呼 SB2 | Q0. 2 | 电梯开门继电器 KA3 |
| I0. 3 | 2 层下外呼 SB3 | Q0. 3 | 电梯关门继电器 KA4 |
| I0. 4 | 3 层上外呼 SB4 | Q0. 4 | 关门指示灯 HL1 |
| I0. 5 | 3 层下外呼 SB5 | Q0. 5 | 开门指示灯 HL2 |
| I0. 6 | 4 层下外呼 SB6 | Q0. 6 | 1 层上外呼指示灯 HL3 |
| I0. 7 | 系统总停按钮 SB7 | Q0. 7 | 2 层上外呼指示灯 HL4 |
| I1. 0 | 1 层限位开关 SQ1 | Q1. 0 | 2 层下外呼指示灯 HL5 |
| I1. 1 | 1 层内呼 SB8 | Q1. 1 | 3 层上外呼指示灯 HL6 |
| I1. 2 | 2 层内呼 SB9 | Q1. 2 | 3 层下外呼指示灯 HL7 |
| I1. 3 | 3 层内呼 SB10 | Q1. 3 | 4 层下外呼指示灯 HL8 |

续表

| 输入 | | 输出 | |
|---|---|---|---|
| I1. 4 | 4 层内呼 SB11 | Q1. 4 | 1 层内呼指示灯 HL9 |
| I1. 5 | 2 层限位开关 SQ2 | Q1. 5 | 2 层内呼指示灯 HL10 |
| I1. 6 | 3 层限位开关 SQ3 | Q1. 6 | 3 层内呼指示灯 HL11 |
| I1. 7 | 4 层限位开关 SQ4 | Q1. 7 | 4 层内呼指示灯 HL12 |
| I2. 0 | 顶层限位开关 SQ5 | Q8. 0 | 数码管输出 a |
| I2. 1 | 底层限位开关 SQ6 | Q8. 1 | 数码管输出 b |
| I2. 2 | 关门限位开关 SQ7 | Q8. 2 | 数码管输出 c |
| I2. 3 | 关门按钮 SB12 | Q8. 3 | 数码管输出 d |
| I2. 4 | 开门按钮 SB13 | Q8. 4 | 数码管输出 e |
| I2. 5 | 开门限位开关 SQ8 | Q8. 5 | 数码管输出 f |
| — | — | Q8. 6 | 数码管输出 g |
| — | — | Q8. 7 | — |
| — | — | Q12. 0 | 系统总控灯 KA0 |
| — | — | Q12. 1 | 1 层上升灯 HL13 |
| — | — | Q12. 2 | 1 层下行灯 HL14 |
| — | — | Q12. 3 | 2 层上升灯 HL15 |
| — | — | Q12. 4 | 2 层下行灯 HL16 |
| — | — | Q12. 5 | 3 层上升灯 HL17 |
| — | — | Q12. 6 | 3 层下行灯 HL18 |
| — | — | Q12. 7 | 4 层上升灯 HL19 |
| — | — | Q16. 0 | 4 层下行灯 HL20 |

2. PLC 硬件接线图

PLC 外部接线图如图 22-9 所示，扩展模块接线图如图 22-10 所示。

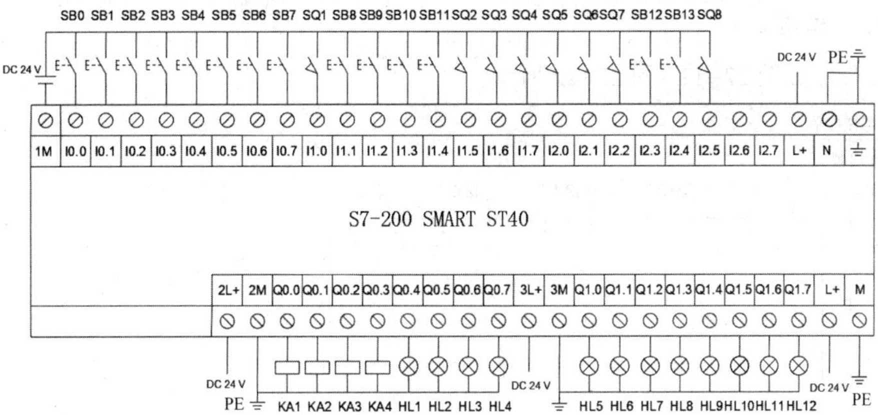


图 22-9　PLC 外部接线图

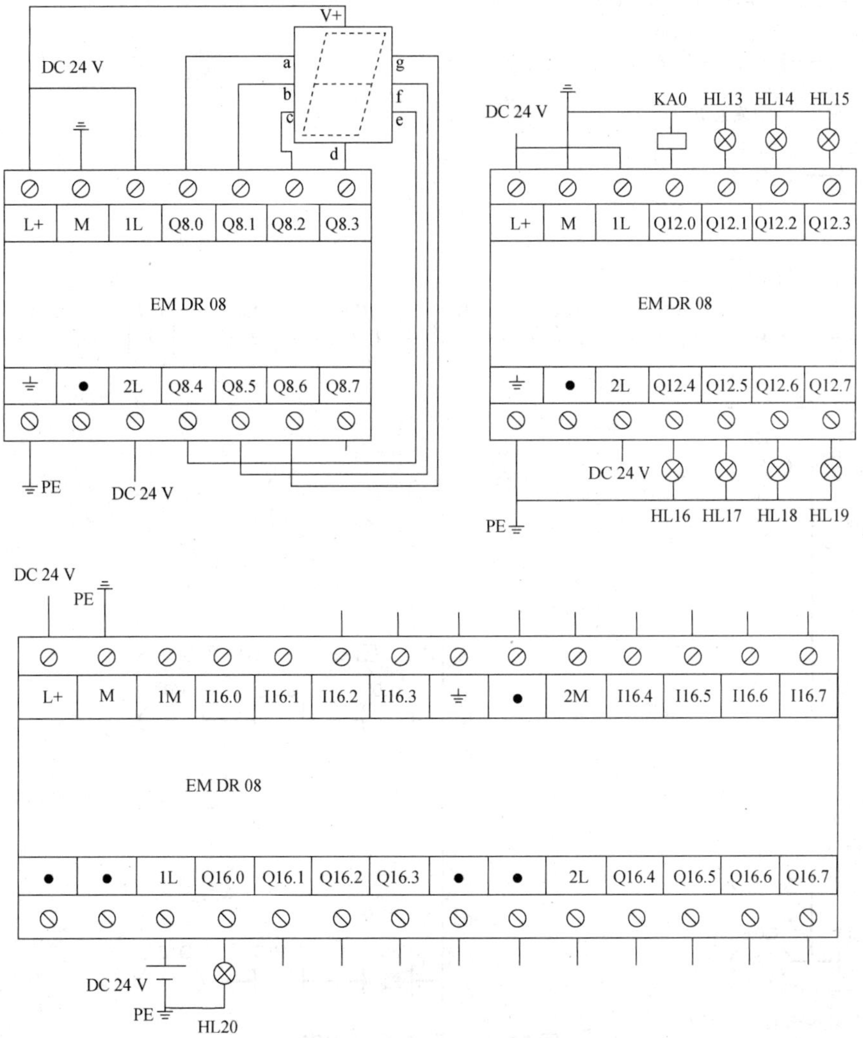

图 22-10　扩展模块接线图

3. PLC 程序

PLC 程序如图 22-11~图 22-22 所示。

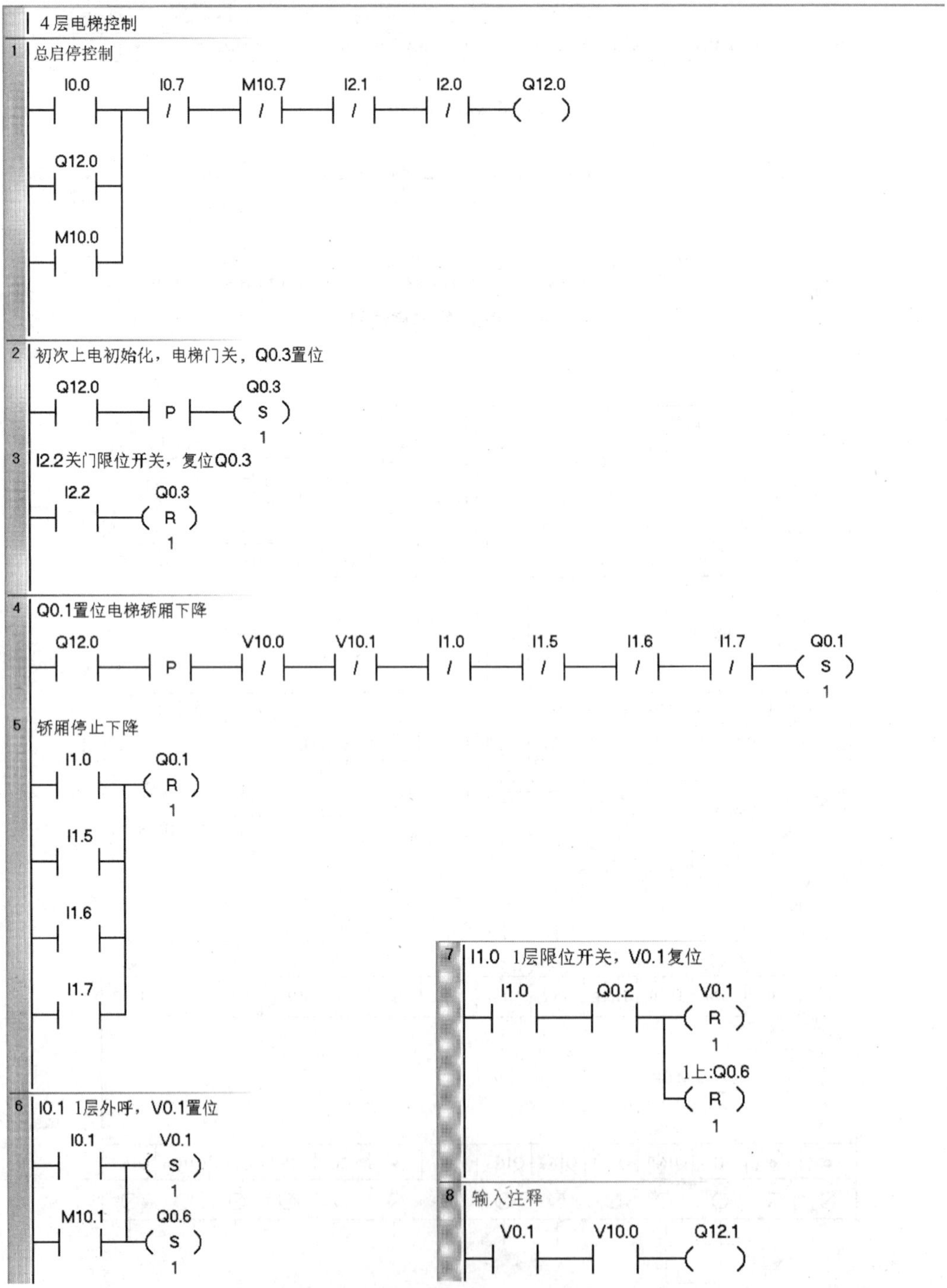

4层电梯控制

1 总启停控制

I0.0 I0.7 M10.7 I2.1 I2.0 Q12.0

Q12.0

M10.0

2 初次上电初始化，电梯门关，Q0.3置位

Q12.0 P Q0.3 S 1

3 I2.2关门限位开关，复位Q0.3

I2.2 Q0.3 R 1

4 Q0.1置位电梯轿厢下降

Q12.0 P V10.0 V10.1 I1.0 I1.5 I1.6 I1.7 Q0.1 S 1

5 轿厢停止下降

I1.0 Q0.1 R 1

I1.5

I1.6

I1.7

6 I0.1 1层外呼，V0.1置位

I0.1 V0.1 S 1

M10.1 Q0.6 S 1

7 I1.0 1层限位开关，V0.1复位

I1.0 Q0.2 V0.1 R 1

1上:Q0.6 R 1

8 输入注释

V0.1 V10.0 Q12.1

图 22-11 网络 1~8 程序

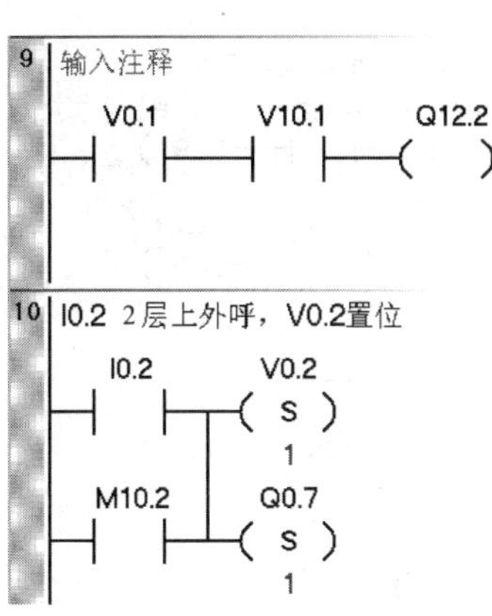


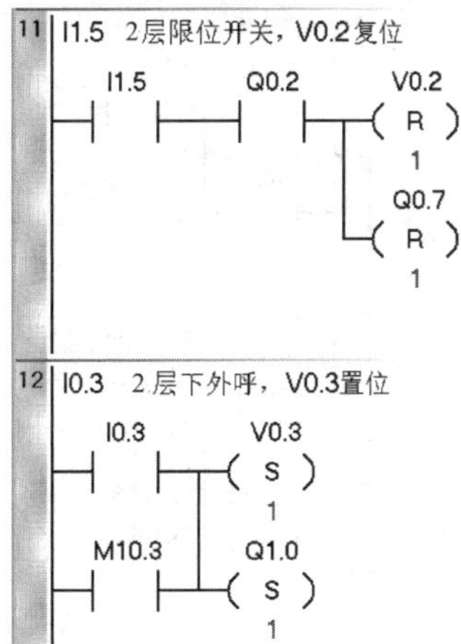


图 22-12 网络 9~12 程序

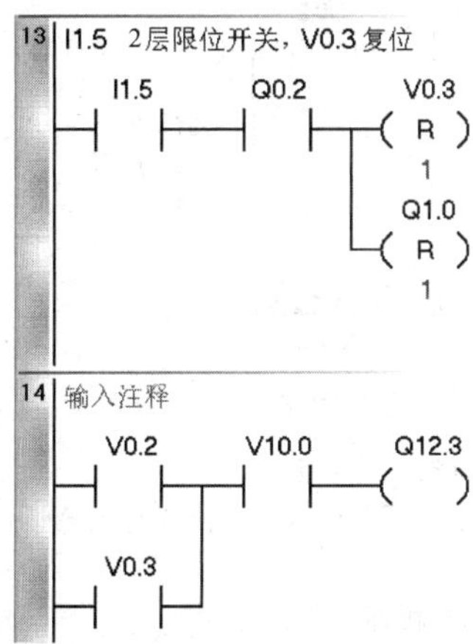


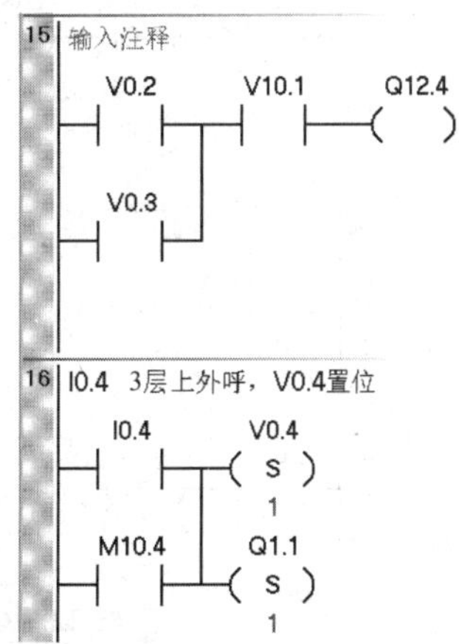


图 22-13 网络 13~16 程序

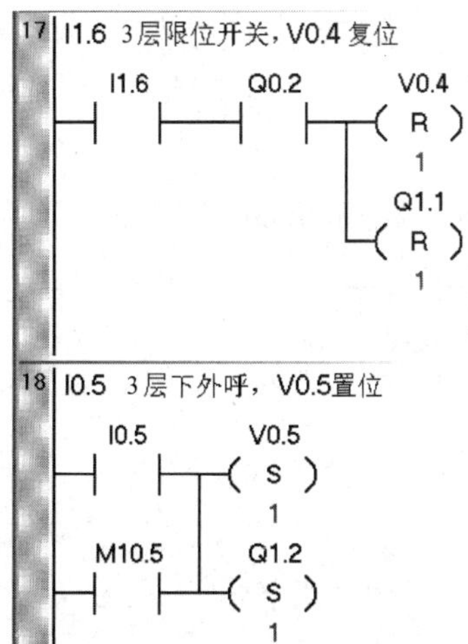


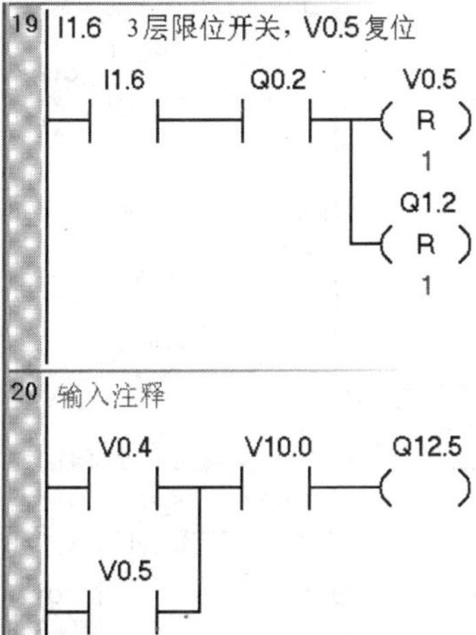


图 22-14 网络 17~20 程序

21 输入注释
V0.4 V10.1 Q12.6
V0.5

22 I0.6 4层下外呼，V0.6置位
I0.6 V0.6 S 1
M10.6 Q1.3 S 1

23 I1.7 4层限位开关，V0.6复位
I1.7 Q0.2 V0.6 R 1
Q1.3 S 1

24 输入注释
V0.6 V10.0 Q12.7

图 22-15 网络 21~24 程序

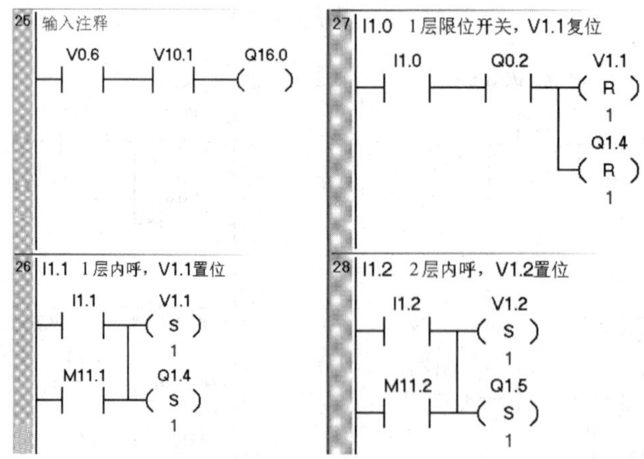


图 22-16 网络 25~28 程序

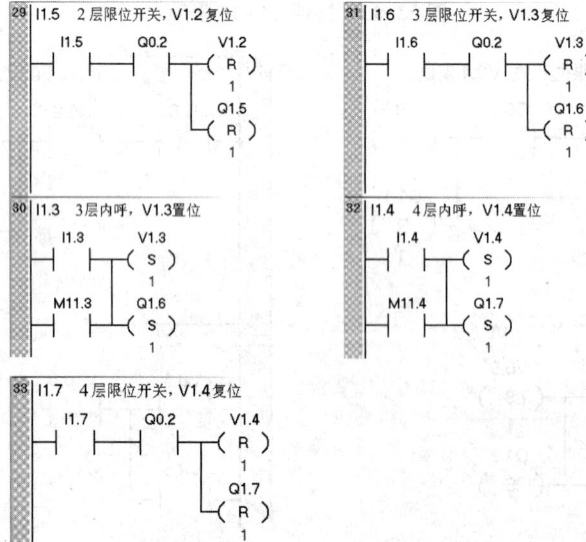


图 22-17 网络 29~33 程序

34 电梯到达平层后，Q0.2置位，电梯门开

V0.1 I1.0 Q0.2 S 1
V1.1 Q0.5 S 1
V0.2 I1.5
V1.2
V0.3
V0.4 I1.6
V0.5
V1.3
V0.6 I1.7
V1.4
I2.4 V10.0 V10.1 I2.2 I2.5
M11.5

图 22-18　网络 34 程序

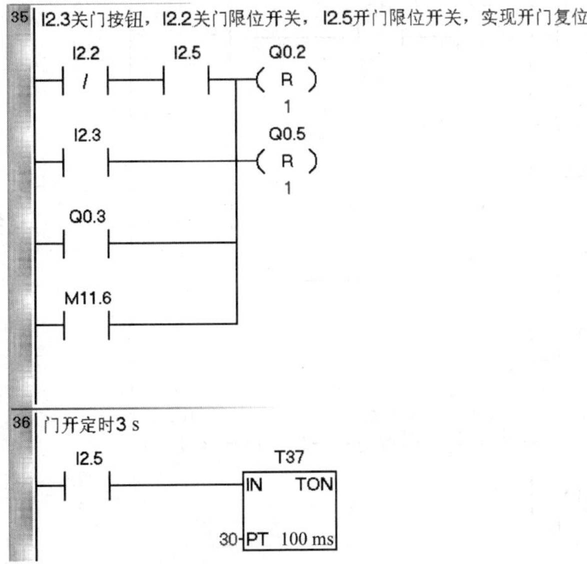


图 22-19　网络 35~36 程序

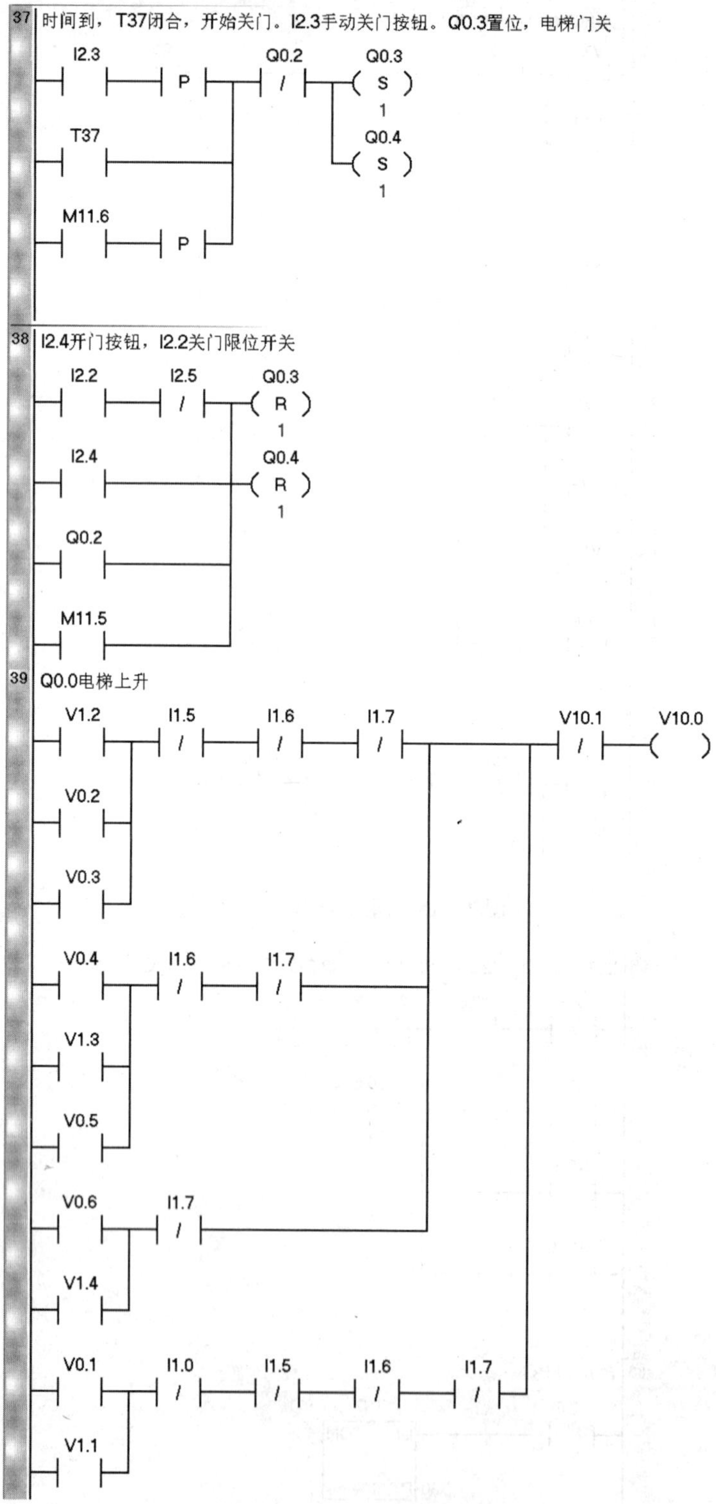
37 时间到，T37闭合，开始关门。I2.3手动关门按钮。Q0.3置位，电梯门关
I2.3
P
Q0.2
Q0.3
S
1
T37
Q0.4
S
1
M11.6
P
38 I2.4开门按钮，I2.2关门限位开关
I2.2
I2.5
Q0.3
R
1
I2.4
Q0.4
R
1
Q0.2
M11.5
39 Q0.0电梯上升
V1.2
I1.5
I1.6
I1.7
V10.1
V10.0
V0.2
V0.3
V0.4
I1.6
I1.7
V1.3
V0.5
V0.6
I1.7
V1.4
V0.1
I1.0
I1.5
I1.6
I1.7
V1.1

图 22-20　网络 37~39 程序

40 Q0.1电梯下降

V0.1 I1.0 V10.0 V10.1

V1.1

V1.2 I1.0 I1.5

V0.3

V0.2

V0.5 I1.0 I1.5 I1.6

V1.3

V0.4

41 电梯上升

V10.0 I2.2 Q0.2 I1.7 Q0.0

42 电梯下降

V10.1 I2.2 Q0.2 I1.0 Q0.1

图 22-21　网络 40~42 程序

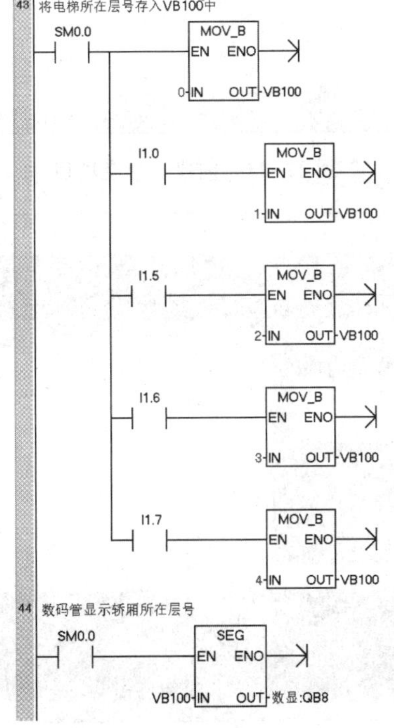


图 22-22　网络 43~44 程序

### 22.4.4 触摸屏设置

触摸屏设置步骤如下。

(1)打开 WinCC flexible Standard 编程软件，选择“创建一个空项目”选项，如图 22-23 所示。

(2)选择触摸屏类型，本项目使用的是 7 寸屏中的 SMART 700 IE 触摸屏，如图 22-24 所示。

(3)项目创建完成，如图 22-25 所示。建立连接，如图 22-26 所示。

(4)创建主界面和控制界面，如图 22-27、图 22-28 所示。

(5)建立变量，因要与 PLC 进行通信，故变量类型为外部变量“连接_1”，变量表如图 22-29 所示。

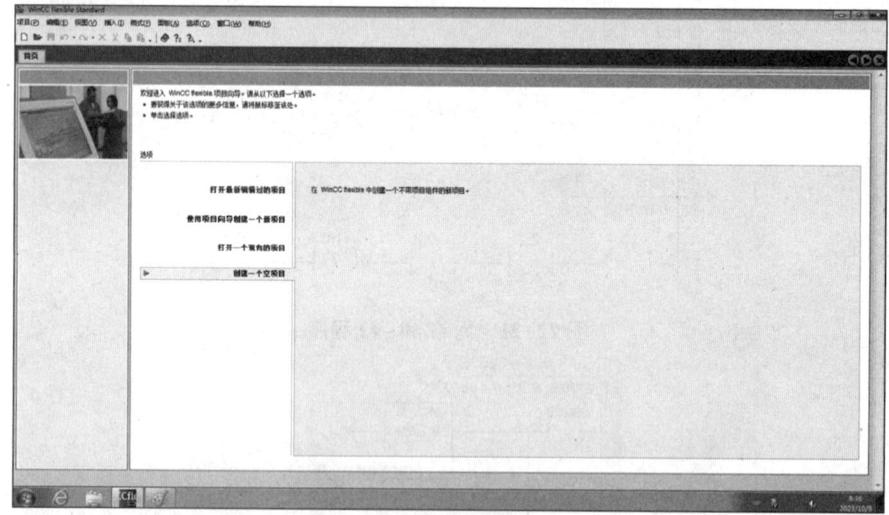

图 22-23　创建一个空项目

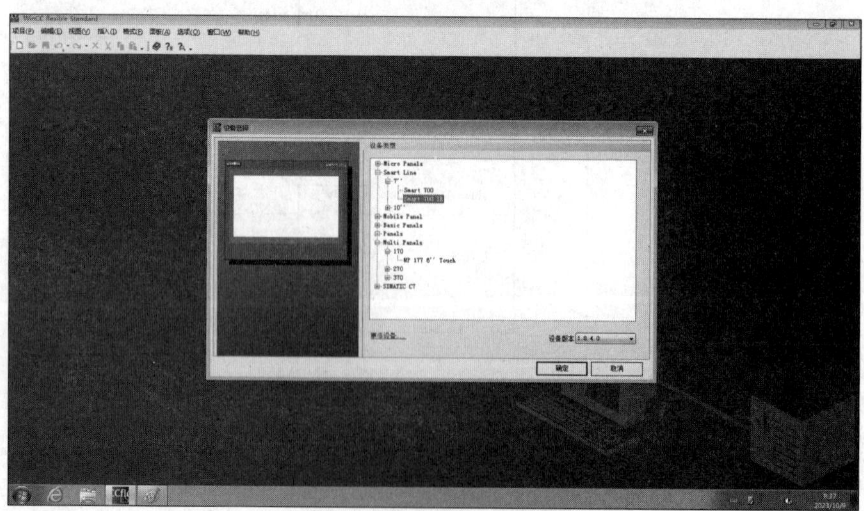

图 22-24　选择触摸屏类型

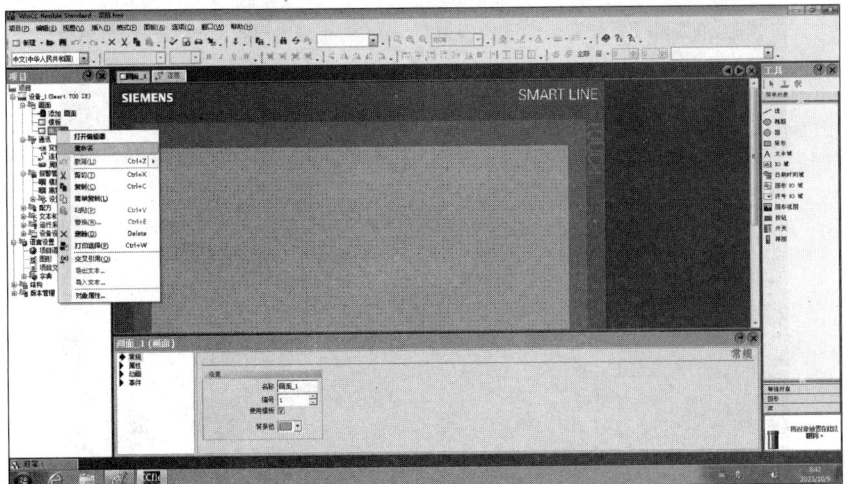


图 22-25　项目创建完成

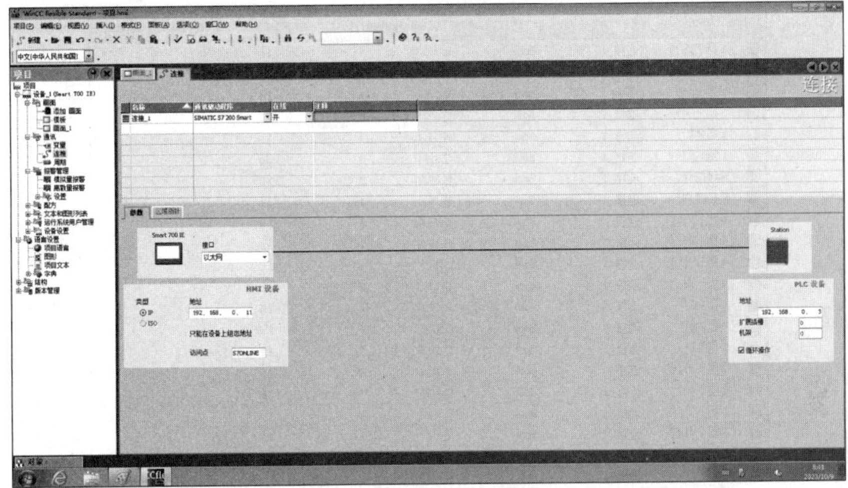


图 22-26　建立连接

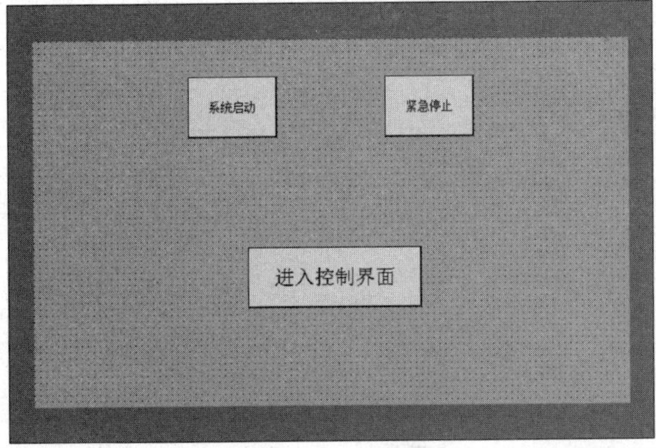


图 22-27　创建主界面

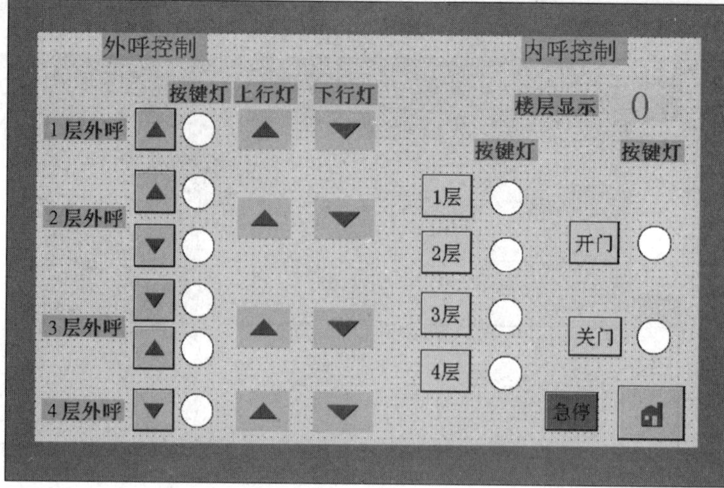


图 22-28　创建控制界面

| 名称 | 连接 | 数据类型 | 地址 | 数组计数 | 采集周期 | 注释 |
|---|---|---|---|---|---|---|
| 1层下降灯 | 连接_1 | Bool | Q 12.2 | 1 | 1 s | |
| 1层上外呼 | 连接_1 | Bool | M 10.1 | 1 | 1 s | |
| 1层上外灯 | 连接_1 | Bool | Q 0.6 | 1 | 1 s | |
| 1层上升灯 | 连接_1 | Bool | Q 12.1 | 1 | 1 s | |
| 1层内呼 | 连接_1 | Bool | M 11.1 | 1 | 1 s | |
| 1层内灯 | 连接_1 | Bool | Q 1.4 | 1 | 1 s | |
| 系统总停 | 连接_1 | Bool | M 10.7 | 1 | 1 s | |
| 系统总启动 | 连接_1 | Bool | M 10.0 | 1 | 1 s | |
| 4层下行灯 | 连接_1 | Bool | Q 16.0 | 1 | 1 s | |
| 4层下外呼 | 连接_1 | Bool | M 10.6 | 1 | 1 s | |
| 4层下外灯 | 连接_1 | Bool | Q 1.3 | 1 | 1 s | |
| 4层上升灯 | 连接_1 | Bool | Q 12.7 | 1 | 1 s | |
| 4层内呼 | 连接_1 | Bool | M 11.4 | 1 | 1 s | |
| 4层内灯 | 连接_1 | Bool | Q 1.7 | 1 | 1 s | |
| 3层下行灯 | 连接_1 | Bool | Q 12.6 | 1 | 1 s | |
| 3层下外呼 | 连接_1 | Bool | M 10.5 | 1 | 1 s | |
| 3层下外灯 | 连接_1 | Bool | Q 1.2 | 1 | 1 s | |
| 3层上外呼 | 连接_1 | Bool | M 10.4 | 1 | 1 s | |
| 3层上外灯 | 连接_1 | Bool | Q 1.1 | 1 | 1 s | |
| 3层上升灯 | 连接_1 | Bool | Q 12.5 | 1 | 1 s | |
| 3层内呼 | 连接_1 | Bool | M 11.3 | 1 | 1 s | |
| 3层内灯 | 连接_1 | Bool | Q 1.6 | 1 | 1 s | |
| 楼层显示_1 | 连接_1 | Byte | QB 10 | 1 | 1 s | |
| 楼层显示_0 | 连接_1 | Byte | QB 9 | 1 | 1 s | |
| 楼层显示 | 连接_1 | Byte | QB 8 | 1 | 1 s | |
| 开门灯 | 连接_1 | Bool | Q 0.5 | 1 | 1 s | |
| 开门按钮 | 连接_1 | Bool | M 11.6 | 1 | 1 s | |
| 开门 | 连接_1 | Bool | Q 0.2 | 1 | 1 s | |
| 关门灯 | 连接_1 | Bool | Q 0.4 | 1 | 1 s | |
| 关门按钮 | 连接_1 | Bool | M 11.5 | 1 | 1 s | |
| 关门 | 连接_1 | Bool | Q 0.3 | 1 | 1 s | |
| 2层下行灯 | 连接_1 | Bool | Q 12.4 | 1 | 1 s | |
| 2层下外呼 | 连接_1 | Bool | M 10.3 | 1 | 1 s | |
| 2层下外灯 | 连接_1 | Bool | Q 1.0 | 1 | 1 s | |
| 2层上外呼 | 连接_1 | Bool | M 10.2 | 1 | 1 s | |
| 2层上外灯 | 连接_1 | Bool | Q 0.7 | 1 | 1 s | |
| 2层上升灯 | 连接_1 | Bool | Q 12.3 | 1 | 1 s | |
| 2层内呼 | 连接_1 | Bool | M 11.2 | 1 | 1 s | |
| 2层内灯 | 连接_1 | Bool | Q 1.5 | 1 | 1 s | |
| 电梯下降 | 连接_1 | Bool | Q 0.1 | 1 | 1 s | |
| 电梯上升 | 连接_1 | Bool | Q 0.0 | 1 | 1 s | |

图 22-29　变量表

## 22.5 项目实施

### 22.5.1 建立 PLC 与编程计算机之间的通信

STEP 7-Micro/WIN SMART 编程软件及 CPU 固件从 V2.3 版本开始支持通过 RS485 接口使用 USB-PPI 编程电缆下载程序的功能。

紧凑型 CPU 无以太网接口，仅 CPU 本体集成一个 RS485 接口，此接口作为 CPU 的唯一编程接口。使用 STEP 7-Micro/WIN SMART 编程软件和 USB-PPI 编程电缆可以进行上传和下载程序、监控程序、执行固件更新。

紧凑型 CPU 没有 Micro SD 读卡器或任何与使用 Micro SD 卡相关的功能，不支持使用 Micro SD 卡。

标准型 CPU 各个固件版本均支持使用以太网接口进行下载程序，如果通过 RS485 接口使用 USB-PPI 编程电缆下载程序，需要保证编程软件及 CPU 固件版本均在 V2.3 及以上。

1. 硬件连接(编程设备直接与 CPU 连接)

首先，安装 CPU 到固定位置。

其次，在 CPU 上端以太网接口插入以太网电缆。使用以太网连接主要有直连和通过交换机或路由器进行连接两种方式，不管哪种方式，对于软件中的连接设置都是相同的。

最后，将以太网电缆连接到编程设备的以太网口上，如图 22-30 所示。

(1)建立 STEP 7-Micro/WIN SMART 编程软件与 CPU 的连接。

首先，在 STEP 7-Micro/WIN SMART 编程软件中单击“通信”按钮，如图 22-31 所示，打开“通信”对话框，如图 22-32 所示。

1)单击“网络接口卡”下拉列表框，选择编程设备的网络接口卡，可在计算机的网络适配器中查看具体的网络接口卡的名称。

2)选择好网络接口卡后，可单击“查找 CPU”按钮，搜索网络中存在的 CPU。

3)搜索到 CPU 后，会出现 CPU 的 IP 地址。若通过交换机或路由器连接，可能会搜索出多个 CPU 的 IP 地址，此时可选择其中一个 IP 地址，然后单击右侧的“闪烁指示灯”按钮，查看哪个 CPU 上的指示灯闪烁，则说明该 IP 地址就是指示灯闪烁的 CPU 所对应的 IP 地址。

4)在设备列表中根据 CPU 的 IP 地址，选择已连接的 CPU。

5)选择需要进行下载的 CPU 的 IP 地址之后，单击“确定”按钮，建立连接。只能选择一个 CPU 与 STEP 7-Micro/WIN SMART 编程软件进行通信。

图 22-30 以太网连接

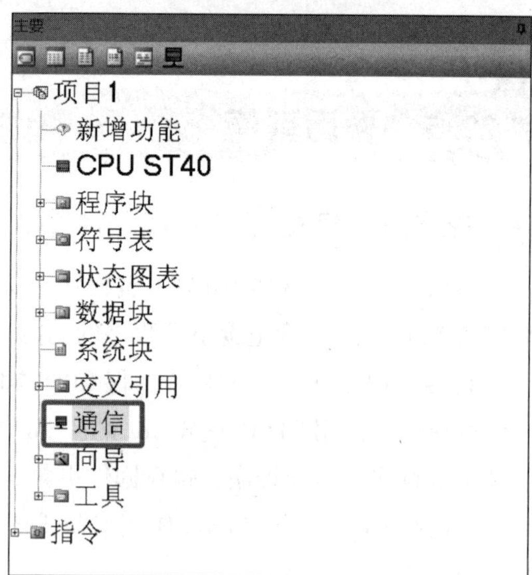


图 22-31 单击“通信”按钮

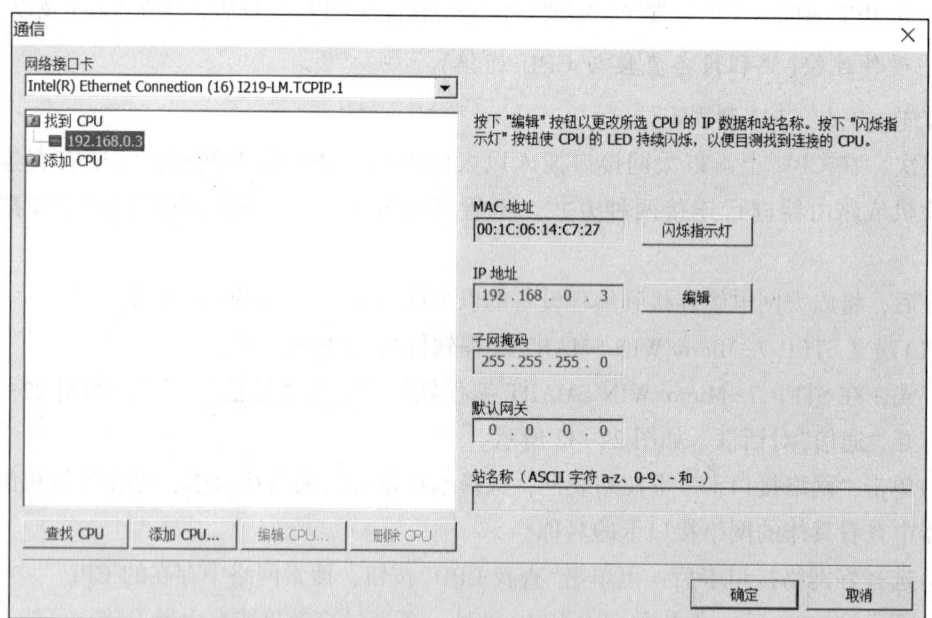


图 22-32 “通信”对话框

注意，如果网络中存在不只一台设备，用户可以在“通信”对话框中左侧的设备列表中选中某台设备，然后单击“MAC 地址”右侧的“闪烁指示灯”按钮，通过 CPU 上的指示灯的闪烁来辨识该 CPU。

(2)为编程设备分配 IP 地址。

当查找出 CPU 的 IP 地址后，需要确定该 CPU 的 IP 地址和计算机的 IP 地址是否在同一个网段。若在同一个网段，则单击“确定”按钮，即可建立连接。若不在同一个网段，则可把计算机的 IP 地址修改为与 PLC 的 IP 地址在同一个网段，或单击右侧的“编辑”按钮，把 PLC 的 IP 地址修改为与计算机的 IP 地址在同一个网段。

1）打开控制面板，单击“网络和 Internet”下的“查看网络状态和任务”，如图22-33所示。在打开的窗口中单击“更改适配器设置”，如图 22-34 所示，在打开的窗口中右击“以太网”，如图 22-35 所示。

图 22-33　控制面板

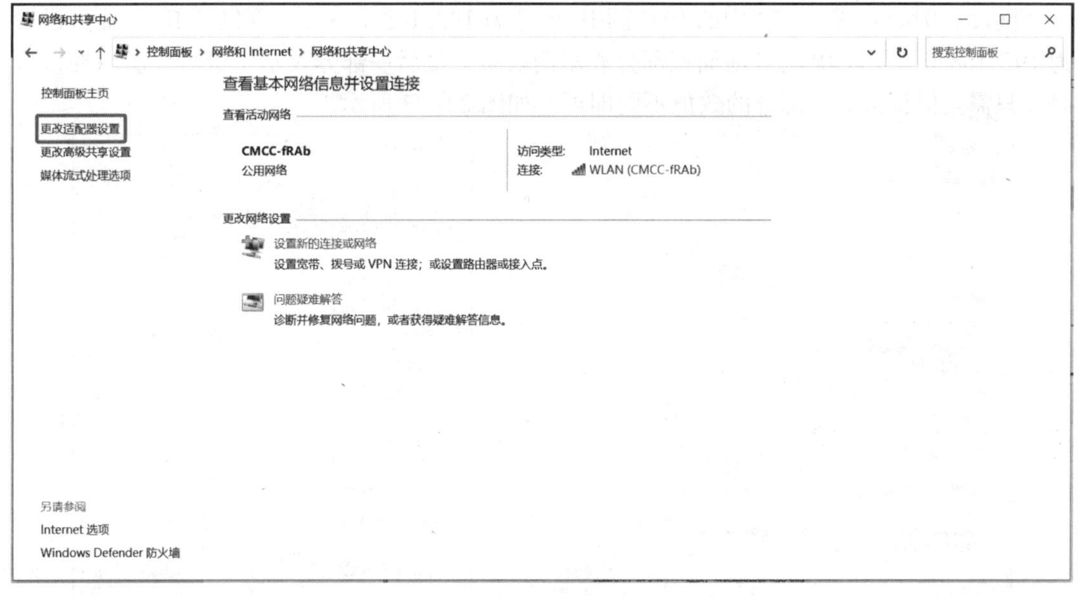


图 22-34　更改适配器设置

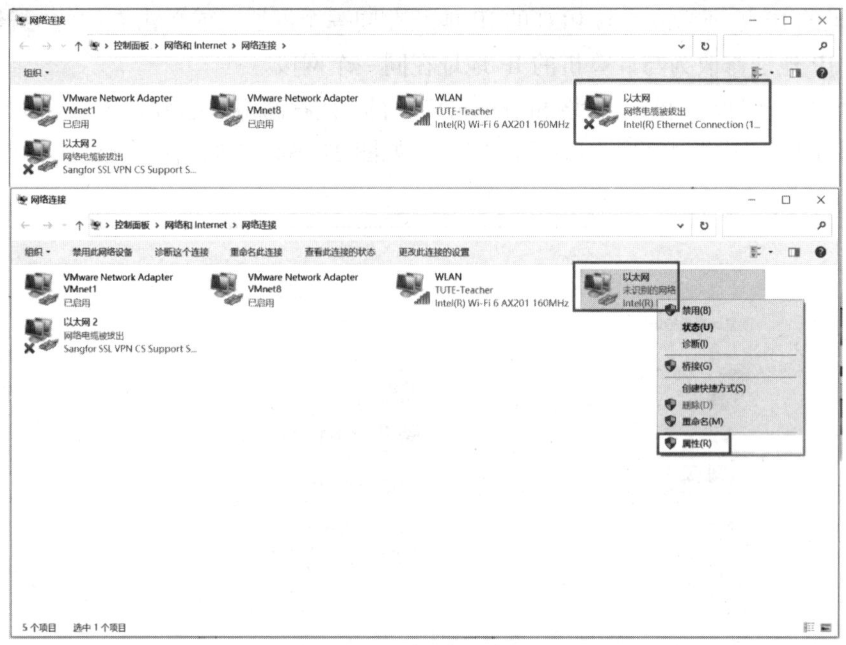


图 22-35　网络连接界面

2)在弹出的快捷菜单中选择“属性”选项，弹出“WLAN 属性”对话框，如图 22-36 所示。

3)在“WLAN 属性”对话框中“此连接使用下列项目”列表中勾选“Internet 协议版本 4(TCP/IPv4)”复选框，单击“属性”按钮，如图 22-36 所示。打开“Internet 协议版本 4(TCP/IPv4)属性”对话框，输入编程设备的 IP 地址，该地址需要与 PLC 的 IP 地址在同一个网段。例如，图 22-32 中的 PLC 的 IP 地址为 192.168.0.3，计算机的 IP 地址可设置为 192.168.0.9，该 IP 地址前面三部分表示网段号，最后一部分表示主机号，所以在设置时，只需要保证最后一部分的数值不同即可，如图 22-37 所示。

图 22-36　“WLAN 属性”对话框

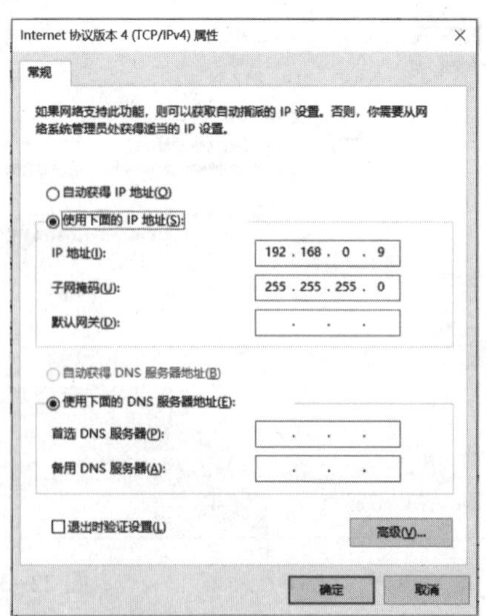


图 22-37　设置 Internet 协议版本 4(TCP/IPv4)属性

4)修改 CPU 的 IP 地址(可选)。

方法一：在 STEP 7-Micro/WIN SMART 编程软件中可以通过系统块修改 CPU 的 IP 地址。在导航条中单击“系统块”按钮，或者在左侧列表中双击“系统块”，打开设置窗口，如图 22-38 所示。

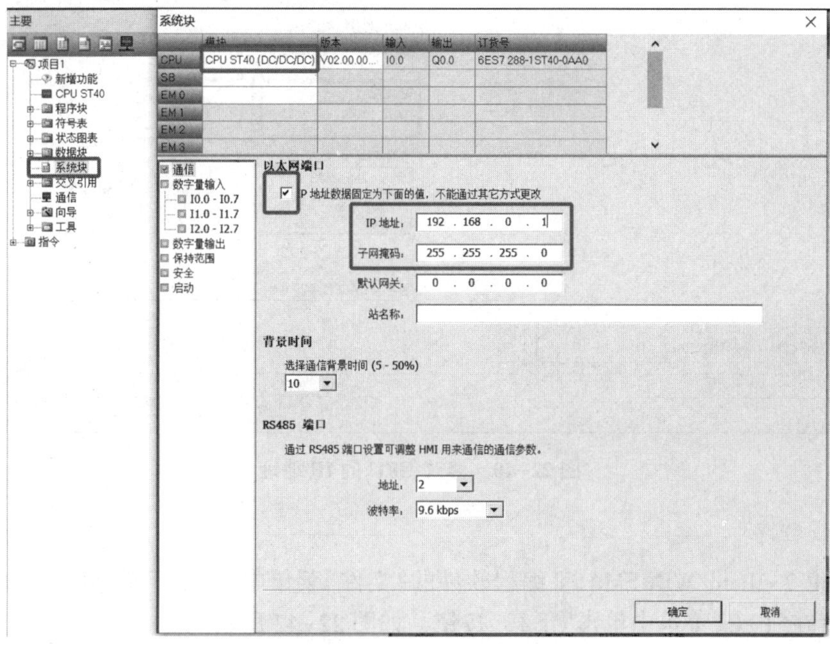

图 22-38 系统块设置

方法二：单击左侧列表中的“通信”，打开“通信”对话框，如图 22-39 所示，单击“编辑”按钮，输入新的 IP 地址，然后单击“确定”按钮，完成修改，如图 22-40 所示。

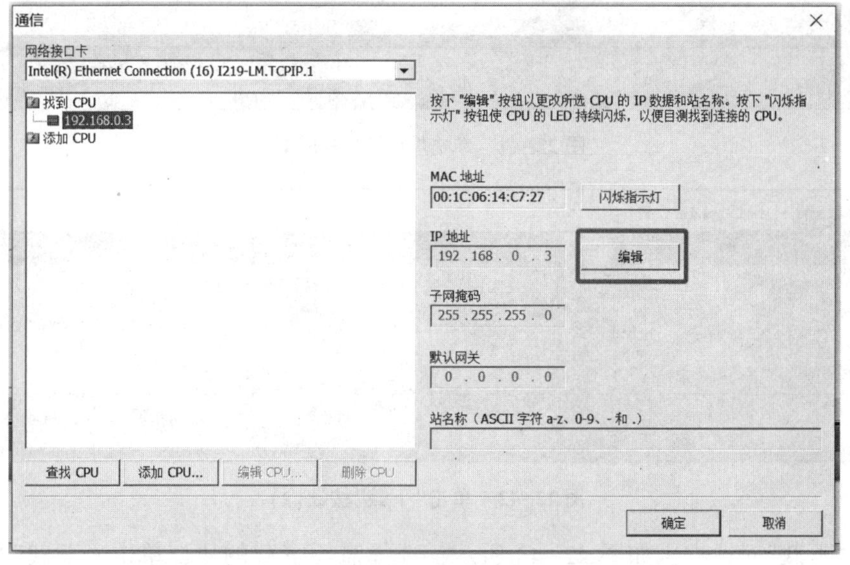

图 22-39 “通信”对话框

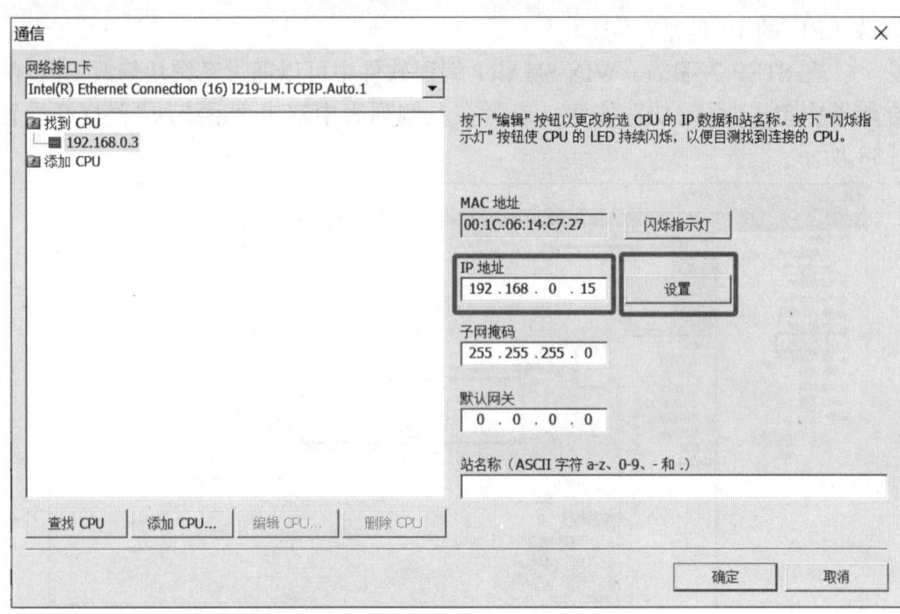


图 22-40　修改 CPU 的 IP 地址

2. 下载程序

在 STEP 7-Micro/WIN SMART 编程软件的"文件"菜单中单击"下载"按钮，如图 22-41 所示。或者在"PLC"菜单中单击"下载"按钮，如图 22-42 所示。

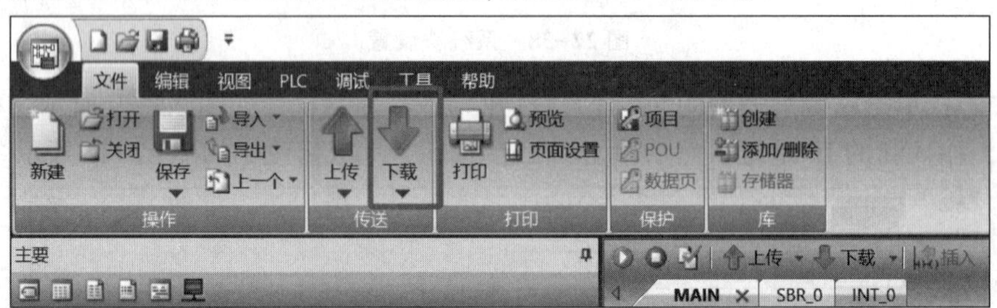


图 22-41　单击"下载"按钮(1)

图 22-42　单击"下载"按钮(2)

打开"下载"对话框，如图 22-43 所示，选择需要下载的块，单击"下载"按钮进行下载。

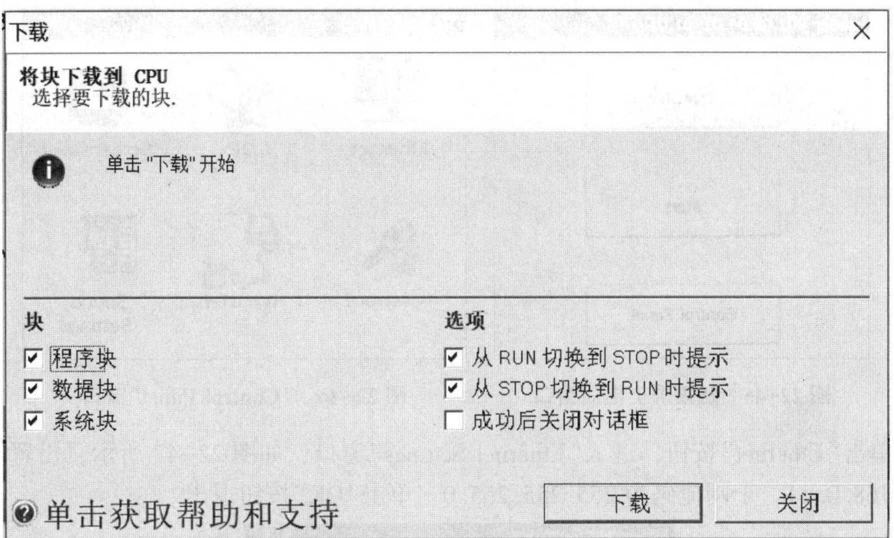


图 22-43 “下载”对话框

注意，如果 CPU 在运行状态，STEP 7-Micro/WIN SMART 编程软件会弹出提示对话框，提示将 CPU 切换到 STOP 模式，此时单击“YES”按钮。

下载成功后，单击“关闭”按钮关闭对话框，完成下载，如图 22-44 所示。

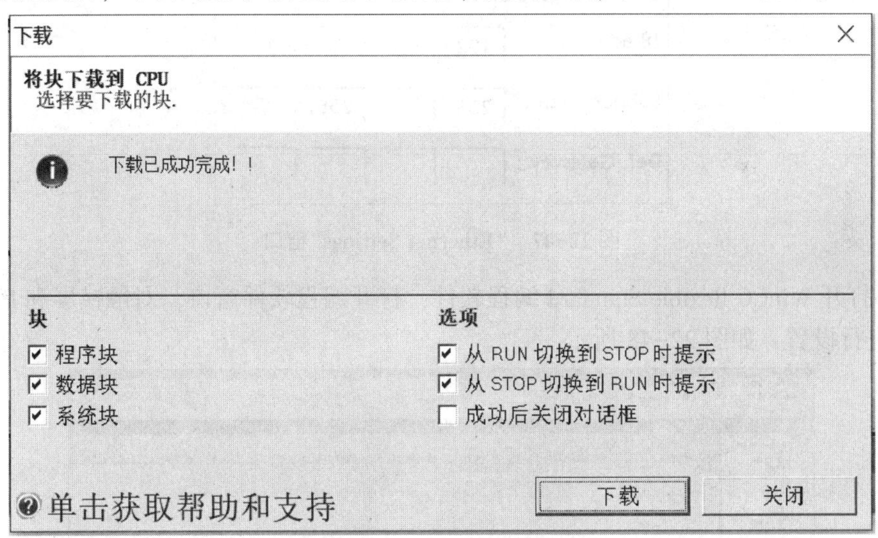


图 22-44 下载成功

## 22.5.2 建立触摸屏与编程计算机之间的通信

(1)触摸屏 IP 地址的设置。

1)触摸屏上电后，进入触摸屏上电后窗口，如图 22-45 所示，单击“Control Panel”按钮，进入“Control Panel”窗口，如图 22-46 所示。

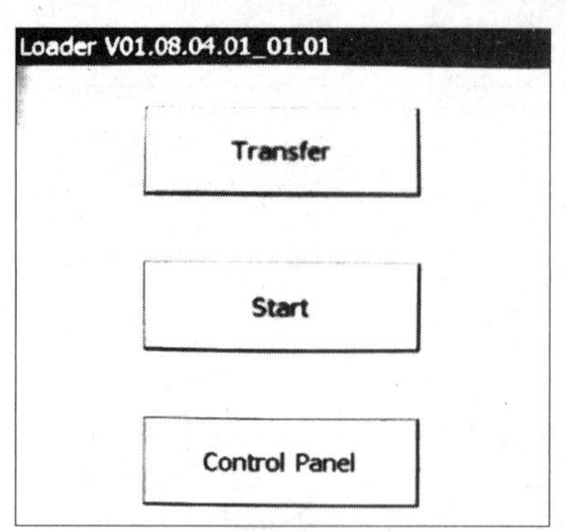


图 22-45　触摸屏上电后窗口

图 22-46　“Control Panel”窗口

2)单击“Ethernet”按钮，进入“Ethernet Settings”窗口，如图 22-47 所示，设置 IP 地址为 192.168.0.11，子网掩码为 255.255.255.0，单击“OK”按钮退出。

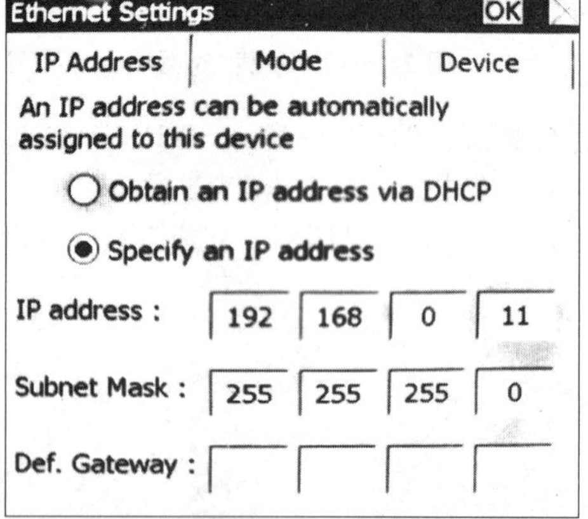


图 22-47　“Ethernet Settings”窗口

(2)打开 WinCC flexible Standard 编程软件，打开编程软件窗口，对触摸屏和 PLC 的连接参数进行设置，如图 22-48 所示。

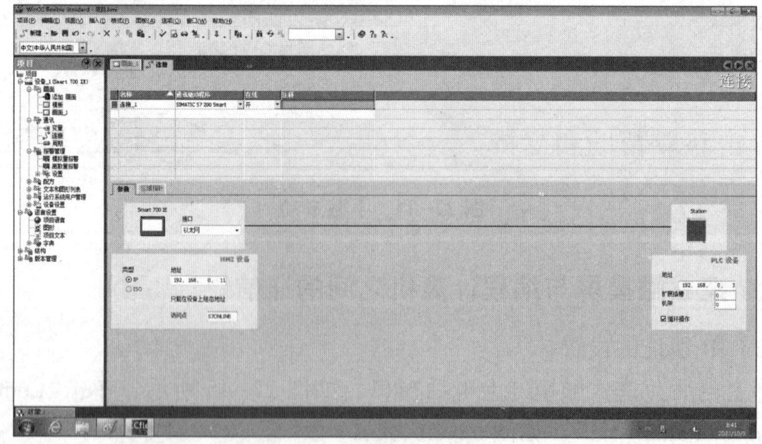

图 22-48　编程软件窗口

(3)下载程序。

1)触摸屏上电后，单击“Transfer”按钮，进入图 22-49 所示的等待接收数据窗口。

2)单击 WinCC flexible Standard 编程软件的工具栏中的“下载”按钮，如图 22-50 所示，弹出下载窗口。

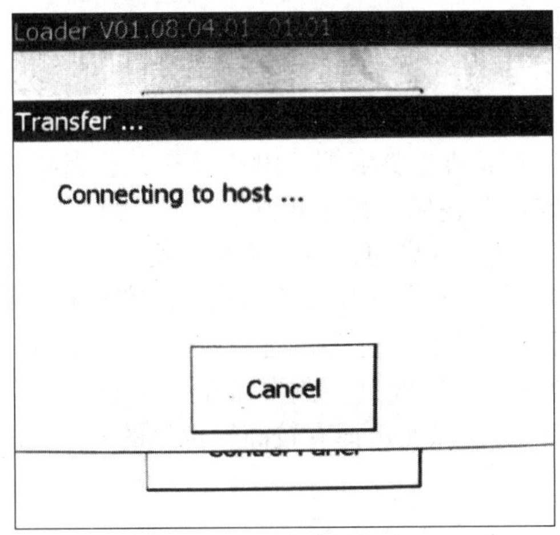


图 22-49 等待接收数据窗口

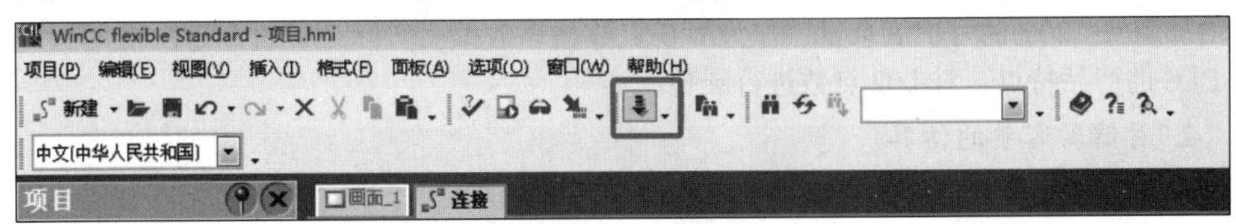


图 22-50 单击“下载”按钮

3)对下载模式和地址进行设置，然后单击“传送”按钮，完成程序的下载，如图 22-51 所示。注意，此处的“计算机名或 IP 地址”指的是触摸屏的 IP 地址，而不是计算机的 IP 地址。

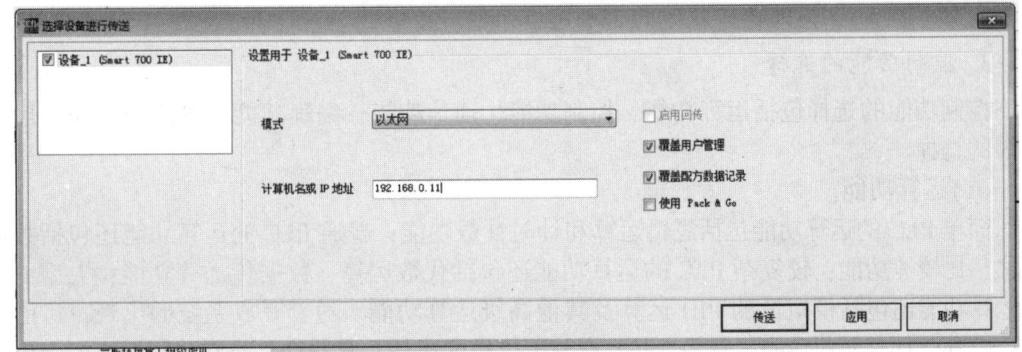


图 22-51 设置界面

4)程序下载完成后，将 PLC 和触摸屏通过网线进行连接，当触摸屏上的 I/O 区域不显示#号，相应按钮可正常操作时，表示通信已成功建立。

## 22.6 预备知识

### 22.6.1 PLC 选型

在设计 PLC 系统时，首先应确定控制方案，然后进行 PLC 工程设计选型。工艺流程的特点和应用要求是 PLC 选型的主要依据。PLC 及有关设备应是集成的、标准的，按照“易于与工业控制系统形成一个整体，易于扩充其功能”的原则选型。所选用 PLC 应是在相关工业领域有投运业绩、成熟可靠的，PLC 的系统硬、软件配置及功能应与装置规模和控制要求相适应。熟悉 PLC、功能表图及有关的编程语言有利于缩短编程时间，因此在进行工程设计选型和估算时，应详细分析工艺过程的特点、控制要求，明确控制任务和范围，确定所需的操作和动作，然后根据控制要求估算 I/O 点数、所需存储器容量，确定 PLC 的功能、外部设备特性等，以便选择有较高性价比的 PLC，并设计相应的控制系统。

1. I/O 点数的估算

PLC 的 I/O 点数是 PLC 的基本参数之一。I/O 点数的确定应以控制设备所需的所有 I/O点数的总和为依据。估算 I/O 点数时应考虑适当的余量，通常根据统计的 I/O 点数，再增加 10%~20%的可扩展余量，作为 I/O 点数估算数据。实际订货时，还需根据制造厂商 PLC 的产品特点，对 I/O 点数进行圆整。

2. 存储器容量的估算

存储器容量是指 PLC 本身能提供的硬件存储单元的大小，程序容量是指存储器中用户应用项目使用的存储单元的大小，因此，程序容量小于存储器容量。在设计阶段，由于用户应用程序还未编制，程序容量是未知的，需在程序调试之后才知道。为了设计选型时能对程序容量有一定估算，通常采用存储器容量的估算来替代。

存储器容量的估算没有固定的公式，许多文献资料中给出了不同公式，大体上都是按数字量 I/O 点数的 10~15 倍加上模拟量 I/O 点数的 100 倍，以此数为存储器容量的总字数(16 位为一个字)，另外再按此数的 25%考虑余量。

3. 控制功能的选择

控制功能的选择包括运算功能、控制功能、通信功能、编程功能、诊断功能和处理速度等的选择。

(1)运算功能。

简单 PLC 的运算功能包括逻辑运算和计时计数功能；普通 PLC 的运算功能还包括数据移位、比较等功能；较复杂 PLC 的运算功能还包括代数运算、数据传送等功能；大型 PLC 的运算功能还包括模拟量的 PID 运算及其他高级运算功能。随着开放系统的出现，目前在 PLC 中都已具有通信功能。有些产品具有与下位机的通信，有些产品具有与同位机或上位机的通信，有些产品还具有与工厂或企业的网络进行数据通信的功能。在设计选型时，应从实际应用的要求出发，合理选用所需的运算功能。在大多数应用场合，只需要逻辑运算和计时计数功能，有些应用需要数据传送和比较功能。当用于模拟量检测和控制时，才使用代数运算、数值转换和 PID 运算等功能。要显示数据时，需要译码和编码等功能。

(2)控制功能。

控制功能包括PID控制运算、前馈补偿控制运算、比值控制运算等功能，应根据控制要求确定。PLC主要用于顺序逻辑控制，因此大多数场合常采用单回路或多回路控制器来完成模拟量的控制，有时也采用专用的智能I/O单元完成所需的控制功能，以提高PLC的处理速度和节省存储器容量，如采用PID控制单元、高速计数器、带速度补偿的模拟单元、ASCII码转换单元等。

(3)通信功能。

大中型PLC系统应支持多种现场总线和标准通信协议(如TCP/IP)，需要时应能与工厂管理网相连接。通信协议应符合ISO(International Organization for Standardization，国际标准化组织)/IEEE(Institute of Electrical and Electronics Engineers，电子电气工程师学会)通信标准，应是开放的通信网络。

PLC系统的通信接口应包括串行和并行通信接口(RS232C/422A/423/485)、RIO通信口、工业以太网、常用DCS(Distributed Control System，集散式控制系统)接口等；大中型PLC通信总线(含接口设备和电缆)应1∶1冗余配置，通信总线应符合国际标准，通信距离应满足装置实际要求。

在PLC系统的通信网络中，上级的网络通信速率应大于1 Mbit/s，通信负荷不大于60%。PLC系统的通信网络主要形式有下列几种形式。

1)计算机为主站，多台同型号PLC为从站，组成简易PLC网络。

2)1台PLC为主站，其他同型号PLC为从站，构成主从式PLC网络。

3)PLC网络通过特定网络接口连接到大型DCS中作为DCS的子网。

4)专用PLC网络(各厂商的专用PLC通信网络)。

为减轻CPU通信任务，根据网络组成的实际需要，应选择具有不同通信功能的(如点对点、现场总线、工业以太网)通信处理器。

(4)编程功能。

1)离线编程方式。PLC和编程器共用一个CPU，编程器在编程模式时，CPU只为编程器提供服务，不对现场设备进行控制；完成编程后，编程器切换到运行模式，CPU对现场设备进行控制，不能进行编程。离线编程方式可降低系统成本，但使用和调试不方便。

2)在线编程方式。CPU和编程器有各自的CPU，主机CPU负责现场控制，并在一个扫描周期内与编程器进行数据交换，编程器把在线编制的程序或数据发送到主机，下一扫描周期，主机就根据新收到的程序运行。这种方式成本较高，但系统调试和操作方便，在大中型PLC中常被采用。

3)PLC支持5种标准化编程语言，包括SFC、LAD、FBD 3种图形化语言和STL、ST 2种文本语言。选用的编程语言应遵守IEC 6113123标准，同时还应支持多种语言编程形式(如C语言、BASIC等)，以满足特殊控制场合的控制要求。

(5)诊断功能。

PLC的诊断功能包括硬件和软件的诊断。

1)硬件诊断通过硬件的逻辑判断确定硬件的故障位置。

2)软件诊断分内诊断和外诊断。通过软件对PLC内部的性能和功能进行诊断的是内诊断，通过软件对PLC的CPU与外部I/O等部件的信息交换功能进行诊断的是外诊断。

PLC的诊断功能的强弱直接决定对操作人员和维护人员技术能力的要求，并影响平均维修时间。

(6)处理速度。

PLC 采用扫描方式工作。从实时性要求来看，处理速度应越快越好，如果信号持续时间小于扫描时间，则 PLC 将扫描不到该信号，造成信号数据的丢失。

处理速度与用户程序的长度、CPU 处理速度、软件质量等有关。目前，PLC 接点的响应快、速度高，每条二进制指令执行时间为 0.2~0.4 μs，因此能适应控制要求高、相应要求快的应用需要。扫描周期(处理器扫描周期)应满足：小型 PLC 的扫描时间不大于 0.5 ms/KB；大中型 PLC 的扫描时间不大于 0.2 ms/KB。

4. 机型的选择

(1)PLC 的类型。

PLC 按结构可分为整体型和模块型两类，按应用环境可分为现场安装和控制室安装两类，按 CPU 字长可分为 1 位、4 位、8 位、16 位、32 位、64 位等。从应用角度出发，通常可按控制功能或 I/O 点数选型。

整体型 PLC 的 I/O 点数固定，因此用户选择的余地较小，一般用于小型控制系统；模块型 PLC 提供多种 I/O 卡件或插卡，因此用户可较合理地选择和配置控制系统的 I/O 点数，其功能扩展方便灵活，一般用于大中型控制系统。

(2)I/O 模块的选择。

I/O 模块的选择应考虑与应用要求的统一。例如，对输入模块，应考虑信号电平、信号传输距离、信号隔离、信号供电方式等应用要求；对输出模块，应考虑选用的输出模块类型。通常，继电器输出模块具有价格低、使用电压范围广、寿命短、响应时间较长等特点；可控硅输出模块适用于开关频繁、电感性低功率因数负荷场合，但价格较贵，过载能力较差。输出模块还有直流输出、交流输出和模拟量输出等类型，应与应用要求一致。

可根据应用要求，合理选用智能型 I/O 模块，以便提高控制水平和降低应用成本。此外，还应考虑是否需要扩展机架或远程 I/O 机架等。

(3)电源的选择。

PLC 的供电电源在引进设备时可以同时引进，也可以根据产品说明书要求设计和选用。一般 PLC 的供电电源应设计选用 AC 220 V 电源，与国内电网电压一致。在重要的应用场合，应采用不间断电源或稳压电源供电。

如果 PLC 本身带有可使用电源，则应核对提供的电流是否满足应用要求，否则应设计外接供电电源。为防止外部高压电源因误操作而引入 PLC，对 I/O 信号的隔离是必要的，有时也可采用简单的二极管或熔丝管来隔离。

(4)存储器的选择。

由于计算机集成芯片技术的发展，存储器的价格已下降，为保证应用项目的正常投运，一般要求 PLC 的存储器容量，按 256 个 I/O 点数至少选择 8 KB 存储器。需要复杂控制功能时，应选择容量更大、档次更高的存储器。

(5)冗余功能的选择。

1)控制单元的冗余。

①重要的过程单元：CPU(包括存储器)及电源均应有 1 字节冗余。

②在需要时，也可选用 PLC 硬件与热备软件构成的热备冗余系统、二重化或三重化冗余容错系统等。

2) I/O 接口单元的冗余。

①控制回路的多点 I/O 卡件应冗余配置。

②重要检测点的多点 I/O 卡件可冗余配置。

3) 根据需要，对重要的 I/O 信号，可选用二重化或三重化的 I/O 接口单元。

(6) 经济性的考虑。

选择 PLC 时，应考虑性价比。考虑经济性时，应同时考虑应用的可扩展性、可操作性、投入产出比等因素，进行比较和兼顾，最终选出较满意的产品。

I/O 点数对价格有直接影响，每增加一块 I/O 模块，就需增加一定的费用。当 I/O 点数增加到某一数值后，相应的存储器容量、机架、母板等也要增加，因此，I/O 点数的增加对 CPU 选用、存储器容量、控制功能范围等选择都有影响。在估算和选用时，应充分考虑，使整个控制系统有较合理的性价比。

## 22.6.2 段码指令

要点亮 7 段显示器中的各个段，可以使用段码(SEG)指令，如图 22-52 所示。SEG 指令可转换输入 (IN) 指定的字符(字节)，以生成位模式(字节)，并将其存入分配给输出(OUT)的地址处。

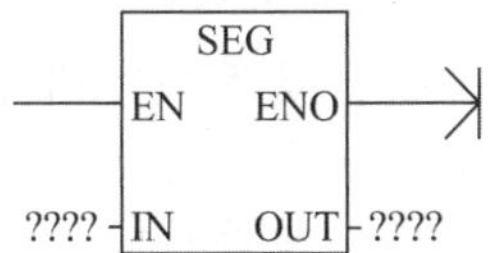


**图 22-52 SEG 指令**

点亮的段表示输入字节最低有效位中的字符。图 22-53 显示了 SEG 指令使用的 7 段显示器的编码。

| (IN) LSD | 分段显示 | (OUT) - gfe dcba |
|---|---|---|
| 1 | 0 | 0011 1111 |
| 2 | 1 | 0000 0110 |
| 3 | 2 | 0101 1011 |
| 4 | 3 | 0100 1111 |
| 5 | 4 | 0110 0110 |
| 6 | 5 | 0110 1101 |
| 7 | 6 | 0111 1101 |
| 8 | 7 | 0000 0111 |

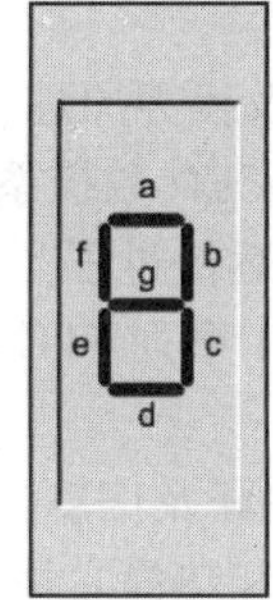


| (IN) LSD | 分段显示 | (OUT) - gfe dcba |
|---|---|---|
| 8 | 8 | 0111 1111 |
| 9 | 9 | 0110 0111 |
| A | A | 0111 0111 |
| B | b | 0111 1100 |
| C | C | 0011 1001 |
| D | d | 0101 1110 |
| E | E | 0111 1001 |
| F | F | 0111 0001 |

**图 22-53 SEG 指令使用的 7 段显示器的编码**

在图 22-54 所示的示例中，按下按钮，显示 5。此时 QB0=2#01101101，十进制数为 109。

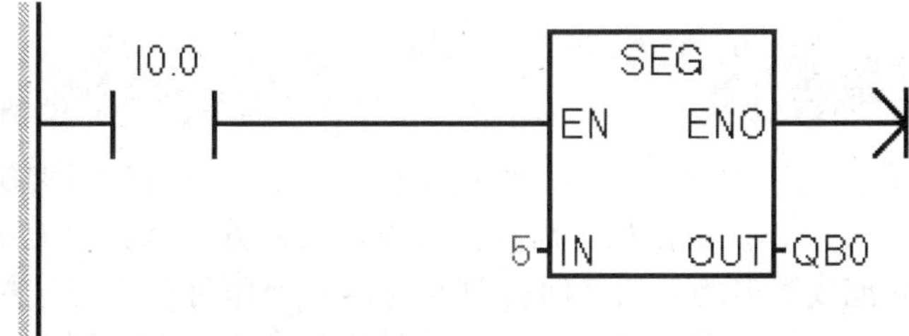


**图 22-54 SEG 指令示例**

# 项目 23

# 数控机床刀架综合控制系统的设计与调试

## 23.1 项目任务

了解数控机床四工位换刀控制原理，熟悉数控机床 PLC 程序设计的基本规则，了解 PLC 与 CNC(Computer Numerical Control，计算机数控)之间、PLC 与数控机床间的信号接口，掌握数控机床 PLC 程序设计的方法，培养数控技术人员的素养和职业精神。

## 23.2 项目目标

(1)掌握数控机床换刀系统的组成及换刀原理。

(2)了解 SINUMERIK 808D ADVANCED 数控系统的组成及连接。

(3)明白数控机床中 PLC 的原理及运行过程。

(4)能运用学习过的 S7-200 SMART 系列 PLC 的设计过程和设计方法，能总结数控机床 PLC 程序设计规律及方法。

(5)明白 CNC 与数控机床 PLC 的关联及信息交换过程。

(6)具有 PLC 程序设计的职业认同和热爱之情。

(7)形成精益求精的工匠精神。

## 23.3 项目描述

回转刀架是在数控机床中最常用的一种典型换刀刀架，它通过刀架旋转分度定位来实现数控机床的自动换刀动作。根据加工需求，可设计成四方、六方刀架或圆盘式刀架，并相应地安装 4 把、6 把或更多的刀架。回转刀架的换刀动作可分为刀架抬起、刀架转位和刀架锁紧等几个步骤。它的动作是通过数控系统发出指令完成的。回转刀架根据刀架回转轴与安装底面的相对位置，分为立式刀架和卧式刀架两种。图 23-1 为四工位卧式回转刀架及霍尔元件。

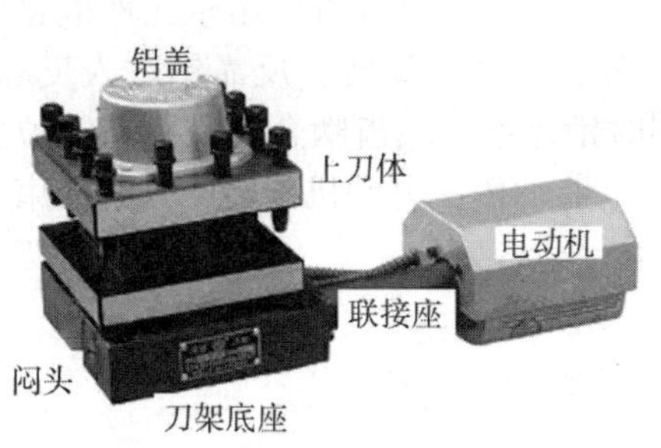

图 23-1 四工位卧式回转刀架及霍尔元件

## 23.4 项目分析

### 23.4.1 四工位立式回转刀架的结构组成

四工位立式回转刀架如图 23-2 所示，其主要由上盖、中轴、蜗轮、蜗杆、霍尔元件、联轴器及电动机等组成。其中，电动机是动力装置，蜗轮、蜗杆以及联轴器等零件构成刀架的传动装置，上刀体等是执行装置，霍尔元件是反馈元件，其他元件是辅助装置。

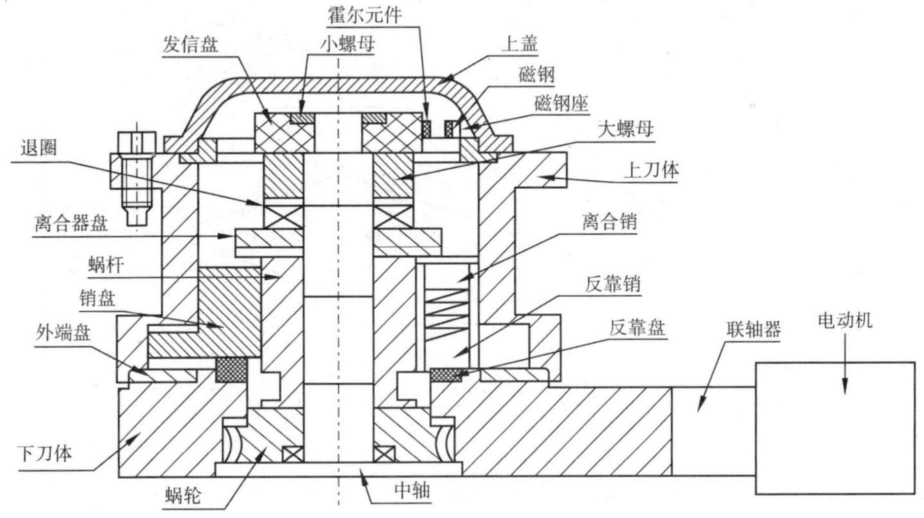


图 23-2 四工位立式回转刀架

### 23.4.2 数控系统控制四工位立式回转刀架工作过程

在自动换刀模式和 MDA 模式下，T 指令启动换刀动作。在 JOG 模式下，短按数控机床操作面板上的换刀键，可使刀架转一个刀位。按下数控机床操作面板上的换刀键或输入换刀指令后，数控系统给出换刀信号，PLC 控制继电器动作，电动机得到信号后正转，通过蜗杆、蜗轮将销盘上升至一定高度时，离合销进入离合器盘槽，离合器盘带动离合销，离合销带动销盘，销盘带动上刀体转位，当上刀体转到所需刀位时，霍尔元件电路发出到位信号，系统收到信号后发出电动机反转延时信号，电动机反转，反靠销进入反靠盘槽，离合销从离合器盘中拔出，刀架完成粗定位。同时销盘下降端齿啮合，完成精定位，刀架锁紧。电动机反转到达PLC所设定的时间后，继电器动作，电动机停转，延时结束，换刀结束。四工位回转刀架控制流程图如图23-3所示。

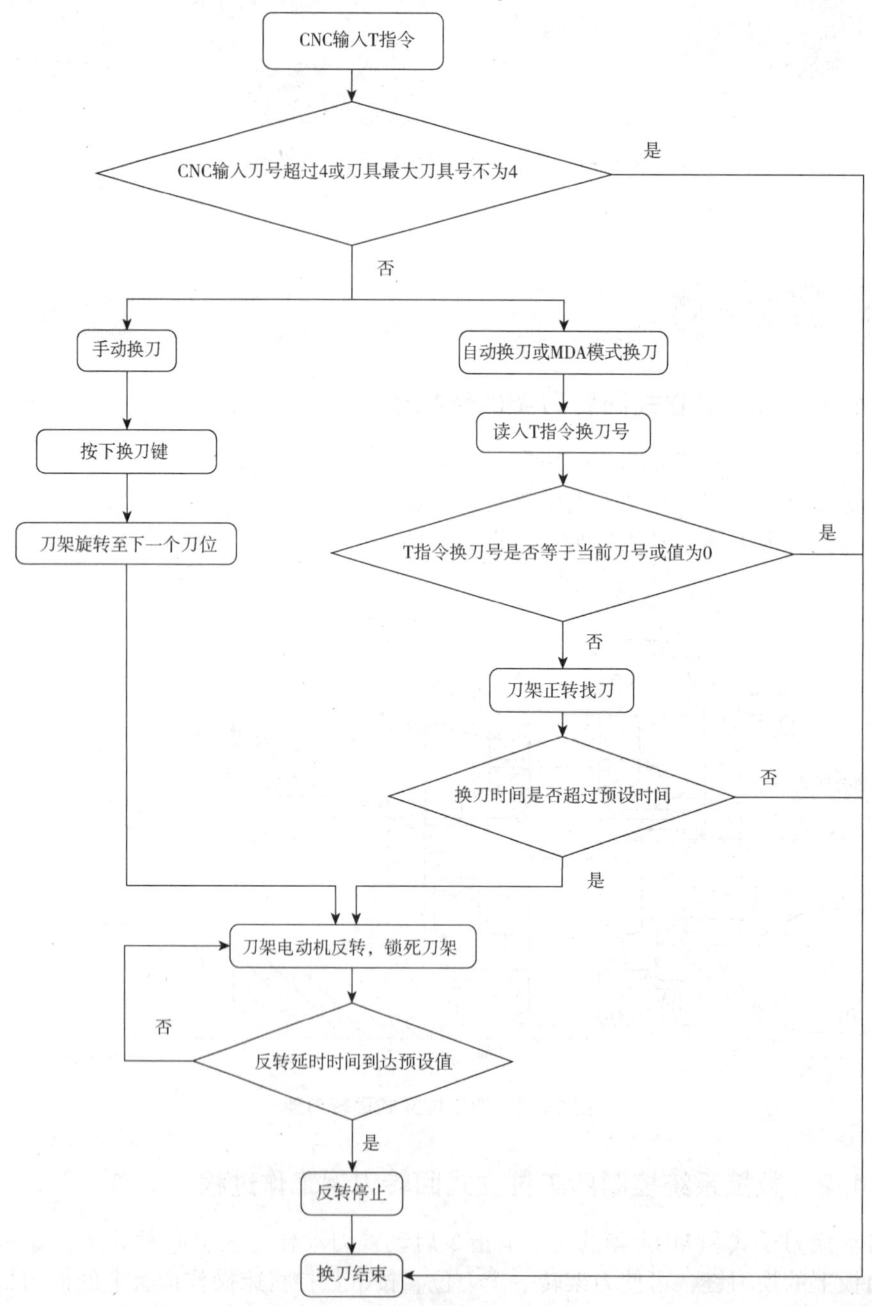


**图23-3　四工位回转刀架控制流程图**

# 23.5 项目实施

## 23.5.1 硬件介绍

SINUMERIK 808D ADVANCED 数控系统的 PPU(Panel Processing Unit，面板处理单元)连接示意图的水平版 MCP(Machine Control Panel，机床控制面板)布局如图 23-4 所示。

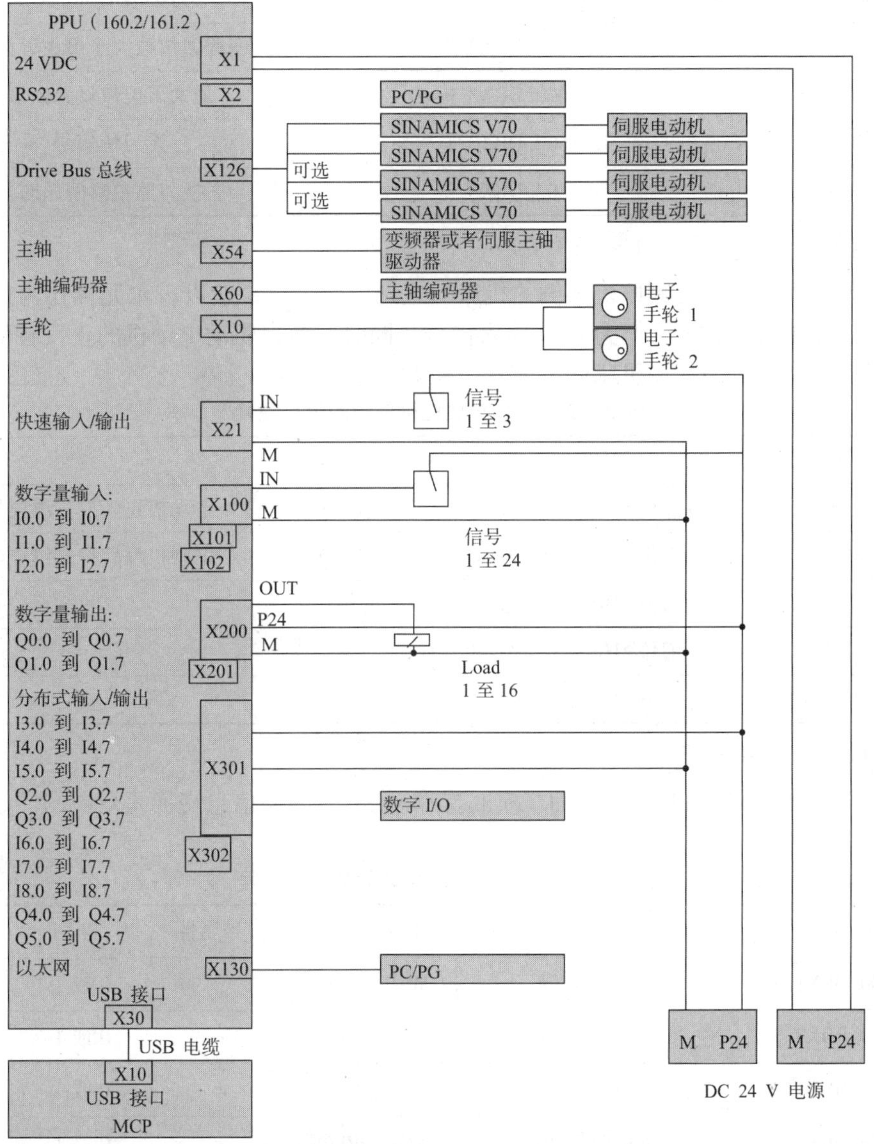


**图 23-4 PPU 连接示意图(水平版 MCP 布局)**

此处需用到 X101 作为数控机床侧霍尔元件输入端，X201 作为换刀电动机的输出控制端。

## 23.5.2 换刀相关信号

1. 用户报警信息

该换刀程序会输出 5 个用户报警信息，如表 23-1 所示。

**表 23-1 用户报警信息表**

| 报警号 | PLC 地址 | 报警文本 |
| --- | --- | --- |
| 700022 | DB1600. DBX2. 6 | 刀架电动机过载 |
| 700023 | DB1600. DBX2. 7 | 编程刀位数大于最大刀位数 |
| 700024 | DB1600. DBX3. 0 | 最大刀位数设置错误 |
| 700025 | DB1600. DBX3. 1 | 无刀位信号 |
| 700026 | DB1600. DBX3. 2 | 换刀监控时间超时 |

2. 用户与机床间的 I/O 地址分配

在换刀过程中，需要数控机床侧的机床刀位到位信号，一般以霍尔元件作为该部分的传感器将信号传递到 PLC，作为 PLC 输入信号。同时，换刀驱动电动机的正反转信号作为 PLC 输出信号。PLC 与数控机床侧的信号交换如表 23-2 所示。

**表 23-2 PLC 与数控机床侧的信号交换**

| 输入地址 | 说明 | 输出地址 | 说明 |
| --- | --- | --- | --- |
| I1. 2 | 1 号刀位到位检测信号 | Q1. 0 | 电动机正转控制继电器线圈 |
| I1. 3 | 2 号刀位到位检测信号 | Q1. 1 | 电动机反转控制继电器线圈 |
| I1. 4 | 3 号刀位到位检测信号 | — | — |
| I1. 5 | 4 号刀位到位检测信号 | — | — |
| I1. 6 | 热继电器 | — | — |

3. PLC 与 NCK 之间的接口信息

PLC 与 NCK(NC Realtime Kemal，实时操作系统)之间的信息交换是双向的，接口信号如表 23-3 所示。

**表 23-3 PLC 与 NCK 之间的接口信号**

| PLC 接口 | 功能 | 信号流向 | 信号属性 | 范围 | 单位 |
| --- | --- | --- | --- | --- | --- |
| DB1000. DBX1. 3 | MCP 换刀键 | MCP→PLC | r | 0 或 1 | — |
| DB1000. DBX3. 3 | MCP 复位键 | MCP→PLC | r | 0 或 1 | — |
| DB1100. DBX1. 3 | MCP 换刀键灯 | PLC→MCP | w | 0 或 1 | — |
| DB2500. DBX8. 0 | T 指令更改 | NCK→PLC | r | 0 或 1 | — |
| DB2500. DBD2000 | T 指令 | NCK→PLC | r | 0 或 1 | — |

续表

| PLC 接口 | 功能 | 信号流向 | 信号属性 | 范围 | 单位 |
|---|---|---|---|---|---|
| DB2700. DBX0. 1 | 急停 | NCK→PLC | r | 0 或 1 | — |
| DB3100. DBX0. 0 | 自动模式 | NCK→PLC | r | 0 或 1 | — |
| DB3100. DBX0. 1 | MDA 模式 | NCK→PLC | r | 0 或 1 | — |
| DB3100. DBX0. 2 | JOG 模式 | NCK→PLC | r | 0 或 1 | — |
| DB3100. DBX1. 2 | REF 方式(回零方式) | NCK→PLC | r | 0 或 1 | — |
| DB3200. DBX6. 0 | 禁止进给 | PLC→NCK | w | 0 或 1 | — |
| DB3200. DBX6. 1 | 读入禁止 | PLC→NCK | w | 0 或 1 | — |
| DB3300. DBX1. 7 | 程序测试有效 | NCK→PLC | r | 0 或 1 | — |
| DB4500. DBW40 | 最大刀位数 | NCK→PLC | r | 2~64 | — |
| DB4500. DBW42 | 刀架锁紧时间 | NCK→PLC | r | 5~30 | 0. 1s |
| DB4500. DBW44 | 找刀监控时间 | NCK→PLC | r | 30~300 | 0. 1s |
| DB4500. DBX1017. 0 | 霍尔刀架 | NCK→PLC | r | 0 或 1 | — |

## 23. 5. 3 电气原理图及接线图

主电路的电气原理图如图 23-5 所示，接线图如图 23-6 所示。

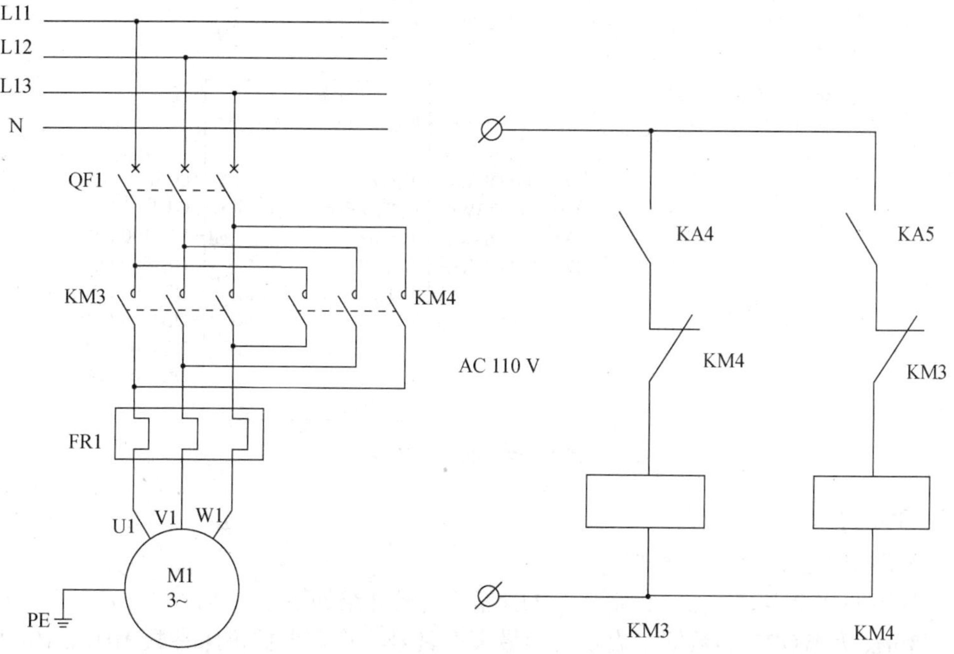


图 23-5 主电路的电气原理图

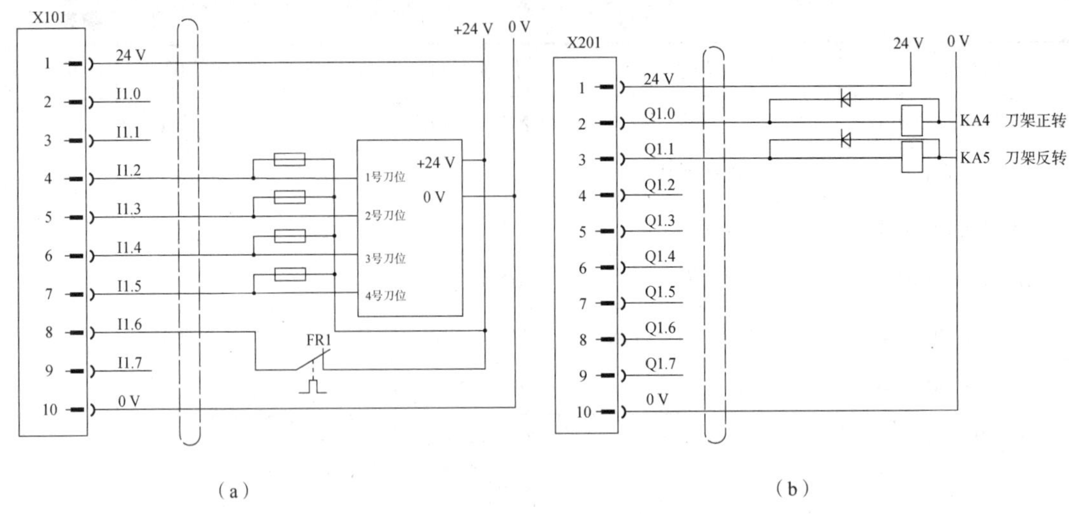


**图 23-6 接线图**

(a)输入接线图；(b)输出接线图

## 23. 5. 4 PLC 程序

该项目以调用子程序的方式完成。

1. 主程序

当数控机床参数 MD14512[17]第 0 位被置为 1 时，接口信号 DB4500. DBX1017. 0 = 1，此时主程序调用换刀子程序条件满足，从而调用子程序，如图 23-7 所示。

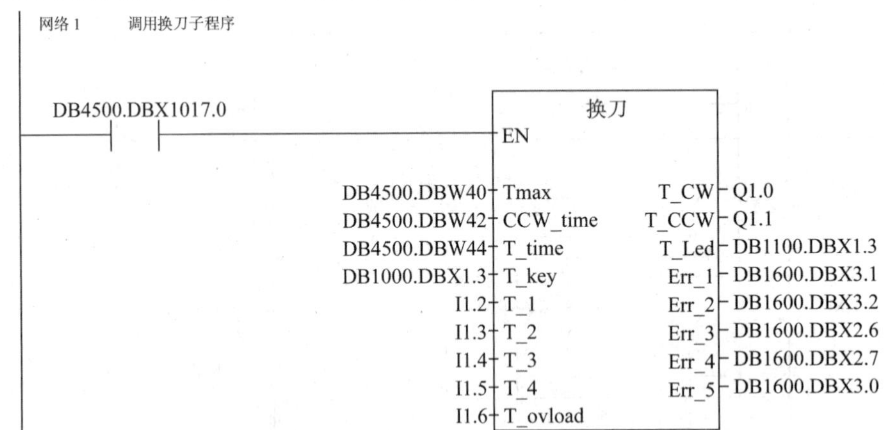


**图 23-7 调用子程序**

2. 子程序

(1)子程序变量。

子程序的变量表如表 23-4 所示，其中部分变量介绍如下。

1)Tmax 为 WORD 型数据，表示刀架最大刀具号。将在数控机床参数 MD14510[20]中输入的最大刀具号数值，通过对应关联的接口数据 DB4500. DBW40 赋值给换刀子程序的 Tmax 参数。

2)CCW_time 为 WORD 型数据，表示刀架反转锁紧时间，单位为 0.1 s。将在数控机床参数 MD14510[21]中输入的刀架反转紧锁时间数值，通过对应关联的接口数据 DB4500. DBW42 赋值给换刀子程序的 CCW_time 参数。

3)T_time 为 WORD 型数据，表示找刀监控时间，单位为 0.1 s。将在数控机床参数 MD14510[22]中输入的找刀监控时间数值，通过对应关联的接口数据 DB4500. DBW44 赋值给换刀子程序的 T_time 参数。

4)T_key 为 BOOL 型数据，表示手动换刀键(触发信号)。将对应的换刀按键通过地址 DB1000. DBX1. 3 连接到换刀子程序 T_key，当该按键被按下时，T_key=1。

5)T_01、T_02 为 BOOL 型数据，表示刀位信号(低电平有效)。数控机床换刀所用霍尔传感器通过 I1. 2~I1. 5 连接到子程序，当刀架转到某一工位时，对应位为 1，并输入到相应的 T_#参数。

6)T_ovload 为 BOOL 型数据，表示刀架电动机过载。将热继电器常闭触点连接到 I1. 6，当刀架电动机没有发生过载时，其常闭触点闭合，此时 I1. 6=1；当刀架电动机发生过载时，其常闭触点断开，此时 I1. 6=0，并输入到子程序 T_ovload 参数。

7)T_CW 为 BOOL 型数据，当输出为 1 时，给 Q1. 0 赋值为 1，接通 KA4 线圈，KA4 常开触点闭合，接通 KM3 线圈，KM3 主触点闭合，从而使刀架电动机正转。

8)T_CCW 为 BOOL 型数据，当输出为 1 时，给 Q1. 0 赋值为 1，接通 KA5 线圈，KA5 常开触点闭合，接通 KM4 线圈，KM4 主触点闭合，从而使刀架电动机反转。

9)T_Led 为 BOOL 型数据，在换刀阶段，该变量输出为 1，点亮 MCP 对应的指示灯。

10)Err_1~Err_5，为 BOOL 型数据，为换刀子程序输出的 5 个报警变量，当其对应变量输出为 1 时，会给对应的 PLC 地址赋值，从而激活相应的报警号，详细信息如表 23-4 所示。

**表 23-4　子程序的变量表**

| 地址 | 名称 | 变量类型 | 数据类型 | 说明 |
|---|---|---|---|---|
| LW0 | Tmax | IN | WORD | 刀架最大刀具号 |
| LW2 | CCW_time | IN | WORD | 刀架反转锁紧时间 |
| LW4 | T_time | IN | WORD | 找刀监控时间 |
| L6. 0 | T_key | IN | BOOL | 手动换刀键(触发信号) |
| L6. 1 | T_01 | IN | BOOL | 1 号刀位到位信号 |
| L6. 2 | T_02 | IN | BOOL | 2 号刀位到位信号 |
| L6. 3 | T_key | IN | BOOL | 3 号刀位到位信号 |
| L6. 4 | T_key | IN | BOOL | 4 号刀位到位信号 |
| L6. 5 | T_ovload | IN | BOOL | 刀架电动机过载 |

续表

| 地址 | 名称 | 变量类型 | 数据类型 | 说明 |
|---|---|---|---|---|
| L6.6 | T_CW | OUT | BOOL | 刀架电动机正转找刀 |
| L6.7 | T_CCW | OUT | BOOL | 刀架电动机反转锁死 |
| L7.0 | T_Led | OUT | BOOL | 换刀过程无刀位检测信号 |
| L7.1 | Err_1 | OUT | BOOL | 刀架无刀位检测信号 |
| L7.2 | Err_2 | OUT | BOOL | 换刀超时 |
| L7.3 | Err_3 | OUT | BOOL | 刀架电动机过载 |
| L7.4 | Err_4 | OUT | BOOL | 输入刀号超过最大刀具数 |
| L7.5 | Err_5 | OUT | BOOL | 刀具最大刀具号设置错误 |
| L7.6 | T_Rote | TEMP | BOOL | 刀架待回转信号 |
| L7.7 | T_Pos | TEMP | BOOL | 编程换刀刀架到位信号标志 |
| L8.0 | T_Notool | TEMP | BOOL | 检测不到刀位信号 |
| L8.1 | CW_flag | TEMP | BOOL | 正转标志位 |
| L8.2 | CCW_flag | TEMP | BOOL | 反转标志位 |
| L8.3 | T_Nopos | TEMP | BOOL | 刀未在刀位 |
| L8.4 | Feed_lock | TEMP | BOOL | 进给互锁标志 |
| L8.5 | T_0 | TEMP | BOOL | 输入刀号为零标志 |
| L8.6 | CW_delay | TEMP | BOOL | 找刀超时标志位 |
| L8.7 | Auto_flag | TEMP | BOOL | 编程模式标志位 |
| L9.0 | Key_flag | TEMP | BOOL | 手动模式标志位 |
| L9.1 | K_Pos | TEMP | BOOL | 手动换刀到位信号标志 |
| L9.2 | ccw_delayf | TEMP | BOOL | 反转延时标志位 |
| LD12 | CNC_NO | TEMP | DINT | 指令换刀号存储 |
| LD16 | T_NO | TEMP | DINT | 当前刀号存储地址 |
| LD20 | Max_NO | TEMP | DINT | 刀具最大数存储地址 |
| LD24 | Buffer | TEMP | DINT | 临时存储空间 |

(2)子程序分析。

网络 1 程序如图 23-8 所示。该程序主要用于刀位检测，在此，刀位检测传感器为霍尔传感器。为便于转换与运算，将刀位检测信号转换为数值。由于 SINUMERIK 808D ADVANCED 系统的 CNC 输入的 T 指令的接口信号为 DINT 型，因此需要将检测到的当前刀位信号转换为 DINT 型，通过累加器可以进行转换，最终将刀位信号存于 LD16 地址中。

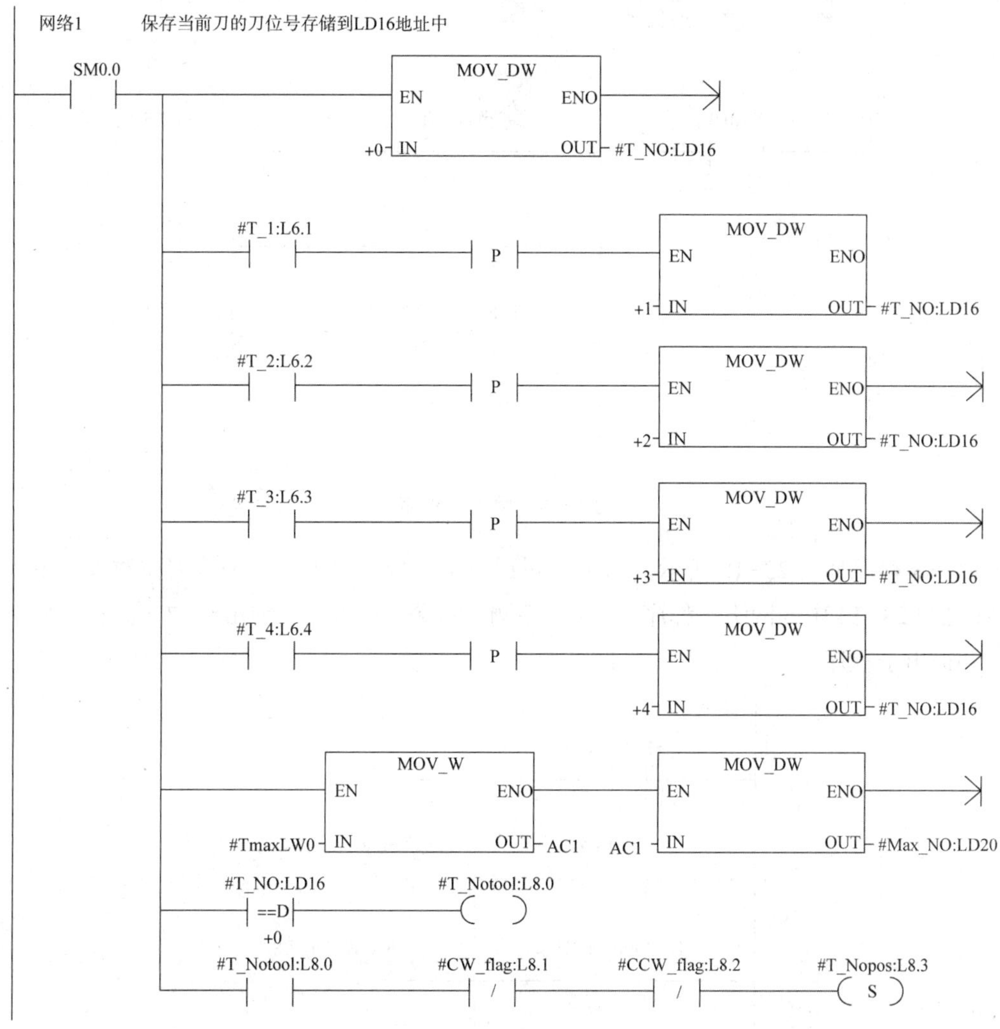


图 23-8　网络 1 程序

数控机床参数 MD14510(DB4500. DBW0～DB4500. DBW62)数据类型为 WORD 型，即需将 Tmax 数据转换成 DINT 型，并存入 LD20 中。

网络 2 程序如图 23-9 所示。结合网络 1 程序，当刀位检测信号为 0，并且刀静止时，Err_1=1，激活 70025 报警号，提示无刀位信号。当程序机床参数 MD14510[21]设定值不为 4 时，Err_5=1，激活 70024 报警号，提示最大刀位数设置错误。当刀架电动机过载，热继电器常闭触点断开时，I1. 6=0，Err_3 输出为 1，激活 70022 报警号，提示刀架电动机过载。在网络 10 程序(图 23-17)中，当数控机床参数 MD14510[22]设定的数据通过 T_time 作为定时器 T2 的设定值时，T2 的时基为 100 ms，定时时间为 MD14510[22]×0. 1 s，当超过该定时时间时，L8. 6=1，从而令网络 2 程序 Err_2=1，激活 70026 报警号，提示换刀监控时间超时。

网络 2　　报警信息输出1

SM0.0　#TmaxLW0　#Err_5:L7.5
<>I
+4
#T_ovload:L6.5　#Err_3:L7.3
/
#T_Nopos:L8.3　#Err_1:L7.1
#CW_delayL8.6　#Err_2:L7.2

**图 23-9　网络 2 程序**

网络 3 程序如图 23-10 所示。当未检测到刀位信号，或 T 指令输入刀位数大于最大刀位数(见图 23-14 中的网络 7 程序)，或程序测试有效时(DB3300. DBX1. 7＝1)，需停止换刀，并退出子程序。

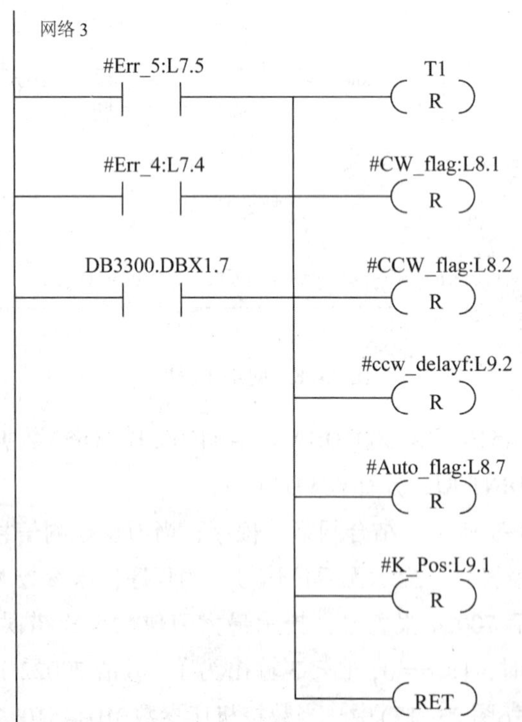


**图 23-10　网络 3 程序**

网络 4 程序如图 23-11 所示。单击 MCP“复位键”(DB1000. DBX3. 3＝1)，并且在检测到刀位时，解除 70025 报警号。

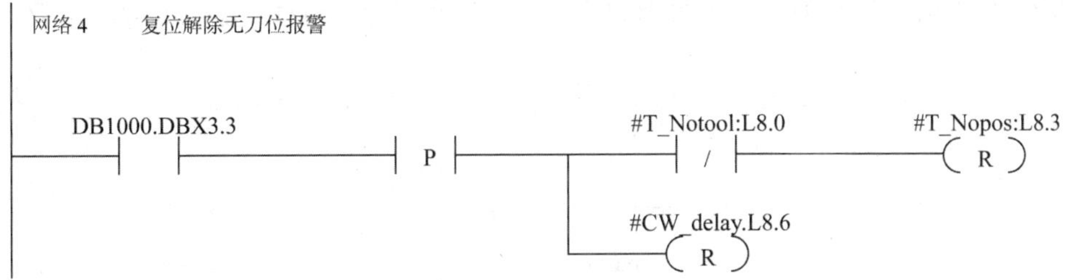


图 23-11　网络 4 程序

网络 5 程序如图 23-12 所示。当选择 JOG 模式(DB3100. DBX0. 2=1)，且不处于急停状态(DB2700. DBX0. 1=0)及 REF 方式(DB3100. DBX1. 2=0)时，刀静止且自动换刀不起作用(Auto_flag=0)，此时触发手动模式，刀架电动机正转启动，并且当前刀位自动加 1 位后，存于临时存储空间 LD24 中。

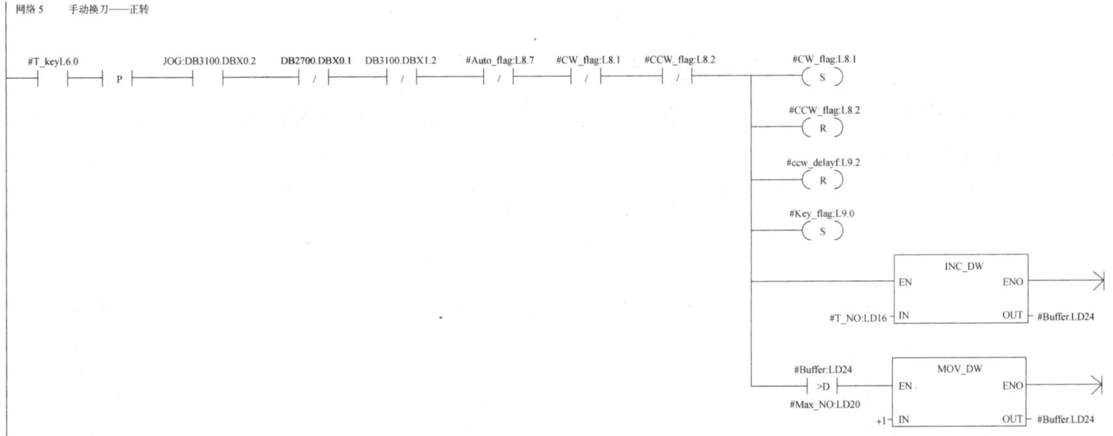


图 23-12　网络 5 程序

网络 6 程序如图 23-13 所示。在 JOG 模式下，当前刀位转过一位刀位后，当前刀位号加 1，若此时刀位号与 LD24 中存储的刀位号相同，则手动换刀到位，正转停止，并且激活 L9. 2，按照网络 11 程序(图 23-18)进行反向刀架电动机反转锁死控制。

网络 6　手动换刀——反转
JOG:DB3100.DBX0.2　DB3100.DBX1.2　#Key_flag:L9.0　#T_Notool:L8.0　#T_NO:LD16　#K_Pos:L9.1
==D
#Buffer:LD24
#K_Pos:L9.1　P　#CW_flag:L8.1　#CW_flag:L8.1 R
#CCW_flag:L8.2 S
#ccw_delayf:L9.2 S

图 23-13　网络 6 程序

网络 7 程序如图 23-14 所示。当 CNC 输出 T 指令时，DB2500. DBX0008. 0=1，代表 T 指令更改有效，并将存于 DB2500. DBD2000 接口数据中，T 指令换刀刀号数据存于 LD12

中。当 CNC 输出 T 指令刀号大于最大刀号时，激活报警号 70023，提示编程刀位数大于最大刀位数。

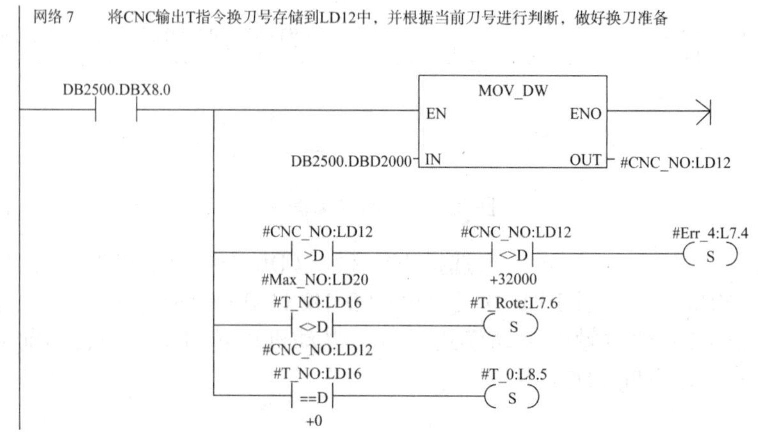


**图 23-14　网络 7 程序**

网络 8 程序如图 23-15 所示。在自动换刀模式下(DB3100. DBX0. 0=1)或 MDA 模式下(DB3100. DBX0. 1=1)，手动换刀无效，T 指令刀号有效(不大于最大值且不等于 0)，并且当前刀号不等于 T 指令刀号时，自动换刀开始正转选刀。

网络 8　自动换刀输出换刀正转信号

DB2500.DBX8.0　DB3100.DBX0.1　#Key_flag:L9.0　#CW_flag:L8.1　#CCW_flag:L8.2　#T_Rote:L7.6　#T_0:L8.5　#CW_flag:L8.1 (S)

DB3100.DBX0.0　#CCW_flag:L8.2 (R)

#Auto_flag:L8.7 (S)

#ccw_delayf:L9.2 (R)

**图 23-15　网络 8 程序**

网络 9 程序如图 23-16 所示。在自动换刀模式下，刀架电动机正转，当当前刀位等于 T 指令刀位时，刀位找刀动作完成，并且停止正转，激活 L9. 2，按照网络 11 程序(图 23-18)进行反向刀架电动机反转锁死控制。

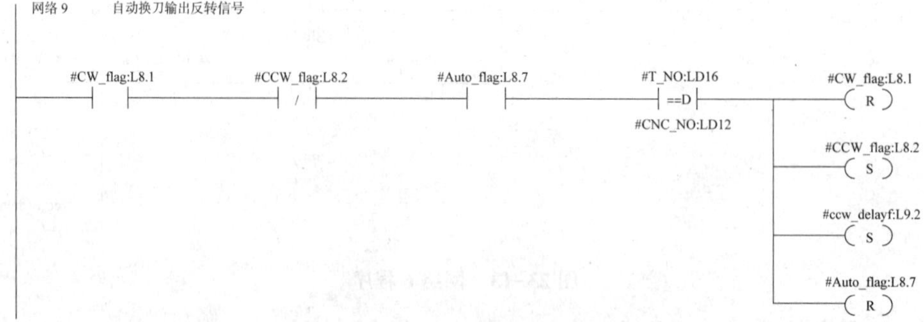


**图 23-16　网络 9 程序**

网络 10 程序如图 23-17 所示。在自动换刀模式下，正转选刀监控，数控机床参数 MD14510[22]中数值通过接口信号赋值给 LW4，将该数值作为定时器 T2 设定值，T2 的时基为 100 ms，此时定时时间为 0.1s×MD14510[22]。若实际换刀时间在此定时时间范围内，T2 位为 0，而刀架能转刀位(当前刀位=T 指令刀位)，可以顺利转到反转锁刀环节。若实际换刀时间比此定时时间长，那么会激活 L8.6 并报警，提示换刀监控时间超时(见图 23-9 中的网络 2 程序)，此时满足网络 13 程序(图 23-20)条件，停止换刀。

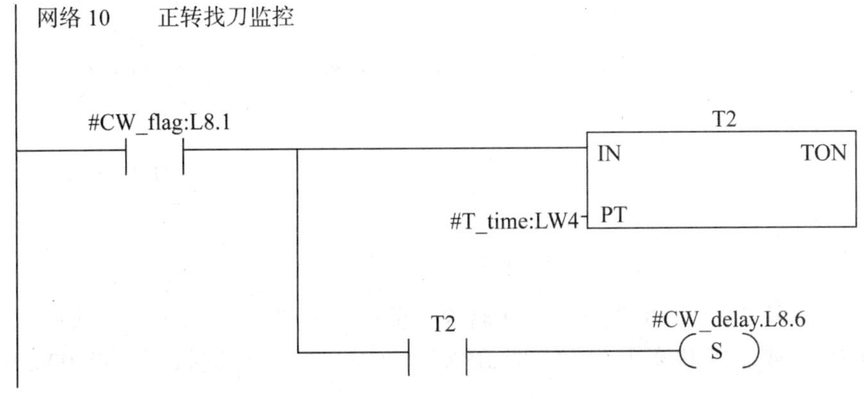


**图 23-17 网络 10 程序**

网络 11 程序如图 23-18 所示。手动换刀和自动换刀选刀结束后，都会转到该网络。数控机床参数 MD14510[21]中数据作为定时器 T1 的设定值，T1 的时基也为 100 ms，反转定时时间为 MD14510[21]×0.1 s，定时时间到，停止反转，换刀结束。

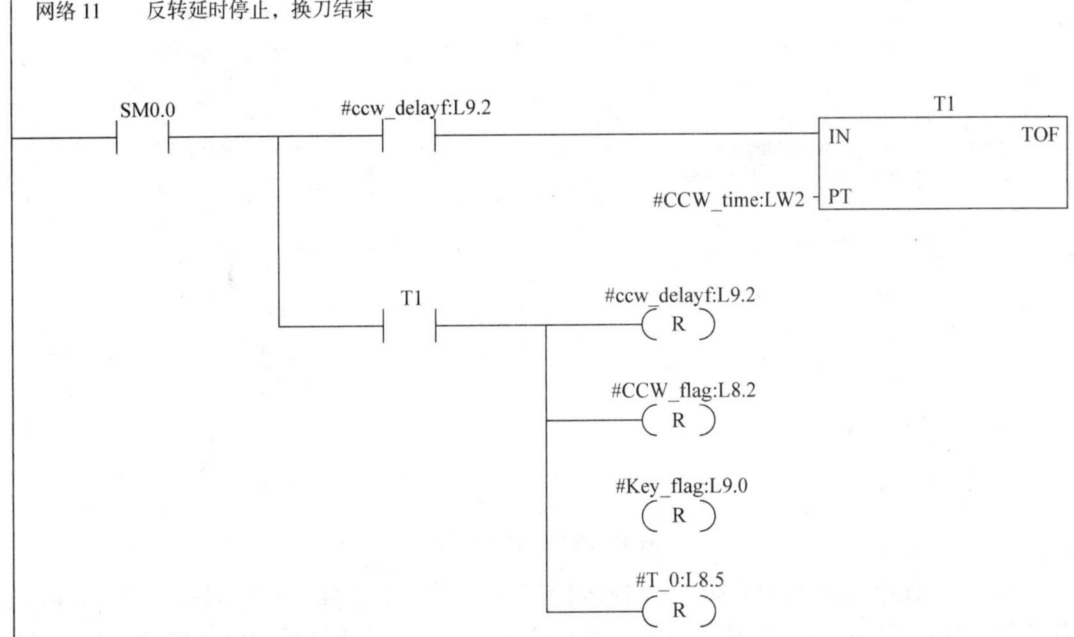


**图 23-18 网络 11 程序**

网络 12 程序如图 23-19 所示。将换刀信息通过输出接口输出，以实现刀架电动机控制。

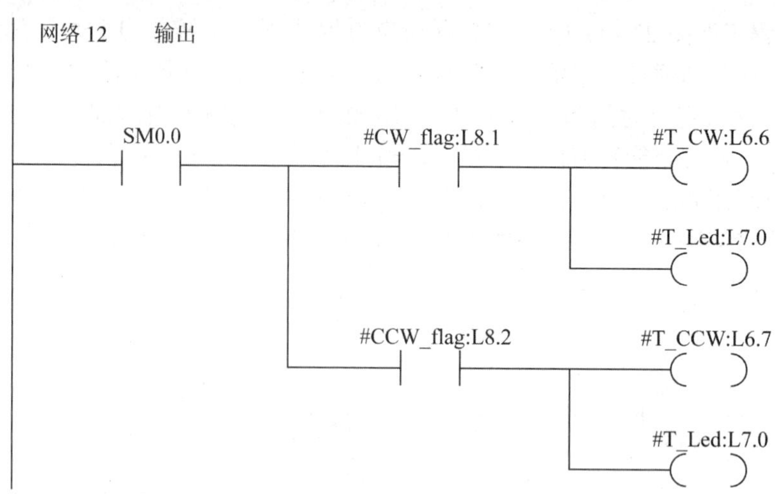


**图 23-19 网络 12 程序**

网络 13 程序如图 23-20 所示。当正转换刀监控时间超时(L8. 6=1)，或换刀电动机过载(L6. 5=0)，或急停状态下(DB2700. DBX0. 1=0)，或复位键按下(DB1000. DBX3. 3=1))时，结束换刀。

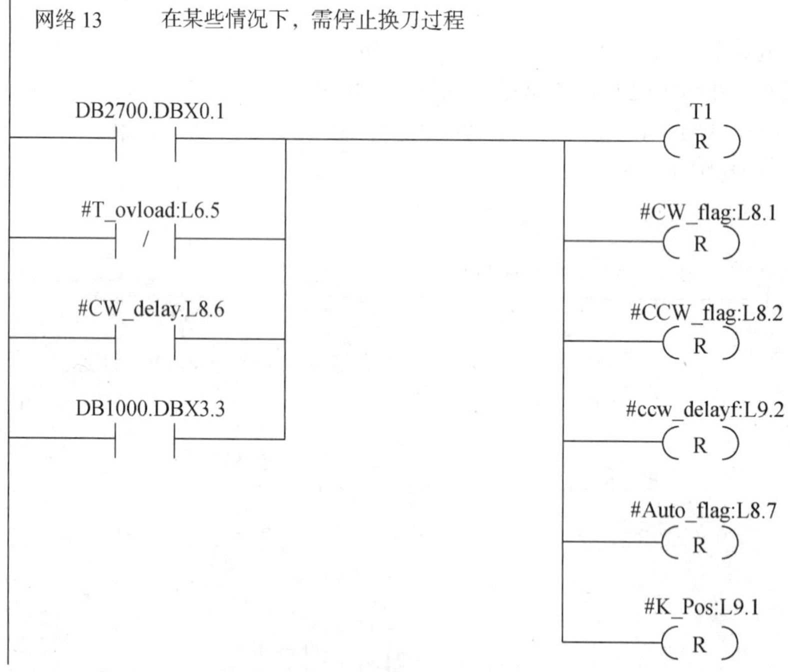


**图 23-20 网络 13 程序**

网络 14 程序如图 23-21 所示。当检测不到刀位，或正转选刀时间超时，或刀架电动机正转条件或反转信号满足时，为了起到保护作用，激活禁止进给(DB3200. DBX6. 0=1)和读入禁止(DB3200. DBX6. 1=1)功能，从而暂停程序运行。

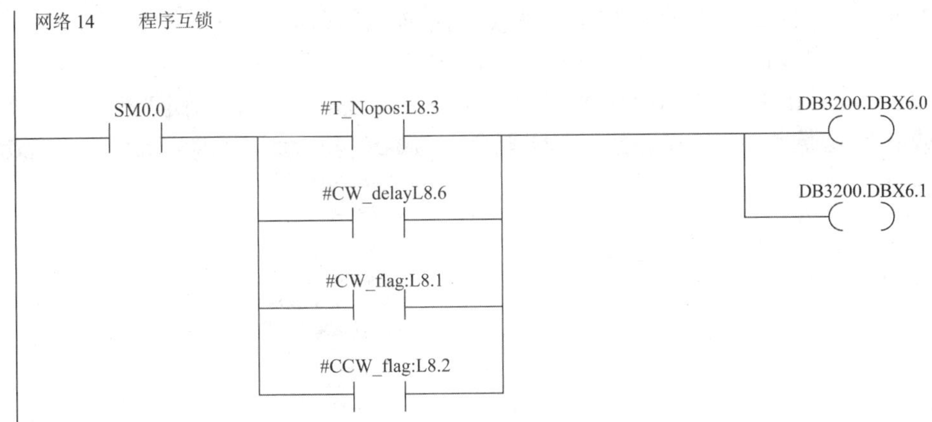


图 23-21　网络 14 程序

## 23. 5. 5　程序下载及调试

1. 计算机侧建立通信设置

(1)打开编程软件，如图 23-22 所示。

图 23-22　打开编程软件

(2)软件界面如图 23-23 所示。

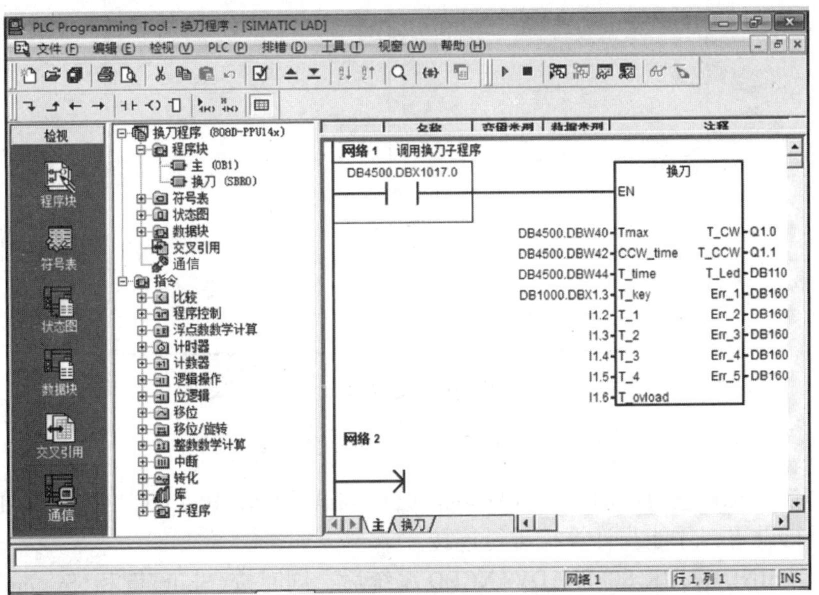


图 23-23　软件界面

(3)单击图 23-23 中“通信”按钮，进入“通信连接”界面，如图 23-24 所示。

(4)双击“TS Adapter 地址 0”，进入“设置 PG/PC 接口”界面，如图 23-25 所示，选择“TCP/IP->Intel(R)PRO/1000 MT Network Connection”选项，单击“确定”按钮。

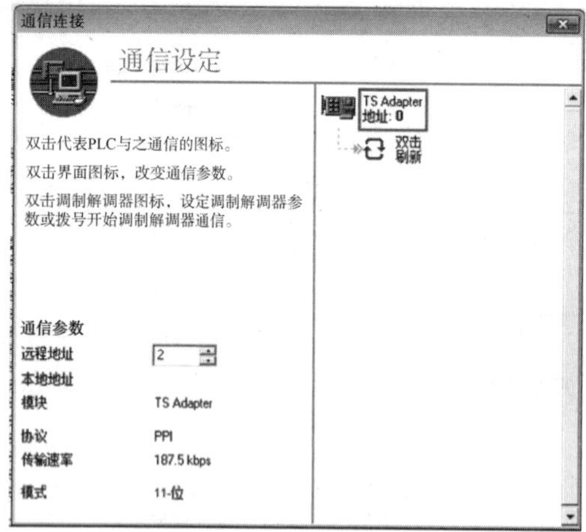


图 23-24 “通信连接”界面

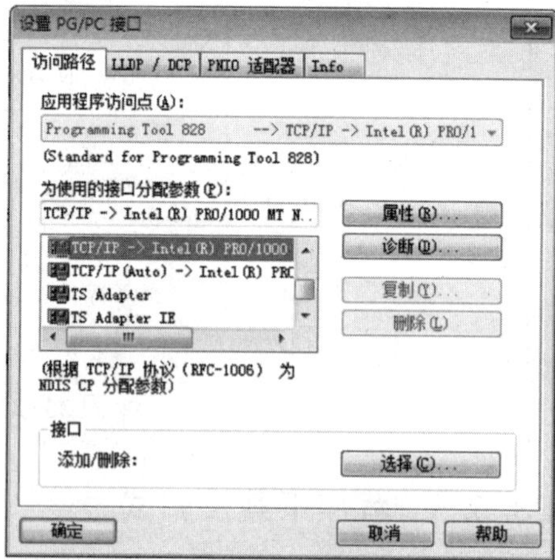


图 23-25 “设置 PG/PC 接口”界面

(5)在“远程地址”框中输入 SINUMERIK 808D ADVANCED 系统直接连接地址(169. 254. 11. 22)，双击右侧的“双击刷新”按钮，如图 23-26 所示。

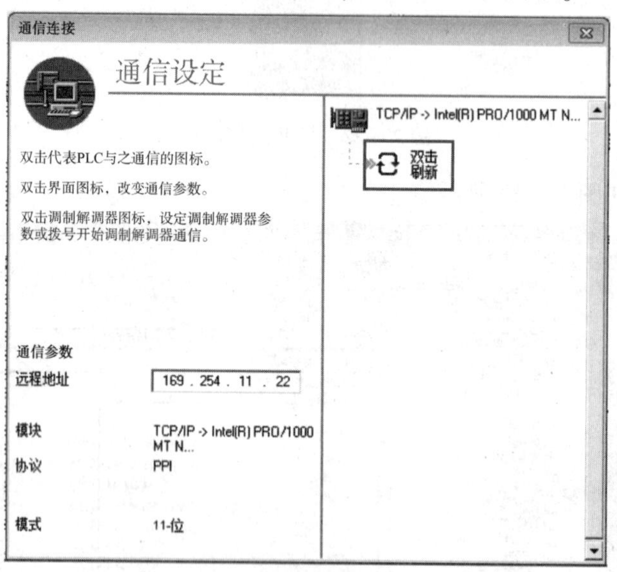


图 23-26 设定 IP 地址

2. CNC 侧建立通信设置

(1)SINUMERIK 808D ADVANCED 系统 PLC 调试接口由 RS232C 转换成 TCP/IP 网络，对系统要进行设置，才能与计算机进行连接。

(2)启动 SINUMERIK 808D ADVANCED 系统后，同时按〈Shift〉键和〈System〉键，出现图 23-27 所示“机床配置”界面。

（3）单击“>”按钮，出现图 23-28 所示界面。

（4）单击“服务显示”按钮，出现图 23-29 所示界面。

（5）单击“系统通信”按钮，出现图 23-30 所示界面。

（6）单击“防火墙配置”按钮，出现图 23-31 所示界面。

（7）勾选图中的 3 个复选框，单击“接收”按钮，出现图 23-32 所示界面，单击“直接连接”按钮。

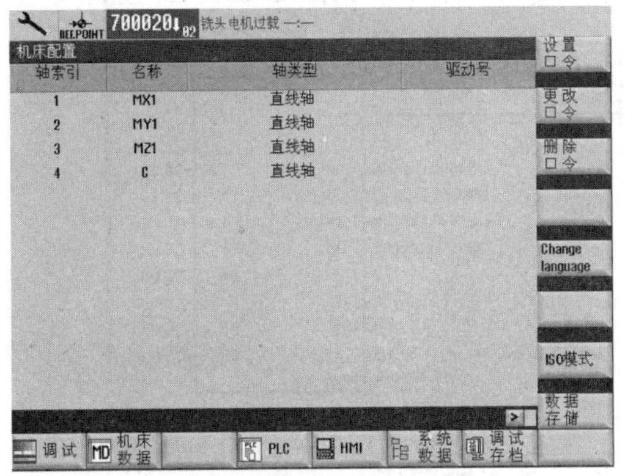

图 23-27 “机床配置”界面

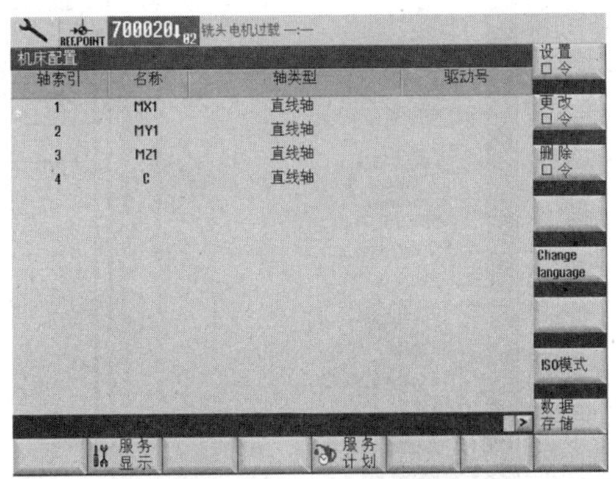

图 23-28 “服务显示”按钮界面

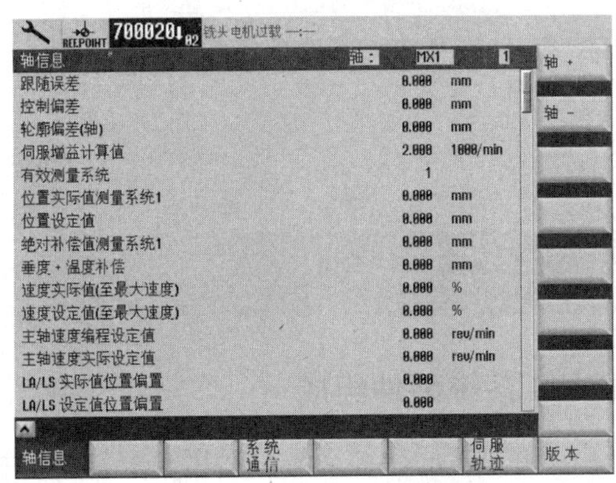

图 23-29 “轴信息”界面

图 23-30 “系统通信”界面

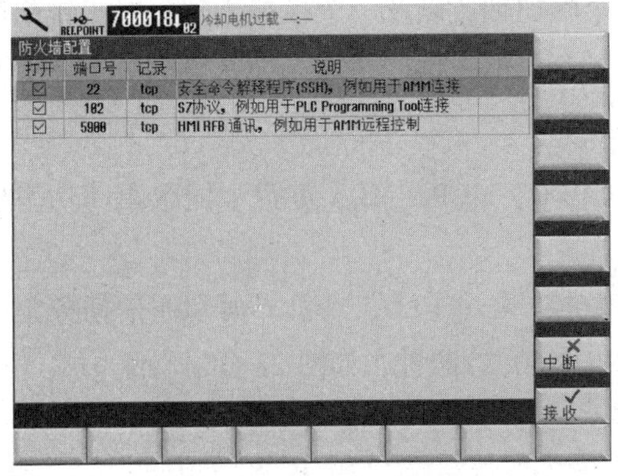

图 23-31 “防火墙配置”界面

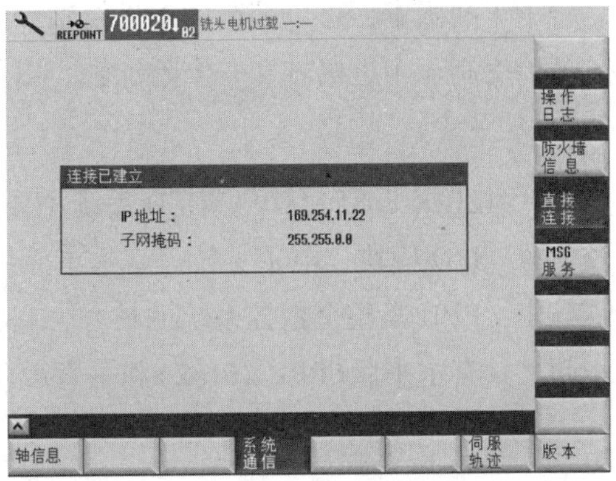

图 23-32 建立连接

3. 下载程序

打开 PLC 编程软件，在“文件”菜单中选择“下载”命令，下载程序，如图 23-33 所示。

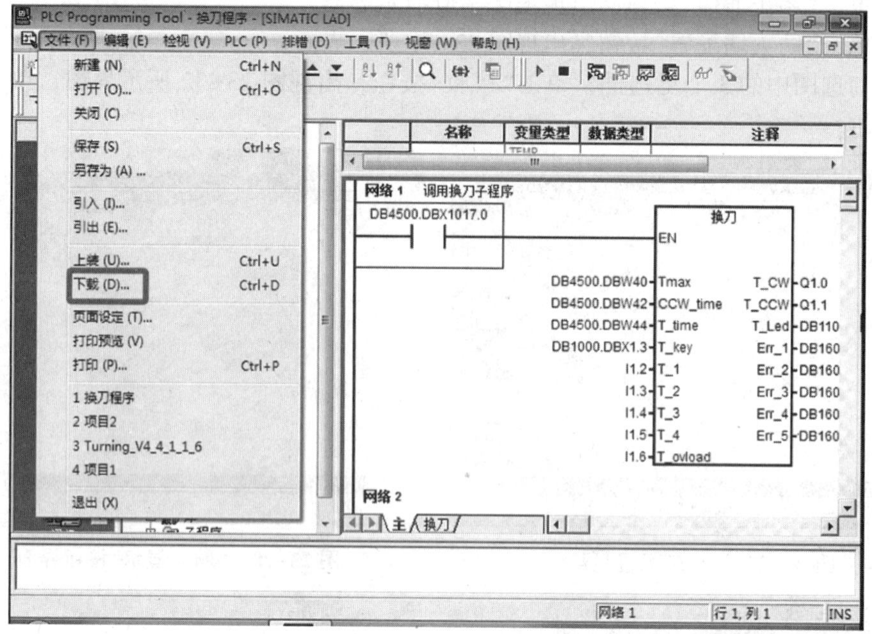

图 23-33　下载程序

## 23.6　预备知识

### 23.6.1　SINUMERIK 808D ADVANCED 系统硬件组成

SINUMERIK 808D ADVANCED 系统是西门子公司开发的数控系统，适用于经济型数控机床，常用于数控车床、数控铣床、加工中心、数控磨床等，具有车削和铣削两个配置版本。对于车削版本，可以控制两个进给轴和两个附加轴，以及一个模拟主轴；对于铣削版本，可以控制三个进给轴和一个附加轴，以及一个模拟主轴。

1. 数控单元

SINUMERIK 808D ADVANCED 系统主要由 PPU、MCP、MDA 键盘、伺服驱动功率模块及电源、I/O 模块、电子手轮等基本单元组成。

其中，PPU 是整个数控系统的核心，它将数控核心、PLC、人机界面和通信任务集成在一起，具有水平版(PPU 161.2)和垂直版(PPU 160.2)两种，如图 23-34 所示。

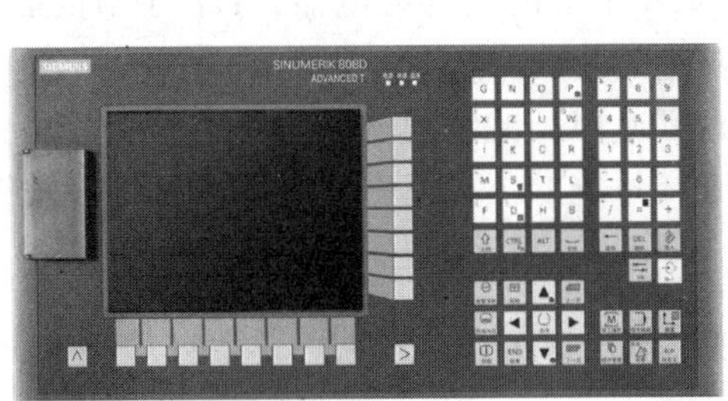
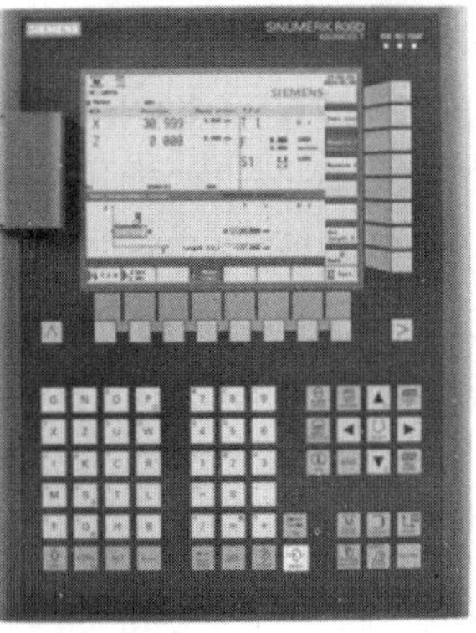

图 23-34　水平版和垂直版 PPU

2. MCP

MCP 也有水平版(用于 PPU 161.2)和垂直版(用于 PPU 160.2)两个版本，如图 23-35 所示。

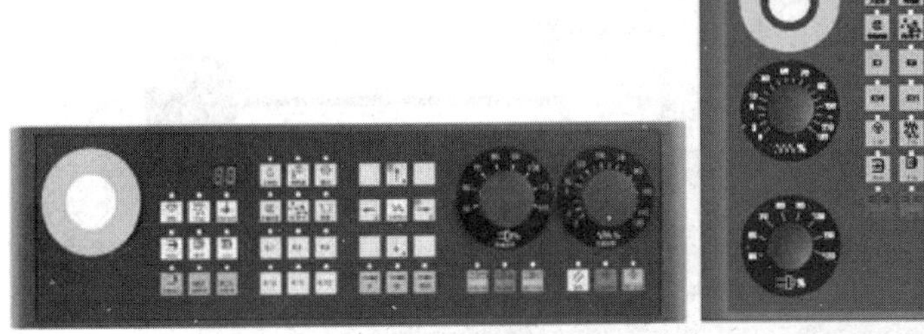

图 23-35　水平版和垂直版 MCP

3. 驱动系统

SINAMICS V70 伺服驱动系统由 SINAMICS V70 伺服驱动和 SIMOTICS S-1FL6 伺服电动机构成，如图 23-36 所示，通过 Drive Bus 总线接口与 SINUMERIK 808D ADVANCED 系统连接。

图 23-36　SINAMICS V70 伺服驱动系统

4. PLC

SINUMERIK 808D ADVANCED 系统的 CNC 集成有西门子 S7-200 系列 PLC，具有 72 个点的输入信号，48 个点的输出信号，256 字节的内部继电器，128 字节的非易失性存储器，128 个用户报警号，64 个定时器和 64 个计数器。

SINUMERIK 808D ADVANCED 系统集成 PLC 的编程软件为 PLC Programming Tool，该软件包含在 SINUMERIK 808D ADVANCED 系统的工具箱中，支持 Windows 操作系统。

5. 整体连接

SINUMERIK 808D ADVANCED 系统的整体连接示意图如图 23-37 所示。

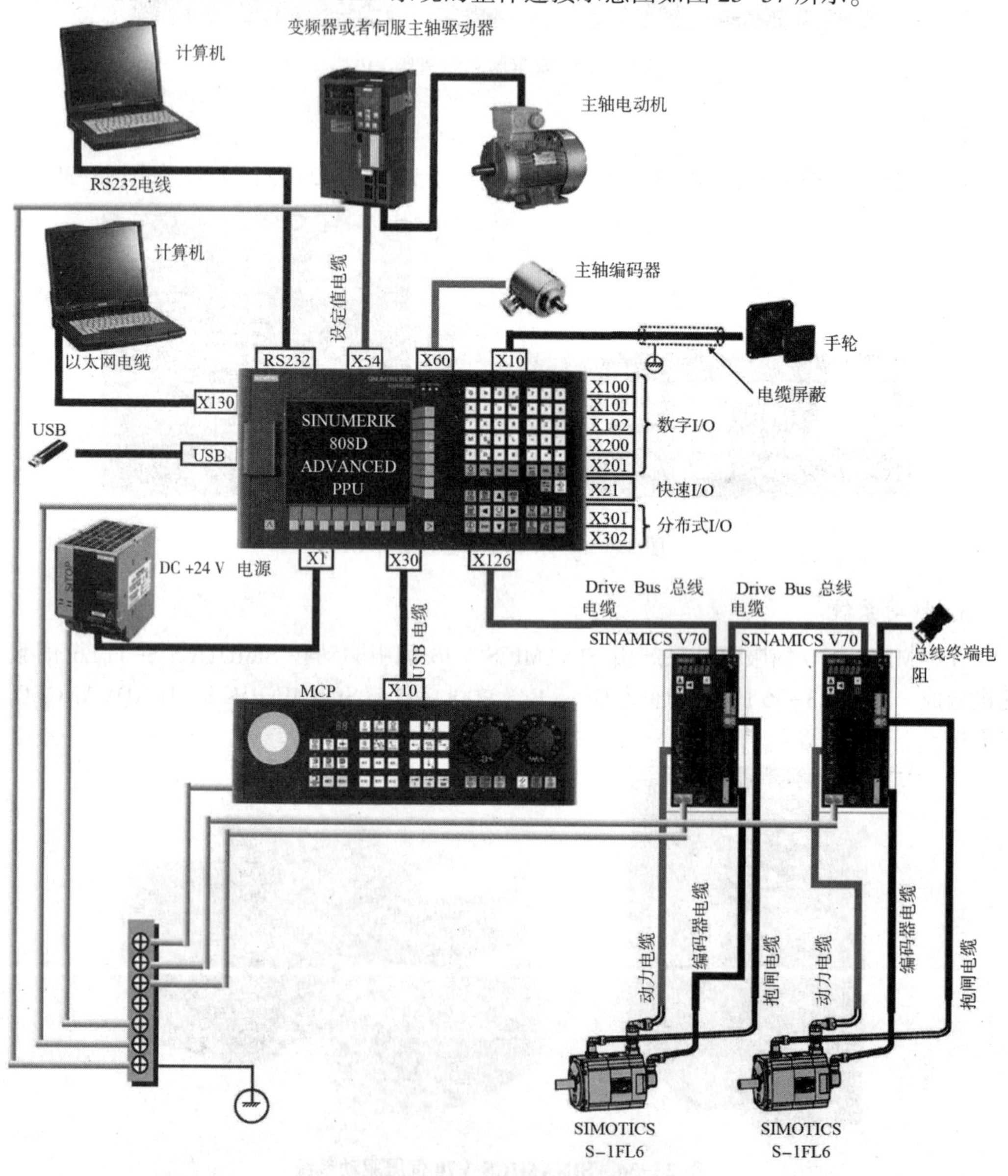


图 23-37 整体连接示意图

## 23.6.2 PPU 接口概览

PPU 的接口如图 23-38 所示，接口信息如表 23-5 所示。其中，数字量输出接口如图 23-39 所示，具体接口信息如表 23-6 所示；数字量输入接口如图 23-40 所示，具体接口信息见表 23-7。

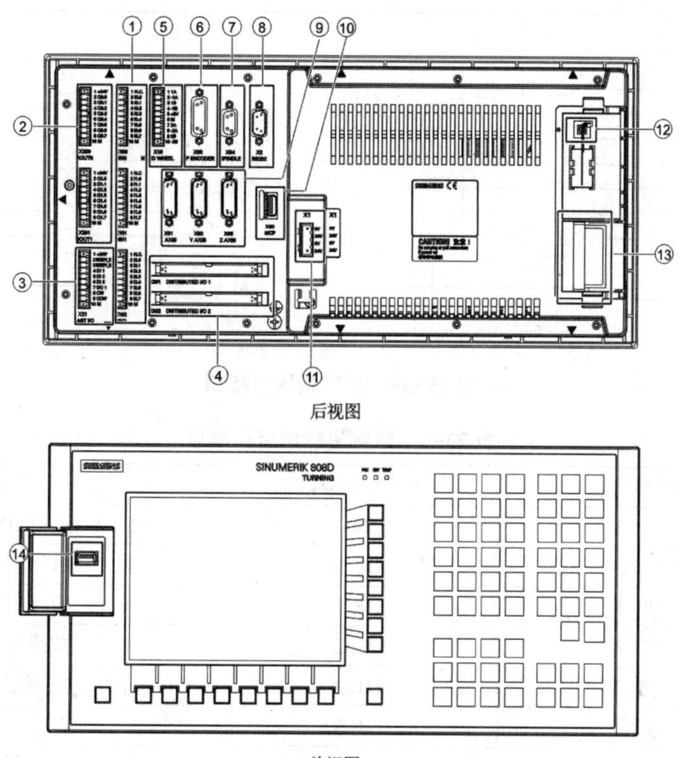


图 23-38 PPU 的接口

表 23-5 接口信息

| 序号 | 接口名称 | 说明 |
| --- | --- | --- |
| ① | X100、X101、X102 | 数字量输入 |
| ② | X200、X201 | 数字量输出 |
| ③ | X21 | 快速 I/O |
| ④ | X301、X302 | 分布式 I/O |
| ⑤ | X10 | 手轮输入 |
| ⑥ | X60 | 主轴编码器接口 |
| ⑦ | X54 | 模拟量主轴接口 |
| ⑧ | X2 | RS232 接口 |
| ⑨ | X51、X52、X53 | 脉冲驱动接口 |
| ⑩ | X30 | 用于连接 MCP 的 USB 接口 |
| ⑪ | X1 | 电源接口，连接 DC +24 V 电源 |

续表

| 序号 | 接口名称 | 说明 |
| --- | --- | --- |
| ⑫ | — | — |
| ⑬ | — | 系统 CF 卡插槽 |
| ⑭ | — | USB 接口 |

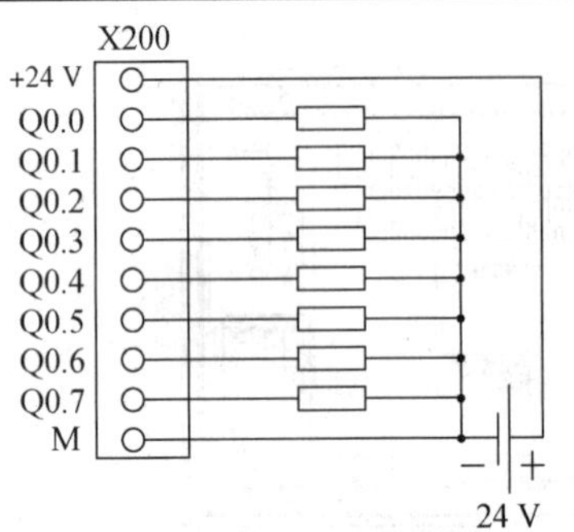

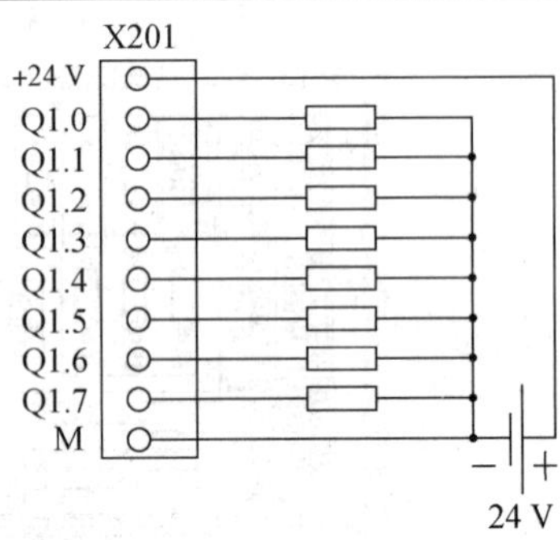


**图 23-39　数字量输出接口**

**表 23-6　数字量输出接口信息**

| 针脚 | X200($D_{OUT0}$) | X201($D_{OUT1}$) | 说明 |
| --- | --- | --- | --- |
| 1 | +24 V | +24 V | +24 V 输入(20.4~28.8 V) |
| 2 | Q0.0 | Q1.0 | 数字量输出 |
| 3 | Q0.1 | Q1.1 | 数字量输出 |
| 4 | Q0.2 | Q1.2 | 数字量输出 |
| 5 | Q0.3 | Q1.3 | 数字量输出 |
| 6 | Q0.4 | Q1.4 | 数字量输出 |
| 7 | Q0.5 | Q1.5 | 数字量输出 |
| 8 | Q0.6 | Q1.6 | 数字量输出 |
| 9 | Q0.7 | Q1.7 | 数字量输出 |
| 10 | M | M | 外部接地 |

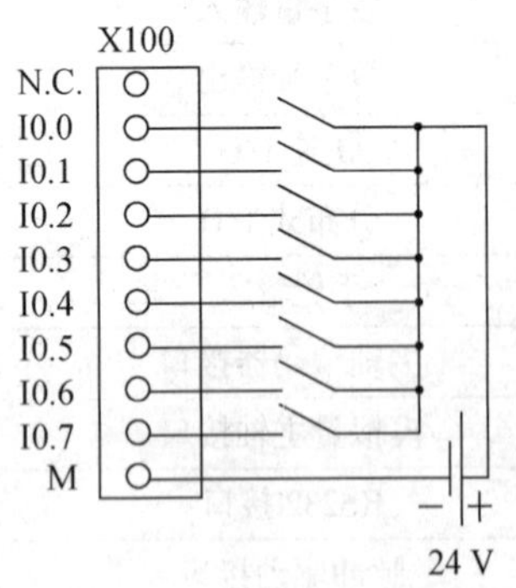

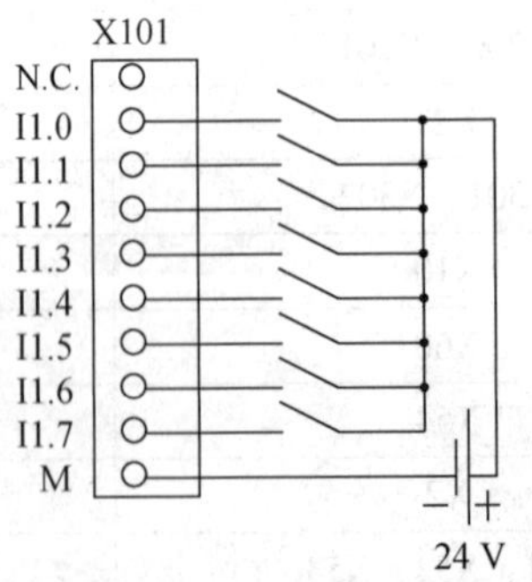

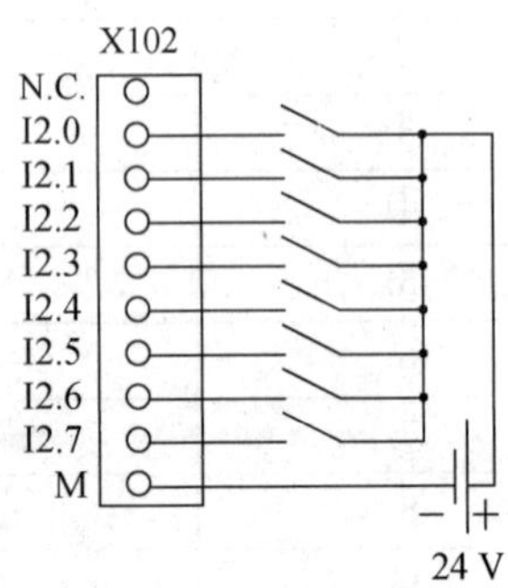


**图 23-40　数字量输入接口**

表 23-7 数字量输入接口信息

| 针脚 | X100($D_{IN0}$) | X101($D_{IN1}$) | X102($D_{IN2}$) | 说明 |
|---|---|---|---|---|
| 1 | N. C. | N. C. | N. C. | 未分配 |
| 2 | I0. 0 | I1. 0 | I2. 0 | 数字量输入 |
| 3 | I0. 1 | I1. 1 | I2. 1 | 数字量输入 |
| 4 | I0. 2 | I1. 2 | I2. 2 | 数字量输入 |
| 5 | I0. 3 | I1. 3 | I2. 3 | 数字量输入 |
| 6 | I0. 4 | I1. 4 | I2. 4 | 数字量输入 |
| 7 | I0. 5 | I1. 5 | I2. 5 | 数字量输入 |
| 8 | I0. 6 | I1. 6 | I2. 6 | 数字量输入 |
| 9 | I0. 7 | I1. 7 | I2. 7 | 数字量输入 |
| 10 | M | M | M | 外部接地 |

### 23. 6. 3 PLC 介绍

1. 地址范围

SINUMERIK 808D ADVANCED 系统的内部变量地址范围如表 23-8 所示。

表 23-8 内部变量地址范围

| 地址识别符 | 说明 | 地址范围 |
|---|---|---|
| DB | 数据 | DB1000~DB7999<br>DB9900~DB9906 |
| T | 时间 | T0~T15(100 ms)<br>T16~T63(10 ms) |
| C | 计数器 | C0~C63 |
| I | 数字量输入映像 | I0. 0~I8. 7 |
| Q | 数字量输出映像 | Q0. 0~Q5. 7 |
| M | 标志 | M0. 0~M255. 7 |
| SM | 特殊状态存储器 | SM0. 0~SM0. 6 |
| AC | 累加器 | AC0~AC3 |

2. 接口信号及数据块

SINUMERIK 808D ADVANCED 系统的数据交换路径如图 23-41 所示，PLC、数控核心、人机界面、MCP 相互之间数据交换是通过不同的数据区进行，交换的数据称为接口信号，以数据块形式进行。PLC 与机床 I/O 之间的数据交换为 I/O 信号，以 I/O 地址形式进行。

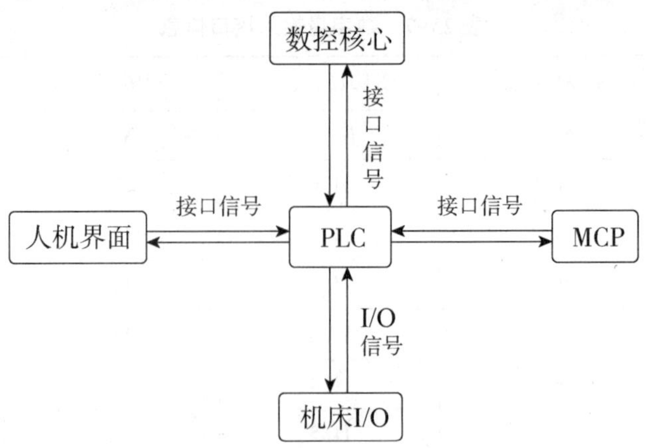


**图 23-41　数据交换路径**

数据块在 PLC 程序中的制定方法如图 23-42 所示。

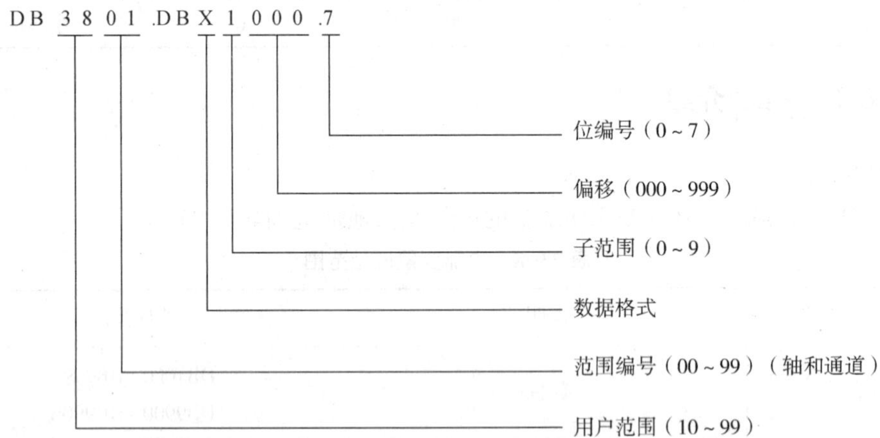


**图 23-42　数据块在 PLC 程序中的制定方法**

数据格式说明如表 23-9 所示。

**表 23-9　数据格式说明**

| 数据格式 | 符号 | 指定形式 |
|---|---|---|
| 位 | X | — |
| 字节 | B | — |
| 字 | W | 起始字节(低字节) |
| 双字 | D | 起始字节(低字节) |

3. 常见接口信号

常见接口信号说明如表 23-10 所示。

表 23-10 常见接口信号说明

| 数据号 | 信号路径 | 类别 | 说明 | 信号属性 |
|---|---|---|---|---|
| I0.0~I8.7 | 机床→PLC | I/O 信号 | 机床测信号输入 | 读 |
| Q0.0~Q5.7 | PLC→机床 | I/O 信号 | 机床测信号输出 | 读/写 |
| DB1000 | MCP→PLC | 接口信号 | MCP 按键输入 | 读 |
| DB1100 | PLC→MCP | 接口信号 | MCP 指示灯输出 | 读/写 |
| DB1200~DB1203 | PLC→NCK | 接口信号 | 读写 NC 文件 | 读/写 |
| DB1400 | — | 接口信号 | 断电保持数据区 | 读/写 |
| DB1600 | PLC→HMI | 接口信号 | 用户报警控制与显示 | 读/写 |
| DB1700 | HMI→PLC | 接口信号 | 系统人机界面状态及短信输入 | 读/写 |
| DB1800 | HMI→PLC | 接口信号 | 系统人机界面操作与控制 | 读 |
| DB1900 | HMI→PLC | 接口信号 | 系统人机界面操作与控制 | 读/写 |
| DB2500 | NCK→PLC | 接口信号 | M、S、T、D、H 代码信号 | 读 |
| DB2600 | PLC→NCK | 接口信号 | 到 CNC 的公共控制信号 | 读/写 |
| DB2700 | NCK→PLC | 接口信号 | 到 PLC 的公共控制信号 | 读/写 |
| DB2800 | PLC→NCK | 接口信号 | 高速 I/O 控制信号 | 读/写 |
| DB2900 | NCK→PLC | 接口信号 | 高速 I/O 输入信号 | 读 |
| DB3000 | PLC→NCK | 接口信号 | 运行方式控制信号 | 读/写 |
| DB3100 | NCK→PLC | 接口信号 | 运行方式输入信号 | 读 |
| DB3200 | PLC→NCK | 接口信号 | 运行控制信号 | 读/写 |
| DB3300 | NCK→PLC | 接口信号 | 运行状态信号 | 读 |
| DB3400 | PLC→NCK | 接口信号 | 异步子程序控制 | 读 |
| DB3500 | NCK→PLC | 接口信号 | 有效 G 代码 | 读 |
| DB3700~DB3703 | NCK→PLC | 接口信号 | 1~3 轴及主轴的有效 M、S 代码 | 读 |
| DB3800~DB3803 | PLC→NCK | 接口信号 | 1~3 轴及主轴的控制信号 | 读/写 |
| DB3900~DB3903 | NCK→PLC | 接口信号 | 1~3 轴及主轴的工作状态信号 | 读 |
| DB4500 | NCK→PLC | 接口信号 | CNC 机床参数设定值 | 读 |
| DB4600 | PLC→HMI | 接口信号 | 同步控制信号 | 读/写 |
| DB4700 | NCK→PLC | 接口信号 | 同步控制信号输入 | 读 |
| DB4900 | — | 接口信号 | 刀具补偿号 I/O | 读/写 |
| DB5700~DB5704 | NCK→PLC | 接口信号 | 实际位置、剩余行程信号 | 读 |

续表

| 数据号 | 信号路径 | 类别 | 说明 | 信号属性 |
|---|---|---|---|---|
| DB9903 | — | 接口信号 | 初始数据 | 读 |
| DB9904 | — | 接口信号 | 实际数据 | 读 |
| DB9906 | — | 接口信号 | 控制用户界面 | — |

4. MCP 接口地址

水平版 MCP 如图 23-43 所示，其引脚说明如表 23-11 所示。

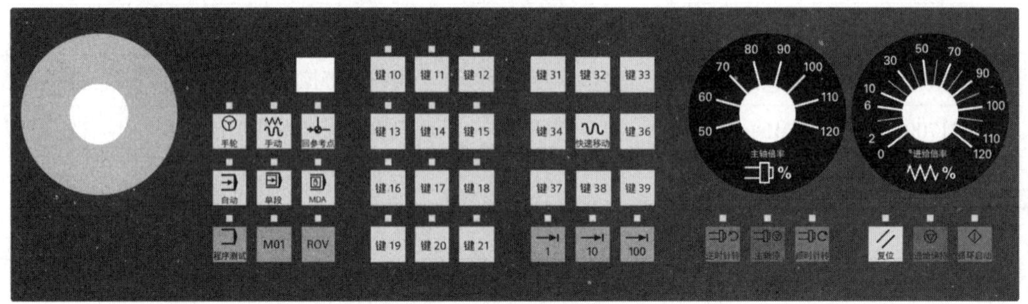


图 23-43　水平版 MCP

表 23-11　水平版 MCP 引脚说明

| MCP KEY | 位 7 | 位 6 | 位 5 | 位 4 | 位 3 | 位 2 | 位 1 | 位 0 | MCP LED |
|---|---|---|---|---|---|---|---|---|---|
| DB1000. DBB0 | M01 | 程序测试 | MDA 键 | 单步执行 | 自动 | 参考点 | JOG 键 | 手轮 | DB1100. DBB0 |
| DB1000. DBB1 | K7 | 尾座前进 | 选内外卡 | 卡盘卡紧 | 换刀 | 冷却液 | 工作灯 | ROV | DB1100. DBB1 |
| DB1000. DBB2 | 增量×100 | 增量×10 | 增量×1 | K12 | K11 | K10 | K9 | K8 | DB1100. DBB2 |
| DB1000. DBB3 | $x$ 轴负向 | — | 循环启动 | 进给保持 | 复位 | 主轴反转 | 主轴停止 | 主轴正转 | DB1100. DBB3 |
| DB1000. DBB4 | — | — | $x$ 轴正向 | — | $z$ 轴正向 | 快速进给 | $z$ 轴负向 | — | — |
| DB1000. DBB8 | KEY：进给轴倍率开关<br>LED：当前刀号十位 | | | | | | | | DB1100. DBB8 |
| DB1000. DBB9 | KEY：主轴倍率开关<br>LED：当前刀号个位 | | | | | | | | DB1100. DBB9 |

# 附录 A　项目实施前准备工作

1. 工具及量具清单

项目实施过程中需要用到的工具及量具清单如表 A-1 所示。

表 A-1　工具及量具清单

| 名称 | 数量 |
|---|---|
| 十字螺丝刀(6 mm) | 1 把 |
| 十字螺丝刀(3 mm) | 1 把 |
| 一字螺丝刀(6 mm) | 1 把 |
| 一字螺丝刀(3 mm) | 1 把 |
| 尖嘴钳 | 1 个 |
| 偏口钳 | 1 个 |
| 压线钳 | 1 个 |
| 剥线钳 | 1 个 |
| 线号机 | 1 个 |
| 万用表 | 1 块 |
| 兆欧表 | 1 块 |

2. 所需器件及耗材

项目实施过程中需要用到的器件及耗材清单如表 A-2 所示。

表 A-2　器件及耗材清单

| 名称 | 数量 |
|---|---|
| CPU ST40 | 1 个 |
| 导线(1 $mm^2$) | 若干 |
| 线号管(1 $mm^2$) | 若干 |
| 导线(0.4 $mm^2$) | 若干 |
| 叉形冷压端子 | 若干 |
| 刀开关 | 5 个 |

续表

| 名称 | 数量 |
| --- | --- |
| 熔断器 | 5个 |
| 交流接触器 | 3个 |
| 热继电器 | 1个 |
| 复合按钮开关 | 3个 |
| 中间继电器 | 1个 |
| 低压断路器 | 3个 |
| 行程开关 | 4个 |
| 倒顺开关 | 1个 |
| 三相交流异步电动机 | 1台 |
| 拨码开关 | 8个 |

3. 安全规范要求

(1)工具及仪表使用要安全、正确。

(2)严禁带电安装及接线。

(3)经教师检查后，方可通电运行。

(4)拆线时，必须先断开电源。

(5)带电检修故障时，必须有指导教师在现场监护，并要确保用电安全。

# 附录B 主电路上电调试

首先，用万用表(调至交流500 V挡位)测试电源电压是否存在缺相的情况。若三相两两都是380 V左右电压，那么电源电压就是正确的。

然后，合上开关QS，接通电源。

最后，依次按下相应的控制按钮，测试相应的控制功能是否正确，若出现功能故障，可以参照表B-1进行分析与故障排查。

**表B-1 电路故障及分析**

| 故障现象 | 原因 | 排除方法 |
| --- | --- | --- |
| 接通电源或按下启动按钮时，熔体立即熔断，或刀开关跳闸 | 电路中有短路 | 仔细检查电路，看是主电路还是控制电路的故障，然后逐级检查，缩小故障范围 |
| 接触器不动作，电动机不能运行 | 可能是电源输入异常，也可能是控制电路有故障 | 若按下启动按钮，接触器不动作，说明接触器线圈没有通电，则先检查电源输入是否正常，若正常，则控制电路有故障。先逐级检查控制电路部分，待控制电路故障排除后，接触器通电动作，再观察电动机是否运行 |
| 接触器动作，电动机不能运行 | 主电路有故障 | 若按下启动按钮，接触器动作，说明接触器线圈已通电，控制电路完好。逐级检查主电路部分，待主电路故障排除后，接触器通电动作，再观察电动机是否运行 |
| 电动机发出异常声音而不能运行或运行转速很慢 | 电动机缺相运行，主电路某一相电路开路 | 检查主电路是否存在线头松脱、接触器某对主触点损坏、熔断器的熔体熔断或电动机的接线有一相断开等故障 |
| 接通电源时，没有按下启动按钮而电动机自行启动 | 启动按钮被短接 | 检查控制电路中启动按钮的触点及接线 |
| 电动机不能停止 | 可能是接触器的主触点烧焊，也可能是停止按钮被卡住不能断开或被短接 | 检查接触器和停止按钮的触点及接线 |

# 附录 C　电气控制项目报告

1. 项目要求
2. 器件、工具及量具选择
根据附录 A 选取所需电气元件、工量及量具。
3. 项目设计
(1)电路图。
(2)电气控制原理。
4. 项目实施
(1)电气布置图。
(2)接线图。
(3)上电前检查结果分析。
(4)上电调试结果分析。
5. 总结与收获

# 附录D PLC上电调试

(1)按照电路图将主电路、控制电路和PLC连接起来。

(2)用网线将装有STEP 7-Micro/WIN SMART编程软件的计算机的以太网口与CPU ST40的以太网口连接起来。

(3)接通电源，CPU ST40面板上的RUN、STOP和ERROR这3盏黄灯点亮，说明CPU ST40已经通电，LINK绿灯点亮，表示网线已经正确连接。

(4)将LAD程序下载到CPU ST40中。

(5)CPU ST40上停止按钮SB1触点接入的指示灯I0.0应点亮，表示输入继电器I0.0被停止按钮SB1的常闭触点接通。

(6)单击STEP 7-Micro/WIN SMART编程软件上的按钮，让CPU ST40处于RUN模式。按下启动按钮SB2，输入继电器I0.0得电，PLC的输出指示灯Q0.0点亮，接触器KM主触点吸合，电动机单向连续运转。按下停止按钮SB1，输入继电器I0.1失电，I0.1的常开触点恢复断开状态，Q0.0失电，接触器KM主触点释放，电动机停止运转。

(7)监控程序运行。在STEP 7-Micro/WIN SMART编程软件中单击按钮，可以监控PLC程序运行过程中的I/O状态、数据值和逻辑运算结果等。

# 附录 E　PLC 项目报告

1. 项目要求
2. 项目分析
3. I/O 分配表
4. 主电路图及 PLC 接线图
5. PLC 程序(要求有注释)
6. 主电路上电前后结果分析
7. PLC 调试结果分析
8. 总结与收获

# 参 考 文 献

[1]韩相争. 西门子 S7-200 SMART PLC 编程技巧与案例[M]. 北京：化学工业出版社，2017.
[2]黄永红. 电气控制与 PLC 应用技术西门子 S7-200 SMART PLC[M]. 3 版. 北京：机械工业出版社，2019.
[3]蔡杏山. 图解西门子 S7-200 SMART PLC 快速入门与提高[M]. 北京：电子工业出版社，2018.
[4]童克波. 现代电气及 PLC 应用技术(西门子 S7-200 及 SMART)[M]. 西安：西安电子科学大学出版社，2019.
[5]廖常初. S7-200 SMART PLC 编程及应用[M]. 4 版. 北京：机械工业出版社，2023.
[6]西门子(中国)有限公司. 深入浅出西门子 S7-200 SMART PLC[M]. 2 版. 北京：北京航空航天大学出版社，2018.
[7]王阿根. 西门子 S7-200 PLC 编程实例精解[M]. 北京：电子工业出版社，2011.
[8]公利滨. 图解西门子 PLC 编程 108 例[M]. 北京：中国电力出版社，2015.
[9]蒋丽. 电气控制与 PLC 应用技术[M]. 北京：机械工业出版社，2018.
[10]龚仲华. SIEMENS 数控 PLC 从入门到精通[M]. 北京：化学工业出版社，2021.
[11]韩相争. 西门子 PLC、触摸屏和变频器应用技巧与实战[M]. 北京：机械工业出版社，2022.
[12]周兰，陈建坤，周树强，等. 数控系统连接与调试(SINUMERIK 828D)[M]. 北京：机械工业出版社，2019.